"十二五"职业教育国家规划教材
经全国职业教育教材审定委员会审定

园艺园林专业系列教材

观赏植物生产技术

(第二版)

成海钟　周玉珍　主编

苏州大学出版社

图书在版编目(CIP)数据

观赏植物生产技术 / 成海钟,周玉珍主编. —2 版. —苏州:苏州大学出版社,2015.8(2023.7 重印)
"十二五"职业教育国家规划教材　园艺园林专业系列教材
ISBN 978-7-5672-1444-6

Ⅰ.①观… Ⅱ.①成… ②周… Ⅲ.①观赏园艺－高等职业教育－教材　Ⅳ.①S68

中国版本图书馆 CIP 数据核字(2015)第 181135 号

观赏植物生产技术
(第二版)
成海钟　周玉珍　主编
责任编辑　陈孝康

苏州大学出版社出版发行
(地址:苏州市十梓街1号　邮编:215006)
广东虎彩云印刷有限公司印装
(地址:东莞市虎门镇黄村社区厚虎路20号C幢一楼　邮编:523898)

开本 787mm×1 092mm　1/16　印张 23.25　字数 567 千
2015 年 8 月第 2 版　2023 年 7 月第 5 次印刷
ISBN 978-7-5672-1444-6　定价:58.00 元

苏州大学版图书若有印装错误,本社负责调换
苏州大学出版社营销部　电话:0512-67481020
苏州大学出版社网址　http://www.sudapress.com

园艺园林专业系列教材(第二版)
编委会

顾　问：成海钟

主　任：李振陆

副主任：钱剑林　夏　红

委员（按姓氏笔画为序）：

尤伟忠　束剑华　周　军　韩　鹰

再 版 前 言

"十二五"期间,我国经济社会发展迅猛,人民生活水平显著提高,农业现代化速度显著加快,园艺园林产业发展水平不断提升,专业教育、教学改革逐步深入。因此,在2009年编写出版的园艺园林专业系列教材的基础上,结合当前产业发展的实际和教学工作的需要,再次全面修订出版园艺园林专业系列教材十分必要。

苏州农业职业技术学院是我国近现代园艺园林职业教育的发祥地。2015年,江苏省政府启动新一轮高校品牌专业建设工程,该院园艺技术、园林技术专业均入选,这既是对该院专业内涵建设、品牌特色的肯定,也是为专业建设与发展注入新的动力与活力。苏州农业职业技术学院以此为契机,精心打造"园艺职业教育的开拓者"、"苏派园林艺术的弘扬者"这两张名片。

再次出版的《观赏植物生产技术》《果树生产技术》《园林植物保护技术》《园艺植物种子生产与管理》四部教材已入选"十二五"职业教育国家规划教材,《园林苗木生产技术》已入选"十二五"江苏省高等学校重点教材。当前高职院校正在进行整体教学改革,实施以能力为本位和基于工作过程的项目化教学改革是发展趋势,再版的教材以此教学改革的基本理念与思路为指导。系列教材的主编和副主编均为具有多年教学和实践经验的高级职称教师,聘请的企业专家也都具有丰富的生产、经营管理经验。教材力求及时反映当前科技和生产发展的实际,体现专业特色和高职教育的特点,是此次再版的宗旨。

园艺园林专业系列教材编写委员会

再版说明

观赏植物生产是 21 世纪的朝阳产业,是我国现代农业的重要组成部分。随着生态文明、美丽中国和农业现代化建设的前进步伐,观赏植物生产的产业地位还将得到提升。而产业发展对技术应用型专业人才也提出了更高的要求。

观赏植物生产技术是园艺及相关专业的核心课程。《观赏植物生产技术》教材自 2009 年第一版出版以来,得到了相关专业师生和产业一线技术人员的认可。本教材是对 2009 年第一版的全面修订。

本次修订基于的原因和遵循的原则如下:为主动适应观赏植物生产规模快速扩大、生产方式不断创新、生产技术在产业发展中的作用日益凸显的发展趋势,积极倡导并实践"栽培技术生产化,生产技术经营化"的高等职业教育教材建设理念,从观赏植物生产关键技术和相关产业岗位的实际需要出发,突出技术的应用性和先进性,突出人才的职业性和岗位性,体现课程与教材对高职人才培养目标的支撑作用。本次修订主要是在第一版的基础上,做了以下三方面的强化和创新:

一是进一步把握"生产技术"这一关键词,紧紧扣住"生产",从生产中寻找技术,让技术服务于生产。力求教材所列各项生产技术均来自于生产实践,并能够指导生产实践。例如,根据现代观赏植物生产中保护地栽培比例骤增的发展趋势,对作为衡量观赏植物生产水平的现代温室生产技术和作为保护地生产主体设施的节能日光温室生产技术做了重点介绍,特别是对温度、光照、湿度、空气等设施环境因子的调控手段与技术进行了详细阐述。

二是进一步强化观赏植物生产的基本信息与基础技术,总结世界各国发展观赏植物生产的共同经验,探寻观赏植物各种生产方式之间的共同规律,以便在生产实践中举一反三,触类旁通。例如,在观赏植物分类方面,重点介绍了根据产品商品特征的分类方法,以保持与我国花卉业数据统计口径的一致性。

三是进一步树立生产经营的理念,从理论联系实际的高度,分析观赏植物生产中存在的问题,提出解决问题的思路和方法,把高等职业教育培养高素质技术应用型人才的任务落实到具体课程教学中。例如,在病虫害防治、杂草防除、水分管理、营养管理、植株管理等生产过程中的技术问题的讲述中,不满足于具体操作技术的传授,更强调从栽培管理、土壤消毒、品种选择和栽培环境控制等基础环节综合考虑,以体现高等职业教育的目标内涵。

本次修订,编者根据自己的教学实践,采用了基本信息与基础技术集中阐述,各主要生产方式侧重于基本技术的应用的编写原则,既减少了不必要的重复,又突出了基本技术应用的灵活性;既方便读者对观赏植物生产技术的整体把握,又可满足读者完成具体工作任务的需要。

为体现职业教育的特色,本次修订继续保留了"技能训练"等内容。

本教材修订由苏州农业职业技术学院成海钟、周玉珍担任主编,苏州农业职业技术学院陈立人、汪成忠、顾国海、金立敏、张文婧、吕文涛,苏州星火园艺科技公司顾春山、张潇潇,张家港骏马公司邓波,苏州维生种苗公司吴亮参与编写。蔡曾煜先生、姚昆德先生和舒大慧先生对本次修改给予了具体指导。

本教材修订过程中,得到了苏州大学出版社、苏州农业职业技术学院和相关企业的大力支持,在此一并感谢。同时也衷心感谢被本教材引用的所有文献的作者们。

限于编写者的水平,书中谬误之处在所难免,欢迎读者批评指正。

编　者

2015 年 7 月

目录 Contents

第一篇 观赏植物生产技术概述

第1章 绪论
1.1 观赏植物生产的概况 … 3
1.2 我国的观赏植物生产 … 7
1.3 本课程的任务、内容和学习方法 … 14

第2章 观赏植物生产的基础知识
2.1 观赏植物的概念 … 15
2.2 观赏植物的分类 … 16
2.3 观赏植物的生产方式 … 20
2.4 观赏植物的生产条件 … 23
实训项目一 观赏植物商品分类 … 41
实训项目二 生产设施、设备考察 … 42

第3章 观赏植物生产的基本技术
3.1 整地与土壤改良 … 43
3.2 起苗、包扎与运输 … 48
3.3 移栽与定植 … 53
3.4 上盆、翻盆与换盆 … 56
3.5 水分管理 … 58
3.6 养分管理 … 61
3.7 土壤管理 … 66

3.8 植株管理 ……………………………………………………………… 68
3.9 病虫害防治 …………………………………………………………… 69
3.10 杂草防除 …………………………………………………………… 73
3.11 无土栽培 …………………………………………………………… 75
3.12 设施环境调控 ……………………………………………………… 80
3.13 花期调控 …………………………………………………………… 83

实训项目三 整地与作畦 ………………………………………………… 86
实训项目四 起苗与栽植 ………………………………………………… 86
实训项目五 上盆、换盆与翻盆 ………………………………………… 87
实训项目六 水分管理 …………………………………………………… 88
实训项目七 营养管理 …………………………………………………… 89
实训项目八 中耕除草 …………………………………………………… 89
实训项目九 摘心、绑扎造型 …………………………………………… 90
实训项目十 病虫害防治 ………………………………………………… 90
实训项目十一 无土栽培营养液管理 …………………………………… 91
实训项目十二 花期调控 ………………………………………………… 91

第二篇 花卉生产技术

第1章 盆栽植物生产

1.1 盆栽植物生产概述 …………………………………………………… 95
1.2 观花盆栽植物生产 …………………………………………………… 98
1.3 观叶盆栽植物生产 …………………………………………………… 116
1.4 观果盆栽植物生产 …………………………………………………… 124
1.5 兰科观赏植物生产 …………………………………………………… 129
1.6 多肉植物生产 ………………………………………………………… 138
1.7 食虫植物生产 ………………………………………………………… 144

实训项目十三 盆栽观赏植物栽培管理 ………………………………… 148

第2章 花坛植物生产

2.1 一二年生花坛植物生产 ……………………………………………… 149
2.2 多年生花坛植物生产 ………………………………………………… 166

实训项目十四 花坛植物的应用 ………………………………………… 187

第3章 切花(叶、枝)生产

- 3.1 切花生产 ·· 190
- 3.2 切叶、枝生产 ·· 225
- 实训项目十五 切花的采收与贮藏 ·· 236

第4章 水(湿)生植物生产

- 4.1 水生观赏植物生产 ·· 238
- 4.2 湿生观赏植物生产 ·· 246
- 实训项目十六 水生花卉栽培管理 ·· 252

第5章 地被植物生产

- 5.1 地被植物的种类与特征 ·· 253
- 5.2 地被毯生产技术 ··· 255
- 5.3 常见地被植物生产技术 ·· 257
- 实训项目十七 地被毯的制作 ·· 262

第三篇 花木生产技术

第1章 花木的种类

- 1.1 乔木 ··· 265
- 1.2 灌木 ··· 277
- 1.3 藤本 ··· 285
- 实训项目十八 园林花木调查与栽培管理 ··· 286

第2章 花木的应用形式

- 2.1 行道树 ·· 287
- 2.2 庭荫树 ·· 288
- 2.3 园景树 ·· 289
- 2.4 花灌木 ·· 291
- 2.5 绿篱 ··· 291
- 2.6 垂直绿化 ··· 292

第3章 花木的栽培养护

- 3.1 花木的生长发育特性 ··· 293

3.2　大规格花木的移栽与管理 …………………………………………… 299
3.3　花木的越冬、越夏管理 ………………………………………………… 302
3.4　常见花木生产技术 ……………………………………………………… 306
3.5　古树名木的养护管理 …………………………………………………… 321
实训项目十九　大树移植的调查与养护管理 …………………………………… 323
实训项目二十　花木冬季养护管理 ………………………………………………… 324

第4章　花木的整形修剪

4.1　花木的形态结构与枝、芽特性 ………………………………………… 325
4.2　花木整形修剪的原则 …………………………………………………… 329
4.3　花木整形修剪的方式 …………………………………………………… 330
4.4　花木整形修剪的方法 …………………………………………………… 332
4.5　花木整形修剪技术 ……………………………………………………… 335
4.6　花木整形修剪实例 ……………………………………………………… 338
实训项目二十一　园艺工具的维护、保养 ……………………………………… 350
实训项目二十二　观赏花木的整形修剪 ………………………………………… 351

第5章　观赏竹类生产

5.1　观赏竹的种类与特性 …………………………………………………… 352
5.2　观赏竹的繁殖 …………………………………………………………… 354
5.3　常见观赏竹的生产 ……………………………………………………… 355
实训项目二十三　观赏竹类的识别与养护管理 ………………………………… 357

主要参考文献 …………………………………………………………………… 358

第一篇
观赏植物生产技术概述

第1章 绪 论

> **本章导读**
>
> 本章着重介绍观赏植物生产、销售和消费的概况,我国观赏植物生产的历史、发展基础、发展成就、存在问题和发展前景,以及观赏植物生产技术课程的性质、教学任务和学习方法。

1.1 观赏植物生产的概况

观赏植物生产,又称花卉生产或花卉苗木生产,是指以观赏植物为主要生产对象,以获取经济利益或美化环境为主要目的,所从事的育苗、栽培、养护管理等一系列生产活动。

将观赏植物作为产业发展的历史,各国长短不一,有的已长达二三百年,有的只有三四十年。第二次世界大战后,由于世界各国进入了相对平稳的时期,伴随着战后的经济恢复和快速发展,观赏植物产业迅速在全球崛起,成为当今世界最有活力的产业之一。在21世纪世界发展前景最好的十大产业中观赏植物产业排列第二位,并被誉为"朝阳产业"。观赏植物产品已成为国际贸易的大宗商品。

进入21世纪,不论是世界观赏植物生产,还是中国观赏植物生产,跟经济领域的各行各业一样,面对的时代特征都是信息共享和知识经济时代,其发展趋势均呈现为经济全球化和贸易自由化。

一个产业的发展程度与发展质量,一般从生产、贸易和消费三个方面来衡量。世界观赏植物的生产、贸易和消费,自第二次世界大战结束以来,特别是进入21世纪以来,一直保持着长盛不衰的局面。

1.1.1 观赏植物的生产

1. 从生产面积上看

据不完全统计,近年来世界观赏植物生产面积稳定在200万公顷左右。生产面积排名前五位的依次是中国、印度、日本、美国和荷兰。发达国家的生产面积趋于平稳或略呈下降趋势,而发展中国家增长较快。相对欧洲和北美而言,亚洲、南美和非洲的观赏植物生产和贸易发展比较快,尤其是非洲和南半球的一些国家增长势头较猛。

2. 从生产布局上看

欧洲、美国和日本这三大传统的观赏植物的生产、消费中心已经发生改变,观赏植物生产正在与消费逐步分离。生产正由高成本发达国家向自然条件优越、生产成本低廉的发展中国家转移。以温室生产为例,温室造价荷兰为 200 美元/m^2,而肯尼亚、津巴布韦仅 20 美元。温室操作工每个劳动力每天的薪酬,荷兰为 160 美元,而肯尼亚、津巴布韦仅 2 美元。另外,北美洲和欧洲愿意从事观赏植物生产的人愈来愈少,特别是新一代青年从事花卉园艺的意愿很低。但经济发展相对落后的肯尼亚、乌干达、哥伦比亚、秘鲁、墨西哥、萨尔瓦多和马来西亚等国已逐渐成为世界观赏植物生产大国。

3. 从生产手段上看

随着科学技术、材料科学以及加工工艺的进步,观赏植物的生产手段发生了显著的变化。首先是观赏植物的生产环境更加优化和可控。以温室为代表的生产设施,基本打破了生产季节和生产区域对观赏植物生产的限制,使产品质量和单位面积的生产能力大幅度提高。荷兰用于观赏植物生产的温室,不但面积大而且设施水平高,以占全国园艺生产 4% 左右的面积,创造了占园艺业一半以上的产值。日本的观赏植物设施栽培面积超过总栽培面积的 90%,在控温、控光、控气、控水肥等栽培条件下,实现了高质、高产、出新。美国的苗圃设施水平一直处于世界领先地位。从基质搅拌、上盆、水肥管理、病虫害防治,到简单整形、植物出圃,基本实现了机械化,部分作业实现了自动化,提高了产品的规格化水平,提高了劳动效率。以色列的滴灌技术领先于世界,既节省了宝贵的水资源,又提高了产量和品质。荷兰的温室技术、美国的苗圃技术和以色列的滴灌技术,已经成为观赏植物生产业乃至整个园艺生产业的共同财富。

4. 从生产技术上看

现代生物技术、航天工业技术、化学工业技术、材料合成技术和自动控制技术等被广泛应用于观赏植物生产。许多国家把应用基因工程选育新品放在首位。美国 DNAP 公司已从矮牵牛中分离了编码蓝色的基因,并使之转入玫瑰,创造了原来没有的蓝色玫瑰。墨尔本一家公司也拥有一项新花色蓝色基因的专利,用于开发出海蓝色的康乃馨商品。常规杂交通常要 7~8 年,而转基因的研发只需两年,从而促使品种更新的周期愈来愈短,如现在玫瑰新品种的市场寿命平均仅为 4~6 年。随着世界航天事业的发展,观赏植物搭载卫星进入太空的机会越来越多,成本也大幅度下降。我国在 1986 年制定的 "863" 计划中,将空间植物学研究列入空间生命研究计划,通过强辐射、微重力和高真空等太空综合环境因素,诱发观赏植物的基因变异,从而达到快速有效地选育新品种的目的。中国科学院遗传研究所将 20 余种观赏植物种子通过卫星搭载,经种植后获得了有益变异,取得了一些性状优良的好品系。其中一串红表现为株型分枝增多,花色艳丽,花型大,花期长;万寿菊表现为花型变大(直径 10cm),花期延长(可连续开花 9 个月)等特征;紫叶酢浆草表现为叶片明显增大,颜色纯正。自动化控制技术为观赏植物生产提供了可精确控制的环境条件,并使温室内的作业逐步实现自动化。

5. 在生产特色上看

全球最具代表性的十个国家和地区的产业特色是:荷兰的种苗、球根、切花及其他;美国的种苗、草花、盆花、观叶及其他;日本的种苗、切花、盆花及其他;哥伦比亚的切花、观叶;

以色列的种苗、切花；中国台湾的切花、盆花；意大利、西班牙、肯尼亚的切花以及丹麦的盆花。从中不难看出，荷兰、美国、日本等发达的观赏植物生产国，其共同的产业特长是种苗，由于控制了产业的"咽喉"，从而居于主导地位。

1.1.2 观赏植物的贸易

世界观赏植物的进出口贸易十分活跃，生产国与消费国的贸易格局基本形成。伴随全球经济一体化，观赏植物的贸易范围越来越广，至今约有65个国家和地区参与国际观赏植物市场的竞争。观赏植物产销表现出一定的地缘优势特征，同时与文化背景和社会经济形态等有关。

对世界观赏植物贸易额虽难有准确的统计数据，但据专家测算，2000年已达到2000亿美元。假如以年增长10%的速度推算，到2010年，观赏植物贸易总额应该超过3000亿美元。

荷兰是世界最大的观赏植物出口国和贸易国，上个世纪末就达到35亿美元左右。亚洲各国生产的观赏植物，除满足本国、本区域市场需求外，集中出口到欧洲市场。南美洲和非洲一些国家观赏植物生产和贸易逐年上升。南美洲的哥伦比亚，依靠适宜的气候条件、外资与技术的大量输入、廉价的土地和劳动力，以及靠近北美观赏植物消费大市场的优越地理位置，观赏植物生产和出口呈逐年上升趋势。2002年哥伦比亚观赏植物出口超过6亿欧元，其中销往北美市场的约占85%，欧洲市场的占9%左右，出口量居世界第二位。在非洲各国中，肯尼亚观赏植物生产和出口增长最快。2002年肯尼亚观赏植物产值达1.9亿欧元，占非洲观赏植物生产总值3.16亿欧元的60.13%，出口量居世界第三位。以色列的观赏植物出口量居世界第四位。

世界观赏植物贸易中，主要有切花（叶）、盆栽植物和观赏苗木三大支柱产品。其中切花（叶）是世界观赏植物贸易的主体，约占50%~60%。近年来，盆栽植物和观赏苗木所占份额有所上升。据世界贸易组织统计，1998年全球花卉贸易出口额超过74亿美元，其中切花（叶）40.53亿美元，占54.81%；盆栽植物30.85亿美元，占41.69%；其他2.59亿美元，占3.50%。切花主要出口国依次是：荷兰（占58%），哥伦比亚（占16%），以色列（占5%），厄瓜多尔（占4%），西班牙、意大利（各占3%）。盆栽植物主要出口国依次是：荷兰（占41%），丹麦（占13%），比利时（占9%），意大利（占8%），德国、加拿大（各占5%）。1998年，观赏植物五大进口国是：德国（占23%），美国（占13%），英国（占10%），法国（占10%），荷兰（占9%）。在亚洲，日本为切花进口大国。据日本大藏省统计，2000年1~6月，切花、切叶、切枝的进口总量约12516T，进口总额89.4亿日元，分别比1999年同期增长15%、3%。其主要进口品种、数量及进口国和地区依次是：兰花2315T，泰国、新加坡、中国台湾；菊花1907T，中国台湾、韩国、荷兰；百合260T，韩国、荷兰、新西兰；其他切花3418T，韩国、荷兰、哥伦比亚；切叶、切枝4616T，其中从中国进口3015T，占65%；球根类植物百合14009万头，基本从荷兰进口；其他种球5787万头，荷兰、中国台湾和中国大陆。近些年来，韩国发挥自然与区位优势，大力拓展切花，对日出口剧增。2001年韩国在日本的切花市场，玫瑰占有率达44%，百合占有率达41%，均超过荷兰和新西兰而居第一位；菊花的出口额，2000年仅为5.9万美元，2001年上半年猛增到230万美元，市场占有率也跃居第一位。

1.1.3 观赏植物的消费

世界观赏植物生产的持续发展是与观赏植物消费的稳定和增长相一致的。当今世界，观赏植物消费已形成三大中心，即以德国为核心的欧盟，以美国为核心的北美地区和以日本、中国和中国香港、台湾地区为核心的亚洲地区，以欧盟为最。全球观赏植物消费呈逐年稳步增长的态势，据不完全统计，1991年观赏植物消费额为1000亿美元左右，至2000年已超过2000亿美元，年增长平均速度接近10%。其消费结构为：鲜切花占60%，小盆花占30%，观赏苗木占10%。

21世纪全球观赏植物消费额预计将有更大幅度的增长，每年的增长速度估计在10%以上。观赏植物的总体消费结构变化不大，而不同国家和地区，其生产与消费结构的适度调整依然存在。在荷兰，不少切花生产者转向生产盆栽植物，以适应市场需求和民众消费的需要。在美国，1999年至2000年间，观赏植物产业成长最快的部分，是花坛与庭园植物的消费。据近些年的消费变化分析，苗圃及庭园植物需求强劲，产值呈现正增长，而切花类的产值明显减少，盆花的产值也稍有降低。如今，在全美观赏植物产业中，苗圃及庭园植物占50.9%，居主体位置，其次是盆花占19.7%，切花（叶）占15.3%。

伴随社会进步和经济发展，人们的生活质量与水平明显提高，观赏植物越来越成为人们日常生活中不可缺少的装饰品，以及美化环境、丰富精神生活的必需品。人们对观赏植物的需求更趋多样化，而且讲究新、奇、特、艳，寻求标新立异，满足回归自然的情趣。世界切花种类，从过去的四大切花（月季、康乃馨、唐菖蒲、菊花）为主导，增加了百合、非洲菊、红掌、洋兰等种类。盆栽植物则研发了球根秋海棠、凤梨科植物、一品红、猪笼草等新的种类。一些性状特异的新品种，如蓝色玫瑰、黑郁金香等在市场上更受欢迎。

从有关资料分析得知，家庭观赏植物消费一般占工资收入的3%左右。欧洲、美国、日本大致如此。近年来，花肥、花盆、花药等家庭园艺用品的需求量在增长，说明种花、养花的人在增加。日本园艺用品的消费占家庭工资收入的2.5%，正在向观赏植物消费的理想比例逼近，这可能与日本社会老龄化程度高有关。从2000年人均消费切花的金额来看，前10名的都是欧洲国家，最高的是瑞士330美元/人，第10名是法国40美元/人。日本和美国相当，分别是30美元/人和28美元/人。中国人均消费切花仅1美元左右。

观赏植物消费与国家、民族或地区的文化习俗和消费习惯息息相关。21世纪是文化与经济相互交融的时代，文化因素对产品经济和实体经济的贡献越来越大，为产品注入文化创意往往能起到画龙点睛的作用。观赏植物独特的自然属性与深邃的文化内涵，其本身就充满了文化素材和创意源泉。兰花尊师，菊花尊老，牡丹富贵，梅花傲骨，橄榄枝寓意和平，一个古希腊的神话营造了玫瑰代表真爱的永恒主题，一个古罗马的传说造就了浪漫的情人节。玫瑰在全球的生产、销售量不断增长，始终保持这"切花之首"的地位，就是文化与观赏植物产品结合的最好例证。

1.2 我国的观赏植物生产

1.2.1 我国观赏植物栽培历史

我国观赏植物生产的历史可以追溯到战国时期,在《诗经·郑风·溱洧》中就有"维士与女,伊其相谑,赠之以芍药"的记载,述说郑国男女到溱洧二水的岸边欢聚,彼此以芍药为礼品相赠,这是中国关于观赏植物的最早记载。《说苑·奉使》中有"越使诸发执一枝梅遣梁王"。《越绝书》说勾践种兰渚山。战国时屈原在《离骚》中称"余既滋兰之九畹兮,又树蕙之百亩",则是花卉栽培的较早记述。楚国的"蕙",应该是兰科植物。

南北朝以前,汉武帝修上林苑,诏令群臣从各地献名果奇树异卉,所得草木达2000余种。据说当时茂陵富人袁广汉已于北邙山建立私人园苑栽培花木。张骞出使西域诸国,带回的多种植物中有安石榴,虽是作为果树引进,也可视为观赏花木引种的开始。相传菊花栽培始于晋代。南朝谢灵运称:"永嘉水际竹间多牡丹",说明当时牡丹也已作为观赏植物。但在中国古代,与作物生产相比,观赏植物栽培仅居十分次要地位。北魏《齐民要术》序言中称:"花草之流,可以悦目,徒有春花,而无秋实,匹诸浮伪,盖不足存。"这是花卉栽培长时期不被列入农书记述范围的重要原因。

唐代时,观赏植物栽培进一步发展。都城长安牡丹开花时节,曾出现竞相观花和买花的盛况。梅花在汉代已出现重瓣种,唐代杭州孤山的梅花已闻名于世。1972年在陕西乾县发掘的唐章怀太子墓中,墓道壁画有一侍女手捧山石小树盆景的图像。唐代诗人王维有将山石与蕙配置于黄瓷器中的记述,表明花卉盆栽和盆景艺术在唐代也已出现。

宋代是中国观赏植物栽培的发展时期,有关观赏植物的书籍刊行也达到一个高峰。牡丹栽培在古都洛阳、河南陈州(今河南淮阳)、四川天彭(今四川彭州市)已负盛名,其中洛阳各园栽培竟达数十万株之多。牡丹品种在欧阳修《洛阳牡丹记》中记录有24个,而周师厚《洛阳花木记》中记录已达109个。从自然杂交中选择得到了"绍兴春"和"泼墨紫",从选用芽条变异进行嫁接得到了"潜溪绯"和"缕金黄"等新品种。嫁接技术应用于花木,可能也始于宋代。

菊花自晋迄宋,栽培形式出现了百千朵花出于一杆的大立菊型、藤蔓柔长、下垂数尺如璎珞状的悬崖型,盆栽蔓生,可做成鸾、凤、亭、台之状的结扎型以及一枝只生一葩的标本菊型等。宋时已能将两枝菊花靠接,形成一茎而开花各异。关于菊花的变异现象,唐代已有记述。宋时则今年种白菊、次年变黄花等实践验证更多。刘蒙《菊谱》称将同一品种菊花移种园圃肥沃之处,可使单叶变而为千叶,说明已认识到栽培环境条件可导致变异的产生。

其他中国名花如芍药、梅花和兰花等在宋代也有很大发展。宋代"扬州芍药天下冠"。蔡繁卿曾作万花会,收集展览大量绝品,当时有专谱记载的即多达30余个品种。梅花品种在宋范成大《梅谱》中收录的有100种左右。当时苏州邓尉山梅花盛开的景象被喻为"香雪海"。兰花品种在宋赵时庚《金漳兰谱》中已按花色分列,且有细致的性状描述和不同品种的栽培方法,可知当时艺兰的技术已具相当水平。

宋时还出现了促成栽培方式,以纸糊密室为温室,凿地作坑,坑上置竹匾盛花,坑内置沸汤熏蒸以促花早开。北宋的汴京和南宋的临安,均已盛行瓶插花,并有了花卉市场和以接花为业的"园门子"。南宋《全芳备祖》记述花木已达400余种,堪为空前完备的花卉专集。

明、清时期观赏植物生产走上了又一个发展时期,表现在下述几个方面:

1. 观赏植物品种的频增

菊花从宋代刘蒙《菊谱》所录35个品种,到明代黄省曾《艺菊书》所录222个品种和王象晋《群芳谱》所录281个品种。这个发展变化,不只表明品种数量的激增,而且说明栽培技术也有了很大提高。例如,王象晋记述秋菊枯后仍施以肥料,明春任其自然出苗,就可得多种变异花的植株,说明已知利用自然杂交种子培育新品种。牡丹从宋代的109个品种,到《群芳谱》的185个品种,主要也是通过不断播种自然杂交种子而获得的。当时的采种和留种技术也已有很大进步。

2. 花卉繁殖方法的改进

牡丹嫁接在明代以前主要用野生植株(山篦子)作砧木。明代除利用芍药根作砧木外,还以常品牡丹(单叶种或一般品种)作砧木来嫁接,提高了成活率。在菊花繁殖方面,宋代已有分苗、播种方法,明代开始应用扦插方法。明代俞宗本《种树书》记述了用人尿浸黄泥封树皮,促进植物生根的方法。徐光启《农政全书》对于植物的扦插繁殖技术,也有较详尽的记述。

3. 盆景的迅速发展

元代高僧韫上人总结前人经验,创造"些子景",开辟了盆景艺术的新途径。至明代,盆景讲究诗情画意,以能仿大画家笔下意境为上品。清代《花镜》对盆景制作技术有较详尽的论述,对盆栽用土尤有独到见解。后逐渐形成了扬、苏、川、徽等各具特色的盆景艺术流派。

4. 花卉的相互引种渐多

由于海运开通,东、西方之间接触频繁,观赏植物的相互引种也进一步得到发展。中国的四个月季花品种——斯氏中国朱红、中国黄色茶香月季、中国绯红茶香月季和柏氏中国粉色月季经印度传至英国,对欧洲月季的栽培产生了重大影响。中国的菊花、牡丹、翠菊也于18世纪下半叶先后被输入东亚和西欧各国。1840年以后,中国的野生植物资源有不少传至国外。同时,从外国引入的观赏植物种类也有增加。

新中国成立后,观赏植物生产经历了起步、徘徊和恢复并快速发展等三个阶段,目前已经形成了生产面积居于世界第一的生产规模,观赏植物的贸易和消费也处于稳步上升状态。

1.2.2 我国观赏植物种质资源

我国观赏植物种质资源丰富,被誉为"世界园林之母"。我国地域辽阔,是世界温带国家和地区中观赏植物资源和多样性最突出的国家。全球观赏植物有30000余种,其中较常见者约6000种,栽培品种达400000种以上。我国原产观赏植物约10000~20000种,较常见者2000种以内。中国是多种观赏植物的起源中心,如梅花、牡丹、菊花、百合、芍药、山茶、月季、玫瑰、玉兰、珙桐、杜鹃花、绿绒花、木兰科(多种)、松柏类(多种)的原产地都在中国(表1-1-1)。其中有的是世界上濒临绝迹的稀有树种,如被称为活化石的银杏、水杉、银杉等。有的观赏植物在世界种类总数中,占绝对优势,如全世界山茶花属植物共有220多种,我国就占有195种之多。我国观赏植物不但种类繁多,而且品种丰富,如梅花,我国就有231个品种。

表1-1-1 30属观赏植物各占全球总数之百分比

属名	国产种数	世界种数	所占比例/%	属名	国产种数	世界种数	所占比例/%
槭	150	200	75.0	绿绒蒿	37	45	82.2
落新妇	15	25	60.0	含笑	40	60	66.7
山茶	195	220	89.0	沿阶草	33	55	60.0
蜡梅	4	4	100.0	木樨	27	40	67.5
金粟兰	15	15	100.0	爬山虎	10	15	66.7
蜡瓣花	21	30	70.0	泡桐	9	9	100.0
荀子	60	95	63.2	马先蒿	329	600	54.8
兰	31	50	62.0	毛竹	45	50	90.0
菊	18	30	60.0	报春花	294	500	58.5
四照花	9	12	75.0	李(樱梅)	140	200	70.0
溲疏	40	60	66.7	杜鹃花	530	900	58.9
油杉	10	12	83.3	绣线菊	65	105	61.9
百合	40	80	50.0	丁香	27	30	84.4
石蒜	15	20	75.0	椴树	35	50	70.0
苹果(海棠)	24	37	64.9	紫藤	7	10	70.0

表1-1-1显示的30属3559种观赏植物中,我国产的有2274种,占世界总数的63.9%。

19世纪,大量的中国观赏植物资源开始外流。一百多年来,已有数千种观赏植物从中国流向世界。例如,北美引种中国的乔、灌木在1500种以上,美国加州的树木花草有70%以上来自中国,意大利植物中有50%来源于中国,荷兰40%的花木由中国引进。英国爱丁堡皇家植物园内现有中国观赏植物1527种及其大量变种。欧美各国对中国观赏植物的大量引进,不但丰富了这些国家观赏植物的种类,直接为世界各国的园林做出了贡献,而且还被用作杂交育种的亲本,许多当代世界名贵观赏植物如香石竹、月季、杜鹃、山茶的优良品种及金黄色的牡丹花,都是由中国原种作为亲本,经过选育而成的。英国著名的月季花专家格莱斯在《月季种植大全》一书中写道:"在当代月季的血统中,一半是中国的血液。"

球根花卉是观赏植物的重要种类,其生产面积和贸易额约占观赏植物总量的25%左右。中国是多种球根花卉的起源中心,现代百合、郁金香等球根花卉栽培品种中,几乎都有中国球根花卉的血缘。

丰富的观赏植物种质资源是品种创新的基础,而品种创新是观赏植物生产发展的基础。

1.2.3 我国观赏植物生产的概况

新中国成立以后，观赏植物栽培也走过了曲折的发展道路。1958年党中央提出改造自然环境，逐步实现大地园林化，种植观赏植物，美化全中国的伟大号召，给园艺工作者以极大的鼓舞。但是"文化大革命"运动，将观赏植物栽培事业摧残殆尽。直到党的十一届三中全会后，观赏植物栽培事业才得以复苏并迅速发展，具体表现在以下几个方面：

1. 观赏植物生产面积、产值和创汇持续增长

据农业部不完全统计，2012年全国观赏植物生产面积为112.03万公顷，销售额1207.72亿元，出口创汇5.33亿美元，分别比2007年增长49.3%、96.79%和62.5%。2012年江苏省观赏植物总种植面积达13.52万公顷，销售产值147.02亿元，分别比2007年增长44.91%和88.49%。

2. 观赏植物产品结构由单一向多样化发展

全国已基本形成鲜切花、盆栽类(盆花和观叶植物)、盆景、绿化苗木、草坪及配套产品协调发展的局面，尤其是鲜切花类和盆栽类发展最快。2012年，鲜切花类生产面积5.94万公顷，销售212.98亿枝，销售额135.41亿元，出口创汇2.79亿美元；盆栽植物类种植面积9.98万公顷，销售61.27亿盆，销售额267.72亿元，出口创汇1.05亿美元；观赏苗木种植面积63.77万公顷，销售142.58亿株，销售额615.93亿元，出口创汇0.48亿美元。三大产品的生产面积合计79.69万公顷，占观赏植物总面积的71.13%；销售额合计1019.06亿元，占观赏植物总销售额的84.38%；出口额合计4.32亿美元，占观赏植物总出口额的81.05%。三大产品的单位面积销售额依次为盆栽植物类26.83万元/公顷，切花(叶)22.8万元/公顷，观赏苗木9.66万元/公顷。种子(球、苗)在观赏植物销售额中的比重为2.83%，远低于观赏植物生产先进国家和地区10%左右的水平。

3. 区域化特色正在形成

我国观赏植物业经过30多年的恢复和发展，已在全国逐步形成几个较为稳定的生产大区。例如，云南的鲜切花，粤闽的观叶植物，江浙一带的盆景、苗木，上海的种苗生产，西北地区的种球，东北地区的干花等，都已形成专业化、规模化生产，开始走向集约化经营。云南近年来利用得天独厚的气候条件，大力发展鲜切花生产。2012年云南全省鲜切花种植面积11254公顷、销售量720368.4万枝、销售额309359.7万元和出口额13822.2万美元。分别占全国同期的18.95%、33.82%、22.85%和49.53%。广东省近年来发展多品种、大批量的观叶植物，成为全国最大的观叶植物生产、供应中心。2012年广东省盆栽植物类种植面积17586.29公顷、销售量68891.6万盆、销售额590783.86万元和出口额4222.3万美元。分别占全国同期的17.63%、11.24%、22.07和40.11%。江苏省是传统观赏苗木类生产大省，2012年江苏省观赏苗木类种植面积107901公顷、销售量442476.6万株、销售额1105162.6万元和出口额120万美元，分别占全国同期的16.92%、31.03%、17.94%和2.49%。

4. 流通环节得以加强

观赏植物是鲜活产品，一旦流通不畅，极易造成严重损失。因此高效的流通体系是实现观赏植物产品顺畅地从产地到达各类市场和消费者的渠道，也是市场经济在观赏植物产业化经营中最重要的反映之一。我国的观赏植物流通一直采用的是对手交易，即买卖双方面对面地议价交易,它是一种传统的产品交易方式。其特点是交易灵活,对产品质量没有统一的要求,但交易成本高,成交效率低。借鉴国外先进国家的理念和做法,从上世纪末开始我国先后在观赏植物集中产区建立花卉拍卖市场。截至2005年底,我国已经在昆明、北京、上海、广州、沈阳等地建立了花卉拍卖市场,其中昆明国际花卉拍卖交易中心每天可成交300万~400万枝切花交易。此外,全国还建起了一批批发市场和零售市场。2012年全国有观赏植物销售市场3276个,经销观赏植物的花店更是星罗棋布。在我国观赏植物流通体系中还有一支不可或缺的力量,他们专门从事观赏植物的贸易和经营,人们称其为花商或经纪人。他们掌握着观赏植物市场的最新动态,在消费者和生产者之间架起了便捷的流通桥梁。据统计,2007年江苏省观赏植物经纪人就有42892人。

5. 教育和科研工作得到了恢复和发展

目前,全国已有200多个科研单位设立了观赏植物科研项目,有近百个专门从事观赏植物研究的研究所(室),有200多个教学单位开设与观赏植物有关的专业。经过广大科研、教育工作者的艰苦努力,在专业人才培养、观赏植物野生资源开发利用、传统名花的商品化生产、新品种选育、组织培养繁殖、设施栽培等新技术的研究与应用、花期控制、切花保鲜、运输等方面,都取得了许多新的成果,大大提高了观赏植物生产的科技水平。

1.2.4 观赏植物生产存在的问题

尽管经过近30年的发展我国观赏植物生产已取得巨大成就,但是由于我国花卉业起步较晚,目前在生产、流通、销售等环节中尚存在诸多不完善之处,限制了其进一步发展。我国观赏植物生产还存在以下问题:

1. 总体规模大,但结构不合理

近30年来,我国花卉生产总体规模迅速扩大,但是深入分析其产业结构,就发现存在不合理之处。世界上许多花卉产业大国,将鲜切花、盆栽植物定为产业发展重点,有些国家鲜切花生产占花卉产业的60%以上。在我国,虽然鲜切花和盆栽植物生产逐渐受到重视,但产业结构调整力度还不够。据国家农业部发布的2012年花卉产业统计资料表明:我国观赏植物生产面积中,观赏苗木占56.93%,盆栽植物类占8.91%,鲜切花类占5.3%,繁殖材料约占1.81%。观赏植物销售额中,观赏苗木占50.1%,盆栽植物类占22.17%,鲜切花类占11.21%,繁殖材料占2.83%。由此可见,我国观赏植物中绿化苗木所占比重偏大,盆栽植物类和鲜切花类占比重偏小,与当前国际花卉贸易的产品结构相差较大,影响了观赏植物生产在高效农业中应该发挥的作用,也不利于我国花卉产业与国际接轨。

2. 个体生产规模小,专业化程度不高

尽管我国是世界观赏植物生产面积最大的国家,但是我国观赏植物生产用地散碎分割,花农多数采用"小而全的百花园"生产方式,专业化水平较低,生产效益不高。据国家农业部统计,2012年,我国观赏植物种植面积112.03万公顷;生产企业68878家,其中大中型企业14189家;花农1752395户;从业人员4935268人,其中专业技术人员241407人。统计数据表明,我国观赏植物生产规模整体上偏小。从企业规模结构上看,大中型企业的比例仅为20%。我国大多数花卉企业无论大小,既搞引种、繁种试验,又搞生产、经营和销售;既生产切花,又生产盆栽植物,企业无法形成自己的特色和拳头产品,只能在低水平上相互竞争,发展缓慢。这种散乱的"小生产"方式不可能形成规模化专业生产的"大品牌"经营格局。

3. 生产缺乏标准化，产品质量不高

目前，我国尚未制定国内观赏植物生产标准化的有关法规，国内观赏植物生产方式较传统，栽培方式、病虫害防治方法、观赏植物保鲜、贮运及包装等技术落后，难以实行标准化生产。尽管我国观赏植物种植面积和产量均居世界前列，但多是生产低档观赏植物，出口量很少，产值极低。因为多数花农在进入观赏植物领域时很盲目，并未在品种和技术上做好准备，只能进行低品位和低水平生产。这种状况别说抢占国际市场，就连国内市场也难保住。相关资料显示，我国观赏植物种植面积为荷兰的10倍，但单位面积产值只有荷兰的1.7%，出口额也只有荷兰的几十分之一。从全球范围看，我国在世界观赏植物种植面积1/3的土地上，仅创造了世界观赏植物贸易总额0.1%的效益。所以，我国目前正处于"园艺大弱国"的尴尬地位。

4. 科研滞后于生产，专业技术人员缺乏

由于科研基础较差，资金投入不足，我国观赏植物科研开发和新品种培育比较滞后，大多品种为引进的国外优秀品种，缺乏具有自主知识产权的观赏植物品种和品牌产品，缺乏产品市场核心竞争力。目前观赏植物生产上基本没有我们自主知识产权的品种和技术专利，国外品牌完全控制着我国的种苗市场，多种名花种子（苗、球）依赖国外进口，深加工产品开发也不多，所以很难实现自主经营战略。观赏植物产业规模和专业化水平的提高，需要大量的专业技术人员的参与。2012年，我国每个观赏植物生产经营企业平均拥有专业技术人员3.5人，每100个从业人员中，专业技术人员不足5个人。人才资源稀缺在一定程度上造成了在观赏植物生产过程中，技术创新和科技推广力量不足，产品质量不高，产品市场竞争力不强。

5. 资源优势发挥不够，生产缺乏原创品种

我国是观赏植物种质资源大国，但我国观赏植物生产中拥有自主知识产权的品种很少。育种能力落后，已经严重制约着我国观赏植物生产的发展，成为业内公认的"瓶颈"因素。与之形成鲜明对比的是，国外许多育种公司正是利用我国丰富的观赏植物遗传基础，采用先进的育种手段，培育出适应市场需求的新品种，再把这些新品种输入我国，成为观赏植物生产中的主打品种。花卉王国荷兰，就是以郁金香等球根花卉育种起家，牢牢控制着整个观赏植物生产、贸易的主动权，并形成了自身产业的特色。美国、日本等发达的观赏植物生产国以及"后起之秀"的以色列，也将种苗业作为自己的产业特长，从而控制了观赏植物生产的"咽喉"，进而居于世界观赏植物生产的主导地位。近30年来，我国的观赏植物育种工作虽然已经起步，也取得了一些成果，但与先进国家和地区相比，与我国在世界观赏植物生产中应有的地位相比，还差之甚远。

6. 产业扶持不到位，配套体系不健全

相对于先进国家和地区而言，我国观赏植物产业扶持政策不到位，发展配套体系不健全。主要体现在产品流通体系、市场营销体系、市场服务体系不健全。目前，观赏植物产品的主要流通渠道为：生产者→批发商→零售商，流通量较小，流通环节多，流通费用高，加之缺乏先进的采后贮运、保鲜技术及流通过程的质量监督，产品质量评估难，优质优价难实现，影响观赏植物的国内外贸易。随着我国观赏植物产品参与国际贸易程度不断深入，品

种侵权越来越受到国外同行业的关注,在一定程度上已影响我国观赏植物对外贸易的声誉。政府部门和企业对观赏植物知识产权保护认识不足,力度不够,导致了观赏植物新品种引进、研发、管理和保护都存在困难。

1.2.5 观赏植物栽培的意义

观赏植物是供人类栽培、欣赏的对象。在城乡绿化、园林建设和美化生活中,观赏植物是主要素材。观赏植物具有防护、美化和生产等方面的功能。发展观赏植物生产,具有生态效益、社会效益和经济效益。

1. 提高城乡环境质量,增进人民身心健康

先进的环境科学测试表明,在全面、合理规划下的观赏植物栽培,可以大大改善环境质量,满足人们的需求。例如,各种观赏植物可以调节空气温度、湿度,减少阳光辐射,防风固沙,保持水土,滞尘、杀菌并净化大气,减轻污染,降低噪音等,经合理规划配植后的效果尤佳。而且,在以观赏植物为主要素材形成的绿草如茵、繁花似锦、鸟语花香的优美环境中,人与自然紧密接触,由此而悦目赏心,消除疲劳,振奋精神,身心受益,已为世人所公认。在城市的公园和学校,观赏植物还是普及自然科学知识、丰富教学内容的材料,可以激发人们热爱大自然、保护环境的热情。总之,通过观赏植物的多种防护作用,可产生巨大的环境效益。

2. 调整服务产业结构,推进高效农业规模化

观赏植物是一类有生命的特殊商品,单位面积产值较高。在当今专业化经营规模日趋扩大、科学技术含量和生产管理水平不断提高的条件下,其姿、韵、色、香等全面提高,成本降低,销路扩展,经营观赏植物已成为投资旺盛、欣欣向荣、竞争力强的产业。我国特产的观赏植物如水仙、牡丹、碗莲、山茶以及盆景等,深受各国人们喜爱,已成为出口农产品中极具潜力的商品。随着农业产业结构的调整,观赏植物生产将成为农业生产中的后起之秀。凡此种种,都表现出观赏植物生产推进农业发展的功能,具有可观的经济效益。

3. 陶冶情操,愉悦精神,促进文明

观赏植物生产包括从育苗生产到栽培、管理的过程,为人们提供了优美的休息、赏游与工作的环境。其间,人们将以观赏植物为主要素材的自然美加工成艺术美,使生活和工作空间出现宜人的景观,再通过其美化作用而增加情趣与欢乐。欣赏观赏植物,尤其联系到"拟人化",如梅之坚贞不屈,菊之高雅飘逸,牡丹之雍容华贵,荷花之出淤泥而不染,等等,均可以陶冶情操,美化生活,提高文化素养,对促进两个文明建设产生难以估量的社会效益。观赏植物特别是鲜花,象征着美好与幸福,花束、花篮等已成为现代社会普遍应用的高雅礼品,盆花、瓶花等则为室内装饰,尤其是厅堂布置所必须。观赏植物充当了国内外表达礼遇、友好、和平、幸福的象征,观赏植物的社会效益不可低估。

此外,许多观赏植物除供观赏外,同时兼有其他用途。例如,牡丹、芍药、贝母、梅、菊等,原来就是药用植物,后来才转向以观赏为主;珠兰、茉莉、白兰、玳玳还是熏茶植物;桂花、玫瑰又能做糕饼等甜点。事实证明,观赏植物的功能和效益十分广泛。观赏植物生产对人类的多方面贡献,需要人们不断加以深入认识、总结和发掘。

1.3 本课程的任务、内容和学习方法

观赏植物生产技术是直接服务于生产和经营的实用性技术。我国观赏植物生产历史悠久，但我们的栽培技术和生产水平与世界先进水平相比，还有很大的差距。生产专业化、布局区域化、市场规范化、服务社会化的现代化产业格局还没有真正形成。科研滞后生产、生产滞后市场的现象还相当突出。无论是产品数量还是产品质量都远不能满足日益增长的需要，与社会主义市场经济不相适应。所以，观赏植物生产技术课程的任务是，在继承历史传统的同时，借鉴世界先进经验与技术，站在产业化的高度，利用我国丰富的观赏植物资源，推进商品化生产，为我国的社会主义精神文明和物质文明服务。

本课程的教学内容包括观赏植物生产的基础知识、观赏植物生产的基本技术和切花生产、盆栽植物生产以及观赏苗木生产的专门技术。观赏植物应用于园林绿地景观后，景观效果和生态效益就是这一类观赏植物生产的主产品。因此，本课程教学内容也包括这类观赏植物的栽培养护技术。

观赏植物生产技术是一门重要的专业课。要学好这门课程必须要有广泛的基础知识。这就要求在学习本门课程时，要充分调动植物与植物生理、土壤与肥料、气象环境以及园艺植物病虫害防治等有关方面的知识储备。

学习观赏植物生产技术必须树立辩证唯物主义观点，认识到观赏植物的生长发育与生态环境有着密切的关系，只有科学地控制和调节环境，才能满足观赏植物生长发育的需要。学习观赏植物生产技术必须树立社会主义市场经济的观点，围绕商品生产，以市场为导向，根据当地资源条件和市场需求，取舍教学内容。应尽可能应用本专业和相关专业最新科技成果，革新生产技术，提高生产效益。学习观赏植物生产技术还必须树立岗位能力先行的观点，紧密联系生产实际，重视基本技能训练，增强相关职业岗位的上岗能力。

本章小结

世界各国观赏植物生产的历史长短不一，发展过程中形成了三大生产和消费区域。生产与消费在空间区域上正在分离。观赏植物生产先进的国家都形成了自己的产业特色。生产、流通和消费是支撑产业发展的三大要素，缺一不可。我国具有悠久的观赏植物生产历史和丰富的观赏植物种质资源。新中国的观赏植物生产经历了起步、徘徊和恢复并快速发展等几个阶段，目前我国观赏植物生产面积占世界三分之一，排列第一。观赏植物的产品结构、区域特色、流通体系、科技教育等方面均取得了显著的成绩，但与先进国家和地区相比仍然存在很多问题，特别在品种创新和人才培养等方面差距更大。观赏植物生产具有生态效益、经济效益和社会效益等多方面的积极意义。学习观赏植物生产技术，既要调动原有的知识储备，更要重视实践技能的训练和提高。

第 2 章 观赏植物生产的基础知识

本章导读

本章着重介绍观赏植物的概念、观赏植物的分类方法和商品属性、观赏植物的生产方式,以及观赏植物的生产条件。

2.1 观赏植物的概念

观赏植物(ornamental plant;landscape plant)指具有一定观赏价值,适用于室内外布置、美化环境并丰富人们生活的植物。观赏植物包括草本和木本的观花、观叶、观果和观株姿的植物,以及适合布置园林绿地、风景名胜区和室内装饰用的植物(含林木和经济植物)。我国在 20 世纪 50 年代后,曾将此类植物习称园林植物,现与国际接轨,统称观赏植物。因其广义的概念,与花卉、园林花卉、园林植物等相同或相近,因此在本教材中,这些名称都有可能出现。观赏植物都是直接或间接由野生植物引种、驯化并改良而来的。随着科技的发展与社会的进步,观赏植物的范畴将不断扩大。我国早在文字出现前,观赏植物就随着农业生产的发展而被广泛应用,到隋、唐、宋时已是发展的盛期。在近代更加受到人们的重视和喜爱。

观赏植物具有防护、美化和生产三方面的功能。在防护功能方面,观赏植物可以调节空气温度与湿度,减少阳光辐射,防风、固沙、护坡、保持水土、滞尘、杀菌,抵抗并吸收有毒气体,从而净化大气,减弱噪声污染等。观赏植物的美化功能突出体现在韵、姿、色、香等方面,不但具有生趣盎然的自然美,在经过风景师、花艺师、盆景师等的艺术创作后,还能体现别具匠心的艺术美。有些观赏植物经人们赋予不同的"性格"(拟人化)和"语言"(花语),则更让人们获得赏心悦目的享受。观赏植物还是商品价值较高的商品,实施适度规模生产后,可获得相对丰厚的经济效益。

我国驯化、栽培和利用观赏植物的历史悠久,具有种质资源、气候资源、劳动力资源、市场和花文化等多方面的发展观赏植物生产的优势。观赏植物生产已经并将继续成为我国现代农业的重要组成部分。

2.2 观赏植物的分类

观赏植物种类繁多，分布很广，为了方便研究与利用，人们根据不同的分类目的，采用不同的分类依据，形成了不同的分类方法。例如，依植物学系统分类，能帮助人们了解各种观赏植物的起源、亲缘关系；依自然分布分类，能帮助人们了解各种观赏植物的生态习性；依观赏植物的产品特性分类，能帮助人们了解观赏植物的商品属性；等等。不同时期的不同学者，也有不同的观赏植物分类方法。我国宋代陈景沂《全芳备注》（约1256年）将观赏植物按实际用途与生长特性分为花部、果部、卉部、草部、木部等。清代陈淏子在《花镜》（1688年）中，将观赏植物分列为花木、藤蔓、花草等3类。汪灏在《广群芳谱》（1708年）中，则将观赏植物分为花、果、木、竹、卉、药等。至近代，有按植物系统进行分类的，也有分别按生长类型、用途、栽培方式、观赏部位、地理分布、生态习性等进行分类的。了解观赏植物的分类方法，对观赏植物的生产与经营十分重要。

2.2.1 依植物分类系统分类

这是植物学家在全世界范围内统一的一种分类方法。此方法以观赏植物学上的形态特征为主要依据，按照门、纲（亚纲）、目（亚目）、科（亚科）、属（亚属）、种（亚种、变种、变型）等主要分类单位来分类，并给予拉丁文学名。例如，碧桃属于植物界、被子植物门、双子叶植物纲、离瓣花亚纲、蔷薇目、蔷薇亚目、蔷薇科、李亚科、李属、桃亚属、桃种、碧桃亚种。

品种是栽培学上常用的名词，指经人工选育而成种性基本一致、遗传性比较稳定、具有人类需要的某些观赏性状和经济性状、作为特殊生产资料的植物群体。品种不是植物学分类的等级。

品系是源出于一个共同的祖先而且具有特定基因型的动植物或微生物。也就是同一起源，但与原亲本或原品种性状有一定差异，尚未正式鉴定或命名为品种的过渡性变异类型。

这种分类方法可以使人们清楚各种观赏植物彼此间在形态上或系统发育上的联系或亲缘关系，以及生物学特性的异同等，是采用栽培技术、决定轮作方式、进行病虫防治以及育种的重要依据。但由于原产地不同，即使同科同属甚至同种植物，形态与生物学特性相差甚大。因此，这种分类与观赏植物生产的距离较大，应用中还需要用其他分法予以补充。

2.2.2 依观赏部位分类

1. 观花类

以观赏花朵为主的观赏植物，如荷、菊、百合、山茶、杜鹃等。

2. 观果类

以观赏果实为主的观赏植物，如金柑、石榴、冬珊瑚、紫珠等。

3. 观茎类

以观赏茎干为主的观赏植物，如仙人掌、光棍树、佛肚竹、卫矛等。

4. 观叶类

以观赏叶片为主的观赏植物,如竹芋、变叶木、彩叶草、文竹、蕨类等。

5. 芳香类

以闻其芳香为主的观赏植物,如米兰、茉莉、桂花、含笑、栀子花等。

以上按观赏部位分类也不是绝对的。有的观赏植物既可以观花又可以观果,如石榴等。有的观赏植物既可以闻其香味又可以观花,如栀子花等。

2.2.3 依开花季节分类

1. 春花类

指2~4月间花朵盛开的观赏植物,如杜鹃、茶花、玉兰、樱花、风信子、郁金香、荷色牡丹等。

2. 夏花类

指5~7月间花朵盛开的观赏植物,如凤仙、茉莉、美人蕉、蜀葵、米兰、荷花、夹竹桃、姜花、石竹、半支莲、三色堇、花菱草、玉兰、麦秆菊、矮牵牛、一串红、风铃草、芍药、飞燕草、紫罗兰等。

3. 秋花类

指8~10月间花朵盛开的观赏植物,如菊花、鸡冠花、桂花、白兰、米兰、九里香、含笑、千日红、凤仙、翠菊、长春花、紫茉莉等。

4. 冬花类

指11月至翌年1月间花朵盛开的观赏植物,如蜡梅、梅、水仙、墨兰、茶花、一品红、龙吐珠、蟹爪兰、三角花等。

以上按花期分类并不是绝对的。因品种、栽培季节和地理条件不同,同一种观赏植物的开花期也不相同。

2.2.4 以生物学特性为主的分类

按观赏植物的生长类型、生活史和生态习性进行综合分类。

1. 1~2年生观赏植物

在一个生长周期内或两个生长周期内完成其生活史的观赏植物。

(1) 1年生观赏植物:在一个生长周期内完成其生活史的植物。其多数种类原产于热带或亚热带,故不耐0℃以下的低温,常在春季播种,夏、秋季开花,冬季到来之前死亡,如百日草、鸡冠花、千日红、凤仙花、波斯菊等。

(2) 2年生观赏植物:在两个生长周期内完成其生活史的观赏植物。其多数种类原产于温带或寒冷地区,耐寒性较强,秋季播种,能在露地越冬或稍加覆盖防寒越冬,翌年春季开花,夏季到来时死亡,如三色堇、石竹、桂竹香、瓜叶菊、报春花等。

2. 多年生观赏植物

可以在多个生长周期内生长开花的观赏植物。多数多年生观赏植物以地下部分越冬或越夏,待温度等自然条件允许后继续恢复生长。

(1) 宿根观赏植物:越冬或越夏时,植株的地下部分(根或地下茎)不变态的,称为宿根观赏植物,如芍药、菊、香石竹、荷兰菊、蜀葵、文竹等。

(2) 球根观赏植物:越冬或越夏时,植株的地下部分(根或地下茎)发生膨大等变态的,称为球根观赏植物,如水仙、百合、郁金香、风信子、小苍兰、番红花、君子兰、百子莲等。根据植株地下部分变态器官的来源和形态,球根花卉又分为鳞茎(如百合、贝母、朱顶红等)、球茎(如唐菖蒲等)、块茎(如仙客来等)、根茎(如美人蕉等)和块根(如大丽花等)。

3. 水生观赏植物

这是常年生活在水中,或在其生命周期内有段时间生活在水中的观赏植物。如荷花、睡莲、王莲、菱等。

4. 仙人掌类及多浆观赏植物

这是仙人掌科与其他科中具肥厚多浆肉质器官(茎、叶或根)的植物总称,如仙人掌、令箭荷花、芦荟、落地生根、玉树等。

5. 兰科观赏植物

兰科中具有较高观赏价值的植物的总称,如春兰、建兰、墨兰、蝴蝶兰、大花蕙兰等。

6. 食虫植物

这是具有特殊构造的营养器官(如筒状叶、腺毛或囊)、能引诱、捕捉并消化吸收昆虫和小动物作为补充营养的植物,如捕蝇草、猪笼草等。

7. 地被观赏植物

这是株丛紧密、低矮(50cm以下),用以覆盖景观地面的植物。草坪也属于地被植物的范畴。地被植物以草本植物为主,也包括少量低矮的灌木或匍匐类的藤本,如沿阶草、高羊茅、偃柏等。

8. 乔木类

这类植物主干明显而直立,分枝多,树干与树冠有明显区分,如白玉兰、广玉兰、樱花、桂花、雪松、圆柏等。

9. 灌木类

这类植物无明显主干,一般植株较矮小,近地面处生出许多枝条,呈丛生状,如月季、迎春、杜鹃、山茶、黄杨、茉莉等。

10. 藤木类

这类植物茎木质化,长而细软,不能直立,需要缠绕或攀缘其他物体才能向上生长,如紫藤、凌霄、葡萄等。

11. 观赏竹类

这是以观赏其形、姿、色、韵为主的竹类,如佛肚竹、斑竹、紫竹等。

2.2.5 依产品的商品特性分类

根据农业部对我国花卉产业统计的要求,花卉产品分为鲜切花类(包括鲜切花、鲜切叶、鲜切枝)、盆栽植物类(包括盆栽植物、盆景、花坛植物)、观赏苗木、食用与药用花卉、工业及其他用途花卉、草坪、种子用花卉、种苗用花卉、种球用花卉,以及干燥月花等10类。

1. 鲜切花类

(1) 鲜切花是自活体植株上剪切下,以花为主要观赏对象的花卉产品。鲜切花可以是一朵花,如月季,也可以是一个花序,如唐菖蒲。月季、百合、唐菖蒲和菊花是世界四大切花。鲜切花是世界花卉贸易中占比最大的产品类型,约占60%。鲜切花以丰富的花型与色彩，成为花卉装饰中的主角。

（2）鲜切叶是自活体植株上剪切下，以植物的叶片为主要观赏对象的花卉产品。用作鲜切叶的叶片往往具有奇特的叶型或色彩。常见的鲜切叶如龟背竹、绿萝、绣球松、针葵、肾蕨、变叶木等。鲜切叶在花卉装饰中，担当"绿叶"的角色。

（3）鲜切枝是自活体植株上剪切下，以植物的枝条为主要观赏对象的花卉产品。用作鲜切枝的枝条往往具有独特的形状与色彩。常见的鲜切枝有银芽柳、连翘、雪柳、绣线菊、红瑞木等。假如鲜切枝带果实切下，也被称为鲜切果，如佛手、乳茄、火棘等。鲜切枝在花卉装饰中，可以作为欣赏的主体，也可以作为配角。

2. 盆栽植物类

（1）盆栽植物。盆栽植物包括盆花和盆栽绿色植物（常简称为绿植）。盆花是以花作为主要观赏对象的盆栽植物。盆花既可以是1～2年生盆栽植物，如一串红、矮牵牛、何氏凤仙等，也可以是多年生盆栽植物，如凤梨、红掌、兰科花卉、多肉类花卉等，还可以是盆栽花灌木，如盆栽月季、杜鹃、牡丹等。盆栽绿色植物是以绿色为主要观赏颜色的盆栽植物，以木本植物为主，如橡皮树、绿萝、马拉巴栗、铁树等。盆栽植物通常是在特定的条件下栽培，达到适于观赏的阶段移到被装饰的场所进行摆放，在失去最佳观赏效果或完成任务后就可移走。在花卉装饰中，盆栽植物既可以展示群体美，也可以展示个体美。对盆栽绿色植物的选择标准，除了观赏价值外，还有生态环保的价值。以2012年花卉业统计数据为例，在我国花卉产业中，盆栽植物的种植面积、销售额和出口额分别占8.19%、14.36%和13.55%。

（2）盆景。盆景是以树木、山石等为素材，经过艺术处理和精心培养，在盆中再现大自然神貌的艺术品。盆景可分为树桩盆景、水石盆景、树石盆景、竹草盆景、微型组合盆景和异型盆景等六大类。盆景是观赏植物生产的特殊产品，盆景的商品价值与盆景所用的素材、盆景表现出的意境，以及养护时间等因素有关。在花卉装饰中，盆景多作为欣赏的主体。

（3）花坛植物。花坛植物是指以布置花坛为主要目的的观赏植物。花坛的种类不同，所选用的花坛植物也不同。花丛花坛常用的观赏植物有三色堇、雏菊、金盏菊、紫罗兰、矢车菊、飞燕草、石竹类、美女樱、鸡冠花、千日红等。毛毡花坛常用的观赏植物有五色苋、彩叶草、半枝莲等。

3. 观赏苗木

观赏苗木是指用于城镇绿化和生态园林的木本植物，包括乔木、灌木、藤本以及竹类等观赏植物。观赏苗木在我国花卉产业中占有重要地位，以2012年花卉业统计数据为例，在我国花卉产业中，其种植面积、销售额和出口额，分别占56.93%、11.81%和9%。

4. 食用与药用花卉

食用与药用花卉指植株的某一部分或全部可用于食用与药用的花卉。

5. 工业及其他用途花卉

工业及其他用途花卉指植株的某一部分或全部可用作工业原料或其他用途的花卉。

6. 草坪

草坪在园林上是指人工栽培的矮性草本植物，经一定的养护管理所形成的块状或片状密集似毡的植物景观。这里的"草坪"指用以铺设草坪的植物总称。草坪植物属于地被植物的一部分。根据我国观赏植物产业的现状,这里的"草坪"应该包括了地被植物。

7. 种子用花卉

种子用花卉指为观赏植物生产提供种子的花卉。种子是种子植物有性繁殖的器官,又是观赏植物生产的生产资料。大多数花卉,尤其是1~2年生草本花卉,如一串红、瓜叶菊、羽衣甘蓝、美女樱、福禄考等,主要采用种子播种繁殖。由种子培育出的幼苗叫实生苗,它可以在短期内大量生产。种子的包装、储藏和运输比营养体要方便得多,由其培育出的植株具有长势旺盛、园艺性状强等优点,其中杂交种子往往表现得更为突出。所以种子是观赏植物最主要的繁殖材料。

8. 种苗用花卉

种苗用花卉指为观赏植物生产提供种苗的花卉。种苗不仅指由种子培育出的实生苗,还包括由扦插繁殖的扦插苗、嫁接繁殖的嫁接苗、组织培养繁殖的组培苗等营养苗。伴随着观赏植物生产的现代化进程,种苗规模化、专业化生产的优越性日渐显现,已经成为观赏植物产业发展水平的重要指标。

9. 种球用花卉

种球用花卉指为观赏植物生产提供种球的花卉。种球是指球根花卉地下部分(茎或根)变态、膨大并贮藏大量养分的无性繁殖器官,如朱顶红、郁金香、风信子、百合等的鳞茎,唐菖蒲的球茎,美人蕉的根状茎,仙客来的块茎和大丽花的块根等。世界观赏植物生产中,球根花卉约占整个产业的20%左右。种球已经成为世界观赏植物贸易中的重要商品。

种子用花卉、种苗用花卉和种球用花卉,在世界观赏植物界也合称为繁殖用材料。其在世界观赏植物贸易中所占的比重较低,但体现了一个国家或地区观赏植物产业的发展水平和实力。荷兰、美国、日本等观赏植物产业水平先进的国家,都占有较大份额的繁殖材料的市场。

10. 干燥用花

干燥用花指植株的某一部分或全部用于加工成干燥花的花卉。

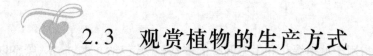

2.3 观赏植物的生产方式

观赏植物生产是观赏植物产业的基础,其生产方式随着经济社会的发展而不断进步。观赏植物的生产方式包括观赏植物的栽培方式、观赏植物的种植制度与观赏植物生产的组织方式等。

2.3.1 观赏植物的栽培方式

观赏植物的栽培方式是指在观赏植物栽培上因自然或人为条件不同而产生的不同栽培形式,如露地栽培和保护地栽培,土壤栽培和无土栽培,地栽与盆栽,等等。

1. 露地栽培

这是完全在自然气候条件下,不加任何保护的观赏植物栽培形式。一般植物的生长周期与露地自然条件的变化周期基本一致。露地栽培具有投入少、设备简单、生产程序简便等优点,是观赏植物生产、栽培中常用的方式。露地栽培的缺点是产量较低、抵抗自然灾害的能力弱。在露地栽培中,往往有在植物生长发育的某一阶段增加保护措施的做法。例如,露地栽培的观赏植物采用保护地育苗,有提早成熟的效果;盛夏进行遮阴,可以防止日灼,提高产品质量;露地栽培的切花,于晚秋至初冬进行覆盖,有延后栽培的作用等。

2. 保护地栽培

又称设施栽培,指在有人工设施的保护下进行观赏植物栽培。保护地栽培具有一次性投资大、栽培技术要求高、可周年生产、单位面积产量和产值高等特点。人工设施有冷床、温床、塑料大棚、温室、遮阴棚等。现代温室多有调节温度、光照、空气湿度等设施设备,可对温室内环境进行调控。保护设施主要具有两方面的作用,一是在不适于某一类观赏植物生态要求的地区进行栽培,二是在不适于观赏植物生长的季节进行栽培。

3. 土壤栽培

又称地栽,指在自然土壤上进行观赏植物栽培。土壤栽培又分为露地栽培和设施栽培,以露地栽培最为常见。土壤栽培观赏植物,受土壤的质地、肥力、酸碱度等因素的制约性大,产品的产量与产值不稳定。土壤栽培的技术相对于无土栽培而言要求不高,容易被接受和推广。土壤栽培的一次性投入少,在中等及以下生产水平时,其经济效益可接近无土栽培。

4. 无土栽培

即不使用土壤而用营养液和基质栽培观赏植物。观赏植物无土栽培一般都在设施内进行。无土栽培具有不受土壤条件限制、节省水分养分、病虫害少、产品质量和产值高、适于自动化生产等优点。但无土栽培一次性投入大、栽培技术要求高。生产水平越高,无土栽培的生产潜力越大。

2.3.2 观赏植物种植制度

种植制度是指在一定范围土地和一定时期,按照土地面积、生产季节以及前、后作的计划布局和安排,有计划种植观赏植物的种类、品种的规定。一般的种植制度有休闲、连作、间作、套作和轮作等。观赏植物生产的特点是种类、品种繁多,生长习性相差悬殊,茬口复杂而每种植物的栽培面积又不大。另外,观赏植物种植制度还受到市场规律的主导和设施设备的制约。所以,观赏植物种植制度十分复杂。

建立种植制度,对于土壤栽培,尤其是保护地土壤栽培非常重要。一个合理的种植制度,不仅可以提高土地的利用率,还可以克服连作障碍,降低土壤消毒、洗盐、换土等生产成本。

1. 苗圃种植制度

苗圃的大部分土壤面积用于观赏树木的生产。以长江下游地区的江、浙、沪为例,花灌木和落叶乔木,一般2～3年出圃;常绿乔木则需要3～5年。多数苗圃采用选优出圃,不能一次起苗。所以轮作周期要延长至5～8年。这样的土地可以实现间作,即在大规格苗木的行间或株间种植地被植物或生产花坛植物。

2. 露地切花种植制度

生育期比较短的切花，生长期约 3 个月左右，所以往往在一年内连作两次，然后再与其他观赏植物轮作。生育期比较长的切花，生长期约 7 个月左右，连续两年后，也需要与其他观赏植物轮作。

3. 保护地种植制度

由于设施内环境的特殊性，土壤连作障碍问题十分突出，应建立和严格实施轮作制度或休闲制度。在休闲期间，尽可能打开设施，让土壤在自然条件下接受雨水淋洗。

4. 露地与保护地交替种植制度

绝大多数塑料大棚无加温等附属设施，拆装容易，可与露地栽培交替进行，即隔年或隔两年，将设施拆装到露地栽培土地上，而原来保护地改为露地栽培。

2.3.3 观赏植物生产的组织方式

以观赏植物为生产对象，根据产品性质、生产方式或专业化程度所形成的生产组织有不同形式。观赏植物生产的经营主体为公司或家庭农场（在我国现阶段为专业户）。

1. 农户式生产

以农户为单位，雇佣少量劳动力，自主生产经营。世界各国的观赏植物生产多以农户式（或家庭农场）生产为主。例如，日本观赏植物生产的农户达 9 万多户，占生产主体的 99.5%。这种组织方式生产经营灵活，生产的产品种类单一。中国的观赏植物生产专业户，多数由大田作物生产转变而来，资本小，投入不足，信息不通畅，普遍缺乏专业技术人员指导，产品档次低，生产经营抗风险能力弱。

2. 合作式生产

农户自发组织，规模大小不一，少则几户，多则几百户；有按区域合作的，有按产品种类合作的，也有跨区域多品种合作的，有紧密型的，也有松散型的。这种组织方式按约定的制度开展生产经营，组织内部有分工，专业化程度较高，对外维护合作社成员的利益、抗御市场风浪的能力较强。

3. 公司 + 农户生产

这是将"大公司"与"小农户"联结起来，以企业为龙头，与农户在平等、自愿、互利的基础上签订经济合同，明确各自的权利和义务及违约责任，通过契约机制结成利益共同体，企业向农户提供产前、产中和产后服务，按合同规定收购农户生产的产品，建立稳定供销关系的合作模式。

4. 集团式生产

有实力的企业通过收并其他企业，组成集团，参与观赏植物的育种、生产、销售和技术服务。这类组织方式，往往是强强联合，特色互补，具有旺盛的生命力，引导和左右着观赏植物产业的发展方向。

据全国花卉业统计资料显示，2012 年，我国观赏植物生产经营企业实体 68878 个，其中种植面积在 3 公顷以上或年营业额在 500 万元以上的大中型企业 14189 个，占生产经营企业实体的 20.6%。另外还有花卉专业户 1752395 个，占生产经营企业实体的近 80%；从业人员 4935269 人，其中专业技术人员 241407 人。

2.4 观赏植物的生产条件

观赏植物的生产条件是随着农业环境工程技术的突破而迅速发展的。随着现代工业向农业的渗透和微电子技术的应用,观赏植物的生产条件发生了根本改变。集约化、设施化、机械化、自动化、智能化是观赏植物生产发展的必然趋势。观赏植物的生产条件也要顺应这种发展趋势。荷兰、美国等观赏植物生产的先进国家,都是围绕集约化和设施化生产开展生产条件建设的。这些国家不但改善了本国观赏植物的生产条件,促进了观赏植物的生产,还围绕这些生产条件建设形成了强大的产业。

保护地生产设施,是现代观赏植物生产的必备条件。例如,荷兰、丹麦、德国、以色列等国,其80%~90%的盆栽花卉均是在现代化温室中栽培生产的。保护地生产设施包括温室、塑料大(中、小)棚和遮阴棚等,还包括与之配套的设备以及控制仪器、分析仪器等。据农业部花卉产业统计数据显示,2012年我国用于观赏植物生产的保护地面积达到106445.75万平方米,其中温室28112.12万平方米,塑料棚(含大、中、小棚)46831.85万平方米,遮阴棚31501.79万平方米。温室面积中,节能日光温室17249.53万平方米,占温室总面积的61.36%。严格意义上讲,地膜覆盖也是一种保护地生产的方式。

2.4.1 温室

温室是用有透光能力的材料覆盖屋面而成的保护性植物生产设施,又称暖房。用于观赏植物温室生产的温室,主要包括双屋面温室和单屋面的节能日光温室,还有少量的植物工厂。

1. 双屋面温室

双屋面温室包括屋脊形温室和拱形屋面温室。前者的透光屋面大多用玻璃覆盖,后者的屋面大多用塑料薄膜覆盖。生产用双屋面温室多数栋相连,称联栋温室,如图1-2-1所示。

双屋面温室的骨架多用金属材料构成,具

图1-2-1 双屋面温室

有坚固、美观、遮挡阳光面积小和便于附着其他设备等特点。双屋面温室一般都屋脊南北向,有利于阳光均匀进入温室内部。双屋面温室自身带有顶窗、侧窗等通风降温机构。现代温室多为双屋面温室,温室内配备水帘、排风扇、循环风扇、微雾、内外遮阴网等降温设备;热水、蒸汽或热风等加温设备;滴灌、自走式浇灌、水质过滤器、水肥混合器等灌溉施肥设备,以及固定或可移动植物台等。用于育苗的温室,配备机械播种线、种子发芽室等专用设备。更为先进的温室还配备了智能控制系统,可以自动检测与控制温室内的光照、温度、湿度、灌溉、通风、二氧化碳浓度等环境因子。有的还配备了物联网,实现远程监测与控制。为了节约人工成本,减轻劳动强度,提高生产效率,荷兰等国家正在研制和推广温室作业自动化系统,实现了移植、上盆、空间调度、产品分级、植物台清洗消毒的自动化与智能化。现代温室的生产与使用以荷兰、以色列等国家为最多,我国经济较为发达的地区也有引进和建造。由于这类温室的生产条件好,每平方米温室一年可产月季切花 180 枝,相当于露地栽培产量的 10 倍以上。但现代温室的能源消耗大,使用成本高。因此近年来一些发达国家大力研究节能措施,如双层玻璃、室内采用保温帘、多层覆盖和利用太阳能等技术措施,可节省能源 50% 左右。另外,美国、日本、意大利等国开始把温室建在适于喜温植物生长的温暖地区,也减少了能源消耗。

2. 节能日光温室

节能日光温室属于单屋面温室。这种温室 20 世纪 80 年代起源于辽宁瓦房店,后经山东寿光农民技术人员改造、开发,寿光日光温室已经发展到第五代,成为我国北方设施生产的主流日光节能温室。节能日光温室的透光面南北方向呈由北向南的倾斜抛物线,并向东西方向延长。透光面用金属材料或竹木材料做骨架,用塑料薄膜覆盖。节能日光温室的东西两侧和后侧的墙,均为"三明治式"的夹心结构,以减少温室内外的热交换。为方便通风降温,一般在后墙上留有通风窗,屋面覆盖的薄膜设计成可拉动式或可卷曲式。夜间保温材料包括室外覆盖材料和室内覆盖材料。常用的室外覆盖材料有保温被、草帘等,并有专用的机械卷帘或垂帘。室内覆盖材料有无纺布等。用于育苗、科研的节能日光温室,也配备加温、降温、灌溉和环境监测等附属设备,如图 1-2-2 所示。

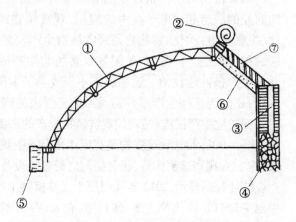

① 钢架前屋面　② 外保温覆盖　③ 夹心墙体
④ 实心墙基　⑤ 防寒沟
⑥ 后屋面内层　⑦ 后屋面外层

图 1-2-2　节能日光温室示意图

3. 植物工厂

植物工厂是继温室栽培之后发展起来的一种高度专业化、现代化的生产设施(图 1-2-3)。它与温室生产的不同点在于,基本摆脱自然条件和气候的制约,应用现代先进设备,完全由人工控制环境条件,实现了产品质量的全程可控与全年均衡供应。一些发达国家,已开始将植物工厂用于观赏植物生产了。

当前,国际上温室建造与利用有三个发展趋势,即大型化、现代化和生产工厂化。大型化的优点是在结构相同的条件下,温室面积越大,温室内温度越稳定,温差越小。温室

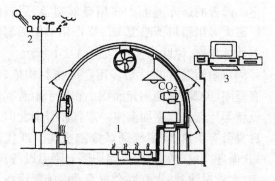

图 1-2-3　植物工厂示意图

面积大,便于机械化操作,有利于提高劳动效率。例如,荷兰的温室,小型的 1 公顷左右,中型的 3 公顷左右,大型的 6 公顷左右。温室现代化包括温室结构标准化、温室环境条件调节自动化或半自动化、栽培管理机械化、栽培技术科学化。温室生产工厂化包括从基质配制、

播种、发芽、移栽、浇水、施肥、环境控制、产品搬移等作业均实现工业流水线、自动检测和控制。

我国幅员辽阔,各地的自然条件与观赏植物生产条件有较大差异。因此,根据当地条件,选择合适的温室类型与档次显得更加重要。同时,改进和开发适于本地条件的温室也是行之有效的途径。

2.4.2 塑料棚

塑料棚是塑料薄膜覆盖的拱形棚的统称。根据拱形棚的规格,又分为大棚(高大于2m,宽大于5m)、中棚(高1.8m左右,宽2~5m)、小棚(高0.5~1.0m,宽1~2m)(图1-2-4)。

塑料棚用金属管材或竹木材料做骨架,其上覆盖塑料薄膜作透光面。单座塑料棚的占地面积大小不一,CP-C62型装配式钢管棚宽6m,长30m。塑料棚也可3~5座横向连接,形成较大的空间,称为联栋棚。

图1-2-4 塑料大棚

塑料棚内一般不配备加温、降温、通风等专用设备,内部环境调控余地小,抵御特殊自然灾害的能力弱。但由于塑料棚的建造成本低,管理比较简便,在观赏植物生产设施中仍然占有比较大的比重。目前世界上塑料棚最多的国家是中国、意大利、西班牙、法国、日本等。在我国,塑料棚主要用于南方地区的切花生产和观叶植物生产。在长江中下游地区,塑料棚主要用于中低档盆花的周年生产。

塑料棚的发展趋势,一是由于联栋,设施面积扩大,设施内环境相对稳定,生产作业也更为便利。二是由于化学工业的发展,塑料薄膜的可选择性余地增加。目前生产上常用于覆盖塑料大棚的薄膜有聚氯乙烯薄膜(PVC)、聚乙烯薄膜(PE)和醋酸乙烯薄膜(EVA)。聚氯乙烯薄膜具有透光性能好,保温性强,耐酸,扩张力强,质地软,易于铺盖等特点,是我国园艺生产使用最广泛的一种塑料大棚覆盖材料,厚度一般为0.075~0.1mm,而大型连栋式大棚则多采用厚为0.13mm,宽度一般为180cm,宽幅的为230~270cm,其缺点是易吸附尘土。聚乙烯薄膜具有透光性好,附着尘土少,不爱粘连,耐农药性能强,价格比聚氯乙烯薄膜低等优点,缺点是夜间保温性能较差,扩张力、延伸力也不如聚氯乙烯薄膜。醋酸乙烯薄膜的特点是质地强韧,不易污染,耐药,不变质,无毒,耐气候性强(冬不变硬,夏不粘连),热黏合容易,加工方便,是较理想的覆盖材料。根据添加剂与性能的不同,塑料薄膜还可以分为无滴膜、防尘无滴膜、漫反射膜等。

2.4.3 遮阴棚

遮阴棚也是观赏植物生产中的重要设施。按使用性质,遮阴棚可分为临时性遮阴棚与永久性遮阴棚。按遮阴面的高度,遮阴棚可分为高遮阴棚(3m以上)、中遮阴棚(2~2.5m)、低遮阴棚(1m左右)。按遮阴材料,遮阴棚可分为苇帘遮阴棚和黑色尼龙丝网遮阴棚等。

1. 遮阴棚的构造

遮阴棚一般采用东西向延长,高2.5m,宽6~7m,每隔3m立柱一根。为了避免上、下午的阳光从东或西侧照射到遮阴棚内,在东、西两端还要设置斜面并覆以遮阴物,或将棚顶所覆盖的苇帘、遮阴网延长下来,遮阴物的下缘应距地60cm左右,以利通风。遮阴棚内地面要平整,最好铺设细煤渣或瓜子片(一种不规则的细小石料),以利排水,还可减少下雨或浇水时泥水溅污枝叶或花盆。在遮阴棚内放置观赏植物时,要注意通风良好,管理方便,应按植株高矮有序摆放,略喜光者置于南缘,喜阴的置于北缘。视遮阴棚跨度大小,可沿东西向设置1~2条通道,以便管理作业。遮阴棚内设置管道取水口或埋设若干水缸,以供灌溉使用。有的地方采用葡萄、凌霄、蔷薇等攀缘植物作遮阴棚,颇为实用美观,但要经常进行疏剪以调整蔽荫程度。

临时性遮阴棚,一般根据生产现实的需要,选择搭建地点,采用竹木等就地可取的材料来建造。使用一个季节后,根据需要拆除或留给下一个季节使用。永久性遮阴棚的形状与临时性遮阴棚相同,但骨架多用铁管或水泥柱构成,可供多个季节使用。

2. 遮阴棚在生产中的应用

观赏植物生产中,遮阴棚主要应用于兰花及多数观叶植物的越夏,以及夏季的嫩枝扦插、播种、上盆或分株植物的缓苗期。

2.4.4 地膜覆盖

地膜覆盖,即将塑料薄膜直接覆盖于土壤表面进行生产的一种方式,是保护地生产中最为简单易行的一种方式。地膜覆盖可以提高地温,保持土壤水分,促进有机质分解,提高产品的产量与质量。应用地膜覆盖可使喜温植物的种植向北推移2~4个纬度,即延长无霜期10~15天,提高旱地水分利用率30%~50%。覆盖地面一般用厚度为0.005~0.015mm的聚乙烯透明薄膜,也称地膜。地膜又有普通地膜与特殊地膜之分。普通地膜包括广谱地膜与微薄地膜。广谱地膜无色透明,增温、保湿性能良好。微薄地膜为透明或半透明状,透明度不及广谱地膜,增温、保湿性能都略差。特殊地膜种类很多,常见的有有色地膜、除草地膜、避蚜(虫)地膜、微孔地膜等。除草地膜一般为黑白两色薄膜,使用时将乳白色的一面向上,有增加反光的作用。将黑色的一面向下,可降低地温并有效抑制杂草生长。避蚜(虫)地膜为银灰色,可有效地驱避蚜虫和白粉虱,减少蚜虫和白粉虱的危害,并减少由蚜虫导致的病害的发生。

地膜覆盖投资少,操作简单,便于推广,已经成为我国北方春季少雨地区观赏植物生产的设施栽培主要形式之一。但地膜一般只能用一季,破损地膜又难以回收,容易造成白色污染,因此,正在研制可降解、无公害的生物地膜。另外,配合地膜覆盖栽培,研制、开发配套机具的工作也方兴未艾。

2.4.5 无土栽培设施

无土栽培是随着设施生产发展而研究采用的一项栽培方式和栽培技术。无土栽培的设备因无土栽培的种类不同而不同。

1. 无土栽培的种类

无土栽培的类型和方法很多,目前没有统一的分类方法。根据基质的有无可分为无基质栽培和基质栽培;根据消耗能源的多少和对生态环境的影响,可分为有机生态型和无机耗能型。根据所用肥料的形态,可分为液肥无土栽培和固态无土栽培。目前比较普遍的分类方法,是根据植物根系的固定方法来区分,大体可以分为无基质栽培和基质栽培两大类。无基质栽培又可以分为水培和喷雾栽培两种(表1-2-1)。

表 1-2-1　无土栽培的类型

无土栽培	无基质栽培	水培	营养液膜水培（NFT）	
			深液流水培（DFT）	
			动态浮根水培（FCH）	
		雾培		
	基质栽培	有机基质栽培	槽培、袋培	有机生态型
		无机基质栽培		岩棉培

（1）无基质栽培。

水培：是指不使用固体基质固定作物根系的无土栽培法，通常根系直接或间接地与营养液接触。由于所使用的设施、设备以及技术的不同，它的栽培方法很多，大体上分为三大类，即营养液膜法（简称"NFT"）、深液流法（简称"DFT"）和动态浮根法（简称"FCH"）。"NFT"的原理是使一层很薄的（0.5～1cm）营养液层，不断循环流经植物根系，既保证不断供给植物水分和养分，又不断供给根系新鲜氧气。"DFT"是在设施栽培床中，盛放深度为5～10cm的营养液，将植物根系置于其中，同时采取相应措施补充氧气。其优点是不怕中途停水停电，根际的缓冲作用大，根际环境受外界环境的影响小，稳定性好，有利于植物的生长和管理；但对设施装置的要求高，根际氧气的补充十分重要，一旦染上土传病害，蔓延快，危害大。"FCH"在栽培床内进行营养液灌溉时，植物根系随着营养液的液位变化而上下左右波动，灌满8cm深的水层后，栽培床内的自动排液器将营养液排出去，使液位降至4cm的深度；此时上部根系暴露在空气中可以吸氧，下部根系浸在营养液中不断吸收水分和养料。

喷雾栽培：简称雾培或气培。它是将营养液压缩成气雾状而直接喷到植物的根系上，根系悬挂于容器的空间内部。通常用聚丙烯泡沫塑料板，其上按一定距离钻孔，于孔中栽培植物。根系下方安装自动定时喷雾装置，一般每隔2～3min喷雾30s。营养液循环利用，同时保证根系有充足的营养和氧气。

（2）基质栽培。

基质栽培是无土栽培中推广面积最大的一种方式。真正的无土栽培应该是无机基质栽培，常用的基质材料包括石棉、沙粒、石砾、叶土、蛭石、珍珠岩、陶粒、煤渣等，但在生产中，堆肥土、草皮土、沼泽土、泥炭、碎木屑、塘泥、稻壳和生产食用菌废料等也常做无土栽培的基质。植物的根系生长在基质中，通过滴灌或细流灌溉等方法，给植物提供营养。栽培基质可以装入塑料袋内，或铺于栽培沟或槽内。基质栽培的营养液系统是开路系统，即营养液不回收利用，可以避免因营养液循环而传播病害。但无机基质栽培常引起环境问题，产生公害；而有机基质在使用后可以翻入土壤做肥料且能改良土壤，对环境不产生污染。基质的缓冲能力强，不存在水分、养分和供养之间的矛盾，而且设备较水培和雾培简单，甚至可以不需要动力，所以在生产中普遍使用。

2. 无土栽培的设施

无土栽培因其种类不同，所用的设施也不同。应用于观赏植物生产的无土栽培设施，具有成本低、牢固不易破损、能抗水浸泡、便于操作等特点。无土栽培的主要设施有栽培床、供液系统、栽培容器等。

（1）营养液膜（NFT）系统。NFT系统主要由栽植槽、贮液池、营养液循环流动装置、控制系统四部分组成(图1-2-5)。贮液池用于贮存和循环回流的营养液,一般设在地下,可用砖头、水泥砌成,里外涂以防水物质,也可用塑料制品、水缸等容器,其容积大小应根据供应的面积和植株数量确定。栽培床是在$\frac{1}{100} \sim \frac{1}{80}$坡降的平整地面,铺一层黑色或黑白双面聚乙烯薄膜,使其成槽状,供栽植与固定植物根系,使营养液在床面呈薄层循环液流。营养液循环流动装置由供液水泵和供液管道组成,将经水泵提取的营养液分流再返回贮液池中,以供再次使用。控制系统主要控制营养液的供应时间、流量、电导率、pH和液温等。

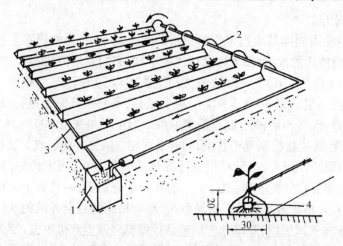

1. 贮液池 2. 供液管 3. 回收管 4. 植物

图1-2-5 营养液膜水培系统

(2) 深液流(DFT)系统。深液流技术现已成为一种管理方便、性能稳定、设施耐用、高效的无土栽培类型。深液流水培栽培装置包括贮液槽、栽培槽、水泵、营养液自动循环系统及控制系统等(图1-2-6)。该系统能较好地解决NFT装置在停电和水泵出现故障时而造成的被动困难局面,营养液层较深,营养液的浓度、温度以及水分存量都不易发生急剧变化,pH较稳定,为根系提供了一个较稳定的生长环境。植株悬挂于营养液的水平面上,使植株的根颈离开液面,有利于氧气的吸收。营养液循环流动,以增加溶氧量,消除根系有害代谢产物的积累,提高营养利用率。

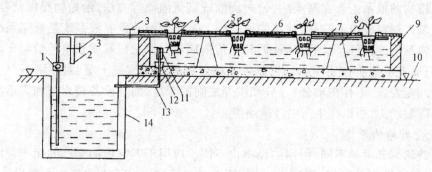

1. 水泵 2. 增氧支管 3. 流量调节阀 4. 栽植杯 5. 栽植板 6. 供液管 7. 营养液
8. 支承墩 9. 栽植槽 10. 地面 11. 液层控制管 12. 橡皮管 13. 回流管 14. 贮液池

图1-2-6 深液流水培系统

在栽培槽内灌注营养液,在泡沫盖板上按20cm×20cm或30cm×40cm的行株距开圆孔,孔径大小应与育苗钵径粗一致,然后将多孔性育苗钵(块)栽插到开好的圆孔中去,使根系接触培养槽中的营养液。随着根系的生长,可逐渐降低营养液层深度,增加透气性和氧气供给量。

(3)动态浮根水培(FCH)系统。该装置主要由贮液池、栽植槽、循环系统和供液系统四部分组成(图1-2-7)。FCH系统改进了NFT水培装置的缺点,减少了液温变化,增加了供氧量,使根系生长发育环境得到改善,避免了停电、停泵对根系造成的不良影响。

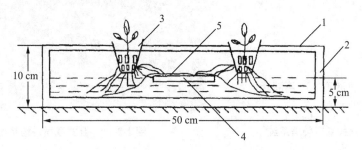

1. 栽植板　2. 栽植槽　3. 栽植杯　4. 浮板　5. 无纺布

图1-2-7　动态浮根水培系统

(4)雾培系统。雾培是将植物根系悬挂于容器中,将营养液用喷雾的方法,直接喷到植物根系上的栽培方法(图1-2-8)。

(5)槽培系统。槽培就是将基质装入一定容积的栽培槽中以栽植植物。目前生产上应用较为广泛的是在温室地面上直接用红砖垒成栽培槽。为了防止渗漏并使基质与土壤隔离,通常在槽内铺设1~2层塑料薄膜(图1-2-9)。

图1-2-8　雾培系统　　　　图1-2-9　槽培栽培系统

(6)袋培系统。袋培用特制的尼龙袋、塑料袋等装上基质,按一定距离在袋上打孔,在孔中栽培植物,以滴灌的形式供应营养液。袋内的基质可以就地取材,如蛭石、珍珠岩、锯末、树皮、聚丙烯泡沫、泥炭等及其混合均可。

基质袋培可分为立式(图1-2-10)和卧式(图1-2-11)两种形式。立式基质袋多呈筒状,直径15cm,长1~2m,吊挂在温室内,上端配置供液管,下端设置排液口。卧式基质袋平铺于地面上,袋长40~100cm,宽20cm,厚8~10cm,每袋栽培1株或数株植物。

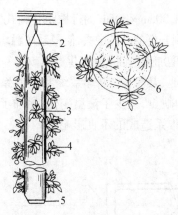

1. 挂钩　2. 供液管　3. 滴灌管
4. 植物　5. 排水孔

图 1-2-10　立式基质袋培系统　　　　图 1-2-11　卧式基质袋培系统

（7）岩棉培系统。用岩棉作基质的无土栽培，称之为岩棉培。目前，许多国家都在实验与应用，其中以荷兰的应用面积最大，已达 2500 多公顷。我国的岩棉资源极其丰富，随着岩棉生产技术的不断更新，岩棉的生产成本还可下降。

农用岩棉的理化性能。岩棉是以 60% 的辉绿岩或玄武岩，20% 的石灰石或白云石，20% 的焦炭为原料，将上述混合物于冲天炉经 1600℃ 的高温熔融、加工而成的一种矿质纤维。用于无土栽培的农用岩棉，在制作工艺过程中，还应添加适宜的亲水剂，以增强其亲水性。

岩棉培的特征。岩棉培是用农用岩棉作栽培床，以滴灌方式供应营养液，进行的无土栽培。岩棉具有土壤栽培的多种缓冲作用，如吸水性能、保水性能和通气性能等，利于植物根系的生长。

岩棉培的装置。该系统包括栽培床、供液装置和排液装置。若采取循环供液，排液装置就可省去（图 1-2-12）。

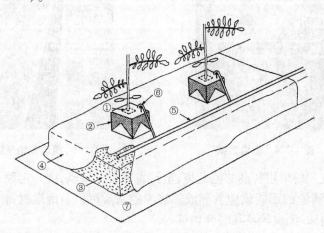

1. 岩棉块播种（栽苗）孔　2. 岩棉块（侧面包黑膜）　3. 岩棉垫
4. 黑白双面膜　5. 滴灌管　6. 滴头　7. 衬垫膜（白色）

图 1-2-12　岩棉垫栽培系统

（8）有机生态型无土栽培系统。有机生态型无土栽培是指采用基质代替天然土壤,采用有机固态肥料和直接清水灌溉取代传统营养液灌溉植物的一种无土栽培技术(图1-2-13)。

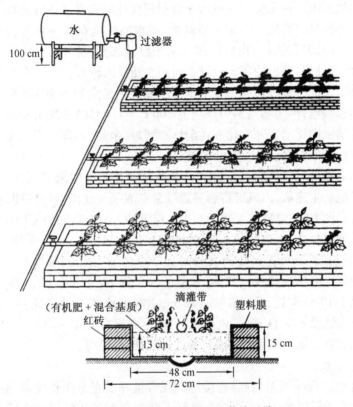

图 1-2-13　有机生态型无土栽培系统

有机生态型无土栽培的优势除具有一般无土栽培的特点外,还具有以下特点:有效克服设施栽培中的连作障碍;操作管理简单;一次性投入成本低;基质及肥料以有机物质为主,不会出现有害的无机盐类,特别避免了硝酸盐的积累;植株生长健壮,病虫害发生少,减少了化学农药的污染;产品洁净卫生、品质好。

（9）栽培床与栽培容器。观赏植物无土栽培的栽培床,是用来盛放营养液和栽植植物的装置。常用的栽培床有水泥床、塑料床等。水泥床通常床体宽度为 20～90cm,深度为 2～20cm,长度因设施内的空间及生产需要而定。塑料床是由塑料制成的专用无土栽培床,通常其宽度为 60～80cm,深度为 15～20cm,长度也因设施内的空间及生产需要而定。为了营养液的流动与循环,床面纵向应保持 1/100～1/200 的坡度。

无土栽培所用的容器一般分为内外两层,也称内盆和外盆。外盆底部没有孔,不漏水,主要盛营养液。内盆比外盆小,底部和周边都有孔,可透水。内盆的形状不一定与外盆相同,主要盛固体基质用。观赏植物生产中无土栽培所用的容器有塑料盆、瓦盆、陶瓷盆、木桶等。

2.4.6　其他设施、设备

1. 加温系统

温室的加温方式不同,使用的加温设备也不同。热水加温和蒸汽加温需要锅炉和配套的管道系统。热风加温使用燃油或电热设备及配套管道。电热线和红外线加温则需要电热线和红外线加热设备。

(1) 热水加温系统。热水加温一般用于大型现代化温室和冬季寒冷的北方地区,其加温设备相当于北方的供暖设施。采用大型锅炉,将水加热至60℃~80℃,再由热水管道将热量带到温室内。冷却后的水再由管道送入锅炉继续加热,循环使用。此方式加热缓和,余热多,停机后保温性好,但因使用大量管道而一次性投入较大。

(2) 蒸汽加温系统。蒸汽加温一般用于大型现代化温室和冬季寒冷的北方地区,其加温设备类似于热水加温,不同的是锅炉产生的100℃~110℃的蒸汽由管道送入温室,蒸汽冷却后形成的蒸馏水则排出室外。此方式余热时间短,余热少,停机后保温性差,也因使用大量管道而一次性投入较大。

(3) 热风加温系统。热风加温多用于中小型温室和我国中南部地区。一般使用燃油热风机或电热风机产生热量,由风机将热量通过悬空或铺设在温室内的塑料薄膜或帆布风道送到温室各处。此方式加热快,停机后几乎无保温性,使用方便,但使用成本较高。

(4) 电热线加温系统。将专用的电热线铺设在栽培基质中,使地温提高。具有装撤容易、热效率高、通过控温器可进行较精确的控温等特点,多用于苗床加温。但用电量大,且电热线使用寿命短。电热线的规格较多,常见的为每根60~160m长,400~1100W。电热线铺设在地面以下10cm深处,线间隔12~18cm,中间可稀些,边缘应密些。长江以南地区,冬季温室每平方米铺设80~110W的电热线,可使地温提高15℃~25℃。

(5) 红外线加温系统。采用红外线灯或红外线加温器加温。

2. 通风降温系统

我国大部分地区夏季气温偏高,直接影响观赏植物的正常生长发育,有些种类植物因明显不适应而死亡或暂时处于休眠状态,限制了某些观赏植物的生产区域分布。同时,为了充分发挥保护地设施的生产功能,实现设施内周年生产,夏季通风降温已经成为设施环境调控的重要内容。降温系统也成为温室的必备设备。

温室的通风降温设备主要有顶窗、侧窗、循环风扇及水帘降温系统。有些温室还装有微雾降温系统。

(1) 顶窗、侧窗。顶窗、侧窗的形式及启闭方式因温室类型的不同而异。玻璃温室一般采用电动齿轮齿条推拉式开闭,薄膜温室多采用卷膜机上下卷动薄膜开闭。

(2) 水帘降温系统。由湿帘和风机两部分构成。湿帘(纸质蜂窝结构)一般安装在温室的北墙,风机安装在温室的南墙。在封闭的温室环境内,风机开启后将温室内空气排出室外使室内形成负压,同时水泵向湿帘供水,这样湿帘外的空气由于温室内的负压进入温室,在穿过湿帘缝隙过程中与冷水进行热交换,变成冷空气后进入温室内,与温室内空气进行热交换后被风机排出室外,从而达到降温的目的。湿帘降温系统的缺点是温室内空气温度自湿帘至风机呈梯度升高现象(湿帘附近的温度要比风机附近温度低1℃~3℃),使不同部位的观赏植物处于不同环境温度中。另外,湿帘降温系统运行耗能较大(图1-2-14)。

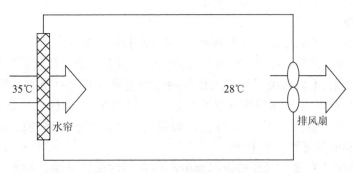

图 1-2-14　水帘降温系统示意图

（3）循环风扇。循环风扇按双向安装在温室内的半空中。所谓双向就是纵向两排风扇的吹风方向相对,风扇开启时,带动温室内空气在平面上循环流动,夏天起到降温的作用,冬天可以防止植株叶片溽湿。

（4）微雾系统。根据水分快速蒸发带走热量的降温原理,经特制的铜管件由高压喷出雾化程度非常高的小雾滴（粒度约0.015mm）,在雾滴尚未落至地面即已蒸发,从而达到降温效果,可降低室温4℃~10℃。微雾系统的缺陷在于造成空气湿度过大而易引发病害,以及影响人工操作。

3. 控光系统

主要用于温室内花卉生产过程中的遮阴、遮光和加光。

（1）遮阴。温室遮阴设备分外遮阴和内遮阴,其主要功能是减弱太阳光的强度和降低温室温度。一般外遮阴的遮阴、降温效果较好,但造价较高且易损耗,有台风影响地区不适用；相比之下内遮阴造价较低,使用寿命较长,但降温效果不如外遮阴。外遮阴受日晒雨淋影响易老化,因此多选用结实耐用材料,理想的材料分上下两层,外层向阳面为铝箔（具有反射紫外线作用）,内层为黑网。遮阴网是以聚烯烃树脂为主要原料,并加入防老化剂和各种色料,经拉丝编织而成的一种轻量化、高强度、耐老化的网状新型农用塑料覆盖材料。遮阴网覆盖栽培,具有遮光、调湿、保墒、防暴雨、防大风、防冻、防病虫鼠鸟害等多种功效。遮阴网有不同的遮光率,高遮光率的适宜于强阴性花卉如大部分的蕨类植物、阴性花卉如兰科花卉上使用；全天候覆盖的,宜选用遮光率低于40%的网,或黑灰配色网,如大多数的室内观叶植物。商品遮阴网的遮光率和幅宽有多种规格,可根据需要选择使用。遮阴网的开闭机构分为钢丝绳牵引和齿条牵引,相比较而言齿条牵引下遮阴网平直而且耐用,但是造价较高。

（2）遮光。目前许多短日照类型的盆栽花卉如菊花、一品红等,应用遮光的方法来缩短光照,达到提前开花的目的。最常用的办法是采用不透明黑色塑料布或黑色棉布制成的遮光罩。覆盖时间一般根据盆栽花卉种类而定。

（3）加光。主要用于长日照条件下开花的种类,如蒲包花、小苍兰等,通过加光处理可提早开花。另外,冬季雨雪天光不足,可采用人工加光促使盆花正常生长和开花,如仙客来、比利时杜鹃、非洲紫罗兰等在加光设施下可提早开花。根据不同作物的生长需要,以及生产者对花期调控的要求等,为温室配置加光设备,主要有高压钠灯、白炽灯等。

4. 灌溉系统

现代观赏植物生产的灌溉方式有滴灌、毛细管供水和喷灌等。

(1) 滴灌系统。滴灌是利用安装在管道末端的毛管上的滴头或滴灌带等滴水器,将压力水以点滴状、频繁、均匀而缓慢地滴入植株附近的土壤或基质中的微量灌溉技术。滴灌系统由水源、首部枢纽、输配水管网和滴头(或滴水带)等组成,其优点是效率高,不冲击栽培基质,节水,不易传播病害,但一次性投入费用大。主要用于盆栽的仙客来、一品红、月季、比利时杜鹃和非洲紫罗兰等生产。

(2) 喷灌系统。喷灌是观赏植物露地生产中常用的灌溉方法。喷灌即喷洒灌溉,是将具有一定压力的水通过专用机具设备由喷头喷射到空中,散成细小水滴,像下雨一样均匀地洒落在土壤和植株上的一种灌溉方法。喷灌系统由水源、水泵与动力机、管道系统与喷头所组成。喷灌系统按管道可移动程度又分为固定式喷灌、半固定式喷灌和移动式喷灌。固定式喷灌的管道系统埋设在地下,在适当的位置设置竖管,在竖管上安装喷头。半固定式喷灌的管道系统及其喷头可以移动。移动式喷灌除水源外,其余部分均可以移动。喷灌系统中,喷头的结构、喷水形式、喷水的射程、喷水量等均可以根据生产的需要进行选择。

(3) 毛细管吸水装置。这个装置类似于一个浅池,多数用铝型材制成。池底规格有 1.2m×3.6m 或 1.5m×6m,框边高 11~12cm。池底垫人造纤维,盆钵排放在人造纤维上,通过毛细管作用,水从底孔或侧孔进入盆内。另一种形式是,从盆钵泄水孔处引出一根吸水条,将吸水条的下端浸入水中,通过毛细管作用,水随吸水条进入盆钵(图1-2-15)。这类设备一次性投资大,但工作效率极高。

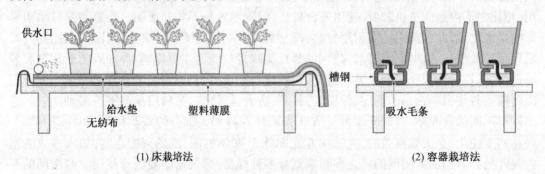

(1) 床栽培法　　　　　　　　　　(2) 容器栽培法

图 1-2-15　毛细管吸水装置

5. 施肥施药装置

施肥、施药装置可以将施肥、施药与灌溉结合进行,既省工省力,又精确可控,是设施栽培的重要附属设备。施肥、施药装置商品种类很多,文丘里肥料注入器是常用的种类之一(图1-2-16)。文丘里肥料注入器3的两端与输水管道相通,阀门2为压力调节阀。插入肥液罐5的输液管与肥料注入器3的喉部相通。到水泵启动时,关小压力调节阀2,使部分水流进入肥料注入器3,到水流经过喉口部时流速加快,产生吸力将肥液罐5中的肥液吸出,并随水流经过过滤器4过滤后,被输送到灌水管道,肥液随水滴灌到植株根部。

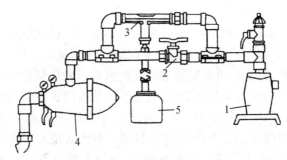

1. 水泵 2. 压力调节器 3. 肥液注入器 4. 过滤器 5. 肥液罐

图 1-2-16 文丘里肥料注入器

6. 栽培床

栽培床又称苗床,是设施栽培中的基本设施。它将栽培植物抬高脱离地面,以创造一个通风透气、干净卫生的环境,并且方便操作。栽培床分固定式与移动式两类:

(1) 固定式。多用混凝土板或竹、木等材料搭建而成。其形式有所有苗床都在一个平面上的,还有中间高两侧渐次降低的阶梯状或后排高向前渐次降低的阶梯状。固定式苗床的优点是制作简单,成本较低。缺点是走道占用空间较多,室内空间利用不经济。

(2) 移动式。以轻质、耐用材料(如铝合金等)制作的可移动片材为主体,以金属材料制作成一定高度的承重框架,利用滚动轴等装置达到片状结构在承重架上作横向或纵向移动。移动式苗床减少了过道占用空间的比例,提高了设施的利用率,也提高了工厂化生产水平。但建造移动式苗床的一次性投资较大(图 1-2-17)。

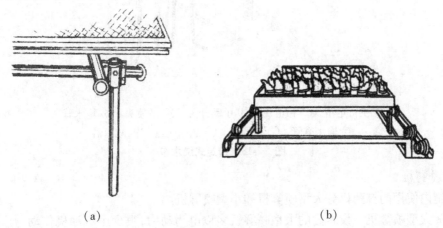

(a)　　　　　　　　　　(b)

图 1-2-17 可移动式栽培床

另有一种苗床介于固定和移动之间,因为其具有一定的灵活性,所以也归入半移动式一类。其骨架固定,用 EPS 穴盘(泡沫穴盘)摆放其上,而穴盘是可随意移动和摆放的。

除骨架式穴盘移动苗床外,其他无论是固定还是移动苗床,其宽幅均在 1～1.2m 左右,以方便手工操作。

现代化温室中的苗床已经发展到前后、左右都可灵活移动的自动化水平,当然其造价也更高。

7. 自走式浇水车

自走式浇水车由三部分构成：第一部分是控制系统，可以用微电脑进行编程设置，并通过磁性开关来控制浇水工作，使浇水车在一个区域内往返浇水。第二部分是动力部分，由马达推动四个轮子作移动动力，可用减速电机或机械皮带来控制速度。第三部分为浇水机构。通常自走式浇水车的动力部分在中间，两旁各有一根浇水横杆，由中间延伸到两侧，横贯整个温室的一跨（即两根柱子之间）。浇水横杆上有等距离的浇水喷头，喷出的水通常为扇形。几个喷头所喷出的水相互重叠，可防止漏浇。自走式浇水车浇水整齐均匀，效率高，而且省水、省工、省空间，比手工浇水省40%的水，比固定喷灌省25%的水。自走式浇水车不但可以浇水、施肥，还可以喷施农药与生长调节剂（图1-2-18）。先进的自走式浇水车可用电脑控制浇水的次数、水量的大小、间隔时间等。

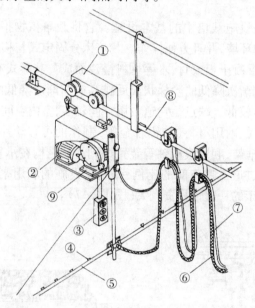

①主行走箱　②微电机　③手动开关　④微喷头　⑤输水管
⑥输水软管　⑦电缆线　⑧悬吊轨道　⑨减速器

图1-2-18　自走式浇水车

8. 打药机

设施内使用的打药机分大型喷雾机和小型喷雾机。

（1）大型喷雾机。设施内的大型喷雾机多以电为动力，很少用汽油机作动力。其原因是汽油机产生的一些有害气体在温室较局限的空间里不易散发，会对作物造成危害。

（2）小型喷雾机。小型喷雾机多为背负式手动压力喷雾机。若带有小型电瓶电动的喷雾机则工作效率更高。

无论是哪一类打药机，每次使用后必须彻底清洗药剂桶和管道。打药机最好专用，即喷洒不同类型的药剂要使用不同的打药机，以防止药剂间产生反应致使药剂失效或对植物产生药害。

9. 熏蒸器

熏蒸器采用电加热的原理将硫黄、敌敌畏等易挥发的药剂熏蒸挥发到设施内的空间中,达到防治病虫害的目的。通过药物熏蒸可防治白粉病、黑斑病、叶斑病、霜霉病等真菌性病害和叶螨、红蜘蛛等多种病虫害。使用时,将熏蒸器垂直挂于温室内的空间,在熏蒸器的药钵内放置相应的药物(药物不超过钵体高度的1/2),接通电源。药物熏蒸应该在夜间温室封闭后进行,每次工作2～3h。需要注意的是,在每次装药前必须将钵体内上一次使用过的药物残渣彻底清除。

2.4.7 栽培容器(图1-2-19)

1. 素烧盆

又称瓦盆,以黏土烧制而成,有红、灰两种颜色。素烧盆质地粗糙,盆壁的透气、透水性能和排水性能良好,价格较低廉。但素烧盆重量大,外观较粗糙,易破碎。素烧盆一般用于中低档盆花的生产。

2. 陶瓷盆

陶瓷盆为陶土坯上釉盆,常有彩色绘画。陶瓷盆外形美观,适合室内观赏植物陈设装饰之用。陶瓷盆盆壁透气、透水性较素烧盆差,但比素烧盆结实。

3. 木盆(桶、箱)

木盆(桶、箱)一般用质地坚硬而不易腐烂的木材如红松、栗、杉木、柏木等制成,外表面涂以油漆,既防腐又美观,内表面涂以环烷酸铜等,可以防腐。木盆(桶、箱)质地轻而不易破损,可以根据需要制作成不同形状与规格,在观赏植物生产中主要用于室内外的陈设。

4. 水养盆

专用于水生花卉盆栽,盆底无泄水孔,盆面宽大而较浅。水养盆一般用陶或瓷制成,也有用紫砂或塑料制成。在观赏植物生产中,水养盆主要用于碗莲等水生植物或水仙等球根花卉的栽培、陈设。

5. 兰盆

也称兰花盆,是专用于兰科观赏植物生产栽培的容器。用于地生兰的兰盆,其盆体深,盆壁有各种形状的孔,以便于透水、透气,盆脚较高,以便于通风。用于附生兰的兰盆,常用木、藤、竹等材料制成,质地轻松,形状丰富。各种各样的篮筐可以代兰盆。

6. 盆景盆

盆景用盆深浅不一,形式多样,常为瓷盆或陶盆,山水盆景用盆为特制的浅盘,以石盘为上品。

图1-2-19 栽培容器

7. 塑料盆

塑料盆盆壁薄，质地轻，色彩丰富，不易破损，是观赏植物生产中使用最多的栽培容器。但塑料盆的盆壁透气、透水性差，使用寿命因易老化而受到限制。

8. 紫砂盆

紫砂盆以紫砂泥造型烧制而成，以江苏宜兴所产的为上品。紫砂盆质地细腻，造型丰富而精美，盆壁的透水透气性优于陶瓷盆和塑料盆。但紫砂盆的价格较高。在观赏植物生产中，紫砂盆主要用于中高档地生兰、树桩盆景等的栽培，也常用于室内外观赏植物陈设。

9. 穴盘

穴盘是一种经压制成型的栽培容器。穴盘按制造材料通常可分为聚苯泡沫穴盘和塑料穴盘（图1-2-20）。聚苯泡沫穴盘即通常所说的EPS盘，其外形尺寸为67.8cm×34.5cm。塑料穴盘又因其塑料种类的不同而分为聚苯乙烯盘、聚氯乙烯盘和聚丙烯盘等。塑料穴盘的外围尺寸通常为54cm×28cm。按每盘上穴孔数不同分，泡沫盘有200孔、242孔、338孔、392孔等，常用的是200孔和242孔穴盘。塑料盘有32孔、50孔、72孔、98孔、128孔、200孔、288孔、512孔和800孔等，通常用的有72孔、128孔、200孔和288孔穴盘。泡沫盘几乎都是白色的，塑料盘则有不同的颜色，生产上常用的是白色盘和黑色盘。穴孔形状多为倒金字塔形，穴孔深3.5~5.5 cm。在观赏植物生产中，穴盘主要用于1~2年生观赏植物的播种或扦插育苗。配合自动播种线，穴盘这一特殊容器的优点更为突出。

图 1-2-20 穴盘

10. 营养钵

又称育苗钵、育苗杯、育秧盆、营养杯等，其质地多为塑料，也有用纸质材料制成的。营养钵常见的有黑色与白色两种颜色，规格以口径与高度而定，可根据需要进行选择。营养钵质轻、价廉，便于运输，在观赏植物生产上被广泛使用。

2.4.8 生产条件建设

1. 温室的规划设计

作为永久性保护地设施的温室建筑工程，其一次性投资、运转费用和能源消耗，都远远超过了露地生产。尽管温室等生产设施的建造一般都由专业的生产商来承担，但作为设施的投资与使用者，在投资建造温室之前，必须考虑"必需"与"可能"两大因素。

所谓必需，就是要根据观赏植物生产的实际需要选择温室的规模、规格等。设施生产是现代农业的重要业态，是农业现代化的重要内容与实现途径。设施投资建设首先是要防止贪大求洋。设施的价值在于应用。一定要根据观赏植物生产的种类、规模、产品的档次、价格,以及技术力量,选择设施的类型、规模和档次。设施不是越先进越好,而是适用的才是最好的。其次是要防止形式主义,即只图外表好看,不求内在使用,甚至当作政绩工程。再次是要防止大马拉小车,即温室的外壳与内在设施设备不配套,影响温室生产功能的发挥。

所谓可能,就是当地的气候、地形、地质、土壤,以及水、暖、电、交通运输等条件对设施建设、使用所需条件的满足度。设施建设是一项科学性、技术性很强的基础建设,一定要因地制宜,充分考虑气候、地形、土壤等自然因素和水电、交通等基础条件。

(1) 气候条件。气候条件是影响温室安全性与经济性的重要因素之一。气候条件包括气温、光照、风、雪、冰雹与空气质量等。关于温度,在掌握计划建造温室地域的气温变化过程的基础上,着重对冬季可能所需的加温以及夏季降温的能源消耗进行估算。关于光照,主要对光照强度和光照时数对温室内植物的光合作用及温室内温度状况的影响进行考量。关于风,主要对风速、风向以及风带分布进行考量。对于主要用于冬季生产的温室或寒冷地区的温室应选择背风向阳的地带建造。全年生产的温室还应注意利用夏季的主导风向进行自然通风换气降温。应避免在强风口或强风地带建造温室,以利于温室结构的安全。避免在冬季寒风地带建造温室,以利于冬季的保温节能等。关于雪,主要从温室结构的荷载能力上考量。雪压是温室这种轻型建筑的主要荷载,要避免在豪雪地区和地带建造排雪困难的大中型连栋温室。关于雹,主要从冰雹与温室透光面覆盖材料等方面进行考量。要根据气象资料和局部地区调查研究确定冰雹的可能危害性,从而使普通玻璃温室避免建造在可能造成雹情危害的地区。关于空气质量,主要从影响空气质量的大气污染物可能导致的污染程度及对温室生产的影响进行考量。大气污染物主要有臭氧、过氯乙酰硝酸酯类(PAN)以及二氧化硫、二氧化氮、氟化氢、乙烯、氨、汞蒸汽等,这些污染物严重危害植物的正常生长。城市、工矿燃烧煤的烟尘、工矿的粉尘以及土路的尘土飘落在温室上,会严重减少透入温室的光照量。因此,在温室选址时,应尽量避开污染区域。

(2) 地形与地质条件。地形与地质条件影响到温室的造价和生产管理。同一栋温室内地面坡度过大,会影响室内温度的均匀性;地面坡度过小又会影响温室的排水。生产性温室的地面应以不大于1%的坡度为宜。要尽量避免在向北面倾斜的斜坡上建造温室群,以避免造成遮挡朝夕的阳光和加大占地面积。对于建造玻璃温室的地址,有必要进行地质调查和勘探,避免因地质不同、地基承受能力上的差异导致不均匀沉降,从而危及温室安全。

(3) 土壤条件。温室生产多数采用无土基质栽培或容器栽培,但也有进行有土栽培的。温室内有土栽培,由于长期高密度、集约化种植,室内土壤条件尤为重要。温室内供有土栽培的土壤应干净、团粒结构良好、化学性质稳定、无严重病虫害。温室土壤耕作层内应无建筑垃圾、生活垃圾、工业垃圾等,特别不能含有可能导致温室内环境污染的物质。由于温室生产过程中人为干预强度大,应选择对人为干预措施反应比较敏感的沙壤土。土壤的化学性质要相对稳定,特别是pH。温室内环境适宜植物生长,同样也有利于病虫等有害生物的繁衍与蔓延。因此,在选择温室建造地址时,应尽量避开病虫、杂草等有害生物严重的地块,为观赏植物生产打下良好的基础。对于采用无土基质栽培或容器栽培的温室,在条件允许的情况下，也要尽量避开上述土壤不良因素。

（4）水、电及交通。水量和水质也是温室选址时必须考虑的因素。虽然温室内的地面蒸发和植物的叶面蒸腾比露地要小得多，但对灌溉、降温等用水的水量、水质的依赖度更大。首先，要避免将温室置于污染水源的下游，以保证温室生产用水的安全。现代大型温室群应建设屋面雨水收集、处理系统，将温室屋面的雨水收集至储水池，经过滤后供应温室生产需要。同时，要有排、灌方便的配套水利设施。自动化、智能化程度越高的温室，对电力的依赖度越高。因此，温室应有可靠、稳定的电源。电网供电不正常的地区，应配备发电机组，以保证不间断供电。交通关系到温室生产资料和生产产品的运输。观赏植物产品绝大多数是新鲜产品，为保证产品的新鲜度，减少保鲜管理的费用，温室应选择在交通便利的地方，但应避开主干道，以防车来人往，尘土污染温室透光面。

2. 场地的规划

建设单栋温室，只要方位正确，不必考虑场地规划。如建设温室群，就必须合理地进行温室及其辅助设施的布置，以减少占地面积，提高土地利用率，降低生产成本。

（1）建筑组成及布局。一定规模的温室群，除了温室种植区外，还必须有相应的辅助设施，才能保证温室的正常、安全生产。这些辅助设施主要有水暖电设施、控制室、加工室、保鲜室、消毒室、仓库以及办公、休息等场所。

在进行总体布置时，应优先考虑种植区温室群的位置，使其处于采光、通风等的最佳位置。辅助设施的仓库、锅炉房、水塔等应建在温室群的北面，以免遮阳。烟囱应布置在冬季主导风向的下方，以免大量烟尘飘落于屋面覆盖材料上，影响采光。加工场、保鲜室及仓库等既要保证与种植区的联系，又要便于交通运输。

（2）温室的间距。为减少占地面积，提高土地利用率，温室前后栋相邻的间距不宜过大，但必须保证在最不利情况下，不至于前后遮阴为前提。一般以冬至日中午12时前排温室的阴影不影响后排采光为计算标准。纬度越高，冬至日的太阳高度角就越小，阴影就越长，前后栋间距就应越大。

（3）温室的方位。所谓温室的建筑方位就是温室屋脊的走向。例如，朝向为南的温室，其建筑方位为东—西（E-W）。在温室群总平面布置中，合理选择温室的建筑方位也很重要。温室的建筑方位通常与温室的造价没有关系，但是它同温室形成的光照环境的优劣以及总的经济效益都有非常密切的关系。

对于以冬季生产为主的玻璃温室（直射光为主），以北纬40°为界，大于40°地区，以E—W方位建造为佳。相反，在小于40°地区则一般以N—S方位建造为宜。对于E—W方位的玻璃温室，为了增加上午的光照，以利于植物在光合作用强度较高的时段的需要，建议将朝向略向东偏转5°～10°为宜。

3. 配套设施（备）建设

温室、大棚等生产设施是现代观赏植物生产所必需的主要设施。但要真正发挥设施在观赏植物生产中的作用，除应充分考虑设施的选型与规格档次外，配套设施、设备也十分重要。观赏植物生产水平先进的国家，既重视主要设施的建设，也重视配套设施、设备的建设。有的温室虽建造得比较早，温室的设计、材料都较陈旧，但因机械化、自动化等配套设施、设备十分先进，依然能承担高品质、高效益的观赏植物生产任务。假如只重视温室、大棚等主要设施的建设,而不重视配套设施、设备的建设,温室、大棚等主要设施的功能难以得到充分的发挥,从而导致浪费。在我国观赏植物的生产中,这种浪费现象普遍存在,有的地区甚至达到了严重的程度。因此,在推进农业现代化的过程中,在积极发展设施生产规模的同时,应该下力气研究和解决温室、大棚,特别是高档温室的配套设施、设备的建设。

4. 设施与园艺的配合

设施与园艺的配合,既决定了设施功能的发挥,也影响到设施生产的效益。我国用于观赏植物生产的设施面积位居世界第一位,但我国设施单位面积的产量、产值与经济效益,与世界观赏植物生产先进国家(地区)相比,差距仍然很大。究其原因,设施与园艺的不配合是主要原因之一。设施与园艺不配合一般分为两种情况:一是建造设施时,没有考虑当地的生产习惯与园艺技术水平;二是园艺技术水平不能适应设施的功能。第二种情况的突出表现为尽管建设了水平较高的设施,但采用的生产技术仍然是露地生产的传统技术,使设施栽培变相成为露地生产加盖了一层薄膜的生产,基本失去了设施生产的意义。因此,一方面要根据当地实际生产水平,适当超前选择设施的类型与档次,另一方面要主动适应设施生产的需要,改进生产技术。

本章小结

观赏植物的广义概念与花卉、园林植物、园林花卉相同或相近。观赏植物都是野生植物引种、驯化和改良而来的。随着科技的发展与社会的进步,观赏植物的范畴将不断扩大。观赏植物分类的目的是为了更好地研究与利用。分类的目的不同,采用的分类依据不同,形成的分类方法也不同。观赏植物生产常根据产品的商品特性进行分类。观赏植物生产以公司或家庭农场的组织形式为主,企业的规模有扩大的趋势,但企业规模服从于生产效益的最大化。观赏植物生产是一个复杂而系统的过程。温室、大棚等设施及其附属设备是现代观赏植物生产所必需的生产条件。观赏植物生产用温室有大型化、现代化和生产工厂化的发展趋势,但设施的种类与档次应该与当地的自然条件、经济水平及生产任务相匹配,设施内的配套设施、设备要与温室的功能相匹配。园艺技术要与设施生产的要求相匹配。设施环境的调控,应立足于节能低碳和生产效益的最大化。

实训指导

实训项目一　观赏植物商品分类

一、目的与要求

掌握观赏植物生产产品的商品特性。

二、材料与用具

某观赏植物生产企业及某观赏植物交易市场的有关资料。

三、内容与方法

1. 课前分组查找该生产企业和交易市场的相关信息,提出实地考察的题目和内容。
2. 分组考察相关生产企业和交易市场,寻求问题答案。
3. 整理、分析、考察材料,形成小组考察意见。
4. 分组制作 PPT,班级汇报、交流、研讨。

四、作业与思考

1. 每人完成考察报告一份。
2. 从组织形式、实训内容等方面进行小结,并提出改进意见。

实训项目二 生产设施、设备考察

一、目的与要求

熟悉观赏植物生产设施、设备的形状、结构、功能,掌握设施、设备建设的一般方法。

二、材料与用具

现代温室、节能日光温室、塑料大棚等。

三、内容与方法

1. 现场考察设施、设备,了解设施的性能和设备的功能。
2. 现场模拟操作加温设备、通风降温设备、光照调节设备、灌溉施肥设备、植保设备等。
3. 现场考察设施、设备的使用、维护状况。

四、作业与思考

1. 以小组为单位完成实训报告。
2. 从组织形式、实训内容等方面进行小结,并提出改进意见。

第 3 章 观赏植物生产的基本技术

本章导读

本章主要讲述观赏植物生产中的整地与土壤改良，起苗、包扎与运输，移栽与定植，上盆、翻盆与换盆，水分、营养、土壤与植株的管理，病虫害防治和杂草防除，无土栽培、设施环境调控和花期控制等基本技术。并针对观赏植物生产技术中存在的共性问题，提出解决问题的思路与方法。

3.1 整地与土壤改良

3.1.1 土壤及其肥力

1. 土壤类别

（1）根据土壤质地将土壤分类。

砂土。土壤质地较粗、空隙大，含沙量大，土粒间隙大，土壤疏松。砂性土的肥力特征是蓄水力弱，养分含量低，有机质含量少，分解快，肥劲强但肥力短，土温变化较快，通气性和透水性好，并且容易耕作。适合作为扦插用基质及球根花卉和耐干旱的多肉植物生长。

壤土。这是介于黏土和砂土之间的一种土壤质地类别。土壤的空隙适中，砂粒、粉砂粒和黏粒的比例适当，兼具砂土和黏土的特点。有机质含量较多，土温比较稳定，既有较好的通气排水能力，又能保水保肥，耕性好，适耕期较长，适合大多数花卉的栽培。

黏土。土壤质地较细，土粒间隙小、含沙量少，主要是由粉粒和黏粒组成，通气不良，透水性差，早春土温上升慢，耕作比较困难，但钾、钙、镁等矿物质含量丰富，养分含量较高，保水力和保肥力较强，土温稳定。适合喜湿性植物生长。

（2）根据土壤酸碱度将土壤分类。

酸碱度指土壤溶液的酸碱程度，和灌溉水一样用 pH 表示。大多数观赏植物生长的 pH 范围是 5.5~6.5。用酸性或碱性肥料能改变土壤的 pH。

酸性土。土壤 pH 在 7 以下，适宜大部分原产高山及江南的酸性土植物的生长，如茶梅、山茶、杜鹃、米兰、铁线蕨及大量的阴生观叶花木。在调整酸性时，加石灰质材料如白云石、碳酸钙能使 pH 增高。

碱性土。土壤 pH 在 7.5 以上,适宜原产华北、西北的大部分花木的生长,如蜡梅、榆叶梅、黄刺玫等。通过加硫黄粉、硫酸亚铁等酸性材料可降低 pH。

中性土。土壤 pH 为 6.0～7.5,适宜在弱酸到弱碱的土壤中都能正常生长的植物,如一串红、金边凤尾兰、胭脂红景天、吉祥草、萱草、美国鸢尾、欧洲水仙、朱顶红、紫薇、木槿、樱花、海棠、丁香等大部分花卉。

2. 土壤肥力

土壤肥力是土壤的本质特征。土壤中几乎含有作物所需的所有营养元素,但是只有其中一小部分,即溶解在土壤溶液中的营养元素才能被作物吸收利用。土壤肥力是土壤在植物生长发育全部过程中不断供给植物以最大量的有效养分和水分的能力,同时自动协调植物生长发育过程中最适宜的土壤空气和土壤温度的能力。

在施肥中,首先要了解土壤的供肥能力。但由于土壤肥力是土壤物理、化学、生物和环境因素的综合表现,目前还无法用确切的数量指标来表达土壤的肥力水平,更不能用其中一个或几个因子的数量来概括土壤肥力,所以通常把作物种植在不施任何肥料的土壤上所得的产量,即空白产量,作为土壤肥力的综合指标。一般来说,空白产量高,说明土壤供肥能力强,肥力高;反之,土壤供肥能力弱,肥力低。

土壤肥力可分为自然肥力和人工肥力。自然肥力包括土壤所具有的容易被植物吸收利用的有效肥力和不能被植物直接利用的潜在肥力。人工肥力是指通过种植绿肥和施肥等措施所创造的肥力。了解了土壤的肥力,才能根据植物的特性来使用肥料。一般来说,壤土的肥力高一些,沙土肥力低一些。

3.1.2 整地

整地是观赏植物栽培的基础性作业。整地的方法与质量,对观赏植物土壤栽培的整个生产过程都有影响。一般农用土壤都能用作观赏植物生产。但连续多年重复种植同一种类观赏植物,或经过土地平整、土层遭受破坏的土壤,在进行观赏植物生产之前,应进行土壤改良。

1. 整地的作用

(1) 改善团粒结构。通过整地,翻动耕作层的土壤,促进深层土壤的熟化,恢复和创造土壤的团粒结构,改进土壤物理性状,提高土壤通气性和透水性,改善土壤的蓄水保墒及抗旱能力。

(2) 清除有害物质。疏松土壤后,土壤充分接触空气,可以氧化一些对观赏植物根系有害的还原性物质,有利于根系生长。

(3) 增强肥效、防病防虫。整地可以促进土壤中微生物的活动,促进土壤分化,提高土壤肥力。整地还可以减少杂草,杀灭土壤中的病虫,预防土壤病虫害。

2. 整地的时间

选择适宜的整地季节,对提高整地质量,节省经费开支,减轻劳动强度,降低生产成本具有重要的意义。

如生产计划允许,整地应提前进行。最佳方案是在冬季进行耕翻,经过冬季低温冻垡,不仅可以疏松土壤,还能减少病虫害的基数。然后于种植前,结合施用基肥进行耙整。如生产计划不允许,则将整地与播种或移植同时进行,但整地的效果则不如提前整地的好。

3. 整地的内容

整地作业包括耕翻、平整和作畦。北方少雨季节或干旱地区整地,还包括镇压。

(1) 耕翻。耕翻深度应超过原来的耕作层,以达到逐渐加厚耕作层的目的。具体耕翻深度还要视种植的观赏植物种类而定。种植木本植物的地应比种植草本植物的地耕得深,种植直根植物的地应比种植须根植物的地耕得深,种植生育期长的植物地比种植生育期短的植物的地耕得深。耕翻工具可以是拖拉机等机械,也可以用铁锹、锄头等农具。设施内土壤耕翻,应尽量采用专用机械,以保证耕翻质量,提高作业效率。

(2) 平整。平整作业,可根据需要平整的程度,选择耕翻前平整或耕翻后平整。需要平整的高程差比较大的时候,应选择耕翻前平整,以保证耕作层的厚度基本一致。如要平整的土方量不大,则选择耕翻后平整。平整作业还包括破碎土垡、混拌肥料、清除垃圾杂草。平整作业的工具既可以是耕耙机械,也可以是农用耙等。

(3) 镇压。镇压作业是少雨季节或干旱地区特有的作业内容,其作用是适当压实土壤表层,减少土壤水分蒸发。镇压作业一般在平整作业后进行。

(4) 作畦。作畦就是将土地按一定规格、一定形式整理成可供播种或移植的条块。根据生产区域的气候特点、生产季节、观赏植物种类以及栽培方式等,将畦做成低畦、小低畦、高畦、高垄等形式(图1-3-1)。

高畦和高垄多用于生产季节多雨地区及地势低洼、排水不畅的地块。高畦和高垄的两侧有排水沟,既便于排水,也可以作为操作走道。低畦和小低畦多用于生产季节少雨地区,畦面两侧有畦埂,可保留雨水及便于灌溉。畦埂也可以兼作操作走道。畦面宽度以便于操作和充分利用土地为依据,一般畦面宽1~1.2m。畦面高度,高畦10~15cm,高垄15~30cm。畦埂高度,低畦的畦埂高15cm左右,小低畦的畦埂高10cm以下。畦的形式还与栽培的植物种类有关。喜旱植物采用高畦或高垄,喜湿植物采用低畦或小低畦。

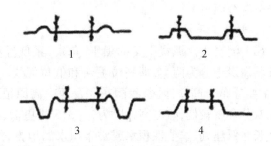

1. 低畦 2. 小低畦 3. 高畦 4. 高垄
图1-3-1 作畦方式

3.1.3 土壤改良

在下列两种情况下,需要进行土壤改良。一是在同一地块连续多年种植同一种观赏植物,易产生连作障碍,在设施栽培情况下表现得尤为突出。二是平整土地时土层遭到严重破坏或新填土壤不适宜观赏植物生产的土壤,这样的土壤不经过改良,会直接影响到观赏植物的生产。

土壤改良常采用的方法有客土改良法、有机肥改良法和化学改良法等。

1. 客土改良法

将设施内的耕作层土壤移出设施,再将设施外的熟土移进设施,这是解决设施土壤连作障碍的有效方法。在黏质土壤中掺入沙土,或在砂质土壤中掺入黏质土壤,以改善土壤的通透性和保水性,也属于客土改良的范畴。在不适宜的土壤中穴栽行道树等中大型观赏植物时,可以将栽植穴开挖得大一些,然后在穴底填入熟土,并用熟土回填树穴,也可以取得客土改良的作用。

2. 有机肥改良法

堆肥、厩肥等有机肥,既可以增加土壤养分,又能促使土壤团粒结构形成,是经济实用的土壤改良方法。有机肥一般作基肥,结合整地,使有机肥与耕作层土壤充分混合。

3. 化学改良法

调节土壤的酸碱性,可遵循"石灰改酸,石膏改碱,中和施肥"的原则。改良酸性土壤通常施用石灰、石灰石或碱性、生理碱性肥料。它们既能中和土壤酸性,又有利于增加土壤钙素营养,还能减少磷素被活性铁、铝的固定。改良碱性土壤通常施用石膏、明矾、硫酸亚铁和硫黄等。

3.1.4 栽培基质

容器栽培和无土栽培中的基质栽培都用基质替代土壤。栽培基质通常又称营养土、培养土。观赏植物生产用基质应具备以下特点:质地疏松,透气性好;不积水,具有良好的保水保肥性能;pH 与 EC 值适宜;无有害生物。栽培基质常用数种不同的基质材料按一定配比充分混合而成。

1. 栽培基质材料

(1)泥炭土。泥炭土又称黑土、草炭,系低温湿地的植物遗体经几千年堆积而成。通常又将泥炭土分为两类,即高位泥炭和低位泥炭。高位泥炭是由泥炭藓、羊胡子草等形成的,主要分布于高寒地区,我国东北及西南高原很多。它含有大量有机质,分解程度较差,氮及灰分含量较低,酸度高,pH 为 3~3.5 或更低,使用时必须调节其酸碱度。低位泥炭是由生长在低洼处、季节性积水或常年积水的地方,需要无机盐养分较多的植物(如苔草属、芦苇属)和冲积下来的各种植物残枝落叶经多年积累而成的,我国许多地方都有分布,其中以西南、华北及东北分布最多,南方高海拔山区也有分布。

泥炭土含有大量的有机质,土质疏松、透水、透气性能好,保水保肥能力较强,质地轻且无病害孢子和虫卵。但泥炭土在形成过程中,经过长期的淋溶,本身的肥力有限,所以在配制基质时可根据需要加进足够的氮、磷、钾和其他微量元素肥料;同时,配制后的泥炭土也可与珍珠岩、蛭石、河沙、园土等混合使用,是目前盆花生产中使用最多的基质之一。

(2)腐叶土。腐叶土由阔叶树的落叶长期堆积腐熟而成。腐叶土含有大量的有机质,质地疏松,透气性能好,保水保肥能力强。

(3)园土。园土是经过多年耕作过的土壤,又称熟土。园土一般含有较高的有机质,保水持肥能力较强,但往往有残留的病害孢子和虫卵,使用时必须充分晒干,并粉碎成颗粒状,必要时需进行消毒。

(4)河沙。河沙是河床冲积后留下的。它几乎不含有机养分,但通气排水性能好,且清洁卫生。

(5)泥炭藓、蕨根和蛇木。泥炭藓是野生于高山多林湿地的苔藓类植物,经人工干燥后可作为栽培基质材料。它质地轻,通气与保水性能极佳。泥炭藓也可以单独用作凤梨、蝴蝶兰等附生类观赏植物的栽培基质。但泥炭藓易腐烂,使用寿命短,一般 1~2 年即需更换新鲜的基质。

蕨根是指紫萁的根,呈黑褐色,不易腐烂。

蛇木是桫椤的茎干和根。桫椤干上长有黑褐色的气生根，呈网目状重叠的多孔质状态，质地疏松，经加工成板状或柱状，可用作蔓性或气根性观赏植物的栽培。

泥炭藓、蕨根和蛇木既透气、排水又保湿，但必须注意补充养分，以保证植物正常生长。

(6) 树皮。主要是栎树皮、松树皮和其他厚而硬的树皮。树皮具有良好的物理性能，能够代替蕨根、泥炭藓、泥炭，作为附生性植物的栽培基质。使用时将其破碎成0.2~2 cm的块粒状，按不同直径分筛成数种规格。大规格的用于栽植附生性植物，小颗粒的与泥炭等混合后用作一般观赏植物盆栽基质。

(7) 椰糠、锯末、稻壳类。椰糠是椰子果实外皮加工过程中产生的粉状物。锯末和稻壳是木材和稻谷在加工时留下的残留物。此类基质材料质地疏松，通气排水性能较好。但此类基质材料需经发酵腐熟才能用作基质材料。

(8) 珍珠岩。珍珠岩是粉碎的岩浆岩经高温处理(1000℃以上)、膨胀后形成的具有封闭结构的物质。珍珠岩为白色小粒状材料，有特强的保水与排水性能。珍珠岩无菌，也不含任何肥分，多用于改善基质的物理性状。

(9) 蛭石。蛭石是硅酸盐材料经高温(800℃~1000℃)处理后形成的一种无菌材料。它疏松透气，保水、透水能力强。

(10) 煤渣。煤渣系经燃烧的煤炭残体，它透气排水能力强，无病虫残留。用作基质材料时，需经过粉碎过筛，选用直径25mm的粒状物。

上述各种基质材料的性质各异，单独作为栽培基质，往往无法满足多数观赏植物的需要。所以，应根据各种植物的特性及需要，选择合适的基质材料，并按一定比例进行调配。随着观赏植物生产的规模化和专业化，专门生产栽培基质的企业应运而生。仙客来、凤梨、一品红等观赏植物的专用基质已经商品化。

2. 栽培基质的配制

(1) 配合比例。不同观赏植物对栽培基质的要求不同，应根据基质材料的性质，确定配方比例。

(2) 配制方法。根据配方比例，将基质材料按体积测方后充分拌匀。如需在基质中加入肥料，则按重量称取肥料，与基质充分拌和。使用前，根据基质的用途与需要，加入适量清水，以调节基质的干湿度。

(3) 测试与调节。主要测试、调节基质的pH与EC值。多数观赏植物要求栽培基质为中性或中性略偏酸，即pH为5.4~6.8。基质pH调节方法也是"石灰改酸，石膏改碱"，即用添加石灰以增加碱性，添加石膏以增加酸性。基质的EC值是指基质溶液中盐分的总含量。测定方法是将基质与水按体积1∶2充分混合，放置20min后测定其悬浮液。EC值0.25mS/cm以下为养分含量太低，2.25mS/cm以上为养分含量太高。EC值0.25~0.75mS/cm适合小苗生长，0.75~1.25mS/cm适合大多数盆栽植物生长，1.25~1.75mS/cm适合喜肥盆栽植物生长。红掌用基质以泥炭、珍珠岩、河沙按体积比5∶3∶2混合配制，用熟石灰调整pH为5.5~6.0、EC值为0.8~1.2mS/cm为宜。

3. 基质消毒

基质材料中难免含有各种病菌、虫卵，所以基质配制后需要进行消毒，以减少栽培过程中的病虫发生。基质消毒常用方法有甲醛熏蒸消毒法、线克熏蒸消毒法、高温蒸汽消毒法等。

（1）高温蒸汽消毒法。高温蒸汽消毒是目前最好的基质消毒方法。用专用耐高温薄膜密封已配制好的基质，通过管道把蒸汽输送到基质中心，直至基质表面温度达到60℃～80℃，再保持20～60min即可。

（2）甲醛熏蒸消毒法。用40%甲醛(福尔马林)稀释50倍液均匀喷洒于基质上，充分拌匀后用薄膜密封。密封堆置5天后揭开薄膜，摊开基质，并每日翻动1～2次，让甲醛气体充分挥发，一般7天后即可使用。

（3）线克熏蒸消毒法。用35%线克水剂(主要成分为威百亩)稀释50倍液分层均匀喷洒于基质表面。每喷洒一层药剂，覆盖一层基质。每层基质层厚5～10cm，药剂施用量为每平方米基质200mL。喷药处理前，用清水喷洒基质至湿润状态。喷药结束后用薄膜覆盖密封基质，堆置7天后揭开薄膜摊开基质，每日翻动1～2次，7天后即可使用。

3.1.5 需要注意的问题

1. 关注"隐蔽工程"

整地与土壤改良，是观赏植物生产中的"隐蔽工程"，容易被忽视。尤其是由一般农田新转入观赏植物生产的，或者连续多年生产同一种观赏植物或采用相似生产模式的，更需要重视整地与土壤改良。关注"隐蔽工程"，能为观赏植物生产打下良好基础。

2. 选择合适基质

基质栽培是观赏植物生产，尤其是盆栽生产的发展方向。但生产中，需注意基质对整个生产成本的影响。如无特殊需要，应提倡就地取材，科学配合，在满足植物生产需要的前提下，尽量降低生产成本。

3.2 起苗、包扎与运输

3.2.1 起苗

起苗，即把苗从苗床或苗圃中取出，也称挖苗。容器育成的苗，可以带容器一起移出，几乎不伤根，移植后恢复生长快。从育苗床或苗圃中起苗，多数草本观赏植物或规格比较小的木本观赏植物，采用裸根起苗，也就是不带土或带少量土起苗。多数木本观赏植物，特别是规格较大的木本观赏植物，采用带土起苗。

1. 裸根起苗

为尽可能少伤根系及提高起苗工作效率，起苗前应控制苗床土壤或基质的湿度。干旱季节应提前2～3天给苗床浇一次透水，待水分蒸发后土壤湿润时起苗。遇大雨后，特别是苗床土壤积水时，应及时排干积水，而后再起苗。人工起苗的工具一般是锹、铲或锄。工具的刃口一定要锋利，既省工省力，也不至于在遇到根系时造成过大的植伤。裸根起苗应尽量不伤或少伤根系，在无法避免时，应保证一定的根幅。落叶乔木的根幅为胸径的8～10倍，落叶灌木的根幅为苗木高度的1/3左右。裸根起苗也应尽量保留心土，即尽量保留根系核心部位的土壤。裸根起苗，应避免死拉硬拽。一定要用工具将根系周围的土壤挖开，苗木根系松动后才能把苗提出。

2. 带土球起苗

（1）确定土球规格。土球的规格及开挖位置与苗木的种类、修剪量、移栽季节、土壤等因素有关（图1-3-2）。原则上，土球直径最小为苗木胸径的6~8倍，如条件允许，放大到10~12倍则更好。土球高度通常为土球直径的2/3。为防止挖掘时土球松散，如遇干旱天气，可提前1~2天浇以透水，以增加土壤的黏结力。

图 1-3-2　土球大小的确定及开挖位置

（2）土球挖掘。挖掘前先将树木周围无根系的表层土壤铲去，然后以树干为中心，按比土球直径大3~5cm划一圆圈，沿圈外挖宽约70cm左右的操作沟。按略大于土球直径的2/3确定土球的高度。然后将土球修整光滑，并在土球底部从外向内平铲，尽量将土球铲空。开挖过程中，遇到细根用铁锹斩断，遇到直径3cm以上的粗根则须用手锯断根，以免撕裂根系和震裂土球，如图1-3-3所示。

（3）根部处理。为防止根系伤口感染病菌，用防腐剂对较粗根系的伤口进行杀菌消毒，同时，在根系的创面上涂生根剂，以激活根髓组织的活力，促进伤口的愈合生根，如图1-3-4所示。

图 1-3-3　土球的修整

图 1-3-4　根部处理

3.2.2　包扎

1. 裸根苗的包扎

如即挖即栽或运输距离短，裸根苗一般无须包扎。如需要较长距离运输时，需对裸根苗进行包扎。裸根苗包扎分独立包扎与集团包扎两种。

（1）独立包扎。独立包扎所用的包扎物为稻草或塑料袋。将两小撮浸湿的稻草十字交叉，将裸根苗放在十字中心，将稻草从四周向苗木干基部围拢，最后将稻草与苗木干基部扎在一起。若用塑料袋包扎，则将裸根苗的根系装入塑料袋中，并将塑料袋口与苗木干基部扎在一起即可。

（2）集团包扎。就是将一定数量的裸根苗的根部包扎在一个包装内。常用的包扎材料有蒲包或编织袋等。包扎材料也要事先浸湿。将一定数量的裸根苗的根部装入包扎物内。为防止根系失水干枯，应在裸根苗的根系部位填充事先浸湿的苔藓、稻草等保湿物。在每个包装外应挂牌标明苗木的种类、品种、规格、数量、产地等信息。

2. 带土球苗的包扎

带土球苗的包扎简称土球包扎。土球包扎的目的是防止土球开裂,也可以起到为根系保湿的作用。对土质比较黏重的土球,一般仅采用草绳直接包扎。只有当土质松软时才内衬蒲包、麻袋片后再用草绳包扎。用于包扎土球的草绳、蒲包片、麻袋片等,都需提前用清水浸湿,以便包扎熨帖。圆形土球软材包扎常用的方法有橘络形、井字形和五星形。土球包扎完毕,将树体放倒,以切除土球底部的根系并对根系进行处理(图1-3-5)。为减少吊装和卸苗时对树体的损伤,还需对树干进行包扎。

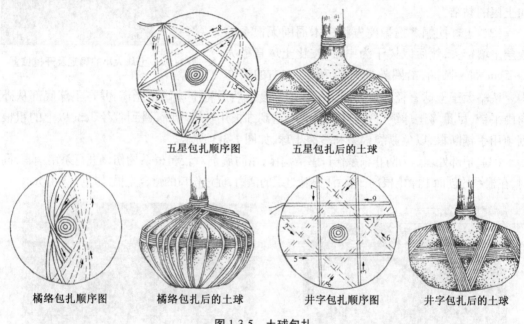

图1-3-5 土球包扎

3. 修剪

树体水分平衡是栽植成活的关键。为减少地上部分的水分散失,常对树木的枝叶进行不同程度的修剪。首先根据树木栽植图确定苗木的高度(图1-3-6),然后剪除树冠内瘦弱枝、枯死枝和多余枝条(图1-3-7)。树冠外围一般不作修剪,以免影响苗木的规格。从绿地施工效果和绿化、美化效果计,在能够满足成活条件的前提下,应尽量减轻修剪程度,最好是全冠移植。

图1-3-6 苗木定高

图1-3-7 树冠修剪

3.2.3 运输

1. 运输前处理

装车前,应仔细核对苗木的品种、规格、数量、质量等。

(1)土球苗的处理。首先,应确定起吊位置。根据土球和树冠大小选准起吊部位,即找到树木的重心,以保证吊装时树干竖立并成一定角度的偏斜。其次,对着力部位进行防破损处理。如包扎草绳,在根颈和树干的起吊位置,包扎宽60~70cm、厚3~4层的草绳形成保护圈,以保护树干在吊装时免受损伤(图1-3-8)。

图1-3-8 起吊位置的确定

(2)裸根苗的处理。未经包扎处理的裸根苗在运输前应对根部做好保湿处理,以防止根系在运输途中失水。规格较小的裸根苗远途运输时可采用卷包处理,即将枝梢向外,根部向内,互相错行重叠摆放,以蒲包片或草席等为包装材料,再用湿润的苔藓或锯末填充树木根部空隙。将树木卷起捆好后,再用冷水浸渍卷包,然后启运。使用此法时需注意,卷包内的树木数量不可过多,叠压不能过实,以免途中卷包内生热。打包时必须捆扎得法,以免在运输中途散包。在卷包外系上标签,注明树种、数量以及发运地点和收货单位(人)等。

2. 装车

大规格苗木装车需要起重设备。用吊装绳索套牢根颈和树干上的草绳保护圈吊起,尽量让大树在空中保持平稳。在运输车辆的车厢板适当位置垫上湿沙袋或软物,以防止运输途中因颠簸或滚动而损坏土球。同时用软物将树体垫高,不让树干与车厢板直接接触,并尽量不让树冠与地面接触。再用绳索将土球和树干紧紧固定在车厢内,以确保运输途中树木在车厢内不移动。裸根苗运输同样需要垫软物和固定(图1-3-9,1-3-10,1-3-11)。同时用绳索适度内拉枝条(图1-3-12),减少枝叶与空间的接触面,防止水分过度散失和便于运输。装车时,通常将土球朝前(车辆行进方向),树冠向后,以避免运输途中因逆风而使枝梢翘起折断。

图1-3-9 苗木起吊

图1-3-10 树干垫高

图 1-3-11 树的固定

3. 运输

（1）裸根苗的运输。

苗木枝干与车厢板接触部位应铺垫蒲包等物，以防碰伤树皮。装车不要超高，堆压不要太紧，树梢不得拖地，必要时要用绳子围拢捆扎。如超高装苗，应设明显标志，并与交通管理部门进行协调。较远距离运输露根苗，应用苫布覆盖车厢。为保持裸根苗的根系湿润，可定时对根部喷水。

图 1-3-12 树冠内收

（2）土球苗的运输。

运输过程中，除防止土球破损、树枝折断以外，还需要防止苗木水分散失。防止水分散失的措施主要有：在车厢上搭建遮阳网；在根系表面敷保湿垫（湿麻袋）；喷抑制蒸腾剂等。一般选择在傍晚或阴天运输。

3.2.4 需要注意的问题

1. 控制树冠修剪

苗木移栽，尤其是大规格苗木（或称大树）移栽时，为减少地上部分蒸腾失水，维护植株体内水分平衡，往往对树冠进行重剪，有的甚至"剃光头"（即对主枝进行重度短截），严重影响植物景观，浪费生态资源。为提高大规格苗木移栽的成活率，首先应在苗圃"缩坨促根"，增加土球范围内的有效根系。其次，起苗时应保证土球规格，防止土球破损。第三，移栽后架设荫棚遮光降温，并采用喷水等方法提高树冠周围空气湿度。

2. 提倡容器育苗

容器育苗，尤其是大规格容器育苗，是观赏植物生产的发展趋势。容器育苗不仅可以提高育苗过程的可控程度，而且可以减少苗木在圃移植和出圃的工作量，还有利于苗木移栽后恢复生长，提高移栽的成活率。

3.3 移栽与定植

3.3.1 移栽

1. 移栽的意义

移植是为了扩大各类规格的苗株的株行距,使幼苗获得足够的营养、光照与空气,同时移植时对根系造成的植伤,可刺激植株产生更多的侧根,形成发达的根系,有利其生长。从这个角度讲,用于移栽的苗,在起苗时应有意识地损伤部分根系,特别是主根。

2. 移栽的类型

(1) 结合间苗移栽。播种育苗,特别是撒播育苗,易出现幼苗疏密不匀的现象,因此要及时进行间苗。间苗时除剔除瘦弱苗、染病苗以外,间出的正常苗可以通过移栽继续生长。盆播的草本植物幼苗,一般在出现1~2片真叶时就开始间苗。床播苗一般在出现4~5片真时开始间苗。用于移栽的苗,在间苗时要尽量保留幼苗的根系,以提高移栽的成活率。移植的株行距根据苗的大小、苗的生长速度及移植后的留床时间长短而定。

(2) 苗木在圃移栽。木本观赏植物在苗圃生长时间长,有的可以达几年甚至十多年。为了调整单株苗木的营养面积,需要定期或不定期进行在圃移栽。这类移栽,一般采用间苗式方法,即隔行或隔株移出苗木,移栽到苗圃的其他部位。另一类移栽是针对苗木根系的"缩坨促根"。在圃苗木生长时间越长,根系扩展范围越大。但出圃时,土球规格不可能无限扩大,因此会导致土球内的有效根系很少,直接影响到苗木的成活率。在圃移栽,可以造成苗木根系的植伤,刺激新根的发生,增加土球内的有效根系数量,提高出圃栽植的成活率。苗木在圃期间是否经过移栽以及移栽的次数,已经成为苗木出圃质量的重要指标。

(3) 盆栽植物移栽。凤梨、红掌等生长时间较长的盆栽植物,在生长期间需要经过数次移栽。移栽的目的包括扩大植株根系的生长空间和提高温室空间的利用率等。盆栽凤梨的生长期约为14~18个月,期间要移栽3~4次。此类移栽,应根据植株的生长情况,逐渐扩大栽培容器的容积。假如一次选用过大的容器,既因为容器体积大而减少了单位设施面积上可以承载的植株的数量,浪费了设施空间的利用率,又因为大盆栽小苗,基质的含水量不容易把握,导致水分管理上的失误。

3. 移栽的技术

不论是哪一种移栽,都需要把握好移植的时期,以及与移栽配套的其他栽培措施。大规格木本植物的移栽,宜选择在休眠期或生长缓慢期。草本植物移栽前,应适当炼苗,以增强幼苗的抗逆能力,提高移栽成活率。炼苗的措施包括降低温度、增加光照、控制水分等。炼苗的程度要循序渐进,不可骤然起伏。移栽后,由于苗木根系受到植伤,吸水减少,为了维持植株体内水分平衡,在有条件的地方,应进行遮阴降温,减少水分散失。夏季高温季节移栽时,遮阴更为必要。

3.3.2 定植

1. 定植的概念

定植就是将各类苗(包括种球)种植于不再移动的地方。定植既可以是栽植在土壤中，也可以是栽植在容器内。植株定植后，不再因为需要移栽的理由而进行重新栽植，但不包括翻盆和其他原因的再一次栽植。

2. 定植的技术

(1) 定植的立地条件。定植后，植株在原地生长时间较长，立地条件对植株生长发育的影响直接而持久。因此，应十分重视地势、土壤、基肥、环境等立地条件的建设。尤其是像行道树、公共场所的景观树等，由于受环境条件的限制，无法频繁开展栽培养护活动，更应该做好定植前的基础工作。要根据植物的需要，改良土壤结构，调整酸碱度，完善排灌条件，增施基肥等。

(2) 定植的密度。定植的密度取决于植株的生长速度、长成植株的体量和生产要求。密度过小，浪费土地，增加了单位产品的生产成本。密度过大，影响了植株的正常生长，最终影响产品的质量。对应用于绿地景观的植物而言，定植的密度还影响到景观效果和生态效益。

(3) 定植的深度。原则上，定植的深度相当于或略深于植株原来在土壤或基质中的深度。

(4) 其他技术。体量较大的宿根观赏植物定植时，要剪除病虫根、腐烂根和枯根。大规格的苗木定植时，要适当剪去部分枝叶，以减少水分蒸腾。定植后，要进行适当遮阴，特别是夏季高温下定植。

3. 大树栽植

大树栽植是观赏植物应用于绿地景观的特殊形式，这里所称的大树栽植也包括大规格苗木的栽植。大树栽植的特殊技术包括树穴挖掘、清除包扎物、回填土壤、设立支撑、设置通气管及其他辅助手段。

(1) 树穴挖掘。栽植大树的树穴，其直径要比土球直径至少大 1m 左右，既是为了方便栽植作业，也是为新根生长准备肥沃、疏松的土壤。树穴的形状应该是圆柱形，而不是上大下小的圆锥形。应对树穴周围及底部的土壤进行消毒，以减少病菌对大树根系的危害。

(2) 清除包扎物。为防止运输过程中大树土球散坨，一般均对土球进行了包扎。栽植时，待大树平稳放入树穴后，应尽量清除蒲包片、麻袋片和草绳等包扎物，以防这些包扎物腐烂时产生热量伤害根系。

(3) 回填土壤。回填用土壤，应选择熟土，至少不能用带有建筑垃圾、生活垃圾或遭受污染的土壤。大树栽植土壤回填量大，要分层回填，分层踩实。一般每次回填厚度为 10cm 左右，踩实后再回填上一层。踩实的程度以人站上去不陷脚为度，而不是越结实越好。严禁用大土块回填，以免浇水后形成大窟窿，既影响树木的稳定性，也影响新根生长。土壤回填高度应略高于所处位置的地面，并构筑一圈 15~20cm 高的围堰，以利浇水。围堰的直径应略大于树穴的直径。

(4) 设立支撑。大树植株高大，重心较高，遇到风雨容易摇动、倾斜甚至倒伏。因此应设立支撑。支撑物一般为竹、木或金属等杆材。支撑点应不低于树木高度的 1/2，树冠特大的树木支撑点应达到树木高度的 2/3。支撑的方式有一根支撑法、三角支撑法、牌坊支撑法等(图 1-3-13)。支撑物与树干接触处应衬垫橡胶、软塑料、麻包片等,以防止伤害树皮。支撑物的下端应插入土中 20cm 以上,以增加支撑的稳固性。

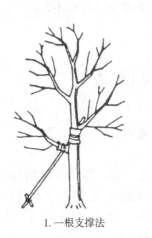
1. 一根支撑法

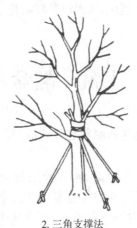
2. 三角支撑法

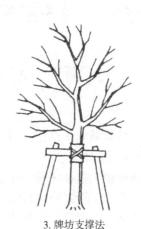
3. 牌坊支撑法

图 1-3-13　设立支撑的方法

(5)设置通气管。为增加树穴的通气性,促进新根生长,应在树穴周围设置 3~4 根通气管。通气管一般选用直径 5cm 左右的塑料管,长度 150cm 左右。通气管应在回填土壤之前固定位置,并在回填土壤过程中保持原有姿态,即保证通气管的下端在树木根系集聚区域(土球外缘),通气管的上端露出地面 10cm 左右。在多雨季节或地势低洼区域,通气管还可用于排除树木根际的积水。

(6)其他措施。针对大树栽植的其他措施包括降温保湿、叶面施肥、营养输液等。为保证新植大树体内水分平衡,可搭建遮阴棚,减少阳光直射,降低树木周围小气候的温度,减少树体蒸腾失水。新植大树根系因植伤而吸收能力下降,无法利用土壤养分,为促进新植大树恢复生长,可采用叶面施肥和营养输液等方法。一般在栽植后 15~20 天,用尿素、硫酸铵、磷酸二氢钾,或用稀施美等氨基酸螯合肥,配制成 0.1%~0.3% 的低浓度溶液,用喷雾器喷洒于叶片的背面,每 15 天左右一次。喷洒应尽量避免烈日、高温、强风和下雨天气,一般于晴天的傍晚前后喷洒为宜。营养输液原理类似于人体打点滴,通过直接向树体内输入营养液,补充树木生长所需要的营养和水分。

3.3.3　需要注意的问题

1. 控制栽植深度

无论是移栽还是定植,都需要控制栽植的深度。幼苗植株小,栽植时常因为视觉误差(总担心植株入土深度不够)而栽植过深。大规格苗木,植株高大,栽植时常因为担心植株不稳而不自觉地栽植过深。生产中,应严格控制栽植深度,并力求同一批苗木的栽植深度尽量一致。适宜的栽植深度为,幼苗不超过在苗圃时的深度。大规格苗木,土球表面与地面相平或略低于地面。

2. 控制回土紧实度

回土紧实度直接影响到栽植后植株根系的水分和空气环境。回土过松,浇水或遇大雨后,树穴土壤整体下沉,部分根系暴露在外;或下沉不匀,树穴内部形成较大空洞,部分根系被架空。回土过紧,不但给根系造成机械伤害,还会导致因透水和通气不良,而影响根系的呼吸和吸收。大规格苗木栽植时,往往因担心植株不稳而自觉或不自觉地回土过紧。其实,大规格苗木地上部分摇动,应主要通过支撑来解决,回土过紧对防止植株摇动的作用不大。

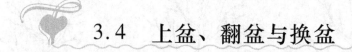

3.4 上盆、翻盆与换盆

观赏植物盆栽生产中,上盆、换盆和翻盆是最基本的作业内容。

3.4.1 上盆

将种苗植入盆钵中称为上盆。上盆时,首先要选择合适的盆。所谓合适的盆,是指盆的大小应合适,不可将小苗植入大盆,否则既浪费了摆放盆钵的空间,还会给水分和营养管理带来不便。瓦盆第一次使用前,应用清水浸泡,直至盆体吸足水分,以防干燥盆钵强力吸水损伤幼苗根系。使用过的盆钵,应清洗并消毒,防治传播病虫害。

除水生观赏植物以外,栽培其他植物的盆钵在底部都带有泄水孔,有的在盆壁上也有泄水和通气两用的孔。上盆时,应先对盆钵底部泄水孔做覆盖处理,以防基质从泄水孔中漏出或基质堵塞泄水孔。瓦盆底部泄水孔的覆盖物多为碎盆片,一般用2～3块碎盆片在泄水孔上交叉叠放,既能够挡住基质,也能够让水从泄水孔中流出(图1-3-14)。塑料盆底部泄水孔的覆盖物可以是小块的窗纱。然后填入一层(相当于盆钵高度的 $\frac{1}{5} \sim \frac{1}{4}$)颗粒较粗的基质或碎石块,作为沥水层。在沥水层上填入一些基质,放入植株,使植株根系充分舒展、均匀分布,再向植株四周填入基质,把植株根部全部掩埋后,轻提植株,使根系更加舒展,并用手轻压根系周围的基质,保证基质与根系接触密切。最后,将基质添加至距盆口2～3cm(留"沿口")。将带盆植株按一定距离整齐摆放在生产场地或植株台上,然后分2～3次浇透水,遮阴条件下养护3～5d,而后逐渐全光照栽培。

规格较大的植株上盆时,需多人协作,以保证操作安全。

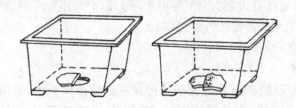

图1-3-14 容器泄水孔处理

3.4.2 换盆

将盆栽植物换入另一个盆钵称为换盆。盆栽植株生长一段时间后,因根系需要更大的生长空间,需换入更大的盆钵。盆栽植物在供室内或广场陈设之前,为增加美观效果,往往也要换入质地细腻、色彩鲜明、造型独特的盆钵中。

换盆作业,首先需将植株从原来的盆钵中安全取出,也称为脱盆。为使植株轻松脱出,应提前1~2天停止浇水,使盆土干燥收缩。小型盆栽植物脱盆时,用手轻磕盆壁,使土球与盆壁分离。然后将盆钵倒置,一只手托住植株并轻轻往外拉动植株,另一只手将盆钵朝相反方向推,使植株从盆中脱出(图1-3-15)。较大型的植株脱盆时,用木棍适度敲击盆壁,然后将盆钵倾斜45°,用脚蹬住盆口,双手抓住植株茎干基部用力拔出植株。假如是盆口收缩的盆钵,或用上述方法无法取出植株时,则选择敲碎盆壁的办法取出植株(当然该盆钵应是价值一般)。

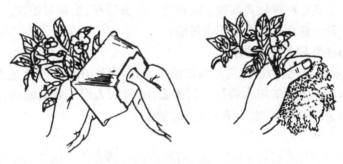

图1-3-15 脱盆

植株取出后,应对根系进行整理。剔除病残根、虫害根、冗根。对在原盆钵中生长时间长,根系在土球内盘旋扭曲的植株,需剔除相当于土球直径$\frac{1}{3} \sim \frac{1}{2}$的盆土,然后再整理根系。

将植株植入新盆的过程,与上盆基本相同。如植株体量较大,而根系剔除较多,上盆后需置于遮阴处养护一段时间。

3.4.3 翻盆

将植株取出后,还植入原盆钵,称为翻盆。翻盆与换盆不同的是,翻盆只换基质不换盆钵,而换盆则既换基质又换盆。

体量较大的盆栽植物,经多年生长后,基质理化性质劣化,植株根系冗长而吸收能力下降甚至部分死亡。对此类盆栽植物需及时翻盆。

翻盆的操作过程,与换盆基本相同。

3.4.4 需要注意的问题

1. 为植株选盆

观赏植物种类繁多,用于观赏植物盆栽的容器也很多。选择什么样的容器,首先要根据植物的种类与习性,以满足植物的正常生长为首要条件。

2. 为产品选盆

盆钵既是栽培容器,又是产品的组成部分。在最后一次换盆时,应充分考虑到这一点,以防在产品销售前再次换盆。因为在观赏植物盆栽生产中,换盆是一项费时费力的作业内容。频繁换盆,会增加生产成本。

3.5 水分管理

水分管理是观赏植物生产的重要环节。观赏植物生长的好坏，一定程度上取决于浇水的适宜与否。水分过多，轻者植株徒长，抑制花芽分化，重者烂根甚至死亡；水分不足，植株生长缓慢，严重缺水造成植株枯萎甚至干枯而死。水分管理，要根据植物的种类、生长发育阶段、气候条件以及设施环境等因素综合考虑。

3.5.1 植物种类对水分的要求

不同种类的观赏植物，为适应它们原产地的生态环境，在长期进化过程中形成了不同的形态构造，也形成了不同的需水特性。根据需水特性，人们把观赏植物分为水生观赏植物、湿生观赏植物、陆生观赏植物和旱生观赏植物。

1. 水生观赏植物

指常年生活在水中，或在其生命周期内有段时间生活在水中的观赏植物。这类植物的细胞间隙较大，细胞渗透压很低，通气组织发达，机械组织弱化，输导组织衰退，根系不发达，植物体表面几乎都有吸收功能。常见的水生观赏植物有荷花、王莲、睡莲、凤眼莲、再力花等。根据形态和生活方式，水生观赏植物又可分为挺水、浮叶、漂浮、沉水四大类。

2. 湿生观赏植物

指需要生长在潮湿环境中，耐湿、耐旱性介于水生与陆生之间的观赏植物。这类植物的通气组织比较发达、控制蒸腾作用的结构弱化，叶片薄而软。常见的湿生观赏植物有黄菖蒲、花菖蒲、海芋等。

3. 陆生观赏植物

指常年生长在陆地上的观赏植物。这类植物既怕涝，又怕旱，浇水过多易烂根，浇水过少又易萎蔫。大多数观赏植物都属于这个类型。常见的有月季、扶桑、石榴、茉莉、米兰、君子兰、鹤望兰等。

4. 旱生观赏植物

指常年生长在干旱、高温的荒漠地区的观赏植物。这类植物在系统发育过程中，形成了独特的生理特性和形态特征。为减少地上部分蒸腾失水，这类植物的叶片极端退化，茎干膨大为肥大的储水组织，表皮高度革质化，根系分布广而浅，以充分吸收季节性的降水。旱生观赏植物耐旱性强，但不等于不需要水分。生产栽培时，应根据其习性，合理浇水，以达到生产的目的。

3.5.2 生育阶段对水分的要求

同一种观赏植物在不同生长时期对水分的依赖度和需要量也不同。种子萌发和幼苗阶段，需水量较少，但对缺水特别敏感。营养生长阶段，植株的生长量大，耗水量也大。此时缺水会直接影响植株的营养生长量。由营养生长向生殖生长转化阶段，即花芽分化前后，有些植物需要控制水分以减缓营养生长量，生产上称之为"扣水"。花芽分化阶段，植株的营养生长和生殖生长都很旺盛，需水量多，对缺水敏感，此时缺水，直接影响花芽的分化，进而影响开花的数量和质量。开花阶段,水分供应直接影响花朵的开放和花期的长短。种子成熟阶段,需水量逐渐减少。

观赏植物的需水多少,还与生长季节有关。夏季,植株生长旺盛,气温高,阳光强烈,蒸腾和蒸发失水多,应尽量满足水分需要。冬季,气温低,植株生长缓慢,需水量减少。有些观赏植物有休眠习性,无论以哪一种形式休眠,此阶段的需水量都减少。例如,仙客来植株在长江中下游地区夏季处于半休眠状态,郁金香等秋植春花球根观赏植物以球根越夏,唐菖蒲等春植秋花球根花卉以球根越冬,这些特殊阶段务必严格控制水分供应。

在观赏植物生产过程中,当水分供应不足时,叶片与叶柄皱缩下垂,出现萎蔫现象。如果时间短、光照不强、温度不高,浇水后植株能够很快恢复正常。但如长期处于萎蔫状态,老叶与下部叶片先脱落死亡,进而引起整个植株死亡。反之,如水分供应过多,使土壤空气不足,根系处于无氧呼吸状态,植株的生理活动受到抑制,进而影响对水分、养分的吸收,严重时会导致根系窒息死亡。

3.5.3 浇水的原则

1. 适时浇水

浇水的时间要根据植物的类型及缺水情况来定。

对于耐旱性较强的观赏植物(如仙人掌类等),适度干旱有利于其生长,土壤过分潮湿易引起烂根、烂茎,甚至死亡。这类植物的水分管理原则是"宁干勿湿"。要到土壤表面发白、手摸土壤发干时才浇水。

对于喜湿性强的观赏植物(如黄菖蒲、水生鸢尾、海芋类等),需生长在潮湿的环境中,干旱易导致其生长不良或枯萎,甚至死亡。这类植物的水分管理原则是"宁湿勿干"。要始终使土壤处于湿润状态,但不能长时间积水,否则易引起烂根。

对于耐旱、耐湿力处于旱生与湿生之间的观赏植物(如月季、扶桑、石榴等),适宜生长在干湿适中的环境中。这类植物的水分管理原则是"见干见湿"。一旦发现土壤发干的迹象,要立即浇水。

对于水生植物(如荷花、睡莲等),其生理与形态结构已经适应水中的环境,需长期生活在水中。这类植物的水分管理原则是"常在水中"。要保证充足的水分供应。

2. 适量浇水

浇水量与植物的种类、植物的生育阶段以及当时的气候条件等密切相关。

从植物的原产地看,原产于热带的植物需水量较多,原产于温带地区的植物需水量较少。

从植物的形态结构看,叶片大、质地柔软的植株需水量较多。叶片小、质地硬或表面覆有蜡质层的植株需水量较少。

从植物的生育阶段看,种子萌动、幼苗生长阶段需水量小,但对缺水敏感。植株的生长量越大,需水量也越多。植株休眠或半休眠状态下需水量少。

从气候条件看,春夏季、晴日、大风天,植株需水量多。秋冬季、阴雨天、无风天,植株需水量少。

3.5.4 浇水的方法

1. 水质的选择

水质不但影响植物对水分的吸收利用,还影响植物的产品质量。观赏植物浇灌用水,以没有污染的江河水、湖水、池塘水为好。井水含有钙、镁等无机盐,不利于植株的正常生长,不宜使用。自来水含有氯离子,需存放在水池、水缸等敞口容器中一段时间才能用于浇灌。雨水是最理想的浇灌用水,应在设施建造中设置雨水收集、过滤和管道系统,以便于利用。

2. 浇水的方法

观赏植物生产中常用的浇水方法有浇灌、漫灌、喷灌、滴灌等。

(1) 浇灌。浇灌是观赏植物生产中最常用的浇水方法。生产规模小的,一般用喷壶、水桶等人工浇水。生产规模大的,用软管引水浇灌。在现代温室中,用自走式浇水车浇灌,浇水均匀,水量控制精确,作业效率高。

(2) 漫灌。漫灌是少雨干旱地区采用的一种灌溉方法。这类区域多采用低畦整地形式,灌溉时将水引入畦面,让水自然浸润土壤,满足植物的需要。漫灌节省人工,浇水透彻,但浪费水资源,并易造成土壤板结。

(3) 喷灌。喷灌是观赏植物露地生产中常用的灌溉方法。喷灌浇水量大,浇水速度快,工作效率高。但喷灌易导致土壤板结,甚至会损伤植株,所以一般刚栽植的小苗和开花期不宜用喷灌灌溉。喷灌水量不易控制,易造成地表径流,带走泥土和肥、药。

(4) 滴灌。滴灌系统把灌溉水在输送过程中的损失和田间的深层渗漏、蒸发损失减少到最低程度,使传统的"浇地"变为"浇植物",大大节省了灌溉用水,降低了浇灌、喷灌对土壤表面的冲刷,降低了设施内的空气湿度,减少了病虫害的发生概率。但滴灌经常发生滴头堵塞现象,如不及时检查发现,会导致灌溉不均匀。

3.5.5 需要注意的问题

1. 节约用水

灌溉用水资源越来越成为稀缺资源,在发达地区尤为突出。灌溉用水的成本在观赏植物生产成本中的比重越来越高,在城郊利用公共管网水源的尤为突出。因此,要树立资源意识与成本意识,从节约资源、降低成本出发,积极推进设施雨水收集利用和灌溉水循环利用,科学选择灌溉方法。

2. 合理灌溉

最适合植株生长发育的灌溉方案不一定是生产中最佳的灌溉方案,因为生产的目的是获得性价比最高的产品。满足植株生长发育对水分的基本需要,是观赏植物生产的必要手段而不是最终目的。因此,在选择和制订观赏植物生产计划时,要从植物种类(包括品种)的需水特性、水分供应与产品形成等方面综合考虑,以最少的灌溉成本获得最佳的产品价值。

3.6 养分管理

观赏植物生长发育离不开各种养分。观赏植物对养分的需要,与观赏植物的种类、生育阶段、栽培方式、产品形式等密切相关,还与气候、土质、施肥方式等因素有关。植物生长所需的养分,除来自土壤或基质本身之外,还要通过人工补充,即施肥。养分不足或养分过剩,都会对观赏植物的生长发育产生不良的影响。养分管理是观赏植物生产的基本技术之一。

3.6.1 植物种类对养分的需要

观赏植物种类繁多,用于商品生产的种类和品种数以百千计,它们对养分的需要量以及养分与产品形成的关系各不相同。

1. 观叶植物

观叶植物以枝、叶等营养器官的生长为主,生产的目的是促进枝、叶的生长,所需营养元素以氮素为主。如氮素营养不足,会植株瘦小,叶色发黄,失去商品价值。

2. 观花植物

观花植物的花朵是产品的重要组成部分。生产的目的是在促进枝、叶健壮生长的基础上,开出数量多、色彩艳、花型端正的美丽花朵。与观叶植物相比,观花植物还需要较多的磷肥,以促进花芽的分化和花朵的正常开放。

3. 观果植物

观果植物的果实是产品的重要组成部分。生产的目的是在促进枝、叶健壮生长、花芽正常分化的基础上,结出数量适宜、果型端正、色彩艳丽的果实,并在枝头保留足够长的时间。与观花植物相比,观果植物开花以后还需要较多的营养满足果实的膨大。

4. 球根植物

球根观赏植物是一类特殊的观赏植物。生产的目的是在促进茎、叶健壮生长、花朵正常开放的同时,还要满足作为繁殖材料的种球的生长发育对营养的需要。与观叶、观花、观果植物相比,球根花卉生长的中后期需要较多的钾素营养,以支持种球的膨大。

5. 景观植物

已经应用于绿地景观的观赏植物,其生产的产品已经不仅仅是具体的物质,而是集物质与精神于一体的景观。因此,景观效果是这一类观赏植物生产的主要目的。构成景观的观赏植物种类繁多,对营养的需要也各不相同。

从生长阶段对营养的需求看,为了使行道树、庭荫树等春季迅速抽梢发叶,增大体量,在冬季落叶后至春季萌芽前,应施用堆肥、厩肥等有机肥料,使其在冬季熟化,分解成可吸收利用的状态,供春季景观植物生长时利用。这对于高生长属于前期生长类型的景观植物,如黑松、银杏等特别重要。休眠期施肥对早春开花的碧桃、海棠、迎春、连翘等乔灌木的花芽分化与发育、花朵绽放也有重要作用。花后是枝叶生长盛期,及时施入以氮元素为主的肥料可促使花灌木枝叶形成,为开花结果打下基础。对紫薇、木槿、月季等一年中可多次抽梢、多次开花的灌木,于每次开花后及时补充养分,才能使其不断抽枝和开花,避免因消耗太大而早衰。

3.6.2 生育阶段对养分的需要

一年内观赏植物要历经不同的物候期,如根系活动,萌芽,抽梢长叶,开花结果,落叶休眠等。某个物候期来临时,这个物候期就是观赏植物当时的生长中心,也是植物体内营养物质分配的中心。因此在每个物候期即将到来之前,及时施入该物候期所需要的营养元素,才能促进观赏植物正常生长发育。

早春和入秋是根系的生长盛期,需要吸收一定数量的磷元素,根系才能发达,伸入深层土壤。春天是抽枝发叶期,细胞快速分裂,叶量成倍增加,观赏植物的体量不断扩大。此时需要从土壤中吸收大量的氮素肥料,建造细胞和组织。花芽分化时期,如氮肥过多,枝叶旺长促使叶芽形成,不利于花芽分化。此时应施以磷为主的肥料,创造花芽分化形成的条件,为开花打基础。开花期与结果期,植株需要吸收多量的磷、钾肥,以满足花朵开放和果实发育。

同一种肥料,因施用时期与观赏植物年生育节奏和养料分配中心不一致时,则有不同的反映。在养分以开花坐果期为分配中心时,即使大量地超过常规施肥水平地施入氮肥量,仍能提高开花坐果的效果。但施氮肥期晚于这个分配中心时,即使少量施入,也会加剧生理落果,这说明适期施肥的重要性。

乔、灌木根系在土壤温度较低时即开始活动,要求的温度比地上部分低。早春在地上部分萌发之前,根系已进入生长期,因此早春施肥应在根系开始生长之前进行,才能赶上观赏植物此时的营养物质分配中心,使根系向深、广发展。故冬季施有机基肥,对根的生长极为有利。早春施速效性肥料时,不应过早施用,以免肥分在树根吸收利用之前流失。

3.6.3 肥料的种类

肥料的种类不同,其所含主要营养元素不同,分解的速度不同,使用的时间和方法不同,对产品的影响也不同。

1. 按肥料的性质分类

(1) 有机肥料。又称农家肥、天然肥料,如人及动物的粪尿、圈肥、河泥、绿肥、腐烂的动植物残体等。有机肥营养成分全面而均匀,肥效稳定而供肥时间长,肥效慢。大量使用有机肥,能提高土壤有机质含量,改善土壤的理化性质,防止土壤板结。有机肥常作为土壤改良及基肥使用。有机肥使用前,一是要充分腐熟,二是要消毒,以免造成土壤污染。

(2) 无机肥料。又称化学肥料(简称化肥),如硫酸铵、尿素等。无机肥料的养分含量高但成分较单一,易溶于水,肥效快,但持续的时间短,易被淋失。长期使用化肥,易造成土壤酸化板结,破坏土壤的理化性质。无机肥料包括氮肥、磷肥、钾肥、复合肥料和微量元素肥料。无机肥料一般在生长季节作追肥使用。

(3) 微生物肥料。又称菌肥,是土壤中一些有益的微生物经提取培养而成的一种生物肥料。生物肥料主要是通过微生物的生命活动,来提高土壤肥力和改善植物的营养环境。微生物肥料包括根瘤菌肥料、磷细菌肥料和硅酸盐细菌肥料等。

2. 按施肥的时间分类

(1) 基肥。是指在育苗和移栽之前施入土壤中或拌在基质中的肥料,其目的是为了满足观赏植物整个生长期间对养分的要求。生产中一般多以有机肥做基肥。整地前将肥料撒在地表,然后耕翻入土;或施入树穴底部,并与穴底的土壤充分拌和;或于秋冬季,结合深翻施入植株的根系所及之处。基肥的使用量根据植物的需肥特性与土壤的供肥能力而定,一般其用量占该植物总施肥量的50%左右或更多。

（2）追肥。在植物生长发育期间施用的肥料称作追肥。施用追肥的主要目的是弥补基肥的不足,满足植物生长代谢旺盛时期对营养的大量需要。生产中一般以速效肥料做追肥。追肥可根据植物生长发育阶段及实际需要分次进行。追肥使用总量约占该植物总施肥量的50%左右或略少。

3. 按肥料所含营养元素分类

（1）氮肥。含氮素养分较多的肥料如人粪尿、硫酸铵、尿素等。氮素养分的主要功能是促进植物枝叶生长。植物缺氮,生长量降低,叶子缺绿、发黄并脱落,侧芽继续休眠,分支与分蘖减少。另外,植物缺氮时花青素大量积累,茎与叶脉、叶柄呈紫红色。

（2）磷肥。含磷素养分较多的肥料如骨粉、过磷酸钙等。磷素养分的主要功能是促进植物开花、结果,并使其株形丰满、花色鲜艳、果实硕大。植物缺磷症状首先表现在老叶上,叶片呈暗绿色,茎和叶脉变成紫红色。植物缺磷抑制生长,特别是抑制根系的生长。缺磷对根部的抑制甚于土壤缺氮。观花观赏植物在幼苗生长阶段需要适量磷素养分,进入开花期以后,磷肥的需要量更多。

（3）钾肥。含钾素养分较多的肥料如草木灰、硝酸钾等。钾素养分的主要功能是促进观赏植物茎干粗壮坚实,根系发达,抗寒力增强。钾在植物体内有高度移动性,缺钾症状通常首先从老叶开始并最为严重。缺钾时叶片出现斑驳的缺绿区,然后沿着叶缘和叶尖产生坏死区,叶片卷曲,最后发黑枯焦。缺钾还会导致茎干生长量减小,茎干变弱,植株的抗病性降低。

（4）钙肥。常用的钙肥有磷酸钙、过磷酸钙等。钙素养分有助于细胞壁、原生质及蛋白质的形成,能促进根系发育。钙肥可以中和土壤酸度,是我国南方酸性土地区重要的肥料之一。植株缺钙的典型症状是幼叶的叶尖和叶缘坏死,然后芽坏死。严重时根尖也停止生长、变色,甚至死亡。

（5）铁肥。常用的铁肥有硫酸亚铁、硫酸亚铁铵等。铁有利于叶绿素的形成,植物缺铁时,叶绿素不能形成,从而妨碍了碳水化合物的合成。一般不会发生缺铁现象,但在石灰质土或碱土中,由于铁与氢氧根离子形成沉淀,无法为植物根系吸收,故虽然土壤中有大量铁元素,仍会发生缺铁现象。植物缺铁幼嫩叶片失绿,整个叶片呈黄白色。铁在植物体内不易移动,故缺铁时老叶仍保持绿色。

（6）硼肥。常用的硼肥主要有硼酸和硼砂。

（7）锰肥。常用的锰肥主要有硫酸锰、氯化锰。

（8）铜肥。常用的铜肥主要有硫酸铜。

（9）锌肥。常用的锌肥主要有硫酸锌。

（10）钼肥。常用的钼肥主要有钼酸铵。

3.6.4 施肥与环境

观赏植物吸肥不仅决定于植物的生物学特性,还受外界环境条件(光、热、气、水、土壤溶液的浓度)的影响。光照充足、温度适宜、光合作用强,根系吸肥量就多;如果光合作用减弱,由叶输导到根系的合成物质减少了,则观赏植物从土壤中吸收营养元素的速度也变慢。而当土壤通气不良时或温度不适宜时,同样也会影响对营养元素的吸收和利用。

土壤水分含量与肥效发挥有密切关系。土壤水分亏缺,施肥有害无益,因为肥分浓度过高,观赏植物不能吸收利用反而遭毒害。积水或多雨地区养分易淋失,降低了肥料利用率。因此,施肥应根据当地土壤水分变化规律或结合灌水施肥。

土壤的酸碱度对植物吸收养分的影响较大。在酸性反应条件下,有利于阴离子的吸收(如硝态氮的吸收);而在碱性反应的条件下,有利于阳离子的吸收(如铵态氮的吸收)。

土壤的酸碱反应除了对养分吸收有直接作用外,还能影响某些物质的溶解度,因而也间接地影响植物对营养物质的吸收。如在酸性条件下,磷酸钙和磷酸镁的溶解度提高;在碱性条件下,铁、硼和铝等化合物的溶解度降低。

3.6.5 施肥的方法

1. 土壤施肥

将肥料施入植物根系附近的土壤,肥料在土壤中分解后,供植物根系吸收利用。

(1) 施肥的深度与范围。土壤施肥的深度与范围,视植物根系的分布情况而定。根系在土壤中的分布情况与植物种类、育苗方式、栽培方式和植株的生长阶段有关。一般土壤施肥深度应在 20~50cm 左右。施肥的范围应随植物的年龄增加而加大,一般掌握在树冠的垂直投影范围内。

土壤施肥的深度与肥料种类有关。氮元素在土壤中的移动性大,浅层施肥时可随灌溉或雨水渗入深层土壤或随水流失。而磷、钾元素在土壤中的移动性小,应施在植物吸收根分布层内,以利根系吸收利用。

(2) 土壤施肥的方法。基肥与追肥都可以采用土壤施肥。施肥的目的、肥料的种类和植物的生长情况不同,土壤施肥的方法也不同。观赏植物生产中,常用的土壤施肥方法有随水施肥、固体施肥等。

随水施肥就是将肥料兑水或溶解在水中,与水一起泼浇在土壤表面或施肥沟(穴)内。随水施肥也可以将肥液点施在容器栽培的基质中。

固体施肥就是将固体肥料直接撒施在土壤表面或施入施肥沟(穴)内。固体施肥也可以将肥料撒施或穴施在容器栽培的基质中。撒施在土壤或基质表面的固体肥料,应通过中耕松土与土壤或基质混合。对已经应用于绿地景观的观赏植物,常采用环状沟施肥法、放射状沟施肥法和穴施法等土壤施肥方法。

环状沟施肥法:秋冬季观赏植物休眠期,在树冠投影的外缘,挖 30~40cm 宽的环状沟,沟深依树种、树龄、根系分布深度及土壤质地而定,一般沟深 20~50cm,将肥料均匀撒在沟内,然后填土平沟(图 1-3-16)。此法施肥的优点是,肥料与观赏植物的吸收根接近,易被根系吸收利用。缺点是受肥面积小,挖沟时会损伤部分根系。

放射状沟施肥法:以树干为中心,向外挖 4~6 条渐远渐深的沟,沟长稍超出树冠正投影线外缘,将肥料施入沟内后覆土踏实(图 1-3-17)。这种方法伤根少,树冠投影内的内膛根也能吸收到肥料。

图 1-3-16　环状沟施肥法

图 1-3-17　放射状沟施肥法

穴施肥法：在树冠正投影线的外缘，挖掘数个洞穴，将肥施入后覆土踏实与地面相平（图1-3-18）。此法操作简便、省工。

2. 根外追肥

根外追肥也称叶面追肥，是将肥料按一定比例配制成低浓度肥液，用喷雾器直接喷洒在叶片上，由地上部分直接吸收利用的施肥方法。养分通过茎叶上的气孔、皮孔、表皮细胞壁渗入细胞内而被吸收利用。根外追肥对肥液的浓度有严格的要求。微量元素肥料常用根外追肥法进行补充。

图 1-3-18　穴施肥法

根外追肥，植物吸收迅速，能够及时矫正元素的缺乏症状，并且不受土壤（基质）等条件的限制。此种施肥方法适合于刚移栽的植物恢复生长，以及某些营养元素缺乏的观叶植物施肥（表1-3-4）。

表 1-3-4　几种肥料的叶面喷施浓度

肥料品种	喷施浓度
尿素	一般为 0.2%～0.3%，木本花卉为 0.3%～0.5%
过磷酸钙	一般为 0.5%
磷酸二氢钾	一般为 0.2%～0.3%
硫酸钾	1%～1.5%
硼砂	1%～1.5%
硫酸锌	0.1%～0.3%

3.6.6　需要注意的问题

1. 合理施肥

营养是观赏植物生长发育与产品形成的基础。施肥是观赏植物生产的重要技术措施之一。合理施肥直接影响到观赏植物产品的质量和生产经济效益。最适合植物生长发育的营养管理方案不一定是观赏植物生产的最佳施肥方案。因此，在制订观赏植物生产养分管理方案时，要从植物种类（包括品种）的需肥特性、养分供应与产品形成等方面综合考虑，以最少的施肥成本获得最佳的产品价值。

2. 综合因素

根据植物生长条件的"同等重要"和"不可替代律",在制订观赏植物生产养分管理方案和看苗诊断、决定养分管理措施时,应考虑温度、光照、水分等其他因素的影响,以增强养分管理方案的可行性、针对性和有效性。也就是说,不要把植物生长发育的一切问题都归咎于养分管理,施肥的效果还要与其他措施配合才能实现。

3. 肥力概念

土壤施肥是观赏植物生产的主要施肥方式。有机肥等缓效肥料的作用不但体现在本季植物生产产品上,还改良了土壤的理化性质,提高了土壤的肥力水平,有利于持续生产。因此,在计算生产成本时,应充分考虑这类肥料的后效益,以保护施用有机肥的积极性。

3.7 土壤管理

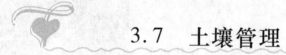

土壤是观赏植物生长的基础。土壤管理是观赏植物生产过程中必要的作业项目。在整地与土壤改良的基础上,观赏植物生产期间,土壤管理的主要内容包括中耕松土、地面覆盖,以及栽培基质的调整与更换等。

3.7.1 中耕松土

1. 中耕松土的意义

中耕松土,既可以疏松土壤或基质,增加土壤或基质的透气性,也可以使肥料与土壤或基质充分混合,增加肥料与土壤或基质的接触,还可以清除杂草,减少养分消耗和病虫危害。给容器栽培的土壤或基质松土,称为"扦盆"。

2. 中耕松土的方法

(1) 中耕松土的时间。观赏植物露地生产,雨后或大水量灌溉后土壤板结时应该中耕松土。容器栽培的,在盆面土壤或基质板结时应进行松土。当杂草较多,影响观赏植物正常生长时,也需要结合除草进行中耕松土。

(2) 中耕松土的深度。中耕松土的深度,以破除表土板结,轻度刺激根系为宜。幼苗根系浅,中耕松土也宜浅;大苗根系入土深,中耕松土也宜加深。根据植物根系横向分布近浅远深的规律,中耕松土也宜近浅远深,即靠近植株的部位浅一些,向外渐次加深。在圃苗木若无法通过移植促发新根,则通过增加中耕松土的深度,造成一定程度的根系损伤,以刺激新根发生。

(3) 中耕松土的方法。中耕松土的工具有锄、锹、耙等。生产规模较大时,则使用中小型拖拉机带动犁、耙进行作业。中耕松土应在土壤含水量适宜时进行。一般掌握在下雨量或浇水量渗透耕作层 2~3 天后中耕松土。无论是人工还是机械中耕松土,都需要注意保护植株,尽量避免伤及植株的茎干与枝叶。

(4) 古树名木的中耕松土。古树名木生长年代久远,植株的生命力下降,立地条件

(尤其是土壤结构)劣变,严重影响植株的健康生长。因此,定期对古树名木进行中耕松土尤为重要。由于古树名木的根系横向分布往往超过树冠的垂直投影,而具有吸收能力的根系也主要分布在根群的外围,所以中耕松土的范围应包括整个树冠垂直投影的范围,甚至扩大到树冠垂直投影范围以外。古树名木中耕松土,应严格掌握"近浅远深"的原则。由于植株的植伤恢复能力差,应尽量少伤及根系。古树名木中耕松土可结合施肥进行。

3.7.2 地面覆盖

地面覆盖包括露地栽培中的植株行间或株间覆盖,也包括绿地景观中的树穴覆盖。露地栽培中的植株行间或株间覆盖,其目的是减少土壤水分蒸发,抑制杂草生长,降低土壤温度,防止表土板结和保暖防寒。根据覆盖目的,覆盖材料可以是地膜,也可以是稻草等作物秸秆,或者是修剪刈割下来的植物枝叶。有些覆盖材料腐熟后,经耕翻入土,可以增加土壤的有机质含量,提高土壤肥力。绿地景观中树穴覆盖的目的,除了上述以外,还可以减少人为践踏和增加美观。树穴覆盖的材料,可以是卵石、陶粒、树皮等。公共场合的树穴还应加盖由混凝土、铸铁或塑胶等材料制成的镂空盖板,既可以防止人为直接踩踏树穴泥土,又有利于雨水下渗到树穴,还装点了景观。结合植株修剪,将修剪下来的枝条经粉碎后直接覆盖在树穴上,既降低了覆盖的成本,还节约了修剪废弃物的处理成本。有些地方用地被植物覆盖行道树、景观树的树穴,增加了美观,减少了人为踩踏和土壤水分蒸发。但地被植物自身需要从树穴土壤中吸收水分和养分,并降低了树穴土壤的透气性。

3.7.3 栽培基质管理

基质栽培是观赏植物重要的生产形式。除了根据植物种类与生产方式选择和配制基质外,观赏植物生产过程中,还应对栽培基质加强管理。栽培基质管理包括对基质的洗盐处理、灭菌处理、基质更换以及废弃基质的处理等。详见无土栽培。

3.7.4 需要注意的问题

1. 打好基础

土壤是观赏植物生产的基础。土壤管理的基础首先是土壤的质地、土壤的酸碱度、土壤的肥力要满足观赏植物生产的需要。千万不能因为"三分种七分管"而忽视了土壤基础。诚然,后续的栽培管理措施可以弥补土壤的先天不足,但从生产的角度看,土壤的理化性质和土壤肥力,在生产栽培前就打好基础,远比生产过程中的弥补要容易和经济得多。因此,要十分重视土壤改良、土壤消毒和土壤肥力培育等基础性工作。

2. 选好基质

选好基质包括用好的方法选择基质和选择好的基质两个方面。基质是现代观赏植物生产的重要基础,使用和推广势在必行。选择基质,要避免"唯贵为上"的倾向。基质的质量与价格有较大的相关性,但基质材料的特性决定了再好的基质材料也不可能适合任何一种观赏植物生产的需要。因此,选择适合的基质才是选择基质的出发点和落脚点。基质的配方需要经过对比试验和验证,所以任何一个外来的基质配方都需要经过实地验证后才能用于生产,任何一个基质配方只有经过实践检验才能日臻完善。

3.8 植株管理

观赏植物生产过程中,植株管理的主要内容包括调节植株的生长空间、调节植株的生长姿态、调节植株群体的通风透光条件、调节植株的开花结果等。

3.8.1 调节植株的生长空间

观赏植物生产过程中,随着植株体量的增加,植株之间的拥挤与相互庇荫日益严重,直接影响植株的正常生长。要根据某一生长阶段植株的体量,计算出单位设施面积摆放盆栽植物的数量,并作出相应的空间调整。调整后的摆放密度,以植株的叶尖相互碰触为适宜。此后,待植株拥挤时,再继续调整。

行道树、风景林带、组合树丛等种植形式,也需要适时调整植株的生长空间。为了保证当时的种植效果,行道树、风景林带、组合树丛等往往加大了栽植密度,一段时间后也会出现植株相互拥挤的现象。调整时,一般采取隔行、隔株间挖或间伐的方法。

3.8.2 调节植株的生长姿态

生长姿态直接影响到观赏植物产品的质量。调整植株生长姿态包括以下作业内容:

1. 转盆

盆栽观赏植物在室内摆放时,由于植物的向光习性,加上建筑物门窗等透光面的位置、面积的限制,植株很容易产生偏冠现象,即植株的冠层向门窗等透光面倾斜,降低了观赏效果。因此,要定期将盆栽观赏植物转盆,即将植株在原地旋转一定角度。一般每次旋转90°或120°。

2. 修剪

修剪是调节植株生长姿态的重要手段。木本植物的修剪将另立章节专门阐述,现对草本植物的修剪要点叙述如下:

(1) 摘心、打杈。摘除植株的顶芽叫摘心,摘除侧芽叫打杈。一串红、万寿菊、金鱼草、醉蝶花等草本花卉,如任其自然生长,则花枝较少,营养生长旺而形成花束少,不利于观赏,所以要控制旺长、控制顶端优势。摘心、打杈是不等旺长已大量消耗了植株营养就采取的措施。例如,一串红定植后缓苗期一过,要立即摘除顶芽,只留二侧芽生长,当侧芽长出4片叶子后进行第二次摘心。又如,切花月季在生产过程中,就要抹掉侧芽,以利于主芽的营养供给。

(2) 摘叶。观赏植物不同成熟度(叶龄)的叶片,其光合效率是不相同的。植株下部和内膛的老叶片,光合效率很低,同化的营养物质还抵不上本身呼吸消耗的营养物质。对这样的叶片应及时摘叶。仙客来长到20片以上的叶片时,下部的老叶已经对植株的生长有害而无益,可适当进行摘除。摘叶还能改善植株自身及群体的通风透光条件,减少病虫害发生。

(3) 支架。草本观赏植物中,有部分是蔓生的,其茎干纤弱,必须依附他物向上生长。生产中常搭建各种形状的支架,引导和限制植株生长。常见的形状有屏风形、圆球形、拱门形、篱壁形、下垂形等。茑萝、铁线蕨、绿萝等多用支架栽培。菊花栽培中的塔菊、千头菊等也是支架栽培的产品。

3.8.3 调节植株群体的通风透光条件

调节观赏植物群体通风透光条件,应该从选择生产地点、选用株型紧凑的品种和控制种植密度开始。生产过程中,可通过间苗、间伐、摆盆、修剪等措施达到调节的目的。兰科观赏植物喜欢通风、半阴的生长环境,生产基地应安排在夏季通风、阴凉的区域。观赏植物品种间的株型差异较大,在满足市场对产品需要的前提下,应选择株型紧凑的品种。种植密度是植株群体通风透光的基础,应根据产品质量要求和植株的特性,计算出合理的种植密度,使之既不因为种植密度过小而浪费生产空间,也不因为种植密度过大而导致生产中后期植株群体通风透光不良。生产中,为了充分利用生产空间,种植时采用倍量密度,待植株体量增加到相互拥挤从而影响植株群体通风透光时,采取隔株或隔行间伐(或是移植),以改善植株生长条件。容器栽培生产过程中,通过多次摆盆(调整盆栽植物在栽培床上的位置和密度)来改善植株生长条件。摘叶、疏剪等修剪措施也可以在一定程度上改善植株群体的通风透光条件。

3.8.4 调节植株的开花结果

花朵和果实是多数观赏植物生产产品的重要组成部分。观赏植物的开花结果既有其种类与品种的特性,也可以通过植株管理予以调节。调节观赏植物开花结果的方法与措施,详见花期调控。

3.8.5 需要注意的问题

1. 品种选择是基础

一切栽培措施都是为了满足植株生长发育的需要和弥补植株自身的某些不足。观赏植物生产中,在确定植物种类后,应认真选择适合生产目的的品种,这是植株管理的基础。尽管植株管理措施可以部分影响观赏植物的生产过程和最终产品,但从生产的角度看,远不如品种选择的影响大。因此,植株管理应从品种选择开始。

2. 顺应植株特性

任何一种植株管理措施,首先应立足于充分发挥该品种的特性,以满足产品生产的需要。即使是产品生产的需要,也要顺应植株的特性,才能收到事半功倍的效果。

3.9 病虫害防治

3.9.1 观赏植物虫害

危害观赏植物的害虫种类很多,而且林、果、茶、蔬菜的害虫又多可向观赏植物迁飞或转移,使观赏植物的害虫种类更加复杂,如木槿蚜虫就是棉蚜虫,大丽花螟虫是桃蛀螟和玉米螟,羽衣甘蓝蚜虫就是菜蚜虫等。但观赏植物本身也存在许多单食性的害虫,如蔷薇叶蜂只危害蔷薇、月季的叶片,茉莉花蕾蛆只危害茉莉花的花蕾,等等。

危害观赏植物的害虫主要有刺吸式口器取食植物营养的蚜虫、介壳虫、螨类等。直接咀嚼取食叶片的主要有刺蛾、袋蛾、叶甲、叶蜂等。钻蛀枝梢及树干的主要有天牛类以及地老虎、蛴螬等地下害虫。

1. 刺吸式害虫

（1）蚜虫。危害观赏植物的蚜虫主要有桃蚜、棉蚜、瘤蚜和菜蚜等，它们分别寄生在不同种类的观赏植物上。蚜虫以刺吸式口器吸食植物叶片的汁液，并造成伤口，给病害侵入创造了机会。瓢虫、草蛉是蚜虫的天敌，保护瓢虫、草蛉可有效控制蚜虫危害。温室内悬挂黄色粘板，可捕杀蚜虫的成虫。

（2）介壳虫。危害观赏植物的介壳虫有盾介类和蜡介类。介壳虫也是以刺吸式口器吸食植物叶片、枝干的汁液，使枝叶枯萎死亡。介壳虫排泄的蜜露还易诱发煤污病。盾介体外有鳞壳保护，蜡介体外附有很厚的蜡层，一般的杀虫剂不易渗入体内。幼虫孵化期是介壳虫药物防治的关键时期，应加强虫情的预测、预报，把握最适用药时间。对少量发生的介壳虫可用牙刷等工具刷除。保护天敌红点唇瓢虫和蒙古光瓢虫，可有效减少介壳虫的危害。

（3）红蜘蛛。红蜘蛛又称螨，是为害观赏植物的微小动物。红蜘蛛也是以刺吸式口器吸食植物叶片、枝干的汁液。红蜘蛛的危害方式以成虫、幼虫、若螨群集叶背刺吸汁液，使叶片出现褪绿斑点，逐渐变为灰白斑和红斑，严重时叶枯焦脱落，形似火烧。干旱会导致红蜘蛛危害加重。

2. 咀嚼式害虫

咀嚼式害虫的种类很多，多以幼虫（也有少数成虫）啃食植物的叶片甚至茎干造成危害。刺蛾和蓑蛾是其中最为常见，危害较重的两种。

（1）刺蛾。俗称痒辣子、刺毛虫。刺蛾以幼虫啃食观赏植物的叶片，形成缺刻，影响植物的正常生长和商品价值。幼虫身上的枝刺和毒毛，能引起人体皮肤和黏膜中毒。刺蛾结茧越冬，可结合冬季修剪或冬翻，清除越冬茧；刺蛾羽化期间，可用黑光灯诱捕成虫。

（2）蓑蛾，又称袋蛾、避债蛾、皮虫、吊死鬼等。对观赏植物为害严重而普遍的是大蓑蛾。蓑蛾以幼虫啃食植物的叶片，严重时可以将叶片吃光。蓑蛾系杂食性害虫，可为害观赏植物的 90 个科，600 多种植物。蓑蛾以老熟幼虫在虫囊中越冬，结合冬季修剪，清除虫囊，是事半功倍的防治措施。

3. 钻蛀类害虫

（1）天牛。天牛是观赏植物重要的钻蛀类害虫，它主要以幼虫钻蛀植物的茎干，在韧皮部和木质部形成蛀道为害。选育抗虫品种，加强抚育管理，及时剪除严重受害植株，人工捕捉幼虫，药物熏蒸和树干涂白等都是常用的防治方法。

（2）木蠹蛾。成虫均在晚间活动，产卵于较粗树干的树皮缝隙内、伤口处，孵化后群集侵入内部，由韧皮部直至木质髓部。用黑光灯诱捕成虫，用带药棉球堵塞虫孔熏蒸是常用的防治方法。

4. 地下害虫类

（1）地老虎。地老虎是观赏植物重要的地下害虫，它以幼虫夜出咬断幼苗茎干，尤以黎明前露水未干时更甚，把咬断的幼苗茎叶拖入土穴中食用；当苗木木质化后，则改食嫩芽和叶片，也可将茎干端部咬断。如遇食物不足，地老虎则迁移扩散为害。地老虎成虫对黑光灯具有强烈趋性,对糖、醋、蜜、酒等香甜味特别嗜好,可用黑光灯结合糖、醋盆诱捕。

(2) 蛴螬。又名白地蚕,是金龟子的幼虫,是观赏植物生产中常见的地下害虫。蛴螬种类多,食性杂,危害大。蛴螬啃食幼苗茎干皮层,使苗木死亡。有些成虫(金龟子)啃食植物的叶、芽、花蕾、花冠,严重影响产品的商品价值。蛴螬的成虫具有趋光性,多以幼虫在土壤中越冬。冬季深耕土壤和灌冻水,可以减少蛴螬发生基数。用黑光灯诱捕成虫、中耕除草均可以减轻蛴螬的危害。

3.9.2 观赏植物病害

引起观赏植物病害的原因,有生物的(侵染性的)和非生物的(非侵染性的)两类,总称为病原。非生物性病原包括不适宜的土壤和气候条件,或者有害物质污染等,它们引发的病害不传染,称为生理性病害。生物性病原来自真菌、细菌、病毒、类病毒、寄生性种子植物、线虫、瘿螨等,它们引发的病害具有传染性,称为传染性病害或寄生性病害。受病原物侵染的观赏植物称为寄主。

1. 根据发病部位分类

观赏植物病害按其发病部位可分为叶、花、果病害,茎、枝干病害和根(球根)部病害。

(1) 叶、花、果病害。种类多且极普遍,常见的有叶斑病、白粉病、锈病、煤污病、花叶病、畸形病等。生物和非生物病原都能使叶、花、果生病。其中大多数侵染性病害分布广、传播快,常使叶、花产生坏死斑点、变色、干枯、腐烂,影响观赏品质。有些病害还会导致重大损失,直至观赏植物死亡。

(2) 茎、枝干病害。有茎腐病、白绢病、溃疡病、枯萎病、丛枝病、肿瘤病、流胶或流脂病等。各类侵染性病原都为害观赏植物的茎和枝干。非侵染性因素如低温、高温和干旱也会导致茎、枝干的冻伤、灼伤等。茎、枝干中某些枯萎病,如茎腐病和溃疡病严重发生时,可使草本观赏植物、木本观赏植物的幼苗、幼树在一个生长季节内死亡。

(3) 根(球根)部病害。有根腐病、根瘤病等,真菌、细菌和线虫是主要病原。病原物大多存活在土壤中,营腐生或半腐生生活,一旦遇到适当寄主,就侵染为害。这类病害常称为土传病害。土壤排水不良等非侵染性病原也能引起某些观赏植物的根腐病。根部病害是在地下发生、发展的,初期难以发现,当地上部分出现症状时再进行防治,往往为时已晚。因此,根部病害的危害性较大。

2. 根据病原类群和性质分

观赏植物的侵染性病害按病原类群与性质可分为:真菌性病害、细菌性病害、病毒病害、类病毒病、线虫病等。其中真菌性病害种类最多,发生最为普遍,危害也最严重。病毒病列居第二,几乎每一种观赏植物都有病毒病。有些病毒病已成为引起观赏植物品种退化、观赏和商品价值降低的重要原因。线虫病害也是观赏植物的一类重要病害,多发生在根部,引起肿瘤或根腐,少数为害叶部,引起枯萎。

3.9.3 病虫害的发生条件

观赏植物病害的发生与发展,是在一定的环境条件下进行的。当环境条件对病原物的生长、繁殖和传播有利,而对寄主的生长发育不利时,病害就容易发生并流行,危害也严重。相反,则病害不易发生或发展,对寄主的危害也较轻。

3.9.4 病虫害防治的基本方法

1. 植物检疫

植物检疫是国家或地方行政机关通过颁布法令的形式禁止或限制危险性病虫、杂草人为地在国家之间或国家地区之间传入或传出，或传入后限制其传播蔓延。观赏植物在调运过程中，必须经过检疫，在取得当地检疫部门签发的植物检疫证书后方可调运。

植物检疫是植物保护工作的根本性预防措施之一。其目的是防止观赏植物危害性病、虫、杂草及其他有害生物的入侵与传播，以保证本国、本地区观赏植物生产和生态系统的安全。我国曾从美国佛罗里达州引进唐菖蒲种球时，将唐菖蒲枯萎叶斑病带入深圳，造成严重减产；还因多次从日本引进樱花苗木而带入樱花根癌病。

观赏植物检疫分为国际检疫和国内检疫两种。国际检疫的目的是为了防止危险性病虫害及杂草输入或输出国境，保护本国观赏植物生产，维护对外贸易信誉，履行国际义务。此项工作由国家在海关、港口、国际机场及有关省份设立检疫机构，对进出口和过境的观赏植物及其产品、包装物、运输工具等负责检疫。国内检疫的目的，是为了将某些区域性危险病虫害等封锁在疫区内，防止人为传播，以利防治和消灭。

列为检疫对象的病虫害，必须是本国尚未发生或局部地区发生、可通过人为传播，一旦进入新的区域有可能流行、并造成重大损失的病虫种类。根据国际和国内观赏植物病虫发展的情况和生产的需要，在一定时间内，植物检疫对象名单可增加或减少。

2. 农业防治

农业防治是通过合理的栽培管理技术，创造对观赏植物生长有利、对病虫发生蔓延不利的生态环境，是观赏植物病虫害防治的重要手段。主要措施有：实施轮作制度和合理配置植物；选用抗病虫品种；选用脱毒种苗；采用种子繁殖，增强植株的生活力；加强肥水管理；合理整形修剪；及时收集、处理枯枝败叶；人工捕杀害虫的卵块、卵囊、幼虫和假死性害虫等。

3. 生物防治

生物防治是利用有益生物及害虫的天敌来控制病虫数量的防治方法。生物防治不仅可以改变生物种群组成成分，而且能直接消灭病虫。生物防治因不污染环境、对人畜及天敌无害、作用时间长、有害生物产生抗性的可能性小等优点，越来越受到关注。但生物防治效果比较慢，受自然因素限制较大。

生物防治可以分为以虫治虫、以菌治虫、以病毒治虫、以鸟治虫、以激素治虫、昆虫不育性利用和以菌治病等。

4. 化学防治

化学防治是使用化学试剂控制观赏植物病虫害的发生和蔓延。其特点是功效快，适用范围广，受地域和气候影响小，方法简便，是病虫害防治的重要措施。但化学防治污染环境、杀伤天敌、造成药害。长期使用农药，可使病虫害产生抗药性等。

3.9.5 需要注意的问题

1. 农业防治是综合防治的基础

"预防为主，综合防治"也是观赏植物的植保方针，农业防治是综合防治的基础。首先，农业防治的目的与观赏植物生产的目的最为接近，可选择抗病虫品种以减少病虫为害的概率，加强植物管理以增强群体通风透光条件，科学灌溉、施肥以促进植株健壮生长，土壤耕翻与消毒以降低土传病虫害的基数等。其次，农业防治可以使病虫害防治工作变被动为主动。与其病虫发生后匆匆应对，不如在病虫发生前未雨绸缪。第三，农业防治是与环境、产品最友好的防治措施，减少使用化学农药，不但减少了对环境的污染，也减少了产品对环境再次污染的概率。

2. 合理用药减少对环境的污染

首先，要正确认识和评价化学防治。化学防治针对性强，操作方便，是综合防治中见效最快的防治方法，可以有效解决其他方法难以解决的问题。目前，化学防治依然是观赏植物生产中必要的技术措施。其次，化学防治对环境的污染问题应该引起足够的重视，尤其要减少剧毒、高残留化学药物的使用。第三，要科学施药，提高农药的使用效果。要严格掌握施药的浓度、方法和时间，不施"保险药"（可施可不施的，尽量不施）和"过头药"（不随意加大施药浓度和剂量）。

3.10 杂草防除

杂草防除又称除草，是观赏植物生产中最为常见的栽培措施。在由传统生产方式向现代生产方式转变过程中，除草仍然是一项经常性、化工多的作业项目。生产水平越低，往往除草的工作量越大，这与土壤耕翻、消毒、轮作和除草方式等因素相关联。

观赏植物生产中，杂草种类繁多，危害严重。杂草不仅与植物争肥、争水、争空间，影响植物的正常生长，而且杂草还是许多病虫害的寄主或藏身场所。因此，为提高观赏植物对土壤水肥和生长空间的利用率，减少病虫害对观赏植物的危害，需要经常清除杂草。

除草往往结合中耕进行，盆栽植物结合扦盆进行。大面积除草也可以采用化学除草。与人工除草相比，化学除草剂具有简单、方便、有效、迅速的特点。然而，由于除草剂品种繁多、特点各异，再加上杂草类型复杂，生物学特性差异较大，尤其是许多杂草与观赏植物之间在外部形态及内部生理上非常接近，因而化学除草技术比其他用药技术要求严格。若用药不当，往往不仅达不到除草的目的，还有可能对观赏植物产生药害。

3.10.1 除草的原则

除草要掌握"除早、除小、除了"的原则。杂草开始滋生时，其根系较浅，植株又矮小，易于除尽。除草还需要掌握杂草的种类与特性，以便采取相应的除草措施。按植物学分类，杂草可以分为双子叶植物和单子叶植物。按生活史分类，杂草可以分为一年生杂草、二年生杂草和多年生杂草。1~2年生杂草主要靠种子繁殖，故需要在杂草开花结实前（尤其是种子成熟前）除去此类杂草。多年生杂草以营养繁殖为主，也可种子繁殖，防除难度更大。一般结合深耕除去此类杂草的地下部分，可有效减少杂草的为害。除草还需要考虑生产环境，对风景林、片林及自然保护景观区域内的杂草，只要不妨碍游人观瞻可予以保留，以保持田园情调；对易发生水土流失的斜坡，宜减少除草次数，以减少雨水对土表的冲刷。

3.10.2 化学除草

化学除草剂之所以能够抑制或杀死杂草，是除草剂干扰和破坏了植物体内正常的生理活动(如抑制植物的光合作用、破坏植物的呼吸作用、干扰植物的激素作用等)的结果。了解除草剂的作用机制,是正确使用除草剂的基础。

1. 化学除草剂的种类

除草剂种类很多,为了比较各种除草剂的相似性及差异性,可按起作用方式、在体内运转情况等几方面进行分类。

(1) 按除草效果分类。除草剂可分为选择性除草剂(这类除草剂只能杀死某些植物,对另一些植物则无伤害,即对杂草具有选择能力)、灭生性除草剂(这类除草剂对一切植物都有杀灭作用,即对植物无选择能力)。常用的选择性除草剂如西玛津、阿特拉津只杀一年生杂草,2,4-D丁酯只杀阔叶杂草。常用的灭生性除草剂如草甘膦、克芜踪等,这类除草剂主要在植物栽植前,或者在播种后、出苗前使用,也可以在休闲地、道路上使用。

(2) 按灭草作用方式分类。除草剂可分为触杀除草剂(这类除草剂的特点是只起局部杀伤作用,不能在植物体内传导。药剂接触部位受害或死亡,不接触部位不受伤害)和内吸传导性除草剂(这类除草剂的特点是被茎、叶或根吸收后通过传导而杀死杂草)。触杀除草剂虽见效快,但起不到斩草除根的作用,使用时必须喷洒均匀、周到,才能收到良好效果,如百草枯、除草醚等。内吸传导性除草剂药剂作用较缓慢,一般需要15~30天,但除草效果好,能起根治作用,如草甘膦、阿特拉津等。

2. 化学除草剂的使用方法

化学除草剂的剂型主要有水剂、颗粒剂、粉剂、乳油等,水剂、乳油主要用于叶面喷雾处理,颗粒剂主要用于土壤处理,粉剂在生产中应用较少。

(1) 叶面处理。叶面处理是将除草剂溶液直接喷洒在杂草植株上。这种方法可以在观赏植物播种前或出苗前应用。也可以在出苗之后进行处理,但苗期叶面处理必须选择对苗木安全的除草剂。如果是灭生性除草剂,必须有保护板或保护罩之类将苗木保护起来,避免苗木接触药剂。叶面处理时,雾滴越细,附着在杂草上的药剂越多,杀草效果越高。但是雾滴过细,易随风产生漂移,或悬浮在空气中。对有蜡质层的杂草,药液不易在杂草叶面附着,可以加入少量展着剂,以增加药剂附着能力,提高灭草效果。展着剂有羊毛脂膏、农乳6201、多聚二乙醇、柴油、洗衣粉等。

(2) 土壤处理。土壤处理是将除草剂施于土壤中(毒土、喷浇),在观赏植物播种之前处理或在生长期处理。土壤处理多采用选择性不强的除草剂,但在植物生长期则必须用选择性强的除草剂,以防植物受害。土壤处理应注意两个问题:一是要考虑药剂的淋溶,在沙性强、有机质含量少、降水量较多的情况下,药剂会淋溶到土壤的深层,植物容易受害,施药量应适当降低;二是土壤处理要注意除草剂的残效期(指对植物发生作用的时间期限)。除草剂种类不同,残效期也不同,少则几天,如五氯酚钠3~7天,多则数月至1年以上,如西玛津残效期可达1~2年。对残效期短的,可集中于杂草萌发旺盛期使用;残效期长的,应考虑后茬植物的安全问题。

3.10.3 需要注意的问题

1. 土壤处理是基础

观赏植物生产中的杂草主要来自于土壤和基质。重视土壤和基质的处理是防除杂草的基础性工作。尤其是由露地生产转入设施生产,环境条件有利于观赏植物生长,也一定有利于杂草的生长。所以,与其在生产过程中不断地去除草,不如在耕翻土壤或配置基质时,集中杀灭杂草的种子和根、茎,可收到事半功倍的效果。

2. 化学除草要做到"三个准确"

一是要准确选择除草剂;二是要准确掌握施药的剂量与浓度;三是要准确掌握施药方法。除草剂种类多,更新快,一定要根据观赏植物、杂草和环境等因素,综合分析,选准除草剂。除草剂的施用剂量与浓度,不但关系到除草的效果,还关系到生产成本与对环境的影响。施用剂量与浓度,一定要先经过试验,以确保施药效果与施药安全。除草剂的施药方法,包括选择施药天气、施药的器械、施药的部位、施药者的自身安全等。施药应选择晴朗无风、气温较高的天气,既可提高药效,增强除草效果,又可防止药剂飘落在观赏植物的枝叶上造成药害。喷洒除草剂的器械要专用,既不可与喷洒其他农药的器械兼用,也不可不同类型的除草剂之间兼用。除草剂喷洒的部位应是杂草的茎叶(土壤处理除外)。为增加药液在杂草茎叶上的附着度,要添加展着剂。施药人员要根据规定做好安全保护工作,以防中毒。

3.11 无土栽培

无土栽培是指不使用土壤而用营养液或其他设施栽培观赏植物的方法。无土栽培是20世纪30～40年代出现的新技术,发展很快,现已经普遍应用于包括观赏植物在内的植物生产。无土栽培是将植物直接栽培在特定装置的营养液中,或者栽培在充满非活性固体基质和一定营养液的栽培床上。

3.11.1 无土栽培的特点

无土栽培是现代农业最先进的栽培技术之一,从栽培设施到环境控制都能做到根据植物生长发育的需要进行调控。因此,无土栽培具有明显的优点,但同时也存在一些抑制无土栽培发展的缺点。

1. 无土栽培的优点

(1) 减少土传病虫害。观赏植物生产中的许多病虫害是经过土壤传播的。无土栽培减少甚至隔断了植物与土壤的接触,有效降低了土壤传染病虫害的风险。

(2) 克服连作障碍。在保护地栽培中,为获取高效益,往往种植制度单一,连作频繁,再加上施肥和土壤本身的因素等,土壤盐分不断积累,土壤出现酸化和盐渍化,导致土壤生产能力下降、生产风险增大和生产效益不稳定。无土栽培,能从技术上有效克服土壤连作障碍,是解决设施内土壤连作障碍的有效途径。

(3) 节水节肥。无土栽培可根据植物生长发育的需求,及时调整营养液的成分和浓度,更加符合植物生长的需要,因此水、肥的利用率也大大提高。无土栽培可比传统土壤栽培节水达50%～70%,节省肥料达30%～40%。

(4) 省工省力。无土栽培多利用设施栽培和计算机智能化管理,省去了土壤耕作中的整地、施肥、中耕除草以及喷施农药等田间劳动,管理工作量大大减少。无土栽培营养液供应和管理可实现机械化或自动控制,改善了劳动条件,节省劳力50%以上。

(5) 不受场所限制。无土栽培可以在楼顶、阳台、屋面、走廊、墙壁等地,甚至可以在不能进行土壤栽培的沙漠、油田、海涂、盐碱地、荒山、岛屿和土壤严重污染的地方应用。因此,无土栽培不仅可以克服土壤限制,还可以美化环境、陶冶情操、增添生活乐趣。

(6) 产量高、品质好。无土栽培能充分发挥植物的生产潜力,与土壤栽培相比,产量可以成倍或几十倍地提高。无土栽培的产品品质好而稳定。无土栽培的番茄外观整齐,维生素C的含量可以增加30%,矿物质含量增加近一倍。无土栽培的康乃馨的花香更加浓郁,花期长,开花数多。无土栽培的香石竹裂萼率仅8%,而土壤栽培的裂萼率高达90%。

2. 无土栽培的缺点

(1) 一次性投资较大。无土栽培需要有相应的温室、大棚等栽培设施和栽培槽、水泵、支架等设备,因此一次性投资较大。

(2) 技术要求高。对技术水平要求高,管理人员必须经过系统学习或培训。

3.11.2 基质的管理

1. 基质的管理

用作无土栽培生产的基质经过一段时间后,由于吸附了较多的盐类和其他物质,还可能带上病菌,因此必须经过适当的处理才能继续使用。

(1) 洗盐处理。用清水反复冲洗,除去基质中多余的盐分。在处理过程中,可以靠分析处理液的电导率进行监控。

(2) 灭菌处理。采用高温灭菌法,将高压水蒸气导入略带潮湿的基质中;或将基质装入黑色塑料袋中,置于日光下暴晒。暴晒时适时翻动基质,使基质受热均匀。也可采用药剂灭菌法,在每立方米基质中均匀喷洒50~100mL的甲醛药剂,然后覆盖塑料薄膜,经2~3天后,打开薄膜,摊开基质,让药剂挥发后备用。

(3) 基质更换。固体基质使用一段时间后,基质的通气性下降,保水性过高,病菌大量累积,因此需要更换。更换下来的旧基质要妥善处理,以防对环境产生污染。难以分解的基质如岩棉、陶粒等可进行填埋处理,而较易分解的如泥炭、蔗渣、木屑等,可经消毒处理后,配以一定量的新材料后反复使用,也可施到土壤中作为改良土壤之用。使用1~2年的基质多数需要更换。

3.11.3 营养液的管理

1. 无土栽培对营养液的要求

营养液是根据植物对各种养分的需求,通过把一定数量和比例的无机盐类溶解于水中配制而成的。营养液是无土栽培的重要组成部分。

作为无土栽培的营养液,必须含有植物生长发育所必需的全部营养元素,包括氮、磷、钾、钙、镁、硫等大量元素和铁、锰、铜、锌、硼、钼等微量元素。营养液应为平衡溶液,植物所需要的各种养分物质的含量应均衡;无机盐的溶解度要高且呈离子态,易被植物吸收利用;不含有害及有毒成分;适宜的pH,一般为6.5~8.5;合适的浓度,对于大部分观赏植物来说,总盐量最好保持为0.2%~0.3%;取材容易,用量小,成本低。

2. 营养液对水的要求

(1) 水源。自来水、井水、河水和雨水,是配制营养液的主要水源。使用自来水和井水,应事前对水质进行化验,一般要求水质和饮用水相当。

(2)水质。水质有软水和硬水之分。水的硬度指水中各种钙、镁的总离子浓度,以每升水中 CaO 的重量表示。1°=10mg/L。0°~4°为很软水;4°~8°为软水;8°~16°为中硬水;16°~30°为硬水;30°以上为极硬水。用于配制营养液的水,其硬度以不超过10°为宜。水源的 pH 一般在 5.5~7.5 为宜,使用前溶解氧应接近饱和,NaCl 含量 < 2mol/L,重金属及有害元素含量不超过饮用水标准。

3. 营养液的成分

无土栽培营养液的成分,因观赏植物种类和产品形式而不同。

(1)营养液配方。几种常见观赏植物无土栽培营养液的配方见表 1-3-5、表 1-3-6、表 1-3-7、表 1-3-8、表 1-3-9。

表 1-3-5　道格拉斯的孟加拉营养液配方

肥料名称	化学式	两种配方用量/(g/L)	
		1	2
硝酸钠	$NaNO_3$	0.52	1.74
硫酸铵	$(NH_4)_2SO_4$	0.16	0.12
过磷酸钙	$CaSO_4 \cdot 2H_2O + Ca(H_2PO_4)_2 \cdot H_2O$	0.43	0.93
碳酸钾	K_2CO_3		0.16
硫酸钾	K_2SO_4	0.21	
硫酸镁	$MgSO_4$	0.25	0.53

表 1-3-6　波斯特的加利福尼亚营养液配方

肥料名称	化学式	用量/(g/L)
硝酸钙	$Ca(NO_3)_2$	0.74
硝酸钾	KNO_3	0.48
磷酸二氢钾	KH_2PO_4	0.12
硫酸镁	$MgSO_4$	0.37

表 1-3-7　菊花营养液配方

肥料名称	化学式	用量/(g/L)
硫酸铵	$(NH_4)_2SO_4$	0.23
硫酸镁	$MgSO_4$	0.78
硝酸钙	$Ca(NO_3)_2$	1.68
硫酸钾	K_2SO_4	0.62
磷酸二氢钾	KH_2PO_4	0.51

表1-3-8 唐菖蒲营养液配方

肥料名称	化学式	用量/(g/L)
硫酸铵	$(NH_4)_2SO_4$	0.156
硫酸镁	$MgSO_4$	0.55
磷酸钙	$Ca(H_2PO_4)_2$	0.47
硝酸钾	$NaNO_3$	0.62
氯化钾	KCl	0.62
硫酸钙	$CaSO_4$	0.25

表1-3-9 非洲紫罗兰营养液配方

肥料名称	化学式	用量/(g/L)
硫酸铵	$(NH_4)_2SO_4$	0.156
硫酸镁	$MgSO_4$	0.45
硝酸钾	KNO_3	0.70
过酸磷钙	$Ca(H_2PO_4)_2 \cdot H_2O + CaSO_4 \cdot 2H_2O$	1.09
硫酸钙	$CaSO_4$	0.21

（2）营养液的肥源。考虑到无土栽培的成本，配制营养液的大量元素通常使用价格便宜的农用化肥。微量元素由于用量较少，使用化学试剂配制（表1-3-10）。

表1-3-10 营养液用肥及其使用质量浓度

元素	使用质量浓度/$mg \cdot L^{-1}$	肥料
NO_3-N	60~210	$KNO_3, Ca(NO_3)_2 \cdot 4H_2O, NH_4NO_3, HNO_3$
NH_4-N	0~40	$NH_4H_2PO_4, (NH_4)_2HPO_4, NH_4NO_3, (NH_4)_2SO_4$
P	15~50	$NH_4H_2PO_4, (NH_4)_2HPO_4, KH_2PO_4, K_2HPO_4, H_3PO_4$
K	80~400	$KNO_3, KH_2PO_4, K_2HPO_4, K_2SO_4, KCl$
Ca	40~160	$Ca(NO_3)_2 \cdot 4H_2O, CaCl_2 \cdot 6H_2O$
Mg	10~50	$MgSO_4 \cdot 7H_2O$
Fe	1.0~5.0	FeEDTA
B	0.1~1.0	H_3BO_3
Mn	0.1~1.0	$MnEDTA, MnSO_4 \cdot 4H_2O, MnCl_2 \cdot 4H_2O$
Zn	0.02~0.2	$ZnEDTA, CuSO_4 \cdot 5H_2O$
Cu	0.01~0.1	$CuEDTA, CuSO_4 \cdot 5H_2O$
Mo	0.01~0.1	$(NH_4)_6Mo_7O_{24}, Na_2MoO_4 \cdot 2H_2O$

4. 营养液的管理

营养液管理是无土栽培与土培在管理技术上的根本区别,是无土栽培,尤其是水培成败的技术关键。营养液走向流程大体如图1-3-19所示,每一过程均要精心管理。

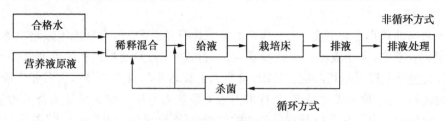

图1-3-19 营养液供应流程图

(1)营养液配方的管理。植物的种类不同,营养液配方也不同。即使同一种植物,不同生育期、不同栽培季节,营养液配方也应略有不同。植物对无机元素的吸收量因植物种类和生育阶段而不同,应根据植物种类、品种、生育阶段和栽培季节进行管理。

(2)营养液浓度管理。营养液浓度的管理直接影响植物的产量和品质,不同植物、同一植物的不同生育期营养液管理指标不同。不同季节营养液浓度管理也略有不同,一般夏季用的营养液浓度比冬季略低。要经常用电导率仪检查营养液浓度的变化。但是电导率仪仅仅能测量出营养液各种离子总和,无法测出各种元素的含量。因此,假如条件允许,每隔一定时间进行一次营养液的全面分析。假如条件不允许,要经常细心观察植物生长情况,若发现有缺乏元素或元素过剩的生理病害,要立即采取补救措施。

(3)营养液酸碱度(pH)的管理。营养液的pH一般要维持在最适范围,尤其是水培。营养液中肥料成分均以离子状态溶解于营养液中,pH的高低会直接影响各种肥料的溶解度。尤其在碱性情况下,会直接影响金属离子的吸收而发生缺乏元素性生理病害。

(4)营养液温度管理。栽培床的温度不仅直接影响根的生理机能,而且也影响营养液中溶存氧的浓度、病菌繁殖速度等。

(5)供液方法与供液次数的管理。无土栽培的供液方法有连续供液和间歇供液两种。基质栽培或岩棉培通常采用间歇供液方式,每天供液1~3次,每次5~10min,具体根据一定时间内的供液量而定。供液次数多少还要根据季节、天气、苗龄大小和生育期来决定。夏季高温,每天需供液2~3次;阴雨天温度低,湿度大,蒸发量小,供液次数也应减少。水培连续供液的,一般是白天连续供液,夜晚停止。无论哪种供液方式,目的都在于用强制循环方法增加营养液中的溶氧量,以满足根对氧气的需要。

(6)营养液的补充与更新。非循环式供液的基质栽培或岩棉培,营养液无须补充与更新。循环供液方式,因营养液被植物吸收、消耗,液量会不断减少。当回液的量不足1天的用量时,就需补充添加。所谓营养液更新,就是把使用一段时间后的营养液全部排除,重新配制,以避免植株生长缓慢或发生生理病害。一般在营养液连续使用2个月以后,进行一次全量或半量的更新。

(7)营养液的消毒。虽然无土栽培根际病害比土壤栽培的少,但是地上部一些病菌会通过空气、水以及使用的装置、器具等途径传染给营养液。尤其是在营养液循环使用的情况下,如果栽培床上有一棵病株,就会有通过营养液传染给整个栽培床的危险,所以需要对使用过的营养液进行消毒。营养液消毒最常用的方法是高温热处理,处理温度为90℃。也可采用紫外线照射,用臭氧、超声波处理等方法。

3.11.5 需要注意的问题

1. 坚持因地制宜

无土栽培的优点非常明显,无土栽培的技术也日趋成熟,但发展无土栽培仍然需要坚持因地制宜。首先,无土栽培一次性投资大,运行成本高,发展规模和发展速度要与当地、当时的社会经济发展水平相匹配。其次,发展无土栽培要与自身的技术力量相匹配。已有大量实践证明,无土栽培成功与否,与技术力量关系甚为密切。如无足够的技术力量,再先进的无土栽培设施也无法发挥其在生产中的作用,反而会成为一种"鸡肋式"的负担。

2. 重视技术配套

无土栽培类型多,技术体系复杂,只有各项技术相互配套,才能真正发挥无土栽培的优势。特别是基质与营养液的过程管理,与基质选择和营养液配制相比,同等重要,切不可"虎头蛇尾"。

3.12 设施环境调控

设施环境调控,包括对设施内温度、光照、空气湿度、二氧化碳浓度等环境因子的调控,使之更加符合观赏植物生产的要求。

3.12.1 温度调控

温度调控的内容包括保温、加温与降温。保护地设施内的温度高低首先取决于设施的透光面的形状、覆盖材料的种类与性能、透光面的洁净程度、设施骨架遮挡光照的面积等因素,其次取决于设施的保温性能,再次取决于加温和通风降温等措施(图1-3-20)。温室内的温度主要来自于透过透光面的阳光,在密闭的设施环境中,进入温室的阳光越多,温室内的温度越高。因此,要提高温室内的温度,首先要让更多的阳光进入温室。通过设施内外的热交换,温室内的温度会下降。保温就是减少设施内外的热交换。现代温室内的保温帘,日光温室"三明治"式的墙体结构和后屋面结构,日光温室透光面上覆盖的保温被等,都

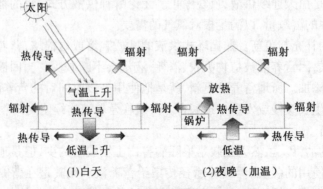

图1-3-20 设施内温度动态示意图

是为了减少设施内外热交换,从而达到保温的目的。当通过上述措施尚不能满足观赏植物生产对温度的需求时,则需要采取加温措施。温室加温方式可分为热水加温、蒸汽加温、热风加温、电热加温和红外线加温等。

降温系统:遮阴和通风是温室降温最基本的方法,设置内外遮阴网和加大通风面积,能起到一定的降温作用。现代温室内降温设备主要还有微雾降温系统和湿帘降温系统。

3.12.2 光照调控

光照调控的内容包括光照强度和光照时间。保护地设施内的光照强度取决于设施透光面的形状、覆盖材料的种类与性能、透光面的洁净程度、设施骨架遮挡光照的面积等。为了增加设施内的光照强度,塑料大棚、温室等在结构设计、材料选择等方面都应予以充分考虑。进入生产使用阶段,要随时除去透光面上的尘土和飘落的树叶,尽量保持透光面洁净。在夜间需要在透光面上覆盖保温物的季节,要在基本满足保温的前提下,尽量提前揭开和推迟覆盖保温物,以增加阳光的透入。在冬季多云寡阳的地区,如自然光照无法满足观赏植物生产的需要,则应在设施内设置人工光源,采取人工补光的措施。在设施地面上铺设反光膜,也是一种增加光照的措施。在夏季,往往采用遮阴的方法降低设施内的光照强度。降低光照强度,一是满足喜阴植物的需要,二是辅助降低设施内的温度。现代温室都设有内外两层遮阴网,可根据需要打开或收拢。塑料大棚和日光温室,一般不设置遮阴装置,而是根据需要将遮阴网、苇帘等遮阴物直接覆盖在透光面上。从遮阴的效果看,架设的温室上空的外遮阴网的效果最好。因为外遮阴网与温室屋顶之间有50cm左右的通风层,能及时带走深色遮阴网吸热而产生的热量。现代温室中,还设有用于花期控制的补光系统。

3.12.3 空气湿度调控

设施内的空气湿度主要来自于灌溉、带水施肥、内外空气流动交换、土壤或基质中的水分蒸发、植物叶面的蒸腾、屋面露滴等,其中灌溉与带水施肥是设施内空气湿度的主要来源(图1-3-21)。设施内空气湿度过高,是发生病虫害的直接诱因。空气湿度调控的主要内容

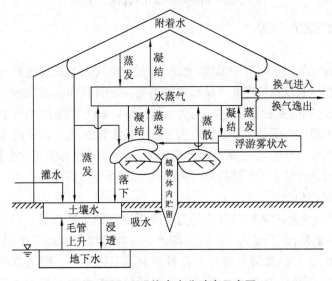

图1-3-21 设施内水分动态示意图

包括降低或提高空气湿度,其中以降低空气湿度尤为必要。降低空气湿度的主要途径与措施有选择合适的灌溉与施肥方式(如采用滴灌)、加强通风换气、室内地面覆盖地膜、选用无滴薄膜等。提高温室空气温度可以降低空气相对湿度。提高空气湿度的途径与措施有室内设置敞开式水池、向室内地面泼水、减轻通风换气强度等。

3.12.4 二氧化碳调控

在多数情况下,设施内的二氧化碳浓度能够满足观赏植物生产的需要。只有在长时间密闭的设施内,在观赏植物光合作用旺盛的情况下,才会由于观赏植物光合作用消耗的二氧化碳得不到及时补充而影响观赏植物的生产(图1-3-22)。解决设施内二氧化碳不足的途径与措施首选通风换气(即使是在冬季,也要在保温的前提下,择机通风换气)。在通过上述途径与措施仍然难以满足观赏植物生产需要的情况下,可采取二氧化碳施肥的方式,即在密闭的设施内,用二氧化碳发生器提高二氧化碳浓度。

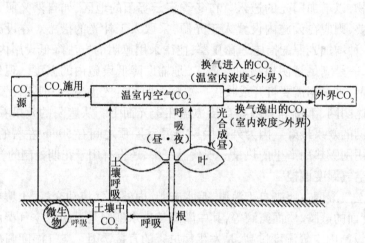

图1-3-22　设施内二氧化碳动态示意图

3.12.5 需要注意的问题

1. 抓住阶段性主要因子

构成设施环境的因子很多,其中温度、光照、空气与空气湿度是最主要的因子。设施环境调节,就是根据植物生长发育特性和产品形成的需要,采用相应的调节措施,协调各因子之间的关系。但各因子之间的关系错综复杂,互为消长,所以,生产实践中,要善于抓住阶段性的主要矛盾。例如,冬季温度高低是主要矛盾。为了减少热量散失,温室以密闭为主。但温室长期处于密闭状态,室内空气湿度大,二氧化碳浓度降低,又影响到植株的正常生长。因此,在以保温为主的前提下,可选择晴天中午进行短时间通风,以降低空气湿度和补充二氧化碳。

2. 提高环境调控的效率

观赏植物生产设施环境调控的目的是为了获得更高的生产效益。因此,一切调控措施都要从生产的需要出发,而不是为了调控而调控。一切调控措施都应该建立在其他技术措施的基础上。例如,空气湿度调节是建立在科学灌溉基础上的。降低空气湿度,首先要采用滴灌等灌溉方法,尽量减少温室地面和植株枝叶表面的水分。其次才是采用通风、加温等调节措施。

3.13 花期调控

花期调控,又称花期控制、催延花期。指采用人为措施,使观赏植物提前或延后开花的技术。花期调控是观赏植物生产的一项技术性很强的栽培措施。

3.13.1 花期调控的意义

自然界中各种植物都有各自的开花期。利用花期控制,可使观赏植物在指定的时间开花,以满足周年供应或重大节庆的需要,从而增加了观赏植物生产的经济效益。花期调控还可以使原来花期不遇的杂交亲本在同一时间开花,方便了杂交,提高了育种的效率。

3.13.2 花期调控的基本理论

1. 营养发育阶段

观赏植物同其他植物一样,在整个生命过程中经历着芽的萌发、叶的伸展、植株不断长高增粗等营养生长。当体内营养物质积累到一定程度,植株便进入生殖生长阶段,开始进行花芽分化、开花、结果、产生种子。不同的观赏植物的营养生长时间长短不一,也可以人为创造生长环境使其缩短或延长,但不能跨过营养生长期而直接进入生殖生长期。

2. 光周期现象

自然界昼夜相对长度的变化称为光周期。植物对光周期的反应的现象,则称为光周期现象。简言之,某些观赏植物只有经过一定时间光照与黑暗的交替,才能诱导成花。许多观赏植物都存在光周期现象。根据光周期现象,观赏植物可分为长日照、短日照和中性日照三类。长日照观赏植物需要经过一段时间每天日照12h以上(黑夜时间少于12h),才能花芽分化,继而现蕾开花,如八仙花、瓜叶菊等,这类植物多在春夏季开花。短日照观赏植物需要经过一段时间每天日照少于12h(黑夜时间超过12h),才能花芽分化,继而现蕾开花,如菊花、一串红等,这类植物多在秋季开花。中性观赏植物对每天日照时间长短并不敏感,不论是长日照或短日照,都会正常花芽分化,继而现蕾开花,如天竺葵、石竹花、四季海棠、月季花等。

3. 春化作用

有些观赏植物在花芽分化之前需要一定时间的低温或高温刺激,否则将不能顺利进行花芽分化,或者即使完成花芽分化,花茎也不能顺利抽出。温度对植物的这个作用称为春化作用。需要低温诱导的观赏植物如金盏菊、雏菊、金鱼草、飞燕草、虞美人、三色堇等。需要高温诱导的观赏植物有半枝莲、鸡冠花、千日红、含羞草、郁金香、风信子等。原产地不同,观赏植物通过春化阶段所需的低温或高温的温度范围不同,需要的时间也不同。

3.13.3 花期调控的技术途径

1. 温度处理

通过温度处理来调节观赏植物的休眠期、花芽形成期、花茎伸长期等主要进程而实现对花期的控制。

(1) 升高温度。冬季温度低,观赏植物植株生长缓慢或停止。升高温度可使植株恢复或加速生长,提前开花。例如,葡萄风信子、球根鸢尾等,将其放在加温温室内,可提前开花。

(2) 降低温度。一些2年生花卉、宿根花卉、秋植球根花卉、某些木本花卉,可以提前给予一个低温阶段,使其提前开花。例如,郁金香、朱顶红等,尽管其花芽已在种球休眠越夏时分化完,但开花前还需要一个低温阶段。

在春季自然气温回升前,对处于休眠的植株给予1℃～5℃的人为低温,可延长休眠,进而延迟开花。一些原产于夏季凉爽地区的观赏植物,越夏时采取降温措施,可使植株处于继续活跃的生长状态中,并继续开花,如仙客来等。

2. 光照处理

通过光照处理可调控观赏植物的花芽分化等主要进程而实现对花期的控制。光照处理包括延长光照时间、缩短光照时间和人工光中断黑夜等(图1-3-23)。

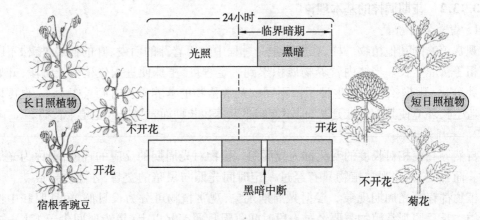

图1-3-23 日照长短与植物开花关系示意图

(1) 延长光照时间。用补加人工光照的方法将每日连续光照的时间延长到12h以上,可使长日照植物在短日照季节开花,也可使短日照植物延迟开花。人工补光一般在每天日落前开始,根据需要决定补光时间的长度。

(2) 缩短光照时间。用人工遮光的方法缩短每日的光照时间,可促使短日照植物在长日照季节开花,也可以使长日照植物延迟开花。人工遮光多用黑色遮光材料,在白昼的两头进行遮光处理。由于黑色遮光材料有吸热性,所以遮光物应高于植株顶端50cm左右,以免灼伤植物。

(3) 人工光中断黑夜。短日照植物在短日照季节开始花芽分化,继而开花。假如在午夜用人工光照中断长夜(把一个长夜分开成两个短夜),就会破坏短日照(其实是长夜)的作用,从而能够阻止短日照植物的生殖生长。

(4) 调节光照强度。光照强度对观赏植物的生长、开花也有影响。多数观赏植物在开花前需要较强的光照。光照的强弱还会影响花朵的颜色和花期的长短。光照强烈,花色艳丽;光照较弱,花期延长。

3. 园艺措施

(1) 调节播种期。对于不需要特殊环境诱导,在适宜的生长条件下只要达到一定的营养生长量即可开花的观赏植物,可通过调节播种期等方法达到控制花期的目的。

(2)修剪。采用摘心、修剪、摘蕾、剥芽、摘叶等措施,均可调节植株生长速度,控制花期。常采用摘心方法控制花期的有一串红、菊花、康乃馨、万寿菊、大丽花等。在当年生枝条上开花的木本观赏植物,常用修剪控制花期。在生长季节内,早修剪,早长新枝,早开花;晚修剪则晚开花。

(3)控制肥水。某些观赏植物在生长期间控制水分,可促进花芽分化。例如,梅花在生长期适当控制水分(俗称"扣水"),可促使植株生长中心转移,有利于花芽分化。

施肥对花期也有一定的调节作用。氮肥促进植株营养器官生长,为生殖生长打基础。但氮素营养过多,则会抑制植株由营养生长向生殖生长的转变,延迟开花甚至不开花。磷肥和钾肥有助于抑制营养生长而促进花芽分化。

(4)应用植物生长调节剂。应用植物生长调节剂控制观赏植物生长发育,是现代观赏植物生产常用的新技术。赤霉素在花期控制上的效果最为显著。例如,蟹爪兰花芽分化后,用20~50mg/kg赤霉素喷洒能促使开花,用100~500mg/kg涂在仙客来、水仙的花茎上,能使花茎伸出植株之外,有利观赏。用1000mg/kg的乙烯利灌注凤梨,可促使开花。天竺葵生根后,用500mg/kg乙烯利喷两次,第五周喷100mg/kg赤霉素,可使之提前开花并增加花朵数。

3.13.4 需要注意的问题

1. 选对品种是基础

尽管观赏植物花期调控的途径和方法很多,但选对品种是基础,可以达到事半功倍的效果。品种特性是一切调控措施的依据。因此,在制订观赏植物花期调控生产计划之前,应研究品种的特性,选择对调控措施敏感的品种。

2. 生产效益优先

调控花期的目的是为了获得更好的生产效益。所以生产效益是观赏植物生产中选择花期调控措施的出发点和归结点。尽管花期调控的路径和方法很多,但从生产的角度看,在同样可以达到调控目的的前提下,调控措施的成本越低越好。

本章小结

本章全面介绍了观赏植物生产的基本技术或称为通用技术。整地和土壤改良,是观赏植物土壤栽培(简称地栽)的基础,对于观赏植物的生长发育以及生产过程中的水分管理、营养管理、植株管理、病虫害防治和杂草防除等,都有重要意义。起苗、包扎与运输影响到观赏植物的商品价值和生产基础。水分管理和营养管理是观赏植物生产中最基本的技术因素。不同种类的观赏植物,对水分和营养的需求不同。同一种类的观赏植物的不同生育阶段,对水分和营养的需求也不同。植株管理的目的是协调群体与个体矛盾,改善植株生长发育环境。病虫害防治和杂草防除,是保护观赏植物正常生长发育的重要措施,防得主动,才能治得轻松。花期调控是现代观赏植物生产的标志性技术之一。选择合适的品种和选用适宜的措施,才能达到花期调控的目的。设施栽培是现代观赏植物生产的主要生产方式。设施环境调控的最终目的,是提高观赏植物生产的效益。

本章所述的 13 项生产技术,不是观赏植物生产技术的全部,但属于观赏植物生产的基础技术,也是关键技术。这些技术将在以后的篇章中,结合观赏植物的具体生产过程予以具体运用。本章针对当前我国观赏植物生产中存在的问题,站在技术应用的角度,对每一项技术都提出了需要注意的问题,以帮助未来的从业者提升运用技术解决生产实际问题的能力。

实训指导

实训项目三　整地与作畦

一、目的与要求

掌握整地、作畦的方法。

二、材料与用具

耕翻过的土地、耙、锹、标志绳、小木桩、皮尺等。

三、内容与方法

1. 敲碎土块,清除杂物,耙平土面。
2. 根据播种或栽植植物的种类或生产方式,决定作畦的形式。
3. 决定畦面宽度、沟的深度与宽度或畦埂的高度与宽度。
4. 定桩、拉绳。
5. 整平畦面,拉直排水沟或畦埂。

四、作业与思考

1. 分小组完成操作任务,每人写一篇实习报告。
2. 从实训内容、组织方式等方面进行小结,并提出改进意见。

说明:本实训项目可结合校园绿化或绿化景观工程施工实施。

实训项目四　起苗与栽植

一、目的与要求

掌握带土球起苗及栽植的方法。

二、材料与工具

1. 供实训用的苗木。
2. 铁锹、园艺手锯、修枝剪。
3. 包扎土球用的草绳等。

三、内容与方法

1. 根据植株地径计算确定土球的直径,并围绕植物画圈确定挖掘位置。
2. 铲去圈内疏松表土,确定挖掘沟的位置和宽度。
3. 先垂直挖掘至相当于土球直径2/3的深度。
4. 从挖掘沟斜向往土球底部挖掘,直至将土球架空。
5. 整修土球,使其圆整,表面光滑。
6. 用湿草绳包扎土球,草绳与土球表面贴紧,草绳在土球上分布均匀。
7. 将带土球苗木取出,运输至栽植地点。
8. 挖掘栽植穴,栽植穴的直径与深度应比土球大10~20cm,穴壁垂直。挖掘出来的表层土与深层土分别堆放。
9. 在穴底回填10~20cm的表层土,放入带土球苗木。土球底部与穴底之间紧密接触,土球上表面与栽植地面相平或略低,苗木地上部分端正。
10. 解除并取出土球外的所有包扎物(包括土球底部的包扎物)。
11. 回填土壤,先填入挖穴时取出的表层土壤,再填入挖穴时取出的深层土壤。每次填土20cm左右,分层用脚踩实。用于回填的土壤含水量不宜过高,否则会在踩实时过分板结,影响透水透气。
12. 在栽植穴外围用土筑围堰,以方便浇水。围堰以高出栽植地面10~20cm为宜。
13. 选择合适的支撑方式,上端支撑点(与植株接触点)位于植株高度的1/2以上,支撑物与树干之间需包裹麻袋片等软材,并用绳索绑扎结实。下端支撑点应入土30~50cm。
14. 如有必要,应在栽植穴设置通气管3~5支。通气管可用直径5cm左右的塑料管,下端斜插于土球底部附近,上端露出地面5~10cm。另外,如夏季栽植,应设置遮阴棚,以降温保湿。遮阴棚的顶部应高出树冠50cm以上,以利通风。

四、作业与思考

1. 分小组完成实训任务,每人写一篇实训报告。
2. 从实训内容、组织方式等方面进行小结,并提出改进意见。

说明:本实训项目可结合校园绿化或绿化景观工程施工实施。

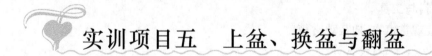

实训项目五 上盆、换盆与翻盆

一、目的与要求
掌握上盆、换盆与翻盆方法。

二、材料与工具

1. 待上盆、换盆和翻盆的观赏植物。
2. 盆钵、基质等。
3. 花铲、修枝剪、浇水壶等。

三、内容与方法

（一）上盆

1. 根据待上盆的种苗,选择合适的盆钵。
2. 用碎瓦片或窗纱处理盆底泄水孔。
3. 装入颗粒较粗的基质,形成沥水层。
4. 植入种苗,填入基质,用手指将基质压紧。
5. 留沿口,排盆,浇透水。

（二）换盆

1. 脱盆。植株体量较小的,用手敲击花盆壁,使土坨与盆壁分离;然后将花盆倒置,一手托住植株,另一只手抓住花盆,将植株从原花盆中脱出。植株体量较大的植株,将花盆45°倾斜,用手抓住植株基部,用脚蹬住盆口,将植株从原花盆中取出。
2. 清理根系。用修枝剪剪去植株的病虫害根、冗根、腐根等无用根。如土坨内根系冗长盘曲,需先剔除相当于土坨直径1/3～1/2的宿土,然后再清理根系。
3. 植入新盆。方法同上盆。

（三）翻盆

脱盆、清理根系、重新植入的方法同换盆。但需对原盆钵进行清洗,最好能消毒。

四、作业与思考

1. 分小组完成实训任务。
2. 每人写一篇实训报告。

说明:本实训项目可结合基地观赏植物盆栽生产任务实施。

实训项目六　水分管理

一、目的与要求

掌握看苗浇水的方法。

二、材料与工具

1. 盆栽观赏植物、地栽观赏植物。
2. 水源、浇水壶、胶管等。

三、内容与方法

1. 根据观赏植物的种类、生产方式、生长状况与天气情况等,综合分析并确定水分管理措施。
2. 选用合适的浇水方法和适宜的浇水量,并现场实施。

四、作业与思考

1. 分小组或独立完成实训任务。
2. 每人写一篇实训报告。

说明:本实训项目可结合基地观赏植物生产任务或校园绿化养护任务实施。

实训项目七　营养管理

一、目的与要求

掌握看苗施肥的方法。

二、材料与工具

1. 盆栽观赏植物、地栽观赏植物等。
2. 肥料、水桶、水勺等。

三、内容与方法

1. 根据观赏植物的种类、生产方式、生长状况与天气情况等,综合分析并确定水分管理措施。
2. 选用合适的肥料种类、适宜的施肥量和施肥方法,并现场实施。

四、作业与思考

1. 分小组完成实训任务。
2. 每人写一篇实训报告。

说明:本实训项目可结合基地观赏植物生产任务或校园绿化养护任务实施。

实训项目八　中耕除草

一、目的与要求

掌握中耕除草的方法。

二、材料与工具

1. 需要中耕除草的盆栽或地栽观赏植物。
2. 花铲、锄、锹等。

三、内容与方法

1. 根据观赏植物生产方式、生长状况、天气情况等,综合分析并确定中耕除草的方案(包括中耕的深度、中耕的范围、除草的方法等)。
2. 选用合适的工具实施中耕除草作业。

四、作业与思考

1. 分小组完成实训任务。
2. 每人写一篇实训报告。

说明:本实训项目可结合基地观赏植物生产任务或校园绿化养护任务实施。

实训项目九　摘心、绑扎造型

一、目的与要求

掌握摘心与绑扎造型等方法。

二、材料与工具

1. 需要摘心、绑扎造型的观赏植物。
2. 修枝剪、可以弯曲成型的竹片或金属杆材、绑扎线等。

三、内容与方法

1. 根据观赏植物的种类、产品要求、生长状况等,综合分析并确定摘心或绑扎造型的方案。
2. 根据观赏植物产品生产要求,实施摘心等操作。
3. 根据观赏植物产品生产要求,实施绑扎造型操作。

四、作业与思考

1. 分小组完成实训操作。
2. 每人写一篇实训报告。

说明:本实训项目可结合基地观赏植物生产任务或校园绿化养护任务实施。

实训项目十　病虫害防治

一、目的与要求

掌握病虫害防治的方法。

二、材料与工具

1. 遭受病虫为害的观赏植物。
2. 农药、诱捕板等。
3. 镊子、剪刀、铁丝、喷雾器等。

三、内容与方法

1. 现场查看观赏植物病虫害发生与为害情况,综合分析并确定防治方案与措施。
2. 采用园艺措施实施防治。
3. 采用药物措施实施防治。

四、作业与思考

1. 分小组完成实训任务。
2. 每人写一篇实训报告。

说明:本实训项目可结合基地观赏植物生产任务或校园绿化养护任务实施。

实训项目十一　无土栽培营养液管理

一、目的与要求

掌握观赏植物无土栽培营养液管理办法。

二、材料与方法

1. 观赏植物无土栽培营养液循环系统。
2. 分析实验室相关仪器设备和药物。

三、内容与方法

1. 取无土栽培营养液,重点分析营养液的 pH、EC 值和氮、磷、钾等大量元素的含量。
2. 调节营养液的 pH、EC 值和氮、磷、钾等大量元素的含量。

四、作业与思考

1. 分小组完成实训任务。
2. 每人写一篇实训报告。

说明:本实训项目可结合基地观赏植物生产任务实施。

实训项目十二　花期调控

一、目的与要求

掌握观赏植物花期调控的方法。

二、材料与工具

1. 需要调控开花期的观赏植物。
2. 花期调控需要的黑幕或补光等设备。

三、内容与方法

1. 根据观赏植物的种类、生长状况、目标花期、气候特点等,综合分析并制订花期调控方案和具体措施。
2. 实施花期调控方案。

四、作业与思考

1. 分小组完成实训任务。
2. 每人写一篇实训报告。

说明:本实训项目可结合基地观赏植物生产任务实施。由于本项目实施结果体现需要较长时间,建议跟踪项目实施过程,及时修正方案,根据项目实施结果完成实训报告。

第二篇 花卉生产技术

第 1 章　盆栽植物生产

> **本章导读**
>
> 盆栽植物生产是观赏植物生产的主要方式之一。本章介绍了观花植物、观叶植物、观果植物、兰科观赏植物、多肉植物、食虫植物等六大类盆栽植物的基本生产过程及养护管理方法。

1.1　盆栽植物生产概述

1.1.1　盆栽植物生产的类型与特点

盆栽植物生产根据用途、特点的不同分成以下几类：

1. 花坛用盆花生产

主要生产一、二年生草花，用于室外花坛布置和摆放，一般生产数量大，可以采用简易的生产设施如阴棚、塑料棚来进行生产，有些种类还可以直接在露地生产，管理相对比较粗放。

2. 温室盆花生产

主要生产中、高档盆栽观赏植物，如一品红、仙客来、蝴蝶兰、大花蕙兰、红掌、凤梨等。这类盆花规模化生产一般需要中高档温室作为生产场地，同时要配备较好的生产设备，如通风降温设备、加温设备、供水排灌设备、施肥喷药设备和加光遮阴设备等，为盆花的栽培提供良好的环境条件。要根据盆栽观赏植物的不同种类和市场供应时间制订详细的生产计划和技术措施，严格管理。只有具备设施现代化的温室才有可能使盆花按时上市，成为真正的商品。

3. 盆栽观叶植物生产

主要生产原产于热带、亚热带，以赏叶为主，同时也兼赏茎、花、果的植物，如天南星科、竹芋科、棕榈科、凤梨科、秋海棠等属植物，生产环境要求较高的温度、湿度，要有遮阴设备。

1.1.2 盆栽植物生产的基质与容器

1. 基质

由于盆栽植物的种类不同,习性各异,因此各类盆栽植物对基质的要求也不同。盆栽植物生产过程中所需的大部分水分和营养物质通过基质吸收。但由于受到容器的限制,栽培基质容积有限,因此盆栽植物生产对基质提出了更高的要求。盆栽植物生产所需的理想基质必须质地疏松,透气透水,保肥保水性能好,酸碱度适合盆栽植物的生态要求,无有害微生物和其他有害物质的滋生和混入。

(1) 基质配制。事实上能完全满足以上要求的基质是不存在的,但根据观赏植物特性和盆栽生产要求,选择不同基质材料按一定比例进行搭配,可以配制出适合某种盆栽植物生产的基质。随着生产的专业化和规模化,基质生产逐步专业化。基质生产厂家可根据需要,加工配制专用的栽培基质。例如,仙客来栽培基质、一品红栽培基质、凤梨栽培基质等已在盆栽植物规模化生产中被广泛应用。

(2) 基质测定。盆栽植物生产使用的基质在使用前一般要进行 pH 和 EC 值测定。栽培基质的 pH 一般为 5.4~6.8。基质 pH 可以通过加石灰来调碱,混合酸性物质来调酸。EC 值的标准为(用 1 份基质与 2 份水体积比充分混合,放置 20 分钟后测定其悬浮液):0.25mS/cm 以下为养分含量太低,2.25mS/cm 以上为养分含量太高;0.25~0.75mS/cm 适合小苗生长;0.75~1.25mS/cm 适合大多数盆栽植物生长;1.25~1.75mS/cm 适合喜肥盆栽植物生长。

(3) 基质消毒。基质使用前要进行消毒,常用的方法有甲醛熏蒸消毒法、线克熏蒸消毒法、高温蒸汽消毒法等。高温蒸汽消毒是目前最好的基质消毒方法。用专用耐高温薄膜密封已配制好的基质,通过管道把蒸汽输送到基质中心,至基质表面温度达到60℃~80℃,保持 20~60min 即可。

2. 容器

选择盆栽植物栽培的容器时,既要考虑植株与盆的大小,又要考虑植株与盆的协调性,同时还要考虑经济成本和使用年限。目前,盆栽植物规模化生产中常用的容器种类有塑胶盆、素烧盆(泥瓦盆)、装饰盆等。

盆栽植物生产应根据观赏植物的种类、植株体量、生长速度、产品要求选择容器的规格。容器太大或太小都不适合观赏植物生长。一般以花盆口径和盆高作为规格,草花盆栽一般选 12cm×12cm 营养钵,中、高档盆花如一品红、仙客来等选 14cm×14cm、16cm×16cm、18cm×18cm 塑料盆。商品盆花生产时,还应考虑盆栽植物成品的包装运输成本。

1.1.3 盆栽植物的栽培管理技术

1. 上盆、换盆、转盆

(1) 上盆。上盆的方法是用左手执苗,将苗直立于盆内,右手加入配制好的基质,等种苗已经固定,根部已被基质掩盖后,用手把种苗往上轻轻提一下,使苗根舒展,避免根系盘曲。再轻轻摇晃一下花盆,使基质与花苗根部密切接合,同时用手把基质稍加压紧。然后继续加土,填到距盆边 2~3cm 处,留下所谓"水口"(也称"沿口")作浇水用。上盆时,要注意栽植深度,防止栽植过深或过浅。人工上盆要尽量让基质装填量一致,便于以后浇水施肥管理,使盆栽植物生长一致。栽植完毕应充分浇水,置放在庇荫处,待缓苗后方可置于阳光下进行养护管理。缓苗期一般1~3天不等。

（2）换盆。当发现有根从排水孔伸出或自边缘向上生长时，就需要换盆。多年生盆栽植物在休眠期换盆，一般每年换一次。盆栽草花按生长情况可随时换盆，每次换大一号盆。

（3）转盆。植物具有趋光性，当光照不均匀时，枝叶偏向有光的一面（也称"偏冠"），因此必须经常调换方向，叫作"转盆"，以矫正植株的姿态。生长快的盆花，半月转盆一次。生长慢的1~2个月转盆一次。盆花在成长过程中，要经常及时搬动位置，以免过于拥挤闭塞而影响通风透光。

2. 肥水管理

（1）水分管理。用于盆花灌溉的水质必须清洁，不含有害物质。水的pH应为5.5~7.0，可溶性钾在120ppm以下。许多情况下的水质达不到要求，因此要预先测定。

在规模化盆栽生产中，浇水方式常以机械化浇水为主、人工补水为辅的方式。机械化方式主要有喷灌、滴灌等，但不同灌溉方式各有利弊。喷灌适合盆花苗期浇水，开花后大多数盆花需用滴灌或人工浇水，此时喷灌易使盆栽植物花朵受损甚至腐烂。

浇水尽量在上午进行，有利于盆花植株干燥过夜，可以降低病虫危害。浇水量要根据观赏植物习性和生长阶段而变化。苗期一般要有较高的湿度。刚上盆不久的植株，根系还未恢复生长，植株需水量少，盆土保持湿润即可。旺盛生长期间，植株需要足够的水分，但不是水分越多越好，应采用"干透湿透"的浇水办法。合理浇水是最佳的生长调节方式，可以有效调节株型和调节生长开花。

（2）营养管理。传统盆栽植物生产，以在基质中加入有机肥作为基肥为主，栽培过程中发现缺肥，再以追肥形式补充。由于有机肥的种类多，成分复杂，所以无法精确控制。盆花商品生产过程中，多以元素成分清楚的化学肥料为主，以100~250ppm浓度的液态形式通过灌溉水施入基质供植株吸收。也有将缓释性颗粒肥掺入基质中，或将缓释性颗粒肥洒在盆花基质的表面，浇水后缓慢释放供植株吸收利用。施肥量根据不同盆花种类和生长阶段决定。

3. 环境管理

现代盆栽植物生产主要在温室等设施内进行。设施环境条件的调控对盆栽植物生产至关重要。设施环境调节主要包括温度、光照和湿度三方面，根据不同盆栽植物的要求和季节变化来进行调控。

（1）温度管理。温室温度主要通过加温（包括日光辐射热加温和人工加温）、通风、微雾和遮阴等手段调控。盆栽植物生产中，应首先立足于充分利用温室自身的结构与功能，以达到既满足植物生长需要又节约生产成本的目的。

（2）光照管理。温室光照强度主要通过清洁透光面和遮阴等手段调节。冬季和早春温室栽培，要保持温室透光面的洁净度，充分利用光照提高温室的温度。夏季温室栽培，温度过高是主要矛盾。遮阴可以降低温室的光照强度，从而达到降温的效果。

（3）湿度管理。温室空气湿度与盆花生长和病虫害发生关系密切。冬季，因保温需要，温室长时间密闭，空气湿度大，易引发病害，可通过加温、晴天中午短时间通风等方法降低湿度。夏季，温室温度高，空气湿度小，可通过喷雾、向植株和地面喷水等方法提高空气湿度。

1.2 观花盆栽植物生产

1.2.1 观赏凤梨（*Ormativa pineapple*）

观赏凤梨为凤梨科多年生草本植物，原产于中、南美洲雨林区及美国南部的佛罗里达州一带，种类繁多，约有 50 多个属 2500 余种。叶多为基生，叶丛中心形成"叶杯"用以贮水。株型美丽多变，花期可长达 2~6 个月之久，已成为当前盆栽观赏植物市场的主打产品（图 2-1-1）。

图 2-1-1 凤梨

1. 种类与品种

目前国内常见的观赏凤梨有 5 个属：果子蔓属（*Guzmania*），莺歌属（*Vriesea*），珊瑚凤梨属（*Aechmea*），铁兰属（*Tillandsia*），彩叶凤梨属（*Neoregelia*）。目前主要栽培的是果子蔓属和莺歌属，主栽品种有果子蔓属的"丹尼斯"、"火炬"、"平头红"、"小红星"、"吉利红星"、"大擎天"、"橙擎天"、"黄擎天"、"紫擎天"等；莺歌属的"红剑"、"红莺歌"、"黄边莺歌"、"彩苞莺歌"等。另外还有珊瑚凤梨属的"粉凤梨"，铁兰属的"紫花凤梨"等。

2. 栽培环境

（1）温度。凤梨科植物在光合作用上属 CAM 型植物，大都能在相当宽广的温度范围内生长，在日夜温差较大的环境生长较好。其最佳生长温度为夜温 12℃~18℃，日温 21℃~32℃，日夜温差最好在 6℃ 以上，10℃ 最佳。观赏凤梨不耐寒，生长最低温度为 12℃~16℃。擎天凤梨和莺歌凤梨对温度的适应范围较窄，适宜的夜温为 18℃，日温 25℃。

（2）光照。观赏凤梨喜散射光，忌直射光，宜遮阴栽培，少数也可以露地栽培。所需的光照度为 20000~40000lx，不同品种类型对光照强度的要求不同，大概如下：

粉凤梨类(30000lx) > 铁兰类(25000lx) > 擎天类(18000~22000lx) > 莺歌、红剑类(18000lx)

光度较强时,配合高湿度与高通风条件,可加速观赏凤梨的生长,使其株形苗壮,叶片宽短刚硬,花色更鲜艳美丽。观赏凤梨催花前2个月喜欢强光日长条件,日照不良会影响花序的发育及花穗色泽的亮丽度。凤梨每天至少约需12h的日照,若能增加至16h则生长更快。日照时数若低于12h或长于16h,则植株不会正常生长,形态发生异常,开花率也会大受影响。

在温室内栽培,光照条件达不到要求时,可采用人工照明。人工照明的光源宜选用日光灯,而不用白炽灯。照明灯最好悬吊在植株上方约30cm处,悬吊过高会降低光照强度。

(3)水分。不同品种观赏凤梨对水分的要求不同,即使同一品种,一年四季也有不同。大部分盆栽观赏凤梨喜欢高湿的环境,栽培基质宜保持湿润,但不能积水,空气湿度应维持在70%~80%。

(4)通风。温、湿度与凤梨生长密切相关。在通风良好的栽培条件下,植株叶片宽而肥厚,花穗大而长,花色鲜艳美丽。但若通风过度,空气相对湿度低于40%时,对凤梨植株生长不适合,容易造成叶尖枯萎。因此,夏季高温、高湿期,应加强通风;冬季低温期间,则不宜多喷水。

3. 生产管理

(1)栽培基质。因凤梨温室栽培生产周期为15~18个月,栽培过程中只换盆1~2次,所以好的栽培基质是凤梨栽培成功的关键。凤梨盆栽基质应达到无有害病菌,每次配制标准统一,透气性、排水性、保水性较好,可溶性盐类含量较低,EC值低于0.5mS/cm,不存在会影响植物生长的有毒化学物质,呈酸性或微酸性,pH为5.5~6.5,物理、化学性质稳定,质地略粗,固着力强等质量标准。

根据以上标准,泥炭土是凤梨盆栽基质的最佳选择。种植小苗时,选择幼细型的配方泥炭。换盆时,选择粗纤型的配方泥炭。在使用过程中,应在泥炭土中加入一定量的珍珠岩。泥炭土与珍珠岩的比例为9:1或8:2。基质使用前须用100倍稀释的甲醛溶液进行密闭消毒,密闭措施解除一周后方可用于生产。

(2)上盆。上盆前,对栽培场地包括栽培床、操作工具等清理并消毒。盆栽凤梨商品生产用种苗多为专业公司生产。收到种苗后,应将种苗从包装中取出,直立放置,确保所有植株都有足够的通风条件。上盆要及时,最好能在当天种植完毕。对当天无法种完的种苗,要喷水保湿。

要依照不同的品种,把种苗栽植在口径为7~9cm的盆中。栽植时,基质宜保持相对干燥,对基质不能压得太紧,以保持基质良好的透气性。凤梨苗栽植宜浅不宜深,适宜深度为2~3cm。如果栽植太深,基质进入种苗的叶杯中心,会影响凤梨正常生长。栽植后,要浇透水,保证凤梨根系和基质良好结合。栽植之后,施一次2000倍稀释的花多多9号叶面肥。浇水时,尽可能对准植株浇水,以确保植株叶间始终有水分。

(3)换盆。凤梨苗在小盆中生长4~6个月后,就需要换上大盆。一般小红星、紫花凤梨换用12cm的盆,擎天类品种换用15cm的盆,粉凤梨换用15cm的盆。换盆时,先在盆底放一层基质,再把凤梨从小盆中连土坨取出,摘除老叶,放在新盆中央,在根坨四周放入基质,轻压以确保植株直立,种植深度以5cm为宜。同样注意基质不宜压得太紧,尽量保持良好的透气性。换盆种植一段时间后,当根坨的外面有一些白色根时,就可以开始施肥。

(4) 浇水。水质对观赏凤梨非常重要。凤梨科属喜酸性植物,要求水质pH为5.5~6.5,不喜高盐类含量,尤其是钙盐与钠盐,其中NaCl含量不能超过50mg/L,更忌重金属。水的EC值应尽量低于100mS/cm,当其大于300mS/cm时,不宜使用。pH若高于7,可使凤梨植株营养不良。高钙、钠盐会使叶片失去光泽,阻碍光合作用,并容易引起心腐病及根腐病。重金属对凤梨有毒害,缺硼、缺锌容易引起植株生理障碍。硬水含碳酸钙及镁盐,不宜使用。自来水也含氯素,不宜作为喷灌用水。地下水因地域不同会有变化,应做水质分析后再用。

水分管理应注意区分观赏凤梨的生长期和休眠期。夏季为观赏凤梨生长旺季,需水量较多。浇水应采用室温水,浇到植株中心(叶杯中),让水流经叶片而到根部和盆中基质,并使基质湿润即可。冬季,观赏凤梨进入休眠期,要控制浇水,每周中午喷一次水,保持基质微潮即可。盆土不干不浇水,否则盆土太湿,容易烂根。叶筒底部保持湿润即可,不宜给太多水分,以免发臭乃至造成植株腐烂。

(5) 施肥。盆栽凤梨营养管理的关键是N、P、K等元素的比例合适。氮肥的浓度相对钾肥过高时,将会导致叶窄长,叶色墨绿;钾肥的浓度过高时,将会形成叶子短而厚;过量的磷肥会引起凤梨叶片的顶烧。合适的N、P、K比例如表2-1-1所示。

表2-1-1 观赏凤梨生长期肥料管理N、P、K配比表

凤梨品种	N	P	K
果子蔓属(Guzmania)	1	0.25~0.5	2~3
莺歌属(Vriesea)	1	1	2
珊瑚凤梨属(Aechmea)	1	1~1.5	3~4
铁兰属(Tillandsia)	1	1	2
彩叶凤梨属(Neoregelia)	1	0.5	2~3

硼、锌、铜三种元素对凤梨有危害作用。硼肥会引起顶烧现象,锌铜会使凤梨致死。所有凤梨都需要镁元素,在施用的肥料中必须含有3%的$MgSO_4$(硫酸镁),同时也适当增加一些钙。

观赏凤梨较适宜施用液体肥料。液体肥的配方应达到如下要求:pH为5.5~6.0。EC值幼苗期为0.5mS/cm,成株或开花期为1.0~1.5mS/cm。各种营养要素比例N:P_2O_5:K_2O:MgO应为1.0:0.5:1.5:0.5。在催花期前2个月去掉氮肥。

液体肥料每3天喷一次。由于凤梨的叶杯具有吸水、吸肥的功能,可直接将液肥施于叶杯中。

(6) 催花。换盆8~10个月后,凤梨植株长到合适大小,由营养阶段进入生殖阶段,根据市场的需要,随时可以催花。催花前4周应停止施肥,并注意保持土壤的相对干燥。生产中多用乙炔饱和水溶液进行催花处理。如图2-1-2所示,用一根一端带喷嘴的导管与装满乙炔气体的瓶子相连,最好用水族箱中给水充气的装置。然后,用0.5帕的压力慢慢将乙炔气体从瓶中释放到水中。当桶中的水闻起来有较浓的乙炔气味时,就可以用于催花了。操

作时,先排掉回水管和喷药管里面原有的气体及溶液,将回水管放入装乙炔水溶液的桶中,开通打药机吸取乙炔水溶液。手持喷药管一端的喷头,将乙炔水溶液灌入凤梨的叶杯中,用量以刚好灌满叶杯为好。人工催花到凤梨抽花,一般时间为一个月。

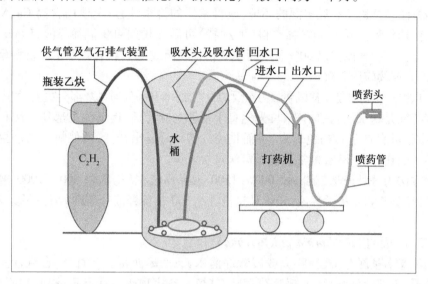

图 2-1-2　人工催花装置示意图

2. 生理障碍及病虫害防治

凤梨植物抗性较强,在栽培环境适宜、植株生长良好的情况下,生理障碍及病虫害很少发生。如果发生可用以下方法进行防治。

（1）生理障碍。生理障碍表征不一样,发生的原因和防治方法也不一样。

叶片狭长软弱下垂,叶表面无光泽,花穗细短,花色不艳丽,容易倾斜弯曲。原因是过度遮阴,日照不足（任何时候光强强度应不低于18000lx）,氮肥使用量过多（氮、钾肥施用比例应为1:2）,单位面积内摆盆密度过大等。

叶片有棕褐色斑点,全株遍布黄斑或褐斑,犹若麻脸。原因是喷水过多或基质排水不良,应适当控制浇水次数和每次的浇水量。遮阴不足,光照太强,高温强日照下不宜喷水或喷雾,以免引起烫伤。液肥或农药浓度太高,应严格控制肥液和药液的浓度。

叶尖黄化褐变枯萎,轻微者叶尖约1cm黄褐化,严重者叶尖约5cm以上褐化。原因是水质不良,灌溉用水碱性太强,或含高钙、钠盐类。过度施肥或液肥喷施浓度过高,致使盐类累积于叶尖部,造成危害。基质排水不良造成烂根,植株体内水分无法充分供应叶梢末端,造成干尾。天气高温干燥,通风不良,应及时通风。

（2）病害。观赏凤梨是病害很少的植物,主要病害为心腐病和根腐病,都是由真菌类侵染而引起。

心腐病的症状是被害植株心部嫩叶组织变软腐烂,呈褐色,与健全部位界限明显,心部用手指轻碰即脱离。

根腐病的症状是被害植株根尖黑褐化腐烂,不长侧根,病株对水分及养分吸收大受影响,植株生长势变弱,生长缓慢。

导致心腐病与根腐病的环境原因是雨季连绵阴雨不断,高温、高湿、通风不良,基质排水不良或喷水过多,基质 pH 高于 7 或水质含高钙、钠盐类。种苗堆积过久,移植后也容易引起心腐病。种苗包装后通气不良,定植后也容易引起心腐病。

防治方法包括避免高温多湿的环境,改善基质的排水性,避免使用含高 Ca、Na 盐的水质。在幼苗期将种苗浸于 80% 福赛得(亚利特)可湿性粉剂 400 倍稀释液,10min 后取出,阴干再上盆。在生育期内以 80% 福赛得 200 倍稀释液或 75% 代森锰锌 700 倍稀释液,每半月灌注心部,连续施用 3 次。

(3) 虫害。介壳虫是观赏凤梨最为重要的虫害之一,几乎任何凤梨都会发生,尤其是雨季。

为害特征是幼虫从土中出来,首先栖息于基部老叶背面,逐渐往上部幼叶爬移,刺吸叶片汁液,致使叶色产生黄褐色斑点,进而枯萎。伤口分泌出蜜汁,诱使蚂蚁搬动虫体,再次扩大感染。因伤口有汁液,也常致使黑斑病再次发作。

防治方法为每月任选速扑杀 1000～1500 倍稀释液、氧化乐果 800～1000 倍稀释液、47% 巴拉松乳剂 2000 倍稀释液、50% 马拉松乳剂 800 倍稀释液等药剂喷施一次。喷施部位以叶背为主。

1.2.2　一品红(*Euphorbia pulcherrima*)

一品红又名圣诞花,大戟科大戟属常绿灌木,原产墨西哥。茎直立,含乳汁。叶互生,卵状椭圆形,下部叶为绿色,上部叶苞片状,红色。花序顶生。喜温暖、湿润和阳光充足的环境。一品红在原产地露地能长到 3～4m 高,开花时一片红艳,成为当地冬季的重要景观。一品红最早被引入美国栽培,后传至欧、亚洲。我国广州、上海、南京、青岛、天津等城市,从 20 世纪 20 年代自欧美引种少量栽培,80 年代后逐渐批量生产。目前,一品红已成为我国国庆、圣诞、元旦及春节的重要节日用花之一(图 2-1-3)。

图 2-1-3　一品红

一品红盆栽生产,首先应根据市场需求、当地的气候环境条件、设施条件等制订详细的生产计划,包括品种的选择、种植形式、数量、栽培容器、每盆种植株数、栽培基质、扦插时间、上盆时间、换盆时间、施肥方案(配方、浓度、周期)、摘心时间、目标花期、控花计划(遮光或加光时间)、生长调节剂处理方案等。一品红盆花从上盆种植到成品的时间,依品种和成品规格而异,一般需100~180天。一品红盆花生产,需要温室或类似的保护设施,设施屋顶需安装活动式遮光系统,并配备增湿、通风设备。如进行反季节一品红盆花生产,还应在温室内安装用黑布或黑色塑料薄膜等制成的活动式遮光系统。

1. 种类与品种

根据预期开花时间和当地的气候环境条件,选择植株健壮、株型紧凑、抗病性强、耐寒耐热性好、易于管理、适应性广、苞片大、色彩鲜艳,适宜本地区气候栽培种植的品种。

2. 种苗繁殖

一品红种苗多用扦插繁殖。一般根据成品上市时间倒推扦插时间。具体扦插时间因品种和成品规格而不同。如产品在国庆节上市,其扦插时间应在4~5月,上盆时间不迟于5月;如圣诞节上市,其扦插时间应在6~7月,上盆时间不迟于8月;如春节上市,其扦插时间应在7~8月,上盆时间不迟于9月。由于栽培品种、栽培形式和栽培气候环境的差异,扦插、上盆时间也需要作相应调整。成品株型越大,时间越要提前。扦插繁殖时切取长约4~6cm顶芽作插穗,保留顶端3~4片嫩叶,待插穗切口稍晾干后,基部用500mg/L的吲哚丁酸溶液快蘸5s进行生根处理。用穴盘作扦插容器,将过筛并经消毒的细泥炭填入穴盘内,浇透水后打孔插入插穗,深度以不超过2.5cm为宜。扦插后采用间歇喷雾法喷雾。用遮阴控制光照强度,初期光照强度控制在10000~20000lx,之后光照逐渐加强至20000~30000lx,并保持适当通风。在插穗生根前,基质含水量保持在60%~70%之间,空气相对湿度85%以上,夜温不低于21℃,日温不高于28℃。插穗生根时间因品种而异,约在10~20天完成发根,21~28天后种苗达到上盆栽植的标准。

3. 生产管理

(1)基质制备。一品红盆花栽培基质应质轻、通透性好,通常用泥炭、珍珠岩、河沙等按体积比为10:2:2的比例混合而成,并用熟石灰调整pH为5.5~6.5。配制好的基质需经消毒之后才使用。常用的消毒方法有高温消毒法、甲醛消毒法和必速灭消毒法。其中,高温消毒法是较为理想的消毒方法。无论用哪一种药物消毒,均需待药物散失干净后才能用于生产。

(2)上盆。挑选生长好、无病虫害、根系多,苗高适中、健壮、叶片完整平展的优质种苗上盆栽植。因一品红根系对光线较为敏感,应选用盆壁较厚、颜色较深、不透光的盆钵,其大小应按所栽培植株的高度和株型大小要求而定。种植时先在花盆底部填充1/4盆高的粗基质,再填放1/5盆高的栽培基质,将种苗放在盆土中央,填充栽培基质,使根系与基质充分接触,以刚覆盖原根团、浇水后不裸露根系为标准。基质高度应低于盆口2~3cm,便于日后浇水与施肥。苗期由于株型较小,可采用盆靠盆并列摆放。进入中苗以后,一品红生长较快,应及时增大盆间距离。摆放的密度应以植株间的叶片不相互交接为标准。

(3)苗期管理。栽植后应及时浇透定根水。栽植初期,光照强度控制在25000lx左右,温度控制在20℃~25℃之间,空气相对湿度控制为60%~70%。高温季节一天浇水两次,保持基质湿润。7~10天后恢复正常生长,应加强水肥管理,并调节光照强度至25000~35000lx,以促进植株健壮、快速生长。

(4)光照调控。一品红喜充足的光照,对光照强度要求较高,应尽可能予以满足。只要温度在适宜的范围内,光照以较强为好,适宜的光照强度为20000~60000lx。不同生育期一品红的适宜光照强度见表2-1-2。光照强度可通过开关控制遮阴网来调控。

表2-1-2　一品红不同生育期适宜光照强度

生育期	适宜光照强度(lx)	生育期	适宜光照强度(lx)
母株采穗期	45000～60000	摘心期	40000～50000
扦插初期	10000～20000	营养生长期	35000～60000
扦插驯化期	25000～35000	生殖生长期	35000～60000
上盆种植期	25000～35000	出货期	30000～60000

（5）温、湿度调控。一品红生长适宜温度为16℃～29℃(白天26℃～29℃,夜间16℃～21℃)。温度过低会延缓生长并引发褪绿症状。温度过高或光照不足,会引起枝条徒长。苞片着色后,温度应降至白天20℃、夜间15℃左右为宜。一品红生长适宜的空气相对湿度为60%～90%,可通过开启微雾系统增加湿度,通过打开温室天窗、侧窗、启动循环通风扇降低湿度。

（6）浇水。一品红灌溉用水的pH以6.0～7.0为宜。一品红生长快,需水量大,但忌积水。一般掌握在1/3基质表面干了就应浇水。浇水过度引起植株生长不良,甚至诱发病害。高温季节一天浇水两次,保持基质湿润即可。

（7）施肥。一品红生长所需的氮肥中,铵态氮含量应不超过30%。用无土基质栽培的一品红,对硼、铜、锌、镁、钼、铁等微量元素的要求较高。一品红元素缺乏症状见表2-1-3。根据一品红生长特性配制的完全液肥,具有养分齐全、使用方便、植物吸收快的特点。用于一品红的液肥分为两种,即营养生长期用肥和生殖生长期用肥。生产者可以从专业的肥料供应商处购买此类专用肥料。一品红从种苗长新根到短日照临界点前一周为营养生长期。营养生长期液肥中大量元素比例为 $N：P_2O_5：K_2O：CaO：MgO = 5.5：2.0：1.7：0.3：0.1$,也应添加适量的 Mn、Zn、Mo、Co、Ee、B 等微量元素。一品红从短日照临界点前一周到开花为生殖生长期。生殖生长期液肥中大量元素比例为 $N：P_2O_5：K_2O：CaO：MgO = 1.5：2.0：2.5：0.5：0.1$,也应添加适量的 Mn、Zn、Mo、Co、Fe、B 等微量元素。配制营养液

表2-1-3　一品红营养元素缺乏症状

营养元素	缺素症状
氮(N)	生长趋缓,叶片均匀黄化,由下而上落叶
磷(P)	叶面积减少,上位叶叶色深绿,未成熟叶坏死
钾(K)	下位叶叶缘黄化、焦枯,由叶缘向脉间坏死
钙(Ca)	叶变暗绿,柔软,扭曲变形,坏死
镁(Mg)	下位叶多,叶脉间黄化
铁(Fe)	幼叶均匀变浅绿色
锰(Mn)	幼叶变淡绿色,叶脉保持绿色
锌(Zn)	植株矮化,新叶黄化
硼(B)	植株矮化,生长停顿
钼(Mo)	成熟叶黄化,上位叶叶缘内卷且焦枯

时要注意将含 Ca^{2+} 的盐肥与含 HPO_4^{2-}、$H_2PO_4^-$、PO_4^{3-} 的盐肥分开配制,将各成分按比例配成稀释 100~200 倍的母液,施用时将母液稀释至 EC 值为 1.1~1.5 mS/cm,调节 pH 至 6.6~6.5 后使用,可作根际施肥或根外追肥使用。

使用一品红液肥必须严格掌握定期定量施用的原则。根据植株大小、生长状况和盆的大小来确定施肥周期和施肥量。配制液肥时必须专人操作,严格掌握母液的稀释浓度。不能随意加大或减少用量,避免在施肥过程中出现肥害现象。

(8) 株型控制。一品红株型控制常用摘心、生长调节剂处理等方法。

摘心:一品红为顶芽花芽分化型,一支成熟的枝条,将来都可形成一花序。要生产多花的株型,需借助摘心以促进侧芽生长,形成多分枝,从而得到多花型产品。摘心的方式可分为强摘心、中度摘心、弱摘心及弱摘心加上除幼叶四种。强摘心为摘至完全展开叶为止,一般摘去约 6~7cm,摘下之芽可供再扦插之用。中度摘心为摘至完全展开叶上两叶为止,一般摘去 3~4cm。弱摘心则仅摘去顶芽心部,一般在 2cm 以内。随着摘心强度增加,所得到的株型会较开张,且枝条长度会较整齐,弱摘心则上位枝条较长而造成株型较高。弱摘心加除幼叶,可使枝条数较多,株型也较紧密圆满,可用在时间最紧迫而要求较饱满的株型生产上。

摘心次数会影响花朵数。大盆径的产品为求花多,摘心次数通常在 2 次以上。种植后第一次摘心应在植株已长出 6 片叶时进行,每株可长出侧芽 3~6 个。第二次摘心时,只需有 2 片叶片就可以进行。每摘心一次需要 4~5 周时间恢复生长。摘心的时间和次数要根据所控制的株型和预期开花时间确定。在圣诞节开花的一品红最迟一次摘心时间应不迟于 9 月中旬,否则无法达到理想的株型。生产上,控制每盆一品红的花序数对品质有较大的影响,如 40cm 的冠幅,控制在 3~5 个花序最理想,花序数太多,花朵小,产品质量也不高。

生长调节剂处理:一品红盆栽,通过生长调节剂处理也能达到理想株型。在摘心之后,当侧芽长到 3~4cm 时,用矮壮素(CCC)、多效唑(PP_{333})等矮化剂进行处理,其使用浓度因栽培品种、处理时间、处理时的温度等而有差别,各品种在使用前应作药效试验。利用矮化剂控制一品红的处理方法见表 2-1-4。

表 2-1-4 利用矮化剂控制一品红株高的处理方法

处理方法	矮化剂		
	CCC	B-9	PP_{333}
喷施浓度/(mg/L)	1500~2000	2500	5~50
灌根浓度/(mg/L)	3000		0.1~0.5/(mg/盆)
特征及注意事项	喷施叶片易有短暂药害,需施两次以上	需施两次以上	药效较佳、较长,但浓度高易使叶片、苞片皱缩

备注:矮化剂应避免在气温高于 28℃ 的情况下使用,最好选择阴天或傍晚太阳下山前使用。一品红花芽分化前六周不再使用矮化剂处理,以免影响开花质量。

(9) 花期控制。一品红是短日照植物,即一品红在短日(长夜)条件下,花芽开始分化,进入生殖生长的阶段。当夜温低于 21℃ 时,光照时间 12~12.5h/d(在北半球大约是由 9 月 21 日起)一品红开始花芽分化。因此自然条件下一品红都是在秋天开始花芽分化,但开始日期因个别环境的差别略有不同。而长夜(暗期)受到中断,也会影响或中断花芽分化发育。只要植株周围有100lx以上的光强度,也能中断花芽分化发育。长日照条件下用黑幕制造短日照,可调节花期。不同品种对短日照感应时间不同,因此分为早花、中花和晚花品种。早花品种短日照感应时间6~7周,自然花期11月中旬。中花品种短日照感应时间8~9周,自然花期11月下旬至12月上旬。晚花品种短日照感应时间9~10周,自然花期12月上旬。应根据产品上市时间选择合适品种。要使一品红在国庆节期间开花,必须选择耐热性好的早花品种,并采用黑幕遮光处理。遮光时间从当天的17:00至次日的8:00,每天遮光15小时。遮光处理日期为7月中旬至9月上旬,遮光延续时间一个多月左右。由于7~9月气温较高,遮光处理时要注意通风,以防黑幕吸热灼伤植株。要使一品红在春节期间开花,应选择迟熟品种,并进行补光处理。方法是从9月上旬开始,每天晚上10点至第二天早上2点用白炽灯加光,光照强度为110~130lx,至10月中下旬止。

4. 病虫害防治

(1) 细菌性软腐病。细菌性软腐病主要发生在一品红的扦插繁殖期,插穗在扦插3~7天内从基部开始出现软腐。目前对这种病害尚未有特效的杀菌剂,若发现病株,应立即清除。为预防细菌性软腐病发生,扦插繁育期间,温度保持在32℃以下,避免扦插基质水分过多。生长期也有细菌性病害发生,避免伤口及叶片的互相摩擦,降低空气湿度。

(2) 灰霉病。灰霉病是一品红栽培中最常见的病害,在一品红整个生长季节都可能出现,低温高湿下更易发生,且植株的各个部分都可能感染。被侵染的组织最初是水渍状棕黄至棕色的病斑。在潮湿的环境条件下,病斑处会形成由菌丝体和孢子组成的灰色有毛的病菌,有黑色的菌核出现。幼嫩植株有时会在栽培基质表面附近染病。在比较成熟的植株的茎上会出现棕黄色的环形溃疡,并导致叶片萎蔫。当侵染苞片时,红色苞片会变成紫色。为预防灰霉病发生,首先要控制环境,保持空气流通,特别是在夜间。植株摆放不能过密,使空气可以穿过植株冠部流通。应避免植株受到机械损伤,浇水时避免将水溅到叶片及苞片上。夜晚加温及通风降低湿度,尽可能将温度保持在16℃以上。及时清除病叶、死株。发病时喷施亿力、灰霉速克等杀菌剂。

(3) 白粉病。在一品红整个生长季节都能发生,其中春季或深秋是其高发季节。在冷凉、高湿及昼夜温差较大的环境下,白粉病极易流行。白粉病感染初期,叶片和苞片出现类似杀虫剂残留物的斑点,而后迅速蔓延,植物的表面出现典型的白色的霉状物,受感染的组织坏死。白粉病的症状最先发生于叶片的背面,而叶片的表面则常出现绿色斑块。防治措施包括控制温室环境并定期喷施杀菌剂。

(4) 白粉虱。控制白粉虱的关键是监测粉虱族群的发生趋势。在菊黄色塑料板上涂凡士林,并放置在略高于一品红植株的地方,诱捕粉虱成虫,既达到诱杀的目的,又可起到监测的作用。一旦发现白粉虱,应及时除去有大量白粉虱卵和带有若虫的下层叶子,并用2.5%溴氰菊酯乳油1500倍稀释液,每7~10天喷1次。喷药时间以上午6~10点为好,连续喷3~5次,可杀灭幼虫。也可用速扑杀、乐斯本、粉虱治等药剂1000倍稀释液微雾喷施。

5. 销售前管理

出货前一个月适当控制施肥量,不使用影响花苞和叶片观赏效果的药剂和肥料,以免降低一品红盆花的观赏价值。销售期间需维持25000~50000lx的光照强度,以避免落花。

在植株由产地运至零售地的过程中,常因肥料浓度高而引起未熟叶片的掉落,这种现象在市场或室内观赏时常有发生。所以在生产最后阶段时,应停止或减少肥料的供给量。但肥料的停止供给,不能早于起运前两星期,以避免黄叶的出现。一品红对低温(13℃以下)非常敏感。温度太低,红色的苞片容易转变成青色或蓝色,最后变为银白色。但若温度太高,则易导致未熟叶片、苞片及花朵的掉落。运输时的温度最好为13℃~18℃,途中时间以不超过3天为好。

1.2.3 红掌(*Anthurium andraeanum*)

红掌又名安祖花(图2-1-4),天南星科安祖花属(花烛属)常绿植物。原产哥伦比亚。叶片革质,心形,颜色青翠。佛焰苞片直立开展,革质,色彩亮丽,除红色外,还有粉、白等色,色彩从花期开始可维持三个多月。花期为春、夏季,条件适合,可终年开花不断。

图2-1-4 红掌

1. 基质和容器

盆栽红掌宜选用排水良好的基质,规模化生产用泥炭、珍珠岩、沙按体积比5:3:2混合,用熟石灰将基质调整到pH为5.5~6.5,EC值为0.8~1.2mS/cm为宜,或采用进口红掌栽培专用基质。使用前,基质必须彻底消毒处理,以杀灭病虫害。

盆栽红掌不同生长阶段对盆的规格要求不同。小苗阶段一般已在育苗公司完成,生产时所购买的红掌苗均是中苗(株高15cm左右)以上。所以,在上盆栽植时可一次性选用16cm×15cm的红色塑料盆。

2. 生产管理

红掌是喜阴植物,种植时需要有 75% 遮光能力的遮阴网,以防止过强的光照。采用一盆双株种植优于单株种植。上盆时,务必使植株的生长点露出基质平面,同时应尽量避免植株沾上基质。上盆时先在盆下部填充 4~5cm 厚的颗粒状碎石,然后加 2~3cm 厚的基质,将植株正放于盆中央,使根系充分展开,最后加填基质至盆沿 2~3cm 即可。种植后必须及时喷施防菌剂,以防止疫霉病和腐霉病的发生。

(1) 温度。红掌生长对温度的要求主要取决于其他的气候条件。协调温度与光照之间的关系非常重要。一般而言,阴天温度需 18℃~20℃,湿度为 70%~80%。晴天温度需 20℃~28℃,湿度为 70% 左右。总之,温度应保持在 30℃ 以下,湿度要在 50% 以上。

在高温季节,光照越强,室内气温越高,这时可通过微雾系统来增加温室空气相对湿度,但须保持夜间植株不会太湿,以减少病害发生。也可通过开启通风设备来降低室内湿度,以避免因高温而造成花芽败育或畸变。在寒冷的冬季,当室内昼夜气温低于 15℃ 时,要进行加温。当气温低于 13℃ 时需要加温保暖,防止低温冷害。

(2) 光照。红掌是按照"叶→花→叶→花"的顺序循环生长的,花序是在每片叶的腋中形成的,这就导致了花与叶的产量相同。产量的差别最重要的因素是光照。如果光照太少,在光合作用的影响下植株所产生的同化物也很少。当光照过强时,有可能导致部分叶片变色、灼伤或焦枯现象。因此,光照管理的成功与否,直接影响红掌产生同化物的多少和后期的产品质量。

为防止花苞变色或灼伤,必须有遮阴保护。温室光照强度可通过启闭活动遮阴网来调控。红掌最理想的光照是 20000lx 左右,最大光照强度不可长期超过 25000lx。早晨、傍晚或阴雨天则不用遮光。

红掌在不同生长阶段对光照要求各有差异。营养生长阶段对光照要求较高,可适当增加光照,促使其生长。开花期间对光照要求低,以防止花苞变色,影响观赏。

(3) 水分。红掌属于对盐分较敏感的观赏植物,因此应尽量把基质 pH 控制为 5.2~6.1,这是最适宜红掌生长的。如果 pH 过小,花茎变短,就会降低观赏价值。自来水适宜栽植红掌,但成本较高。天然雨水是红掌栽培的最好水源。

盆栽红掌在不同生长发育阶段对水分要求不同。幼苗期由于植株根系弱小,在基质中分布较浅,不耐干旱,栽后应每天喷 2~3 次水,经常保持基质湿润,促使其早发多抽新根。中、大苗期植株生长快,需水量较多,水分供应必须充足。开花期应适当减少浇水,增施磷、钾肥,以促开花。

规模化栽培红掌成功与否的关键是保持相对高的空气湿度,尤其在高温季节。可通过微雾系统来增加温室内的空气相对湿度。但要注意傍晚不要喷雾至叶面,一定要保证红掌叶面夜间没有水珠。当气温在 20℃ 以下时,保持室内的自然环境即可。在浇水过程中一定要干湿交替进行,切莫在植株发生严重缺水时才浇水,这样会影响其正常生长发育。在高温季节通常 2~3 天浇水一次,中午还要利用喷淋系统向叶面喷水,以增加室内的相对湿度。寒冷季节浇水应在上午 9 时至下午 4 时前进行,以免冻伤根系。

红掌生长需要比较高的温度和相当高的湿度,所以,高温高湿有利于红掌生长。温度与湿度甚为相关,但在冬季即使温室的气温较高也不宜过多降温保湿,因为夜间植株叶片过湿反而降低其御寒能力,使其容易冻伤,不利于安全越冬。

(4) 施肥。根据荷兰栽培的经验,对红掌进行根部施肥比叶面追肥效果要好得多。因为红掌的叶片表面有一层蜡质,不能很好地吸收肥料。

液肥施用要掌握定期定量的原则。春季一般3~4天浇肥水一次。如气温高,可以视盆内基质干湿程度2~3天浇肥水一次。夏季可2天浇肥水一次,气温高时可多浇一次水。秋季一般5~7天浇肥水一次。

施肥时间因气候环境而异。一般情况下,在8时至17时施用。冬季或初春在9时至16时进行。每次施肥必须由专人操作,并严格把握好母液的稀释浓度和施用量。稀释后的液肥应控制pH为5.7,EC值为1.2mS/cm左右。

此外,在液肥施用2h后,用喷淋系统向植株叶面喷水,冲洗残留在叶片上的肥料,保持叶面清洁,避免藻类滋生。

(5) 基质调整。经过一段时间栽培,基质会产生生物降解和盐渍化现象,pH降低,EC值增大,从而影响植株根系对肥水的吸收能力。因此,基质的pH和EC值必须定期测定,并依测定数据进行调整,以促进植株对肥水的吸收。

(6) 摘芽。大多红掌会在根部自然地萌发许多小吸芽,争夺母株营养,影响株形。因此,要尽早摘去吸芽,以减少对母株的影响。

3. 病虫害防治

(1) 根腐病、茎腐病。一般在栽培基质过湿时易发生,多从底部根系开始,腐烂变褐,叶边变黄下垂。疫霉菌引起的根腐可使茎部和叶片受害,根和茎部呈褐色。防治措施:发病初期,在植株周围用70%甲基托布津800倍稀释液浇灌,或用25%瑞毒霉可湿性粉剂2g/L水剂或45%代森铵水剂2.5g/L水剂或50%多菌灵2g/L水剂浇灌,或用30%的恶霉灵800倍液或64%卡霉通1000倍液喷施。5~7天用药一次,连续用同一种药2~3次后应换用另一种药剂。

(2) 叶斑病。病斑始于叶尖或叶缘,形状不规则,由小逐渐扩大。病斑褐色,边缘淡黄色,严重时可扩展至整片叶,叶片干枯。防治措施:每隔两周轮换不同药剂,连续喷药3~4次。适宜的药剂有75%百菌清600~800倍稀释液、70%甲基托布津800倍稀释液、70%代森锌800倍稀释液或雷多米尔500~800倍稀释液。

(3) 炭疽病。多于叶尖或叶缘发病,病斑呈圆形或半圆形。发病初期,病斑部位的叶片褪绿黄化,边缘褐色,中间灰白色,轮纹有或无。发病后期,病斑上有许多小黑点,湿度过大时,斑上有淡黄或黄色黏液出现。此病也会引起花腐,在肉穗花序上形成黑色坏死斑点。高湿是发生此病的主要原因,病原是盘长孢属或刺盘孢属真菌。防治措施:要经常通风透光,及时摘除病叶。在发病初期,连续喷2~3次药剂,每隔两周轮换使用不同药剂。适宜的药剂有10%石膏水分散颗粒剂2500~3000倍稀释液、75%百菌清600~800倍稀释液、炭疽净800~1000倍稀释液或敌克松500~800倍稀释液喷施。

(4) 蚜虫。蚜虫使叶片失绿,严重时叶片卷曲、皱缩,易引起煤污病而影响光合作用。防治措施:每隔两周轮换使用以下药剂,每5天喷药一次。用30%蚜虱绝800~1000倍稀释液、10%的吡虫啉可湿性粉剂2000~4000倍稀释液、粉虱治800倍稀释液、50%抗蚜威1000~1200倍稀释液或氧化乐果500~600倍稀释液喷施。

（5）蓟马。主要危害幼嫩的叶片、叶柄和佛焰苞片。危害后叶片和花上出现褐色条纹,严重时花和叶皱缩或畸形。防治措施:用10%的吡虫啉可湿性粉剂2000～4000倍稀释液、1.8%阿维菌素2000～3000倍稀释液、蓟虱灵800～1000倍液或莫比朗3000～5000倍稀释液喷施,4～5天喷药一次,每种药连续使用不宜超过3次。

1.2.4 仙客来（*Cyclamen persicum*）

仙客来,别名兔子花、萝卜海棠、一品冠、兔耳花,为报春花科仙客来属植物,原产地中海沿岸。花朵整齐,色彩丰富,花期从9月份一直持续到翌年5月份,观赏期长。在国内外园艺工作者的努力下,已培育出数百个栽培品种(图2-1-5,图2-1-6)。

图2-1-5　仙客来

图2-1-6　仙客来的块茎

1. 种类与品种

目前市场上较受欢迎的仙客来种子是法国种子和日本种子。它们表现出生产周期短,一般8～12月;商品株型标准化,植株丰满健壮,冠径35～40cm左右,花梗挺拔,多花,颜色丰富,高度适中,种子出苗率和一级品率高;对气候适应性广,抗逆性强,室内观赏期长。

2. 播种前的准备

（1）基质消毒。仙客来的栽培基质一般用草炭土、珍珠岩、蛭石或草炭土、细炉灰渣混合,往往含有许多病菌、害虫及杂草种子,如果不进行消毒,将对仙客来的生长发育带来极大危害。基质消毒有化学消毒和物理消毒两种,常用的消毒方法有蒸气消毒、干热消毒、福尔马林熏蒸、高锰酸钾液喷洒、日光曝晒等。

（2）选种及种子处理。仙客来种子发芽需要30～50天,比一般草花种子发芽时间长得多。因此,发芽阶段太长是整个栽培周期延长的原因之一。选择优质仙客来种子及进行适当处理能够有效缩短发芽时间。要选择颗粒饱满、色泽红褐色、成熟度好的种子,并进行催芽处理。种子催芽,先在30℃温水中浸泡3h,再用凉水浸种24h,经上述处理的种子比不浸种提前出苗10天左右。在催芽后要进行种子消毒,杀灭种子所带病菌。种子消毒可用多菌灵或0.1%硫酸铜溶液浸泡0.5h或用1/5000高锰酸钾液喷洒等方法。消毒后将种子捞出晾干,即可进行播种。仙客来种子需要在黑暗条件下发芽,所以发芽前要进行遮光覆盖。仙客来种子发芽的适宜温度为15℃～20℃,以不超过20℃为好,过低和过高都会使种子发芽时间延长。根据仙客来品种及预计开花期选择适宜的播种时间。播种一般用288穴盘或

128穴盘。

3. 苗期管理

仙客来种子经过25天左右开始出苗。这时一定要保证土面湿润,过干幼叶会"戴帽"出土,从而影响新叶的展开。出苗后,中午晴天一定要用遮阴网遮阴,防止小苗在阳光下暴晒。这个阶段要防止夜间温度过低,否则小苗易感染病菌。每隔15～20天喷洒一遍百菌清、甲基托布津等广谱性药剂。在经过3～4个月,长有3～5片真叶时,就要进行移苗。移苗的基质选用草炭土、粗蛭石、珍珠岩或草炭土、细炉渣、珍珠岩以5：3：2的体积比混合。基质必须经过消毒。起苗时尽量不要伤根,栽植于50孔的穴盘或直径8cm的营养钵。栽植深度以浇水后仙客来小块茎1/3露出土面为宜。栽后要及时浇透水,并遮阴一周。一周后,施以氮、磷、钾比例为1：0.5：1,2000～3000倍稀释的肥液。

4. 生产管理

(1) 换盆。当第一次移栽2～3个月后,幼苗长到8～10片真叶,根系已盘满盆内,白根长出盆底孔时,应及时换盆。换盆基质为草炭土、粗蛭石、珍珠岩或草炭土、细炉渣、珍珠岩,比例为6：3：2,选用15cm×15cm的塑料盆。换盆最好选择温度适宜的晴天进行。每盆的基质量要均等,基质高度离盆沿口1cm左右。基质松紧适宜,压得过实会明显影响根系生长。栽植深度以块茎露出基质表面1/2或1/3为宜。栽植后及时浇透水一次,一周内给予适当遮阴。

(2) 越夏前的管理。是指换盆后至夏季持续高温来临前,一般从4月中旬至6月中旬这段时间的管理。这时平均气温在18℃～25℃,比较适合仙客来生长,是仙客来的第一个生长高峰期,其叶片可以从8片生长到30片左右。这阶段的管理目标是既要抓住时机让仙客来块茎快速生长,达到一定的株型和叶片数,又要通过水肥、光照、温度等因子的调节,增强植株自身的抗逆性,为仙客来的顺利越夏作准备。换盆后10～15天结合浇水进行施肥。前一个月可用1：0.5：1的液肥2000倍稀释,以后视植株长势适当增加浓度。到5月份植株有一定株型后改用1：0.7：2的液肥进行浇灌。如条件允许,每次施肥最好能测定盆底流出肥料的EC值和pH,以调整施肥方案。

(3) 越夏管理。夏季高温,植株蒸腾量大,是仙客来需水量最大的一个季节。每1～2天浇水一次,浇水一定要在上午10时之前完成,不能等到基质明显干了再浇水。施肥掌握薄肥勤施,用1：0.7：2的1500～3000倍稀释液,7～10天浇施一次。越夏期间,温度高,光照强,为使仙客来健康生长,必须遮盖两层60%的遮阳网,早上8～9时先遮一层,温度上升后再遮一层。下午温度下降时先去掉一层,然后再去掉另一层。但也应避免遮阴太多,否则会导致植株徒长,影响植株的抗性和株型。

(4) 高温后的管理。一般是指8月下旬到10月初这段时间,天气逐渐转凉,仙客来又进入一个生长高峰期。越夏后,仙客来有个恢复生长期。恢复生长阶段,宜用1：0.5：1或1：0.7：2的2000倍液肥,然后在2～3周内过渡到1500倍。仙客来进入正常生长后,基质的EC值应保持在1.2～1.8。这一时期注意株型整理,及时清理枯叶、病叶,调整叶片层次,让植株均匀接受光照,使植株更加健康,增强植株整体观赏效果。

(5) 开花期管理。10月份温度明显下降,要提早检查温室的密封性,做好加温准备。出花期间,保持最低温度为10℃。如果要催花,则要将最低温度保持在15℃,当花苞孕育达到要求后再慢慢降至10℃,这样可延长花期。由于温室密闭,空气湿度大,灰霉病会时有发生,除常规药剂管理外,要注意加强通风降低湿度。到了11月份后,仙客来将陆续开花,但开花盛期一般在元旦前后。这时要特别注意培养良好的株型、叶色、花色,加强植株锻炼,提高商品性。

5. 病虫害防治

(1) 萎凋病。防治关键在于合理浇水,并用稀释2000倍的苯菌灵或代森锰锌灌根。

(2) 细菌性软腐病。多发生在夏季高温多湿期,可在发病初期喷洒或涂抹稀释4000倍的链霉素或新植霉素,并浇透基质。

(3) 螨类。多发生在高温干旱的秋季,可用40%三氯杀螨醇1000~1500倍稀释液喷雾。

(4) 蛞蝓。应抓住其日伏夜出的习性,于幼龄期用20%广杀灵1000倍稀释液或20%灭扫利乳油1000倍稀释液喷杀,再结合人工捕杀效果更好。

1.2.5 朱顶红(*Hippeastrum rutilum*)

朱顶红为石蒜科朱顶红属多年生鳞茎类草本植物(图2-1-7,图2-1-8),原产中南美洲,约有75个种,现有许多种间杂交新种。朱顶红在原产地周年生长,无休眠期。我国长江流域及以北地区进行露地栽培,会因冬季低温而叶枯休眠,零度以下还会发生冻害。3月中旬开始随气温上升重新萌叶,春夏开花,花期15~20天左右。花序伞形,多数顶生4朵,两两对生,花被6枚,花形似喇叭状,别有情趣。

图2-1-7 朱顶红

图2-1-8 朱顶红的鳞茎

近年进口的朱顶红品种大多是杂种朱顶红,也称为大花朱顶红,花色鲜丽,有白、粉、玫红、橙色、大红、紫红、带条纹等花色,花径有的可达22cm以上,还有许多重瓣品种。在欧美地区,尤其是荷兰,大花朱顶红已形成规模化栽培生产,是观赏植物市场上一个非常重要的商品种类。近几年,国内朱顶红盆花生产规模和销售也呈上升趋势。

1. 种类与品种

大花朱顶红分单瓣单色、单瓣双色、复瓣、多花和矮生5大类,目前优良的栽培园艺品种共有50多个。其中盆花生产以多花、矮生的类型为主,常见栽培品种如表2-1-5所示。

表2-1-5 朱顶红常见栽培品种

品种名称	品种花色
红狮(Redlion)	花深红色
艾米戈(Amigo)	花深红色
拉斯维加斯(LasVegas)	粉红与白色的双色品种
卡利默罗(Calimero)	花鲜红色
智慧女神(Minerva)	花红色,具白色花心
蒙特布朗(MontBlanc)	花白色
花之冠(FlowerRecord)	花橙红色,具白色宽纵条纹
索维里琴(Souvereign)	花橙色
通信卫星(Telstar)	花鲜红色
大力神(Hercules)	花橙红色
赖洛纳(Rilona)	花淡橙红色
比科蒂(Picotee)	花白色中透淡绿,边缘红色
纳加诺(Nagano)	花橙红色,具雪白花心

2. 栽培前的准备

(1) 温室准备。根据盆栽朱顶红环境要求和当地气候条件,在北方由于天气严寒,必须采用具有加温设备的温室才能种植,同时还需配置适当的加湿、除湿、通风和补光等设备,以应对恶劣天气。如有条件,盆栽朱顶红应放在植物台上栽培,也可以直接摆放在温室地面上。但地面需提前铺设地布或砖块等,以便保持地面整洁。在种球栽种前一周彻底清洁温室和各种工具,并进行温室消毒。温室消毒可用百菌清烟雾密闭熏蒸,同时喷洒广谱性杀虫剂。

(2) 花盆准备。盆栽朱顶红种球规格通常在直径8cm以上,宜选择口径在18~20cm的花盆。选用外红内黑的双色塑料盆,以防止强光透过盆壁灼伤白色幼嫩的根。

(3) 基质准备。盆栽朱顶红要求基质疏松、透水、透气性好,pH为6.0~6.5。常用基质配方为草炭:蛭石=1:1,也可以根据当地情况选用其他基质材料。基质需要经过消毒处理,可用多菌灵和百菌清600倍稀释液进行消毒。如果基质pH偏碱性,可施用硫酸亚铁进行调节。如果偏酸,用生石灰进行调节。

(4) 种球处理。种球消毒是种植的关键环节。一般采用多菌灵、百菌清、甲基托布津等消毒剂500~1000倍液即可。切去休眠鳞茎所有的烂根和枯叶,保留健壮根。在距鳞茎向上2~3cm处剪去叶片与残茎。剥掉外层的黑褐色皮,露出白绿色,用消毒溶液浸泡消毒5分钟左右,然后用清水冲洗干净,在室温清水中浸泡一天,让种球充分吸水后阴干备用。

3. 生产管理

(1) 上盆定植。在基质中加入适量鸡粪或饼肥等有机肥、复合肥作为基肥。有机肥应该腐熟并经过消毒,基肥与基质充分拌和混合。栽植时尽量不要伤根。种球栽植深度,以露出球体 2/3 左右为宜。然后将基质压实,浇一次透水,并经常检查球根的状态,因为此时球根容易发生溃烂现象。等球根的根、叶长出后,再用基质覆盖至种球的 2/3 或 3/4 处。

(2) 温湿度管理。朱顶红属于不耐寒、冬春开花球根观赏植物,生长期要求温暖、湿润的环境。栽培朱顶红的温室温度为 15℃~25℃,最适生长温度为 20℃~21℃。刚上盆的种球先放置在温度为 13℃~15℃、干燥、通风的阴凉处 15 天左右,有利于根系的发育生长,为以后的抽叶、开花打下良好基础。15 天后待发芽长出叶片时,移到通风良好、气温在 18℃~25℃、空气湿度在 65%~80% 的条件下进行常规管理。

朱顶红喜温暖湿润的环境,生育期间要求较高的空气湿度,若温室空气特别干燥,可以定期喷水以增加湿度。当花箭从种球里抽出后,每天要适当通风。

(3) 光照管理。朱顶红较喜阳光,尤其冬季生产需要充足的光照,若遇连续雨雪天需进行人工补光。补光光源采用金属钠灯。种球栽植后应先放置在庇荫处,以促进生根。待 2 周左右发芽长出叶片后,逐渐增加光照,然后再移到阳光直射处,以便花箭抽生。

(4) 水肥管理。一般以保持盆土湿润为宜。种球上盆后浇一次透水,之后在发芽前基本上不浇水,等到发芽之后加大浇水量。随着叶片的增加,植株需水也增加。花期水分要充足,花后要控制水分,以盆土稍干为好。

在施用基肥的情况下,发芽长叶前不要另外施肥。当叶片长到 5~6cm 时开始追肥,此后每半个月追施液肥 1 次,以磷、钾肥为主,5%~10% 的浓度即可。待花箭形成时施 2% 磷酸二氢钾,开花时停肥。花后及时剪除花茎,每半个月施肥 1 次,但要减少氮肥,增施磷肥和钾肥,使鳞茎健壮充实。

(5) 花期调控。朱顶红是感温型观赏植物,其花芽在种球定植前已经完成分化,不同品种花期比较一致,可以利用积温原理进行花期调控。朱顶红一般在定植 8 周后开花,所以从目标花期向前推 8 周就是定植时间,也可以通过调整种植时间来延长朱顶红的观赏期。朱顶红种植时期从 10 月到翌年 4 月底都可以进行。分期分批种植,能分期分批开花上市。

温度是控制朱顶红开花的重要因素,在种植过程中一旦发现临近销售时花葶发育迟缓,就要提高温度。一旦植株开花,就要将花盆放置在温度 10℃~15℃ 且遮阴的地方,以延长花期。

4. 病虫害防治

朱顶红病害主要有斑点病、病毒病和线虫病。斑点病主要危害叶片、花、花葶和鳞茎,生成圆形或纺锤形赤褐色斑点,尤其以秋季发病较多。预防斑点病,可以在栽植前将鳞茎用 0.5% 福尔马林溶液浸泡 2h,春季定期喷洒等量式波尔多液,发生时要及时摘除病叶。病毒病可以导致根、叶腐烂,用 75% 百菌清可湿性粉剂 700 倍稀释液喷洒。线虫主要从叶片和花茎上的气孔侵入,侵入后引起叶、茎和花发病,并逐步向鳞茎方向蔓延。用 45℃ 温水加入 0.5% 福尔马林浸泡鳞茎 3~4h,可达到防治效果。

朱顶红的虫害主要有红蜘蛛,危害叶片、花梗、花蕾、花瓣,群集于植株上刺吸汁液,造成植株停止生长,叶片失绿,不能正常开花。多发生于天气干燥、通风不良环境。发生时可用 40% 三氯杀螨醇乳油 1200 倍稀释液或 15% 哒螨酮乳油 3000 倍稀释液进行喷杀,效果较好。

1.2.6 高山杜鹃(*Rhododendron lapponicum*)

高山杜鹃(图2-1-9)是杜鹃花资源中的一大类,一般是指无鳞杜鹃花亚属、有鳞杜鹃花亚属、马银花亚属中的常绿杜鹃,及由上述三大亚属的杜鹃花经过上百年的杂交培养的栽培品种。因具有巨大的总状伞形花序(通常在15~20cm,个别品种可达到25cm以上)、鲜艳的色彩、优美的花姿、漂亮的株型深受人们的喜爱,成为公认的高档盆花。其中以'Germania'、'Sammetglut'、'Rocket'、'Taurus'、'Goldkrone'等品种深受消费者们的喜爱。

图2-1-9 高山杜鹃

1. 栽培基质

基质配制是个十分重要的环节。较为理想的基质是用褐色苔泥炭、黑色泥炭和松针按体积40%、20%、40%的比例混合。要认真做基质过筛和杀菌工作,并始终保持基质pH在4.5左右。当基质pH高于5.5时,高山杜鹃的根系将很难吸收铁元素。

2. 栽培环境

许多高山杜鹃品种适应能力很强,在正常温度下都能生长,在欧洲许多是室外生产,有条件的可用温室周年生产。温度不同,高山杜鹃的生长差异较大。

(1)温度。高山杜鹃最适温度是15℃~25℃。高山杜鹃盆栽生产,温度最好控制在30℃以内,超过35℃时,高山杜鹃将受到不同程度的损害,不利花芽分化。气温超过35℃时,应及时采取遮阴、降温、换气等措施。虽说高山杜鹃一般能耐-26℃的低温,但应尽量将温度控制在10℃以上,尤其是幼苗期间。

(2)光照。高山杜鹃喜半遮阳状态,尽管在夏季阳光直射下也没问题,但叶片越大的品种越需要遮阴。实践证明夏季最好加盖遮阴网。

3. 栽培管理

(1)上盆。最好选择8~10cm的硬质塑料盆。上盆时基质不要压得太实,以便通气和保持一定湿度。

(2)修剪。上盆一个月后,如果植株根系发育良好,就可以进行修剪。剪去顶芽,培养底部分枝,并注意氮肥供应。如果分枝不好,还可以进行第二次修剪,并继续施肥。

(3) 换盆。当植株长到10~15cm高,根系已长满盆内空间,植株有5~6个分枝时要换入14~16cm的盆。换盆后仍需适当整形修剪。

(4) 施肥浇水。高山杜鹃施肥应遵循"薄肥勤施"的原则,适当酸性是健壮生长的保证,所以应保持基质的pH为5~6.5。高山杜鹃不同生长发育阶段对N、P、K的配比要求不同。在最初几周氮、磷、钾的比例为10:52:10,以便刺激根部生长。然后比例为15:11:29,以促进植株的生长。在生长末期,应降低氮的含量,比例为5:11:26。高山杜鹃需要质地优良的水,要严格检测水质的化学成分,高盐、高钙对高山杜鹃生长不利,应尽量选用雨水和化学或半透膜技术处理过的水。

(5) 花期调控。高山杜鹃的自然花期是在3~5月份,如果想要高山杜鹃提前开花,首先要选择一些花期比较早的品种,并有足够数量发育良好的花芽和商品性状良好的株型,然后进行2~3个月的低温休眠处理。再逐步提高温室内温度至白天18℃以上,夜晚15℃以上,每天保持16h的光照,以打破休眠。目标花期越早,催花所需的时间越长。如在12月份开始催花,时间需6周左右;若在1月底开始催花,时间需4周。当花蕾逐渐膨大并出现颜色后即可出售。经过催花的植株运输时温度要保持在0℃以上,否则花蕾很容易掉落。

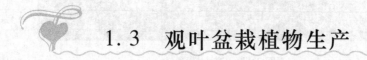

1.3 观叶盆栽植物生产

观叶植物是以欣赏叶片的形状、大小、颜色、姿态为目的而栽培的观赏植物。从广义上讲,凡是以叶片为主要观赏对象的植物都称为观叶植物,但生产和消费中,观叶植物多指原产于热带、亚热带的珍奇的常绿植物及以此为本培育的园艺品种,其中以天南星科、百合科、竹芋科、棕榈科等植物具有较高的市场占有率。

1.3.1 天南星科(Araceae)观叶植物

天南星科植物有115个属,2000多种,广泛分布于全世界热带亚热带地区,我国有35属,206种,大多数种类分布于华南和西南地区。天南星科植物是观叶观赏植物中的一大家族,其中常见栽培的约有20个属,我国近年来也从国外大量引种作为室内观赏观赏植物。

天南星科植株多为蔓性草本,地上部茎节处极易产生气生根,有时茎变厚而木质直立、平卧或用气生根攀附于他物上,少数浮水,常有含草酸钙等成分的乳状液汁分泌,对皮肤有强烈的刺激,扦插繁殖时要特别小心。叶通常基生,如茎生则互生,呈两列或螺旋状排列,形状、颜色各异,平行脉或网状脉,全缘或分裂。常具有一个变态的苞叶或佛焰苞,内有肉穗花序,果实为浆果。

天南星科植物喜高温高湿、庇荫环境,可在低光照条件下生长,多数种在8000lx光强即达光合作用的光补偿点,超过20000lx易引起灼伤。生长适温多数在18℃~25℃,不耐寒,低于12℃停止生长,低于5℃易引起冷害,10℃以上可安全越冬,开花需15℃以上。喜肥沃、湿润、疏松土壤,不耐干旱。

1. 种类与品种

本科是用于观叶栽培种类最多的一个科,并有大量的品种,在观叶植物生产中占有极为重要的地位。目前我国栽培的种类与品种主要有:

(1) 广东万年青(*Aglaonema modestum*)。广东万年青属,或亮丝草属,直立草本,多分枝,株高50~60cm,茎纤细,叶片卵状披针形,先端尾状尖,叶绿色有光泽,极耐阴,可水插,是观叶植物的传统种类。

(2) 银皇帝亮丝草(*A. hybrida* 'Silver King')。杂交种,直立草本,多萌蘖,株高30~40cm。叶窄卵状披针形,长20~30cm,宽6~8cm,叶基卵圆形,叶面有大面积银白色斑块,脉间及叶缘间有浅绿色斑纹。

(3) 银皇后亮丝草(*A. hybrida* 'Silver Queen')。与上种近似,叶片较窄,叶基楔形,叶面色斑浅灰色。

(4) 斑马万年青(*Dieffenbachia seguine* 'Tropic Snow')。花叶万年青属,直立草本,株高可达2m,茎粗壮,有明显的节。叶茎生,叶片卵状椭圆形,长30~40cm,宽15~25cm,叶面绿色有光泽,侧脉间有乳白色碎斑。佛焰花序粗壮,生叶腋。

(5) 大王斑马万年青(*D. segyube* 'Exotra')。与上种近似,但叶片上色斑淡黄色,靠中央偏下连成大片斑块。

(6) 乳肋万年青(*D. amoena* 'Camilla')。直立草本,株高达60cm,茎丛生状。叶卵状椭圆形,先端小,叶片乳白色,仅边缘约1cm绿色。

(7) 红宝石(*Philodendron imbe*)。喜林芋属(蔓绿绒属),又称红柄喜林芋,根附性藤本。新芽红褐色,叶心状披针形,长约20cm,宽10cm,新叶、叶柄、叶背褐色,老叶表面绿色。常作桩柱栽培。

(8) 绿宝石(*P. erubescens* 'Green Emerald')。藤本,叶箭头状披针形,长30cm,基部三角状心形,叶绿色,有光泽,作桩柱栽培。

(9) 琴叶蔓绿绒(*P. panduraeforme*)。藤本,叶戟形,长15~20cm,宽10~12cm,叶基圆形,叶片绿色,有光泽,较耐寒。

(10) 圆叶蔓绿绒(*P. oxycardium*)。藤本,叶卵圆形,基部心形,先端短尾状尖。

(11) 青苹果(*P. eandena*)。藤本,叶片矩状卵圆形,如对半切开的苹果截面,先端急尖,叶绿色。

(12) 红苹果(*P. peppigii* 'Red Wine')。藤本,叶形与上种近似,叶片红褐色。

(13) 大帝王(*P. melinonii*)。又称明脉、箭叶蔓绿绒,半直立性,叶呈箭头状披针形,长可达60cm,宽达30cm,侧脉明显。

(14) 红帝王(*P. hybrida* 'Imperial Red')。直立性草本,叶卵状披针形,叶面多少呈波状,叶片、叶柄红褐色。

(15) 绿帝王(*P. hybrida* 'Imperial Green')。直立草本,叶宽卵形,先端尖,翠绿色。

(16) 绿萝(*Epipremnum aureum*)。藤芋属,根附性藤本,茎贴物一面长不定根。叶卵形,大小随环境变化大,叶片有不规则黄斑。

(17) 白掌(*Spathiphyllum kochii*)。白掌属,又称一帆风顺,直立、丛生草本,高30~40cm。叶基生,披针形,长20~25cm,宽6~8cm,先端尾状尖。佛焰花序具长柄,佛焰苞白色,卵形,极耐阴。

(18) 大白掌(*S. kochii* 'Viscount')。株高达60cm,叶片较大,长25～35cm,叶柄顶端具明显关节,侧脉明显。花序柄长,花序高出叶面之上,总苞白色,卵状,宽达12cm。

(19) 绿巨人(*S. kochii* 'Senstion')。杂交种,直立性,单生,叶基生,叶片大型,长40～50cm,宽20～30cm,椭圆形,表面侧脉凹陷,叶柄粗壮,鞘状。

(20) 观音莲(*Alocasia amazonica*)。海芋属,草本,有块状茎。叶基生,叶片盾状着生,箭头形,叶柄细长柔弱,叶面墨绿色,叶脉三叉状,放射形,网脉白色,形成鲜明对比,极为美观,叶背紫黑色。不耐冷,10℃以下枯叶,以块状茎越冬。

2. 种苗繁殖

有直立茎或藤本植物,多数用扦插繁殖,插穗只要有2个节即可,在4～9月份均可扦插。由于本科植物多有乳汁,插穗切口应晾干后,或粘少许草木灰或滑石粉再行扦插,极易成活。但温度低于15℃时,不宜扦插。丛生种类可用分株法繁殖,在生长季节进行分株为好,低温时不能分株。近年也有通过组织培养方法快速繁殖种苗,特别是对于难以获得种子,无性繁殖困难的种类,是一种很好的方法,如绿巨人、红、绿帝王、白掌、花烛等种类已广泛使用组织培养繁殖。

3. 生产管理

本科植物栽培成功的关键是要调节好光照、温度、湿度。因多数种类源自热带雨林,适应低光照、高湿度及较小温度变幅的环境。因此,全年都应遮阴栽培,夏季可用80%～90%遮阴网,其他季节用60%～70%遮阴网。冬季要保持在10℃以上,使之安全越冬,以免叶片损伤,降低观赏价值。

本科植物栽培方式可分为两类:一类是直立性种类,采用常规栽培,基质可用泥炭土加河沙或泥炭土、蛭石加河沙等疏松透水基质材料,不宜用黏重土壤。另一类是以气根或不定根攀附的藤本植物,作桩柱式栽培。方法是先用保湿材料包扎成桩柱,用高筒塑料盆做容器,将扎好的桩柱垂直置于盆中央,加配制好的基质至盆高的60%,然后将规格大小一致的种苗4～6株均匀地紧贴桩柱排列,加基质至盆高的90%,压紧基质,无须绑扎植株,浇透水后置荫棚下作常规管理。有些种类的茎有背、腹面之分,要使腹面贴向桩柱。在日常管理中,每次浇水应连同桩柱一起淋透。如环境条件适宜,植株可很快长出不定根围着于桩柱向上生长。生长过程中发现有偏向的植株,要及时将苗扶正。天南星科植物较喜肥,在生长季节,每月施薄肥两次,有色斑品种以复合肥为好,无色斑品种可多施氮肥。本科植物形态优美,变化多样,耐阴性强,是室内观赏的好材料,只要护理得当,可长期置室内观赏。

1.3.2 竹芋科观叶植物

竹芋科(Marantaceae)约有31属,550种,原产于美洲、非洲和亚洲的热带地区。本科竹芋属和肖竹芋属的一些种类,叶子上有美丽的斑纹,常被作为观叶植物栽培。

1. 竹芋属(*Maranta*)

常绿,地下有块状根茎。叶长椭圆形,其上有褐色条斑,基生或茎生,叶柄基部鞘状。花对生于花梗,总状花序或二歧圆锥花序,花冠筒圆柱状。

原产美洲热带。性喜温暖湿润及半阴环境,生长适温15℃～25℃,冬季需要充足的光照,要求肥沃疏松的土壤。

本属约有二十多种植物，主要的种类有：

（1）竹芋（*M. arundinacea*）。地下茎粗大，肉质白色，末端纺锤形，具宽三角状鳞片。地上茎细而分枝，丛生。叶具叶柄，较长。叶表面有光泽，背面颜色暗淡。总状花序顶生，花白色。园艺变种有斑叶竹芋叶绿色，主脉两侧有不规则的黄白色斑纹。

（2）白脉竹芋（*M. leuconeura*），又称条纹竹芋，茎短，无块状茎。叶尖钝尖或具很短的锐尖头，叶正面淡绿色，沿主脉和侧脉呈白色，边缘有暗绿色斑点，背面青绿色稀红色，叶柄长2cm。主要园艺变种有克氏白脉竹芋（*M. leuconeura var. kerchoveana*），茎不直立，叶铺散状，叶白绿色，主脉两侧有斜向的暗绿色斑，背面灰白色。马氏白脉竹芋（*M. leuconeura var. massangeana*）叶的大小、形态与克氏白脉竹芋相似，叶墨绿色，有天鹅绒状光泽，主脉及支脉白色，叶背及叶柄淡紫色。

（3）花叶竹芋（*M. bicolor*），又名双色竹芋 无明显的根状茎。叶长椭圆形，缘稍具波状，叶面浅绿色，有光泽，沿主脉有深绿色条纹，两侧有紫红色斑纹，叶背、叶柄淡紫色，叶柄的2/3以上为鞘状。花小，白色。

以分株繁殖为主，可以结合换盆进行，也可用组培繁殖。生产竹芋用的基质应该有良好的保水能力，用草炭、珍珠岩按体积3∶1的比例混合的基质适合竹芋生长。基质的pH应保持在6.5，基质渗出液的EC值应为1.0mS/cm。

生长期间全营养供应，每2～3周浇施一次稀薄肥水，控释肥和水溶肥结合使用的效果更佳。建议使用2-1-2（N-P_2O_5-K_2O）的比例，高磷会导致叶斑及叶片褪色。另外，植株还需要微量的铜、铁、锰及锌等元素。提供植物所需的微量元素可以保持良好生长状态及良好的叶色。

适宜的湿度是竹芋叶片保持健康、干净、美观的另一环境因素。竹芋生长环境要保持60%～80%的空气湿度。湿度过低会导致叶片干尖，叶色不新鲜。同时还要保持基质湿润，满足根系水分供应。生产用水的pH不应高于6.5，EC值保持0.2 mS/cm以下。

竹芋总体上需要半阴的环境。冬季应全光照，这对于竹芋吸收营养，保持正常叶色很关键；夏季一定要遮阳，一般遮阳率在70%～80%。虽然竹芋是热带观叶植物，很多种属原产热带雨林环境，但品种间对光照的要求差距很大。所以，生产中应该将高光类和弱光类分开管理。光照过低或过高会导致叶边黄化甚至叶片上出现褪色斑。

竹芋正常生长的温度是13℃～35℃，低于13℃时植株只能维持生存，不再生长，低于7℃可能出现死亡。大株型竹芋对夏季高温的承受力较差，小株型竹芋则往往可以承受38℃的高温。但当小株型竹芋长大以后，超过32℃的温度会降低竹芋质量。

2. 肖竹芋属（*Calathea*）

又称蓝花蕉属。形态与竹芋相似，叶基生或茎生，叶上常有美丽的色彩。

原产美洲热带和非洲，性喜高温多湿和半阴环境，生长适温为25℃～30℃，要求疏松肥沃、通透性好的栽培基质。

本属主要的种有：

（1）披针叶竹芋（*C. lancifolia*）。叶披针形长可达50cm，形似长长的羽毛，叶面灰绿色，边缘稍深，与侧脉平行嵌入大小交替的深绿色斑纹。叶背棕色至紫色，叶缘波形起伏，花淡黄色。

(2) 孔雀竹芋(*C. makoyana*)。株高60cm,叶长可达20cm。叶表密生的丝状深绿色斑纹从中心叶脉伸向叶缘,叶表灰绿色,叶背紫色,与叶表一样带有斑纹,叶柄深紫色。

(3) 肖竹芋(*C. ornata*)。株高约1m,叶椭圆形,长10~16cm,宽5~8cm。叶表黄绿色,有银白色或红色的斑纹,叶背暗红色。叶柄长5~13cm。

(4) 美丽竹芋(*C. ornata var. sanderiana*)。是肖竹芋的一个变种。叶卵圆形至披针形,长10~16cm,宽5~8cm,侧脉之间有多对象牙形白斑,幼株的斑纹为粉红色,叶背为紫红色,叶柄很长。

(5) 玫瑰竹芋(*C. roseopicta*)。植株矮生,株高约20cm,叶长15~20cm,叶片橄榄绿色,其上的玫瑰色斑纹与叶脉平行,叶背、叶柄暗紫色。

(6) 斑纹竹芋(*C. zebrina*)。植株矮生,株高约60cm,叶片较大,长圆形,具天鹅绒光泽,其上有浅绿和深绿交织的阔羽状条纹。叶背灰绿色,随后变为红色,花紫色。

(7) 紫背肖竹芋(*C. insignis*)。株高30~100cm,叶线状披针形,长8~55cm,稍呈波状,叶表淡黄绿色,有深绿色羽状斑,叶背深紫红色。穗状花序长10~15cm,花黄色。

(8) 华彩肖竹芋(*C. splendida*)。株高约60cm,叶长椭圆状披针形,长约35cm,宽约25cm,叶表暗绿色,有绿白色羽状斑纹,叶背紫红色。

(9) 彩叶肖竹芋(*C. picata*)。株高30~100cm,全株被天鹅绒状软毛,叶4~10枚,叶长15~38cm,宽5~7cm,呈波状,表面为橄榄绿色,有天鹅绒光泽,中脉两侧为淡黄色羽状条纹,叶背深紫,圆锥花序,花淡黄色略带堇色。

以分株和扦插繁殖为主。插穗为植株的顶芽。

栽培基质要求排水性能好,含氧量至少20%,通常用草炭土2份、园土与沙各1份混合。基质的pH应保持在4.7~5.3,基质渗出液的EC值低于0.5mS/cm。

空气湿度是影响生长的主要因素,要求空气湿度在70%~80%,特别是新叶长出后,空气湿度不能低于80%。因此春夏生长旺盛季节,要及时浇水,保持盆土湿润,还应经常向叶面和地面喷水,以提高空气湿度,利于叶片展开。整个栽培期间注意防风,以免叶片卷曲。每2周浇施一次肥水,肥料选用20-20-20($N-P_2O_5-K_2O$)大量元素的复合肥。栽培过程中需用遮阴网降低光照强度和降低温度。春季,当光照在15000lx时应开始遮阴。因为植株在渡过了较暗的冬季后,对强光照比较敏感。夏季,通常遮阴和温室玻璃涂白结合使用,以防止高温和强光对植株的伤害。秋冬季节相应减少浇水量,冬季温度维持在13℃~16℃。每2年换盆一次。如果环境通风不良,容易受到介壳虫的危害,可以喷洒速介克等防治。

1.3.3 百合科(*Liliaceae*)观叶植物

百合科是大而庞杂的科,广义的百合科包括13个亚科,约有230属,3500种,全球分布,但以温带和亚热带最丰富。中国有60属,560种,遍布全国,以西南地区最盛。

百合科植物通常为多年生草本,直立或攀缘,亚灌木或乔木状,具根状茎、块茎或鳞茎。百合科观叶植物叶形变化大,部分为花、叶共赏,常见栽培的有吊兰、文竹、朱蕉、天门冬、巴西木、花叶玉簪、一叶兰、虎尾兰、万年青等。

1. 吊兰(*Chlorophytum comosum*)

吊兰,又名钓兰、吊竹兰、挂兰,百合科吊兰属,原产南非,我国各地均有栽培。多年生常绿草本植物,根茎短,肉质,叶基生,条状或长披针形,顶端渐尖,基部抱茎。花葶从叶腋抽出,长30～60cm,常长成匍匐枝状并在先端长出小叶丛。花白色,花期春夏,冬季室温适宜也可开花。常见园艺品种有:

(1) 金边吊兰(*Chlorophytum comosum* 'Marginatum'),叶缘黄白色。

(2) 金心吊兰(*Chlorophytum comosum* 'Mediopictum'),叶片中心具黄白色纵纹。

(3) 银边吊兰(*Chlorophytum comosum* 'Variegatum'),叶缘为白色。

(4) 中斑吊兰(*Chlorophytum comosum* 'Vittatum'),叶狭长,披针形,乳白色,有绿色条纹和边缘。

(5) 乳白吊兰(*Chlorophytum comosum* 'MilkyWay'),叶片主脉具白色纵纹。

吊兰喜温暖湿润的气候条件,不耐寒也不耐暑热。生长适温为20℃～24℃,此时生长最快,也易抽生匍匐枝。30℃以上停止生长,叶片常常发黄、干尖。冬季室温保持在12℃以上,植株可正常生长,抽叶开花。若温度过低,则生长迟缓或休眠。低于5℃,则易发生冷害。

耐阴性强,置半阴处生长良好。夏季要避免强光直射,以免导致叶片枯焦,甚至死亡。秋末应入温室,置于光线较强的地方。防止光照不足导致叶片软且瘦弱,叶色变成淡绿色或黄绿色,使园艺品种的花纹不鲜明。

浇水应以盆土经常保持湿润为原则。盆土过干,则叶尖发黑。盆土长期过湿,易造成烂根脱叶。吊兰喜空气湿润,在空气干燥地区一年四季都需要经常向叶面喷水,以保持叶面干净及增加空气湿度,利于光合作用,对增加叶片和花葶生长均有明显效果。一般每周喷水3～5次,每次喷水以喷湿叶片为宜。

生长旺季每7～10天施一次以氮肥为主的薄肥。每次施肥后最好用清水喷洒清洗叶面。

盆栽基质可用腐叶土3份、园土4份、沙土3份混合配制。吊兰肉质根生长较快,每年应换盆一次,去除干枯腐烂及多余根系。

病虫害较少,主要有生理性病害,叶先端发黄,应加强肥水管理。应经常检查,及时抹除叶上的介壳虫、粉虱等。

2. 朱蕉(*Cordyline fruticosa*)

又名红叶铁树,红竹,铁树,千年木。百合科朱蕉属,原产于我国华南及印度、太平洋热带岛屿等地。同属常见的栽培品种和变种有:晶纹朱蕉(*Cordyline fruticosa* 'Tricolour'),又称三色朱蕉,叶上有绿、黄、红等色条纹,叶色鲜明艳丽;亮叶朱蕉(*Cordyline fruticosa* 'Aichiaka'),新叶鲜红色,成长后叶有多种颜色,叶缘艳红色,非常美丽;五彩朱蕉(*Cordyline fruticosa* 'Goshikiba'),新叶淡绿色,间杂淡黄色,成长叶绿色底杂以不规则红色斑,叶缘呈红色,为近年引进品种;织锦朱蕉(*Cordyline fruticosa* 'Hakuba'),新叶淡绿色底,杂以白色纹条斑,成长叶浓绿色杂以灰白色纵斑条,叶柄乳白色;红朱蕉(*Cordyline fruticosa* 'BabaTi'),叶片短小,叶中部少量为绿色,大部分红色,十分艳丽。

朱蕉为常绿灌木,高约3m,茎单干直立,少分枝。叶聚生茎顶,革质,呈2列状旋转,绿色或带紫红色、粉红等彩色条纹,叶端渐尖,叶基狭楔形,叶柄长10～15cm,剑形或阔披针形至长椭圆形,长30～50cm,中脉明显,侧脉羽状平行。圆锥花序生于上部叶腋,长30～

60cm,花淡红色至紫色,罕见黄色,几乎无梗,花被互靠合成花被管;浆果红色,球形。

朱蕉栽培容易,全年可放室内半阴处培养,也可于春秋两季放室外养护,晴天中午稍加遮阴。忌阳光直射,否则易引起叶片灼伤。朱蕉不耐寒,越冬室温不得低于10℃。

盆栽基质要求质地疏松、透水性良好,一般多以酸性草炭土加1/3的松针土混合配制为好,也可用泥炭土、腐叶土加1/4河砂或珍珠岩混合配制。

北方温室栽培,春、夏、秋三季应遮去50%~70%的阳光,如经烈日照射,叶片会干枯变色。冬季少遮光或不遮光。花叶品种如室内光线太弱,则色彩不鲜艳,叶片发白,而光太强又易出现日灼病。

浇水掌握"宁湿勿干"的原则。夏季除每天浇水外,还要向叶面喷水1~2次,以提高空气湿度,保证叶片滋润、艳丽。干燥、强通风易使叶梢变成棕褐色,导致叶片脱落。空气干燥是叶片干尖和边缘枯黄的主要原因。

生长时期每1~2周施1次以氮肥为主的薄肥。肥料不足容易出现老叶脱落,新叶变小的现象。

适当修剪可促使发枝,使株形丰满,否则会过分瘦高。

可用扦插、分株、播种法繁殖,以扦插为主。于5~6月间剪取枝顶带有生长点的部分作插穗,去掉下部叶片,插入以草炭土为主的基质中,在25℃~30℃气温下,约30天即可生根。

病害有叶斑病、叶枯病、灰霉病、炭疽病、褐斑病。易感染病毒,因此,扦插时要注意工具消毒。虫害有螨、根粉蚧、粉蚧和介壳虫等。

朱蕉分枝力较弱,多年的植株往往形成较高的独干树形,下部的老叶脱落后株形显得单调。为促其多分枝,树形丰满,可于春天对老株实行截干更新。将其茎干自盆面向上约10cm剪截,更换基质重新栽植,可自剪口下萌发4~5个侧枝,使树形丰满,色泽清新。

1.3.4 棕榈科(*Arecaceae*)观叶植物

棕榈科植物是单子叶植物中独具特色的具折叠叶的一个大类群。多数种的树形婆娑、洒脱,姿态妩媚、优雅,终年常青。通常不分枝,叶大,在绿化、美化、净化、优化人类生存与生活环境及其他经济利用方面具有较高的价值。近年来许多耐阴的种类被用于盆栽观赏。

棕榈科约有210属,2800多种,分布中心在美洲、亚洲的热带地区,大洋洲,包括南太平洋群岛及非洲南、东南和西部大陆及附近岛屿,少数种分布到上述各洲的亚热带地区。原产中国的棕榈科植物有28属、100多种。主要产于华南、西南至东南各省区,少数种分布到长江流域。

棕榈科植物多为常绿乔木、灌木或藤本。茎干单立或蘖生,多不分枝,树干上常具宿存叶基或环状叶痕,呈圆柱形。叶大型,羽状或掌状分裂,通常集生树干顶部。小叶或裂片针形、椭圆形、线形,叶片革质,全缘或具锯齿、细毛等。花小而多,雌雄同株或异株,圆锥状肉穗花序,具1至数枚大型佛焰苞。浆果、核果或坚果。棕榈科植物形态各异,有的高达60m,如安第斯蜡椰。藤类则长达100m。有的茎极短,如象牙椰子。茎粗的可达1m,如智利蜜椰,而细的不到2cm,如袖珍椰子。果实大小因种类不同差异极大,直径为1~50cm。棕榈植物一般分布在南、北纬40°之间,但大部分分布于泛热带及暖亚热带,以海岛及滨海热带雨林为主,是典型的滨海热带植物。但有些属、种在内陆、沙漠边缘以至温带都有分布,这些树种具有耐寒、耐贫瘠及耐旱等特征。

热带棕榈植物大多数具有耐阴性,尤其幼苗期需要较隐蔽的环境。也有不少乔木型树种为强阳性,成龄树需要阳光充足的环境。棕榈类植物对土壤环境的适应性很强,滨海地带的海岸、沼泽地、盐碱地、沙土地为酸性土壤及石灰质土壤,都有棕榈类植物分布。有的耐旱,有的喜湿,有的耐瘠,有的喜肥。大多数种类抗风性都很强。一般来说,耐寒棕榈与热带棕榈栽培相似,只是耐寒棕榈的发芽时间较长,一般需要1年以上。另外,耐寒棕榈普遍不喜欢高温潮湿环境。

1. 种类与品种

室内观赏棕榈类多见于棕榈科贝叶棕亚科、槟榔亚科、蜡材桐亚科和省藤亚科。根据叶的分裂方式,可分为:扇叶类(掌叶类),叶掌状分裂,全形似扇,其中乔木有棕榈、蒲葵等,灌木有棕竹等;羽叶类,叶羽状分裂如羽毛状,种类比扇叶类更多,其中乔木有椰子、鱼尾葵、桄榔、槟榔、王棕、假槟榔、油棕等,灌木有山槟榔等;藤本有省藤、黄藤等。

2. 种苗繁殖

播种繁殖是棕榈科植物的主要繁殖方式,皇后葵、三角椰子、大王椰子、蒲葵等单茎干种,通常只能采用播种繁殖。棕榈类植物的种子发芽速度慢,一般要进行沙藏催芽、加温催芽、低床木炭催芽、沙床谷壳催芽等处理。催芽原理是保证恒定的温度和良好的通气状况,以促进萌发。

有丛生芽和茎干上具吸芽的棕榈科植物可进行分株繁殖。丛生型种类分株时,每丛至少应具有2茎干或1茎干带1个芽。分株时应尽量保持原有的正常根系。分株后要浇透水并将其置于庇荫处恢复生长。

对于袖珍椰子等有气生根的种类可以进行扦插繁殖。扦插宜在夏初进行。操作时将有气生根的茎干带气生根剪下,切口涂草木灰,扦插于排水良好的基质中,扦插后浇透水并放在阴凉处,经常喷水保持较高的空气湿度和适宜的通风。

3. 生产管理

棕榈科植物喜疏松、透水、富含有机质的微酸性土壤。盆栽时一般用腐殖质土、泥炭土和沙各1份充分混合配制。

大多数室内观赏棕榈类植物需要明亮而非直射的光照,生产栽培时需用遮阴网遮挡强光。室内为单侧光时,每隔一段时间,将花盆旋转180°,以免植株偏冠。棕竹、软叶刺葵、短穗鱼尾葵等种类可以忍耐极微弱的光,但如果长期光照太暗,生长也会受到影响。

绝大多数室内观赏棕榈类植物对温度要求比较严格,适宜生长温度为22℃~30℃,低于15℃进入休眠状态,高于35℃时也不利于其生长。在亚热带和温带地区越冬时需在室内采用加温设备,做好加温防寒工作。另外,应尽量选用抗寒性较强的种类进行栽培。

棕榈科植物一般需要较高的空气湿度,才能保持叶片鲜绿、光亮、健康。温带地区冬季栽培时,因普遍采用加温设备造成室内空气干燥,应经常向叶面喷水,以增加空气的湿度。棕榈科植物浇水应遵循"干透浇透"的原则。

棕榈科植物对肥料种类没有特殊要求。早春到夏末生长期,一般1~2周施肥1次。结合换盆或翻盆,可用有机肥作基肥。

1.4 观果盆栽植物生产

观果盆栽植物,顾名思义,就是以观赏果实为主的盆栽植物,是随着消费者对盆栽类观赏植物的需求日趋多样化而发展起来的。其特点是挂果期长、色彩鲜艳、外形美观,集观赏、食用、美化功能于一体,是盆栽市场的"新宠"。主栽种类有柑橘类、海棠类、茄果类等。

1.4.1 佛手(*Citrus medica var. sarcodactylis*)

佛手(图2-1-10)又称五指柑、佛手柑,芸香科柑橘属植物,是枸橼的变种,一年开3~4次花,以夏季最盛,花色有白、紫之分。11~12月果实成熟,果实如拳的称佛拳、闭佛手、拳佛手;张开如指的叫开佛手、佛手、真佛手,橙黄色,味芳香。因周年常绿四季开花,果实形如人手,芬芳清香,观赏价值极高,并具备药用价值,深受大众喜爱。盆栽佛手生产必须按其生长习性加以管理,才能达到预期效果,有关盆栽技术如下。

图2-1-10 佛手

1. 种苗繁殖

(1)扦插繁殖。因佛手的枝条茎段很容易生根且能短期内成功育苗,故广为采用。扦插时,采用2~5年生、粗1cm以上的木质化枝条,剪成13~16cm长的茎段,上部留2片叶,插入基质内3/4深度,上架塑料小棚以保持湿润,约半个月即可生根发芽,再转入正常养护管理。

扦插时间以春季(5月)和秋季(9月)为好。若在温室内可四季扦插。

(2)空中压条。此方法比扦插更易成活,多在春季树液流动后进行。操作时,在母株上选2~3年健壮枝条,在选定生根的部位作环状剥皮,宽1~2cm,用刀轻轻刮去形成层,防止上下部分再度愈合。然后用稍湿润泥炭、苔藓或土壤包裹在环剥口上,之后再用塑料薄膜将基质全部包住,上下两端用绳子扎紧,使基质保持湿润。30天左右环剥处生根后,在下部扎口处剪下,去掉薄膜。保持基质完整植于盆中,浇透水,放遮阴处进行正常的管理。

(3) 幼果嫁接。此法事先把佛手苗或柠檬苗栽入盆内作砧木。经过3~6个月的培养,到7月份进行嫁接。接穗选带有100~300g的青幼佛手果,带15cm长的果柄,按常规"插皮接"法操作。用嫁接刀在砧木边缘将皮层纵切一刀深至形成层,切口长约2.5cm,然后把带柄幼果的果柄一侧削成长约2cm的长斜面,另一侧削成长约1cm的小斜面,将果柄长斜面朝内插入挑开的砧木皮层和形成层之间,使接穗与砧木紧密接合。再用一条长40cm,宽2.5~3cm的嫁接膜将伤口扎紧,固定接穗,防止水分蒸发。最后再用一个透明的塑料袋,将幼果套住,以保持温度有利于成活。

嫁接时,根据砧木树型及枝条分布情况,选定嫁接的最佳部位及数量,一般嫁接1个或2~3个不等。嫁接后放置遮阴处,经7~10天愈合后,半个月后去掉套袋,转入正常的管理。

2. 栽培管理

(1) 基质与上盆。佛手喜排水良好、肥沃而富含有机质的沙壤土,最忌盐碱土和黏土,pH为5.5~7。盆栽基质配方为6份腐殖土、3份河沙加1份泥炭土或炉灰渣等。上盆后要浇透定根水,以后见干浇水,并放在阴凉处养护过渡,10天后转移到全光照条件下进行正常管理。盆栽佛手应选用透气性好的泥瓦盆或素陶盆。

(2) 浇水与施肥。浇水的关键,是在生长旺盛期表土见干即浇水。高温季节除早晚浇水外,还要增加喷水,以增加空气的湿度。开花及结果初期少浇水,防止落花落果。冬季休眠期少浇水,一般盆土60%以上干时再行浇水。

施肥可促花结果。前期可用腐熟饼肥或氮、磷、钾复合肥稀释液喷施,半月追施1次,促快速生长。后期用氮、磷、钾复合肥,促花芽分化和开花结果。要淡肥勤施,防止肥害。

(3) 修剪与整形。佛手萌芽力强,树形定型及结果植株换盆后,要经常进行修剪。春季温度20℃以上时,植株上的隐芽抽发成新梢,节间短而密。6~7月抽发的夏梢,节间长,叶片大。9月又抽出新梢,枝条呈三棱形。其中4~6月发育最快,在去年秋梢上多生单性花,当年春梢上多生两性花,而且花开得多,结果率也高。应及时摘去单性花,以减少营养的消耗。为保证果实发育良好,每一短枝只留1~2朵两性花,其余摘去。此期间结的果叫伏果,果大味浓。秋天结的果叫秋果,此时温度低,果实发育不良,易形成拳头状果,故需把花和幼果除去。为了避免与果实竞争营养,须及时把干枝上的新芽抹去。但立秋后萌发的梢枝粗壮,节间短,组织充实,叶厚又小,可留作来年的结果枝,保证来年盆栽结果。

(4) 病虫害防治。佛手根系对基质较为敏感,透气与渗水不佳、施肥不适,均会造成根系腐烂,发霉变黑,影响结果质量。故基质配制、浇水及施肥,应严格操作规程,把握标准。

虫害主要有蚜虫、红蜘蛛、介壳虫、柑橘木虱、潜叶蛾幼虫、卷叶蛾幼虫等,应及时防治。

1.4.2 四季橘(*Citrus mitis*)

四季橘为芸香科、柑橘属常绿灌木或小乔木(图2-1-11)。树性直立,枝叶稠密,多分枝,有刺或无刺,新生叶淡绿色,老叶深绿色,叶缘有波浪状钝齿,翼叶狭小。四季能开花,故名四季橘,但以春至夏季为盛。小花单朵或2~3朵顶生或腋生,白色,芳香。果实橘黄色,果圆形或扁圆形,果肉酸,很难生吃,种实多。另有"花叶四季橘"变种,叶片上分布有乳黄色斑块或斑纹,叶两边向内凹,有些果实的颜色也呈黄绿相间。

图 2-1-11　四季橘

四季橘是春节最受欢迎的叶果共赏的"年宵花",喻义大吉大利,如意吉祥。

1. 种苗繁殖

常用嫁接法,砧木多选用西柠檬、枳和枸橼。一般在秋冬季或初春进行枝接最好。

2. 栽培管理

（1）上盆和换盆。通常于清明后开始进行。花盆可用素烧盆或紫砂盆,基质用腐殖土、园土、煤渣混均配制而成,用腐熟的饼肥和人粪尿作基肥。作大盆栽培时,换盆以每年换一次为宜。每次换盆时,要对根进行处理,并除去1/3左右的原基质。

（2）整形修剪。每年春梢萌动前,对四季橘进行一次重剪。剪去枯枝、弱枝、病虫枝和过密枝,保留健壮枝,每枝留2~3芽。弱树可截到第一次分枝处,以促进健壮的春梢。春梢长至15~20cm长时,要进行摘心处理,同时施以磷、钾肥,以形成整齐的树冠,使树冠丰满,树体健美。

（3）浇水。四季橘喜温暖湿润,但忌积水,在生长期,以保持土壤湿润为好。夏季每天喷水2次,以降温和提高空气湿度。叶面忌积累灰尘,因此要经常冲洗叶片。花芽分化期要适当控水,以促进花芽分化。四季橘生长旺盛,控水时为避免由于过度干旱而引起的落叶,可控水3天,浇水2天,如此反复间断地进行处理。也可以在经过一段干旱后浇水5~7天。

树势稍加恢复后,进行环割处理,促进花芽分化。

（4）施肥。花期喷2%的硼砂和5%尿素水溶液。果后施磷、钾肥,并于落果前1个月喷50ppm的赤霉素,以利于提高坐果率和延长观赏期。

（5）病虫害防治。栽培过程中主要受潜叶蛾、红蜘蛛及炭疽病为害。每次新梢萌芽0.2cm时开始喷药防治潜叶蛾,每隔5~7天喷1次,连喷2~3次。红蜘蛛用杀螨类药剂防治。发现炭疽病,先将发病枝条在病部以下1~2cm处剪掉,集中烧毁,再用1∶1∶100的波尔多液喷雾防治。

1.4.3　乳茄(*Solanum mammosum*)

乳茄(图2-1-12)俗称五代同堂、黄金果、五子拜寿,为茄科茄属常绿小灌木,原产中美洲等地,喜高温高湿的环境,忌涝忌旱忌连作,适宜大水大肥,在疏松肥沃的沙壤土上长势良好。可作1~3年生栽培。乳茄果实金黄色,形状奇特,花果期夏秋挂果期长,尤其是入冬落叶后,其果实不变色、不干缩、别致诱人,是优良的观果类观赏植物。

1. 种苗繁殖

采用营养钵播种育苗。春季将种子洗净,用温水浸种24h后稍晾干,撒播于基质中,基质采用锯末、煤渣、农家肥,按2∶1∶1比例混合。要求温度为22℃~30℃,保持土壤湿度,10天左右可发芽,前期要遮阴,待幼苗长至10cm高,5~8片真叶后可摘心,准备上盆定植。定植选择晴暖天气的上午进行,选用口径30cm以上的大盆,每盆1株。

2. 栽培管理

（1）水肥管理。乳茄栽植入盆后立即浇透水,经5~7

图2-1-12　乳茄

天遮阴缓苗后,在全光照下养护,盛夏不必遮阳。浇水坚持"见干见湿"原则,春天苗期保持根土半干半湿,不要浇水太勤,以免降低地温影响植株生长。生长期多浇水,保持基质湿润但不宜积水。植株见蕾后加强水分供给,坐果前控制浇水量,果实膨大期保持盆土湿润。

幼苗期以氮肥为主,每10天施1次稀薄的尿素溶液。孕蕾期间多施含磷、钾的复合肥,以促进花蕾形成及坐果。另外,乳茄落花严重,坐果困难,特别是通风条件差、气温高的环境中,必须通过坐果灵处理才能正常结实。一般在上午10时以后用浸花方法处理效果较好,坐果灵浓度为0.005%~0.01%。

（2）矮化、疏果。为使植株充分矮化以适合盆栽观赏,可在其茎枝长至50cm高时摘去顶芽,使植株不再长高,让侧芽生长。待侧芽长至适当高度,喷洒多效唑以抑制植株高度,并促其开花,直至果熟为止。结果后,如植株果实过多,应立支架,以防折断倒伏。可在不影响观赏的前提下适当疏果,保证果实硕大。

（3）扭枝、摘叶、打杈。通过扭枝增加基本枝的承载能力,提高每盆乳茄的结实率,使其透光均匀,以促进果实成熟。扭枝作业应在晴天下午进行,切忌在阴雨或晴天早上进行。

及时摘除基部的黄老叶和枝杈,以利通风透光,减少养分消耗。打杈可以促进植株生长和果实膨大,以利果实见光着色。

(4) 病虫害防治。乳茄病虫较少,梅雨季节偶有立枯病发生,可用70%甲基托布津或25%多菌灵防治。干旱季节偶有红蜘蛛为害,可用相关药剂防治。

1.4.4 红果茵芋(*Skimmia reeuesiana*)

红果茵芋又名黄山桂、紫玉珊瑚,是近年颇受欢迎的观果植物之一(图2-1-13)。原产我国的南方地区及日本,喜温暖湿润的半阴环境,稍耐阴,忌烈日暴晒,怕高温,耐寒冷,怕积水,也不耐干旱。适宜在疏松肥沃、富含腐殖质、排水透气性良好的微酸性沙质土壤中生长。其叶片翠绿光亮,初夏的红褐色花蕾玲珑可爱,白色小花生长浓密,并散发出浓郁的芳香,秋冬季节红果满枝,鲜艳欲滴,是观叶、观花、观果俱佳的观赏植物。可作大中型盆栽,布置客厅、居室、门廊、商场等处。

图2-1-13 红果茵芋

1. 种类与品种

红果茵芋为芸香科茵芋属常绿灌木,株高1m左右,盆栽其高度可控制在30~50cm。叶互生,揉烂后会散发香气,叶面深绿色,有光泽,背面颜色稍浅。圆锥状花序,花两性,未开放时花蕾呈红褐色,小花白色,有香气,花期4~5月。浆果状核果,长圆形至卵状长圆形,果长1~1.5cm,朱红色,有残存的花萼,10~12月成熟。

另有日本茵芋,也称香茵芋,花单性,黄白色,香气更为浓郁,果实鲜红色,球形,较小,直径约0.8cm。喜冷凉,耐寒性很强,冬季可以耐-15℃的低温,耐阴湿、黏性土壤,但怕高温。

2. 栽培管理

(1) 温度与光照。生长适温为18℃~24℃,生长期宜放在光线明亮处养护,夏季温度超过30℃时植株进入休眠状态,应放在通风凉爽处养护,并搭建遮阳网,以避免烈日暴晒。冬季如果最低温度不低于15℃,并有5℃~10℃的昼夜温差,植株会继续生长,可进行正常的水肥管理。盆栽茵芋冬季能耐-5℃的低温,但应注意控制浇水和施肥。

(2) 浇水与施肥。生长期浇水做到"不干不浇,浇则浇透",过于干旱和盆土积水都不利于植株生长。空气干燥时可经常向植株及周围环境喷水,以增加空气湿度,使叶色碧绿且有光泽。每15天左右施一次腐熟的稀薄饼肥液或复合肥,也可用0.2%的尿素加0.1%的磷酸二氢钾溶液进行叶面施肥。还可定期在盆土表层埋施少量的多元缓释复合肥,给植株提供充足的养分,促进生长,但在夏季高温时则应停止施肥。

(3) 病虫害。病害主要有叶斑病,可喷洒波尔多液铜素杀菌剂。虫害有介壳虫危害,可用40%氧化乐果乳油1000倍稀释液喷杀。

1.5 兰科观赏植物生产

兰科植物是有花植物中最大的科之一。兰科大约有 800 个属,3～3.5 万个原生种。根据兰科植物生长所处的自然环境不同,用于观赏的兰花其生长方式,通常分为附生兰与地生兰两种类型。附生兰大多数产于热带地区,其依靠粗壮的根系附着在树干或岩石表面,根系大部分裸露在空气中,没有根毛,所需的水分与养料,取自雨水和雨中的无机盐,以及夜间的露水与雾。地生兰主要是原产于寒带和温带地区的兰花,其根系具有明显的根毛,生长在混杂落叶的腐殖土中,从土壤中吸收水分与无机盐。

观赏兰花的栽培,国内通常分为国兰与洋兰两大类。国兰是指我国传统栽培的兰科兰属的地生兰,如春兰、蕙兰、建兰、墨兰、寒兰、春剑等。洋兰是指近年从国外进口的兰属及兰属以外其他几个属的兰花。洋兰由于多数是原产热带雨林的附生兰,根系裸露空间,所以也称为热带兰、气生兰。常见栽培的有兰科蝴蝶兰属的蝴蝶兰、兰属的大花蕙兰、石斛属的石斛兰、兜兰属的兜兰、卡特兰属的卡特兰、文心兰属的文心兰等。国兰与洋兰由于生长特点不同,鉴赏视角也不同。国兰常以清雅、淡素、幽香取胜,而洋兰则以花大、色艳、花期长而占优势。

洋兰的兴起较晚,大概欧洲在 19 世纪才开始,但近年发展势头很猛,东南亚的泰国、新加坡、韩国、日本与我国台湾,都是石斛兰、文心兰、蝴蝶兰、大花蕙兰的主要生产与出口地。近年国内蝴蝶兰、大花蕙兰已成为年宵花的主角,消费市场扩大,在云南及东南沿海地区已建有专业生产公司。

1.5.1 蝴蝶兰(*Phalaenopsis aphrodite*)

蝴蝶兰又名蝶兰,是商品洋兰中最受欢迎、消费最多的一个强势族群(图 2-1-14)。大多数产于湿热的亚洲地区,主要分布自喜马拉雅山经印度、缅甸、印度洋各岛、南洋群岛、菲律宾至中国台湾,最早原种在 1750 年被发现,至今已发现 70 多个原生种。目前栽培经登录的杂交园艺种已超过 2.4 万个。主要花期在 12 月至翌年 2 月。近年又选育出一种小花品种,花期长达 4 个月。

1. 种苗繁殖

商品生产的蝴蝶兰主要通过组织培养方法繁殖。组培的外植体主要为花茎腋芽,或花茎节间与试管小苗的叶片。利用花茎腋芽培养,

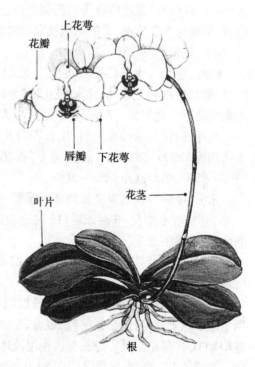

图 2-1-14 蝴蝶兰

使用 MS + 6-BA(3~5mg/L)培养基,在28℃条件下,可以诱导出丛生的营养芽。营养芽出现后,去除花茎,并分置于相同的培养剂上诱导分生原球茎,也可切取营养芽的叶片置于 MS + KT(10mg/L) + NAA(5mg/L) + 10%椰乳(或苹果汁) + 蔗糖(20g/L)培养基上诱导原球茎。

健壮的试管苗在瓶内叶片光亮厚实,没有黄化叶,根系生长旺盛。试管苗成苗后,从瓶内移出,苗株用湿水苔包根,分级栽入穴盘。小株用120孔穴盘,大株种入5cm小盆,移入30孔穴盘。育苗室温度20℃~25℃,空气相对湿度不低于80%,光照前期调控在10000lx以下,后期在15000lx的正常光度。

2. 栽培管理

(1) 组培苗出瓶后的管理。蝴蝶兰从组培苗出瓶到开花需栽培17.5~20个月,其中经过小苗、中苗、大苗、催花4个阶段。

上盆栽植:试管苗出瓶时按双叶距(两叶展开的宽度)分级栽植。一级苗双叶距4~5cm,移栽到口径5cm塑料盆;二级苗双叶距2~3cm,移入穴盘式3cm小盆。

小苗换盆:小苗在5cm盆中种植3.5~4.5个月后,植株双叶距达12cm以上成为中苗时,换到8cm塑料盆。

中苗换盆:中苗经4个月栽培,双叶距达到18cm以上成为大苗时,换到12cm塑料盆。

催花:大苗经6~7个月强化栽培后进行催花处理。催花处理经4~5个月后开花,即作商品出售。

现用蝴蝶兰盆栽基质主要是水苔,在生产上也可用树皮块、椰子壳块、蛭石等排水保水、通气良好的其他基质替代。苗期生长过程中的换盆,也有建议从5cm盆直接转入12cm盆,即可减少人工成本,又能降低换盆时对植株的损伤与病虫害发生率。

(2) 栽培环境管理。

温度:蝴蝶兰生长最适温度为白天25℃~28℃,晚间18℃~20℃。当温度低于15℃时,蝴蝶兰根部停止吸水,生长停止,甚至出现叶片冷害,叶面出现锈斑,引起落蕾等状况。蝴蝶兰花芽分化需要一定的昼夜温差,白天25℃、夜间18℃持续3~6周,有利花芽分化。

光照:蝴蝶兰忌阳光直射,生长期需要遮光。小苗期调控在10000~12000lx,中苗期与大苗期为12000~20000lx,催花期为20000~30000lx。温室栽培夏秋用两层遮阳网,遮光75%~85%,冬春遮光40%~50%。

水分:蝴蝶兰栽培要求保持环境湿润,一般春季每2~3天喷水一次,夏季每天喷水1~2次。通常浇水应在10时以后,15时之前进行。浇水后要视情况进行通风,以使叶面积水散失,减少病害发生。

通风:蝴蝶兰喜通风良好的环境,忌闷热。通风不良易引起植株腐烂。冬季气温低时可在中午短期通风10~15min。

(3) 养分管理。蝴蝶兰营养生长期肥料N∶P∶K的配比一般为30∶10∶10,生殖生长期要减少氮肥含量,提高磷、钾肥成分,N∶P∶K配比可调整为10∶30∶20。催花处理前喷施KH_2PO_4有利花芽形成与发育。施用液体肥浓度应为0.05%~0.1%,每7~10天施肥一次。基质的EC值,小苗期保持0.5~0.6mS/cm,大苗期控制达到0.6~0.7mS/cm。

蝴蝶兰缺氮时,叶片数减少,落叶增加,叶面积大幅度降低,植株干重下降。缺磷时落叶增加,新叶变短,老叶呈紫红色,叶片扭曲,叶尖卷曲,基部叶叶尖转黄并蔓延全叶,新出叶减少,植株生长延缓,干重下降,无新根产生,花茎产生受抑制。缺钾时,叶片变小,变狭,叶面积下降,导致花茎提早发育。缺镁会推迟蝴蝶兰花茎发育。

(4) 花期调控。蝴蝶兰正常开花花期在3~5月,商品花要赶元旦至春节的花市,需要通过低温处理等方法促进提早开花。

开花习性:蝴蝶兰每片叶的基部有2个以上腋芽,呈上下排列,其中一个为主芽,其余为副芽。当环境条件适宜,从最上面展开的第一叶向下数,第三、四片叶的主芽能分化为花芽,其他副芽仍处于休眠状态,当主芽受到破坏时,副芽可能萌发为营养芽。温度保持18℃以上,蝴蝶兰一年约长4片叶,同时也形成花芽。

环境对开花影响:蝴蝶兰花芽形成主要受温度影响,短日照及提早停止施肥也有助于花茎的出现。在栽培条件下保持温度20℃~25℃两个月,以后将夜温降到18℃左右,约一个半月,花芽即可形成。花芽形成后,夜间温度保持18℃~20℃经3~4个月就能开花。

蝴蝶兰花芽形成与昼夜温差有关,昼夜温差8℃~10℃有利花芽形成。在一天中,低温处理的时间长,成花率高,一般处理18小时花茎出现率可达到100%,而处理5小时则花茎出现率只有10%。低温处理的时间,应该在花茎抽出10cm左右时结束,低温时间过长反而会延迟花期。

蝴蝶花芽分化与光照强度也有相应关联。一般在不灼伤叶片的前提下,将光照强度提高到15000~30000lx,可促进花芽分化,提高开花率。

催花:要获得优质开花植株,常选用株龄2年以上,具6~8片叶,在进行低温处理后,花茎育花数可在8~10朵以上的植株。蝴蝶兰栽培温室通常设高温温室与低温温室两类,高温温室室温调控在25℃~30℃,作蝴蝶兰营养生长温室,低温温室室温控制在18℃~25℃,作蝴蝶兰生殖生长栽培温室。元旦与春节的商品花的低温处理一般在8月底至9月初进行,进入低温温室后,要调控好夜间温度,特别要拉大昼夜温差。在花茎出现后,室温可略提高,使夜温保持18℃~20℃。

(5) 成年株管理。蝴蝶兰的单株寿命可达5~15年,栽培管理好,寿命可更长些。一般用水苔为基质的盆栽蝴蝶兰,需要每年翻盆一次。因为基质老化,苔藓腐烂,透气差,根系盆外生长,会引起植株严重衰退死亡。翻盆最佳时期是春末夏初,气温在20℃以上,花期刚过,新根开始生长时进行。

(6) 病虫害防治。蝴蝶兰栽培中常见病害有真菌性疫病、炭疽病、煤烟病、黄叶病、细菌性软腐病等。管理中要重视温室通风透气,及时清除老叶、腐叶,控制介壳虫、蚜虫、粉虱等危害,并每隔10~15天喷洒杀菌剂防治。危害蝴蝶兰的害虫主要有蓟马、介壳虫、蚜虫、粉虱与叶螨,必须严格检查及时防治。

1.5.2 大花蕙兰(*Cymbidium hybridum*)

大花蕙兰是指兰属(*Cymbidium*)植物中,以一部分大花附生兰为亲本,经过多代杂交,培育出的园艺种群(图2-1-15)。其中有些杂种已经过4代以上的杂交,具有20个以上原种基因。现有经登录的园艺栽培种已有1.1万个,并出现了垂花型品种、小花型品种与具有浓郁香味的品种。1998年大花蕙兰作为商品盆花开始在我国观赏植物市场上出现,并受到人们的青睐。近年国内生产量猛增,已成为重要的商品花生产。

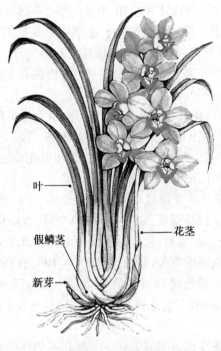

图 2-1-15 大花蕙兰

1. 种苗繁殖

（1）组培繁殖。大花蕙兰组培繁殖是商品生产的主要繁殖手段。通常在春季 2~4 月新芽发生季节，切取茎尖作组培外植体。为防止组培苗的变异，要求每个茎尖的繁殖量控制在 10000 苗以内。大花蕙兰组培繁殖的培养剂选用 MS + NAA(0.01~0.05mg/L)促进分殖。当培养剂 NAA 浓度提高到 0.1~0.2mg/L 时，能促进原球茎形成与发根，初代培养的培养剂选用的激素，尽量不用或少用 2,4-D。

试管苗出瓶后，将小苗分级，用水苔作基质，栽入穴盘或栽植盆中进行炼苗，这些苗通常称为 CP 苗。一般用 50cm×25cm×5cm 的育苗盘，可种植 200 株，10cm 直径的浅盆种 20~25 株。组培苗的炼苗期为 3~6 个月，适宜温度为 20℃。大花蕙兰组培苗的出瓶期有很强的季节性，通常每年 10~12 月是试管苗的出瓶期，培养 3~6 个月后即可供春季栽植。一般大花蕙兰组培苗种植 3 年以上就能开花。

（2）分株繁殖。大花蕙兰的分株繁殖主要用于家庭栽培，也用于商品栽培的补充。每年春季在植株一年生的假鳞茎基部长出 1~2 个新芽，生长到秋季，在基部会形成新的假鳞茎，成为新株。通常经过 2~3 年开花的植株，新株不断发生，会使盆苗过于密集，影响生长发育，需要分生，更换新盆。

分生期除生长旺期外，全年均可进行，较适宜的季节是在兰花休眠期，即兰花停止生长后到新芽尚未伸长之前进行分生。每一份植株丛，须保留相连的 3 个假鳞茎，即根据植株的年龄，每丛应保持祖孙三代同堂，或至少母子二代相连。

2. 栽培管理

（1）幼苗盆栽。大花蕙兰商品栽培，将经过炼苗的组培苗，种植在口径 8~10cm 的软塑料盆中,种植深度以幼苗发根部位以上1~1.5cm处为宜。栽植过浅幼苗根系不易固定,且新根暴露易使幼苗干枯。栽植后在半阴处放置1~2周,待生长恢复后进行正常管理。栽培基质必须疏松、透气、保湿、清洁,常用的有水苔(苔藓的干制品)、树皮块、草质泥炭、陶粒等。幼苗在小盆中生长5~6月后,根系满盆可换入19~20cm大盆直至开花出售。

(2)施肥浇水。大花蕙兰施用的有机肥料主要有豆饼、菜子饼、棉子饼、芝麻饼等饼肥。饼肥需经加水发酵后才能应用。夏季发酵约经30天时间,应用时需加水10~20倍稀释。化肥应注意氮、磷、钾及微量元素的配比,应用浓度为0.05%~0.1%。大花蕙兰植株生长迅速,需肥量较多,从幼苗起直到开花要不断补充。一般除休眠期与开花期停止施肥外,平时可7~10天补充一次追肥。在春季新芽生长到夏季旺盛生长期,追肥的含氮量应较多,配合适当钾肥,可提高氮的利用率,使植株生长更健壮。夏末秋初,植株逐渐成熟,可增加钾肥施用量,降低氮肥的比例。花芽形成期,要增加磷肥的施用,以利花芽分化与生长。

大花蕙兰栽培基质需要保持一定湿度,但应防止积水。原则上1~2年生幼苗绝不能缺水,开花成年植株在6月花芽形成前后,需要适当减少浇水量,以促进花芽分化。

(3)温度调控。大花蕙兰适宜生长温度为10℃~25℃。组培苗栽植期适宜温度为15℃~25℃,夜间最低温度15℃。白天温度高于25℃,夜间温度低于10℃将生长不良。要保持昼夜温差,更应重视避免夜温等于或高于日温,出现这种情况会使幼苗生长不良,继而腐烂死亡。

大花蕙兰成熟健壮植株的花芽分化大概在6月。花芽分化主要受温度影响,在花芽形成初期需要较高温度,但花芽发育与成熟需要适当低温,特别是夜间的低温。夏、秋季大花蕙兰的栽培温度白天要保持在30℃以下,夜温用20℃~25℃低温处理,花芽发生比较集中,营养芽萌发较少。

大花蕙兰2~3年生大苗,耐低温能力较强,多数大花品种,夜间最低温度5℃左右不会受害,甚至能耐短期0℃低温。在-2℃~0℃时新芽全部冻死,故大苗越冬最低温度要保持在5℃以上。正常的冬季管理要求夜间温度不低于10℃,白天温度为25℃。

大花蕙兰商品栽培,要求花期提前在元旦到春节期间。因此在目标花期前45~65天要调整栽培温度,使夜间温度维持在10℃~15℃,白天温度15℃~25℃,昼夜温差保持8℃~10℃,有利开花。

大花蕙兰在商品栽培中为促进开花,解决夏季高温影响,也有采取高山栽培的管理方式。即在6~8月花芽分化后,将盆栽植株转移到海拔800~1000m的高山栽培。高山地区夜温低,昼夜温差大,光照强,有利花葶正常发育。

(4)遮光。大花蕙兰比其他洋兰喜光,但也不宜阳光直射,遮阴过度会使植株生长纤弱,叶片很难直立。光照不足,还影响养分合成与花芽形成,开花显著减少。大花蕙兰各阶段的光照强度为:出瓶后的幼苗期10000~15000lx,中苗期30000lx,大苗期40000lx,花葶抽出后50000lx。

(5)赤霉素处理。有实验证明当大花蕙兰花芽伸长到2.5~7.5cm时,用赤霉素(GA₃)500mg/L处理,能提早一个月开花,而且能够增大花径。

(6)成年植株掰芽。大花蕙兰若让开花植株自由分蘖生长,会出现生长茂密,着花率低,花品质下降等问题。通过掰芽的措施,选留壮芽,掰除过多的营养芽,可以帮助新生假鳞茎发育充实,形成花芽。

大花蕙兰的花芽,大部分着生在当年生新形成的假鳞茎上。一般在6月前后,新芽最顶部的一片叶尚未完全展开,第三、四叶叶片生长完成时,在假鳞茎有叶节位下部的芽形成花芽。花芽形成与养分、光照、温度等环境因素相关。氮肥过多、过度遮阴均不利花芽形成。在假鳞茎上如果叶芽发生过多,也会直接影响花芽的形成与发育。

大花蕙兰的假鳞茎,一般有12~14个节,每个节都有隐芽。上盆后先让其旺盛生长,直到当年11~12月,掰除11月前发生的全部侧芽,保留11~12月出生的1~2枚侧芽。此时试管苗基部的假鳞茎,粗约2cm以上,体内已蓄积充足养分,开春后能供给新侧芽生长。

对已经开花的成年植株,春后剪除花梗,在着花假鳞茎上,会发生新的侧芽。一般一个假鳞茎,当年能萌发4个以上芽,其中春季萌发1~2个,其他至秋季时会陆续发生。这些芽大都是叶芽。成年植株掰芽是对春发侧芽留一去一,对后期的萌芽则全部掰除,以保证养分集中,养育留下的新芽,使之健壮成株,孕育花芽。掰芽应选晴天进行,掰后24h不浇水、不喷水,以利伤口愈合,防止感病腐烂。对少数强健植株可适当留2个芽。9月后的掰芽要分清叶芽与花芽,防止误将花芽掰除。

(7) 支柱设立。大花蕙兰为防止花茎侧弯或下垂,通常要给每一支花茎立支柱,以防止花茎折断。支柱应随花茎伸长,逐步分2~3次调整角度,最后使花茎竖直。

(8) 生理病害预防。大花蕙兰栽培过程中,会因管理不当出现一些生理病害,常见的有:

烂头萎缩,叶片变黄:由水分过多,养分不足,吸收不良引起。应定期喷施叶面肥,保持足够的空气湿度。

叶片焦尾或灼伤:由阳光过强,施肥过浓,基质酸碱度不适引起。

叶片黄化:在强光下暴露过久,缺氧或微量元素铁与镁。

叶片皱缩:叶片与花芽快速皱缩,是水分过多导致。可剪去烂根,消毒,晾根后重新栽植。叶片逐渐皱缩,是缺少养分,空气不流通所改。

根皱缩:由于越冬时浇水,水温过低或施肥过浓,基质过干等原因引起。

花蕾变黄早枯:栽培环境闷热,通风不良,缺水,或经过低温贮藏,突然大量浇水引起。

花朵提早凋谢:一般大花蕙兰花期有2~3个月。花朵提早凋谢是因空气不流通、闷热或受空气中乙烯含量增加所导致。

1.5.3　石斛兰(*Dendrobium nobile*)

石斛兰是兰科石斛属植物(图2-1-16),用于观赏栽培的石斛兰多为杂交种,也有部分原生种。在园艺栽培上,根据花期的不同可把石斛兰分为春石斛和秋石斛。春石斛的自然花期在春天3~4月,通过调控花期,也可以使其在春节开花。春石斛的花着生在茎节间,每个花梗上着花1~4朵,盛花时,整个植株花团锦簇,十分美

图2-1-16　石斛兰

丽,常作盆花栽培,在20℃,其花期可达2~3周。秋石斛的原生种是蝴蝶石斛,其花型似蝴蝶,花多为紫红色,自然花期在秋季,多作切花栽培,也可作盆花栽培,花期3~4周。秋石斛生长开花所需温度高于春石斛。

1. 种苗繁殖

(1) 分株繁殖。一般在种植量较小时采用,在春季结合换盆进行。将植株从盆中取出,去掉栽培基质,剪去老根、枯根。假鳞茎上有花蕾的也要去掉,减少养分消耗。在植株丛生茎的基部用利刃分开,分成数丛,每丛有3~4个假鳞茎,分别栽入新的栽培基质中。分切时尽量少伤根系,使用的剪刀要事先消毒。分株后,将植株置于荫蔽处,保持栽培基质湿润,经常喷雾保持较高空气湿度。1周后,移到光照充足处,进行正常管理。

(2) 扦插繁殖。5~8月,选择未开花且发育充实的当年生假鳞茎作插穗,将假鳞茎剪成数段,每段具有2~3个节,在伤口处涂70%的代森锰锌可湿性粉剂消毒。扦插基质一般用椰糠,基质保持湿润但不能积水。扦插时,使茎段的顶端向上,将茎段的1/2插入基质中。扦插后放置在半阴、湿润、温度在25℃左右的环境中。扦插后基质保持半干燥状态,1周内不浇水,经常喷雾,保持湿润。1~2个月后,在茎段的节部萌发新芽并长出数条新根,形成新的植株。此时将新植株连同老茎段一起栽入新盆中,栽培基质一般用苔藓,经过2~3年的生长即可开花。

(3) 组织培养繁殖。规模化栽培石斛兰,主要采用用组织培养批量繁殖种苗。

2. 栽培前的准备

(1) 栽培设施及容器。石斛兰规模生产要在温室进行。温室应配备加温设备以及水帘、风机等降温设备,还要有遮阳网、喷雾系统等设施,以便于升温或降温、遮阴和增加空气湿度。

栽培石斛兰的容器有塑料盆、塑料营养钵、塑料托盘、瓦盆、椰子壳、木框、树蕨板等。大批量生产栽培石斛兰时主要用多孔的塑料盆、塑料营养钵、塑料托盘等。塑料盆质轻价廉、耐用,便于运输。石斛兰作为商品出售或家庭摆放时,可在塑料盆外套一个精致美观的陶瓷盆以作装饰。

(2) 栽培基质。石斛兰盆栽生产用基质主要是质轻价廉、疏松透气的苔藓。但苔藓用久以后容易腐烂滋生病菌并酸化产生酸性物质而毒害植株。因此使用苔藓作基质应每年更换一次新苔藓。

3. 栽培管理

(1) 上盆与换盆。石斛兰的上盆或换盆一般在春季开花后或在秋季进行,炎热的夏季及寒冷的冬季都不宜进行上盆和换盆。上盆时,先在花盆底部填一层泡沫塑料块,然后用湿润的苔藓(预先把苔藓浸透水再把水分挤干)把根部包紧塞进塑料盆中。苔藓一定要填紧,不能疏松,否则容易积水烂根。石斛兰栽植深度以根颈部位露出基质为宜。

当石斛兰植株过大,根系过满,或栽培基质腐烂时应进行换盆。换盆时间在春季或秋季。用苔藓作栽培基质时,应1年换盆1次。换盆时,先将植株从盆中取出,小心去掉旧的栽培基质,剪去腐烂的老根。如果植株过大可分切成数丛,每丛要有3~4个假鳞茎,分盆栽植。

上盆或换盆后的植株应放在温室阴凉处,经常向叶面及栽培基质喷雾,以增加空气湿度,利于植株恢复生长。但栽培基质不能浇水过多,否则植株易烂根死亡。随着植株恢复生长,应逐渐增加浇水次数,逐渐增加光照强度和加大施肥量,促进植株恢复生长。

(2) 温度与光照调节。石斛兰喜温暖的环境,春石斛的适宜生长温度为20℃~25℃,夏季气温高于30℃时要进行降温。冬季最低温度不低于10℃,小苗的越冬温度要更高一些,否则易受低温伤害。秋季给予一段时间的低温和干燥,有利于石斛兰的花芽分化。石斛兰大多原产于高山地区,其生长过程中需要一定的昼夜温差,适宜的昼夜温差为10℃~15℃。

石斛兰较喜光照,耐半阴,夏季遮光50%~60%,春、秋季中午遮光20%~30%,冬季不遮光。光照不足,春石斛的假鳞茎生长细弱,不易形成花芽,且容易感染病虫害。

(3) 浇水施肥。石斛兰浇水要遵循"干透浇透"的水分管理原则。早春每隔5~7天浇水1次,保持栽培基质(苔藓)湿润又不积水。避免在寒冷天气浇水。4~5月气温回升,新芽开始旺盛生长,可适当增加浇水次数。夏季是石斛兰的旺盛生长期,新芽和根系生长都很快,这一阶段要有充足的水分供应,可每隔3~5天浇水1次。夏季浇水最好在10点以前进行。秋季天气变凉,春石斛的营养生长已逐渐停止,开始进行花芽分化,应逐渐减少浇水次数,每隔5~7天浇水1次。这一阶段适当减少浇水可促进石斛兰进行花芽分化。冬季气温较低,应减少浇水次数,待栽培基质干透时再浇水,否则易烂根死亡。

石斛兰喜较高的空气湿度,除正常浇水外,还应经常向叶面喷雾及向地面洒水,保持较高的空气湿度。

石斛兰小苗期施肥应以氮肥为主,当植株长大后要增施磷、钾肥。春、夏季是石斛兰的旺盛生长期,每月可施1次用油粕和骨粉等量混合后发酵制成的固体肥料,每周喷施1次0.03%~0.05%浓度的兰花专用液肥。夏季持续高温时,停止施肥,以免损伤根系。在9月末施1次磷、钾含量为0.02%~0.03%的液肥。冬季为石斛兰的休眠期,应停止施肥。石斛兰开花期也要停止施肥。

(4) 花期调控。春石斛的自然花期是在3~4月,通过花期调控可提前至元旦、春节开花。

春石斛需要在秋末度过一个低温干燥阶段,完成春化作用,才能形成花芽。若要春石斛在春节开花,一般在10月中旬开始春化处理,即经历一个低温干燥阶段。这一阶段,白天温度保持在15℃~20℃,夜晚温度10℃~14℃,连续处理40天。如果夜温超过14℃,或持续低温时间不到40天,均会造成花芽分化不完全,影响开花。在低温处理阶段要停止施肥,控制浇水,保持栽培基质不过于干燥即可。干燥的基质有利于提高石斛兰的耐寒性。中午可向叶面喷雾,提高空气湿度。在花芽形成后,夜间温度要逐渐恢复到18℃~20℃,栽培2~3个月即可开花。经过低温干燥处理的石斛兰植株,应逐渐提高夜间温度,否则容易导致植株腐烂和枯萎。

(5) 病虫害防治。春石斛常见的病害有石斛兰炭疽病、石斛兰斑点病、石斛兰软腐病等。常见的虫害有吸取汁液的红蜘蛛、蚜虫、蓟马、介壳虫等。

1.5.4 中国兰(*Cymbidium ssp.*)

中国兰又称国兰、地生兰(图2-1-17),是指兰科兰属(*Cymbidium*)的少数地生兰,如春兰、蕙兰、建兰、墨兰、寒兰等,是中国的传统名花。中国兰主要原产于亚洲的亚热带,尤其是中国亚热带雨林区,假鳞茎较小,叶线形,根肉质,花茎直立,有花1~10余朵,花小而芳香,通常淡绿色或有紫红色斑点。花和叶都有观赏价值。

图 2-1-17　中国兰

1. 栽培前的准备

(1) 栽培设施。栽培地生兰的温室,又称兰室。室内应架设高 60~80cm 的活动或固定式兰架。兰室地面应以增加空气湿度和清洁为目的进行铺装,如铺设地布等。

为保证空气清洁与流通,兰室要设有多个活动侧窗和天窗,并配置排气扇、循环风扇等设备。国兰喜欢半阴、通风、凉爽的生长环境。栽培时,采用竹帘或遮阳网遮阴,夏天阳光强烈地区要遮光 60% 以上。

(2) 栽培容器。国兰栽培用盆有泥盆(瓦盆)、塑料盆和瓷盆等,均要求为高 25~30cm 的细长形盆。规模生产时多采用泥盆,因为泥盆透气性好,能吸水又易挥发水分,对兰根生长有利,且易于管理。

(3) 栽培基质。国兰喜疏松透气、排水良好、富含腐殖质且呈微酸性的土壤。常用的基质材料有泥炭土、蛇木(桫椤枝干)、栗树叶、腐殖土、碎树皮等。应对基质彻底消毒并调整好 pH。常采用太阳曝晒或蒸汽消毒,pH 为 6.0~6.5。上盆时,应将大颗粒基质放于盆底,以利于排水。

2. 栽培管理

(1) 兰苗栽植。将兰苗从盆中磕出,清洗后对兰苗进行整理。整理包括分株和修剪,剪除干枯叶、病叶、烂根和冗根等。分株时剔除病株,健康植株一般每盆栽植 3~4 株。对分株、修剪后的兰苗,用 800~1000 倍消毒液浸泡 10~15min 或用硫黄粉对根部进行涂抹消毒。兰根为肉质根,易折断,要先晾干,使兰根发软可弯曲时栽植。

栽植时先用碎砖块或其他大颗粒基质填充盆器底部至盆高 1/3 处,以利于排水。然后握住兰花假鳞茎放入盆内,使兰根自然舒展。老假鳞茎在株丛中间,新假鳞茎或新芽在株丛外围(面向盆壁),留出新芽生长的空间。之后,一手扶兰株,一手添加基质,至掩住根部时,将兰株基部向上稍提,以使根部舒展,同时轻摇兰盆,使土壤紧实。基质填至稍高于盆面且假鳞茎上部似露非露时,沿盆边按压一圈,将盆面做成中间稍高的馒头形。栽植后浇一次透水后,置于室内,1 周后可进行正常管理。

(2) 温度与湿度管理。国兰喜欢冬暖夏凉的气温条件,生长所需温度为白天 20℃~25℃,晚上 10℃~15℃。夏季白天超过 30℃ 时不生长,冬季温度低于 6℃~10℃ 时休眠。为提高分株繁殖率,冬季常用加温打破或缩短休眠时间。夏季采用遮阳网、设置水帘及风机降温等措施。白天降温至28℃,晚上控制在18℃~23℃,有利于兰株继续生长,顺利越夏。

国兰生长要求较高的空气湿度,尤其是墨兰需要相对湿度在90%左右。空气湿度低,兰叶会变得粗糙,无光泽。湿度适宜时,兰叶有光润感。生长期国兰所需要的空气湿度在70%以上,太高易发生病害。冬季休眠期约为50%左右。冬季加温温室的空气湿度较低,可采用地面洒水、室内喷雾等方式增加空气湿度。也可在热气吹出口设置喷头,在热气吹出的同时将水滴吹成雾状散布于室内空间。夏季利用水帘、地面洒水、微雾等措施增加空气湿度。空气湿度调控要结合温度调控进行。温度相对较高且通风良好时,兰花生长健壮。低温高湿或高温高湿均容易发生病害。

(3) 水分管理。国兰的水分管理,以保持基质湿润而不积水为宜。基质偶尔干燥而不脱水,既能满足地上部分生长对水分的需要,又能刺激兰根生长。基质、季节、地区等因素不同,浇水的时间、次数也不同。表层基质已干、下层基质还潮时,是浇水的适宜时机。夏、秋季浇水宜在日落前后,以便入夜前叶面水分已蒸发。冬、春两季在日出前后浇水。水温接近室温,水质清洁、无污染、微酸(pH为5.5~6.5)是兰花对水的基本要求。

浇水时应从盆边缓慢注入,使水逐渐向下和中心浸润。尽量不使水溅到叶心,以免引起病害。另外,气候干燥的季节进行叶面喷水时,每次喷到叶面湿润为止。叶面喷水最好同时向地面、植物台喷水,以增加空气湿度。

(4) 养分管理。养分管理是国兰栽培的重要环节。国兰栽培中,基肥和追肥常结合施用。基肥多用缓效肥,能供应整个生育期,但基肥与基质要充分拌和,避免基肥与根系直接接触。追肥常用无机液肥或粉剂等结合浇水施用,使用浓度为稀释1000倍左右,约2~3周施一次。追肥也可采用叶面喷施方法,浓度要更低。

(5) 光照控制。国兰原多生于林下,需要散射光,勿以强光直射,光照强度控制在20000~30000lx为宜。夏季加强遮阴,遮光度在70%左右有利兰株的生长。冬季阳光不强烈,要保持温室玻璃面或阳光板的清洁,让兰株尽量多接收到阳光。

(6) 病虫害防治。国兰栽培中要加强病害预防,消除病源。首先,栽种时的工具、基质要全面消毒灭菌。特别当工具接触带病植株后,要及时消毒。其次,兰室应保持清洁,空气流通,以清除病虫害滋生的环境因素。再次,经常观察植株生长状况,确保最早发现带病株,及时处理。最后,定期对兰室及植株喷洒杀菌剂。

国兰栽培中,虫害一般有蚜虫、介壳虫、红蜘蛛、蜗牛等。发生虫害时,应首先考虑用园艺措施和生物方法防治。大面积发生时可用药物应急防治,但会影响兰株的生长及外观。

1.6 多肉植物生产

多肉植物也称多浆多肉类植物或称仙人掌与多浆多肉类植物,是指植物的茎、叶具有发达的贮水组织,植株形态肥厚而多浆多肉的植物。这类植物全世界共有1万多种,隶属50多个科。仙人掌科是其中重要的一科。但是,仙人掌科植物不仅种类繁多,形态特殊,而且栽培更加普遍,同时还具有其他科多肉植物所没有的特殊器官——刺座,所以常将其单列,称为仙人掌类植物,而将其他科的多浆多肉类植物称为多肉植物。园艺学上习惯把这两类植物并列称为"仙人掌与多肉植物"。因此,多肉植物广义上包括仙人掌类植物,但狭义上则指除仙人掌类以外的多肉植物。我们可以把仙人掌类植物也称为多肉植物,但不能将多肉植物称为仙人掌类植物。

1.6.1 仙人掌科(*Cactaceae*)多肉植物

仙人掌类植物主要原产于美洲大陆的热带、亚热带干旱地区,少数原产于热带丛林中。由于生长环境的差异,这两者在外部特征和生长习性上也有不同。通常把原产于沙漠边缘和荒漠草原地带的种类称为陆生类型仙人掌,而将原产于热带丛林中的种类称为附生类型仙人掌。

1. 形态特征

仙人掌类植物(尤其是陆生类型仙人掌)(图 2-1-18)在长期适应干旱环境的过程中,植株变得肥厚多肉,大多数种类的叶片已经退化成刺、棱、疣等特殊构造。但营养器官和繁殖器官与其他高等植物并没有本质上的差别。

(1)刺座。又称刺窝,是仙人掌类植物特有的器官。从本质上讲,刺座是一节极短缩的枝,其上不但能生出刺或毛,而且是花、子球和新枝生出的部位。

(2)刺。绝大多数仙人掌类植物都具锐刺。按着生位置可分为中央刺和辐射刺(侧刺)。刺的颜色有红、黄、黑、褐、白等,形状有锥形、辐射形、弯钩形、针形、篦齿形、刚毛形和羽毛形等,强刺玉属的刺面常有节状环纹。

(3)毛。生长于刺座间,有钩毛、丝状毛和绵毛等。

(4)棱。又称肋或肋状凸起,多出现在球形、柱形种类肉质茎的表面,呈上下竖向贯通或螺旋状排列。棱对陆

图 2-1-18 仙人掌类植物

生类型仙人掌类适应干旱生态环境的意义重大。此结构能自如伸缩,在雨季,棱沟向外扩充,使株体膨胀,贮藏大量水分。在旱季,棱沟向内收缩,缩小表面积,防止水分过度散失。

(5)疣。是某些种类株茎表面形成的特有肉质突起,又称疣突或疣粒,一般呈半球形、圆锥形、角锥形。疣突顶端通常生有刺、绵毛或幼芽。它也是陆生类型仙人掌类为长期适应干旱环境而形成的一种独特构造,用于有效地减弱沙漠中强烈的阳光直射。

所有的仙人掌都能开花,花的颜色主要有白、黄、橙、红、紫等,形状有漏斗形、钟形、管形、长号形、铃形等,部分种类的花还能散发出芳香。

2. 栽培管理

仙人掌类植物不需要复杂的栽培管理技术,但因为它们具有特殊的生态习性,所以又不同于一般的观赏植物。温室栽培的室内温度冬季不得低于5℃,夏季不得超过37℃,常用加温及遮帘等方法控制室内温度。生长季节要注意通风,夏季窗门全部打开,春、秋季节根据天气情况调节。一般仙人掌在春季气温15℃以上时开始生长,在春、秋季节则要求昼夜温差大(这与原产地气候相仿),使植株充分发育。在上海地区,春、秋两季仙人掌类植物的

生长要比持续高温的夏天快得多,而一部分品种在盛夏35℃以上时则自行短期休眠,入秋以后再恢复生长。冬季休眠的情况下,维持5℃左右就能安全过冬,盆土越干燥越耐寒。冬季稳定的低温对仙人掌类植物危害不大,但昼夜温差大则容易产生冻害。一旦植株受了冻害,应使它逐渐暖和,切不可立即放在阳光下曝晒。

仙人掌类植物大多喜光,尤其在冬季更需充分光照。在夏天外界气温达35℃以上时,有部分原产于南美草原地带的属、种植物不喜强光,在温室内易受灼伤,应进行遮阴并喷水降温。一般高大柱形及扁平状的仙人掌类植物较耐强烈的光照,夏季可以放在室外而无须遮阴。但较小的球形种类和一般仙人掌类植物的实生幼苗,都应以半阴为宜,避免夏天阳光直射。

栽培仙人掌的基质以排水、透气、含石灰质、不含过多的可溶性盐为原则。基质配制的比例一般有两种:一种是3份壤土、3份腐殖质土、3份粗砂、1份草木灰与腐熟后的骨粉(呈石灰状)混合,这种基质适用于一般盆栽。另一种是7份腐殖质土,3份粗砂,骨粉和草木灰适量混合。在实际生产中,应根据仙人掌类植物的具体种类、气候条件、实际取材的可能等而变动。此外,基质在使用之前最好先行蒸汽消毒。

仙人掌类植物盆栽生产时,选用透气良好的粗泥盆,不宜用瓷盆。栽植时间应在春季生长季节开始、温度15℃以上时进行。盆的大小以比植株本身稍大1~2cm为宜,不宜过大。如盆过于宽大,不易判断基质干湿程度;如盆过小,则根系发育受到限制。为了便利排水,上盆时应在盆底部填入瓦片碎砖等,形成沥水层。沥水层厚度应达到盆高的四分之一。然后再放一层基质,将植株放在中央,填入基质。栽植时如发现根部已受伤,应切除损伤部分,切口涂撒木炭粉或硫黄粉,稍晾干后再栽植。如在温室的栽植床内栽种仙人掌,则生长比盆栽更好。床栽时,更应注意土壤的排水性。

仙人掌类植物较之其他观赏植物耐干旱,但是决不能由此而片面地认为仙人掌类植物在任何时候都要求干燥的环境,而忽视了合理的浇水,从而引起植株的皱缩衰老。在华东地区栽培的仙人掌类植物,一般在11月至翌年3月份休眠。在此期间应节制浇水,保持土壤不过分干燥就可,温度越低更应保持土壤或基质干燥。通常冬季每1~2周浇水一次,于晴天午前进行。随着气温的升高,植株休眠逐渐解除,可以逐步地增加浇水次数。在4~10月的生长季节内,应该充分浇水,气温越高,浇水量越大。浇水应掌握"不干不浇,干透再浇,不浇则已,浇则浇足"的原则。浇水时对某些顶部凹进的球形种类,勿将水倾注在凹处,以防造成生长点的腐烂,特别在傍晚浇水时更应注意。此外,对一些有纤细长毛的种类,在浇水时不要将水溅到长毛上而影响美观。浇水的水质以不含有过多的氯化钠及其他盐碱类为宜。

仙人掌类植物生长过程中需要足够的营养。一般用腐熟的禽肥及骨粉作基肥,与基质充分拌匀。追肥可用腐熟的饼肥水,在生长期内每两星期一次。对于昙花、令箭荷花等附生类仙人掌植物,在花蕾期间可多使用些液肥。多数仙人掌类植物在根部损伤尚未恢复时以及休眠期间,切忌施肥,以免腐烂。

仙人掌类植物长期栽植后,盆土变坚实和酸化,易引起根部腐死。所以需要每年换盆一次。盆可根据植株大小逐渐增大,以比植株稍大为原则。换盆时间,温室内可在3~4月或9~10月。换盆前,必须停止浇水2~3天,待盆内培养土干燥后,小心将植株拔出,除去旧盆土,剪除枯根、烂根。如发现根系的内心有赤褐色,这是开始腐烂的症状,应立即将其剪除,保留其无赤褐色素部分。若植株生长良好,则不需剪除整理,即可直接换盆。经过修剪整理的植株,应放置一两天,等它稍为阴干后再栽植。如植株的大根被剪除,要经一周左右的阴干,方可重新栽植。栽植后需保持盆土稍干燥2~3天再浇水,并将盆放在阴凉处,不宜日晒。移植半个月后开始施肥。

仙人掌类植物常因浇水不当或基质排水不良而引起腐烂病,症状是基部组织产生褐色软腐,以后向上蔓延,以至全株死亡。发现后,应及时用利刃切除腐烂组织,将上端无病部分另行嫁接或扦插。可在温室定期喷洒杀菌剂,进行预防。土壤过分贫瘠,施用氮肥过多,温度过高,光照不足等,常使植株发育不良,嫩茎早期脱落,在茎节上产生锈斑、木栓质斑、暗绿色的半透明斑点等生理病症状。改善温室通风条件和栽培管理技术,可以预防生理性病害。

仙人掌类植物有时还会感染煤污病和铁锈病。煤污病最初发生在植株的刺点上,附有黑色细嫩的小点,然后逐渐传播到植株整体。如发生此病,可用肥皂液清洗或用硫黄合剂防治。铁锈病使植株的顶部或枝叶尖端以及绿色的外皮呈现赤褐色铁锈颜色,不仅损害美观,而且妨碍生长。铁锈病的产生以红蜘蛛寄生传播居多,可喷药除治。植株体质柔弱,生长不良,也容易发生铁锈病。

1.6.2　芦荟(*Aloe vera*)

别名龙角、油葱、草芦荟、狼牙掌,百合科芦荟属(图2-1-19)。

1. 分布与习性

原产非洲南部、地中海地区、印度,我国云南南部地区也有野生分布。喜阳光充足、温暖、干燥的环境,不耐寒,越冬温度不低于5℃。生长适温为25℃左右。耐旱力强,不需大肥大水。不耐阴,耐盐碱,喜排水良好、肥沃的砂质壤土。

2. 栽培技术

对环境要求不严,基质可用腐叶土、园土和河沙,并添加一些含磷较高的骨粉混合配制而成。扦插或分株苗成活后的头几年,应在每年春季出室时翻盆换土一次。生长期置于光照充足处养护。生长旺季为夏秋季,应每半月施稀薄液肥一次。夏季需置半阴通风处,干透浇透,不要积水。其余季节要适当控制水分,否则会引起根腐病。10月下旬后移入低温温室越冬。冬季要少浇水,使其充分见光。

图2-1-19　芦荟

1.6.3　龙舌兰(*Agave americana*)

1. 分布与习性

龙舌兰(图2-1-20)原产南美,我国南方栽培较多,性强健,喜阳光,不耐阴,稍耐寒,在5℃以上的气温下可露地栽培,耐旱力强,要求肥沃、湿润、排水良好的沙质壤土,也能适应酸性土壤。

2. 栽培技术

温暖地区多作庭园栽培，其他地区盆栽。基质以腐叶土加粗沙为好。盆栽时，对盆底泄水孔处理和沥水层处理要求较高，以利排水。生长季节浇水时，须待盆土干透后再浇透，不可将水洒在叶片上，以防发生褐斑病。叶边带有白或黄色的品种需适当遮阳和通风，以保持叶片光泽度。生长期可每月施肥1次，随着新叶的生长，要将下部枯黄的老叶及时摘除以利观赏和生长。入秋后植株生长缓慢，要控制浇水，力求干燥，并停止施肥，可进行适当培土，以利安全越冬。

1.6.4 生石花（*Lithops spp.*）

生石花又名石头花、石头玉（图2-1-21），是番杏科生石花属多肉植物的总称，因形态酷似卵石而得名。其品种繁多，株形小巧，精致自然，是目前市场上较受欢迎

图2-1-20 龙舌兰

的小型多肉植物之一。约有80个原始种以及大量的杂交种和园艺种。目前市场上主要有"大津绘"、"紫勋"、"曲玉"、"李夫人"、"日轮玉"、"花纹玉"、"丽红玉"、"红大内玉"、"朝贡玉"、"微纹玉"等品种。

图2-1-21 生石花

1. 种苗繁殖

（1）播种繁殖。这是生产上最常用的繁殖方法。播种基质用蛭石3份、草炭土1份混合并高温消毒。因种子细小，播后不必覆盖太多的土，盖上玻璃片或罩上塑料薄膜进行保湿，以"浸盆法"（将盆钵底部置于浅水中，让水从盆钵底部的泄水孔进入盆内）浇水。出苗后及时去掉玻璃片或塑料薄膜，出苗不久的生石花幼苗，其根部常裸露在基质外，可用基质仔细覆盖根部。整个苗期都使用浸盆法供水。

（2）分株繁殖。由于群生的生石花植株能代表栽培水平，其市场价格也较高，因此很少用分株的方法繁殖。但对于根部腐烂的群生植株，则可在秋季结合换盆进行分株繁殖。方法是将群生的植株用手掰开，在其伤口处涂抹草木灰或木炭粉，并晾晒一周左右，等伤口干燥后再栽植，以防腐烂。

2. 栽培管理

生石花一年四季都需在温室内养护。盆栽时，应将花盆垫高或放在植物台上，以避免盆底被水浸没，造成植株腐烂。

（1）栽培基质。要求基质疏松透气，排水良好。可用腐叶土2份、粗河沙或蛭石3份混合配制，掺入少量的骨粉作基肥，将基质含水量调整到60%～70%。也可用赤玉土、仙土等人工合成材料栽种，效果很好，但生产成本较高。

（2）换盆栽植。均可在秋季进行。换盆时将植株从土壤中取出，抖掉根部的宿土，尽量不要伤及毛细根，剪除干枯的老根以及腐烂的根系，然后再用新的基质栽植。栽植时，既可单株栽植，也可将同一个品种的生石花，甚至不同品种的生石花数株合栽于一个较大的花盆内。

栽种时先在盆底放1～3cm厚的粗石砾作为沥水层。由于基质是湿润的，新栽植的植株不必浇水，等2～3天盆土干燥后浇一次透水。

（3）日常管理。秋季气温凉爽，昼夜温差较大，是生石花的主要生长期，也是生石花的开花季节。要求有充足的阳光，如果光照不足，会使植株徒长，肉质叶变得瘦高，顶端的花纹不明显，而且难以开花。浇水掌握"不干不浇，浇则浇透"的原则。每20天左右施一次稀薄液肥，也可将少量"低氮高磷、钾"的复合肥放在基质中供其慢慢吸收。

生石花不耐寒冷，冬季可放在室内阳光充足处，最低温度在7℃～8℃，并有一定的昼夜温差时，可正常浇水、施肥，使植株继续生长。如果维持不了这么高的温度，应控制浇水，使植株休眠。休眠期的植株能耐5℃的低温，甚至短期的0℃低温，但脱皮时间会向后推迟。

生石花在夏季高温时生长缓慢或完全停止。应保持良好的通风和充足的光照，等基质完全干透后浇少量的水。如果不能满足通风条件，则要避免强光直射，并控制浇水，使植株在干燥的环境中休眠，度过炎热的夏季。

（4）脱皮期管理。春季2～4月是生石花的脱皮期，此时应停止施肥，控制浇水，使原来的老皮及早干枯。在脱皮基本结束时再追施一次复合肥，使其生长健壮。

（5）花期管理。生石花开花时可选择品种进行定向人工授粉，以获取种子。授粉时要注意在同一品种的不同植株间进行，以保证品种的纯正。不同品种之间最好不要进行杂交授粉，否则会引起品种混乱。

（6）病虫害防治。生石花肥厚多肉，含水量很高，很容易因感染细菌而引起植株腐烂。因此应注意通风良好，避免盆土积水，每月喷一次多菌灵、甲基托布津之类的灭菌药物。夏季和脱皮期可增加喷药次数以及用药量，最好几种药物交替使用，以免产生抗药性。若发生腐烂病应及时将发病的植株清除，以免病菌蔓延，感染其他健康的植株。

生石花的主要虫害是根粉蚧。对基质高温消毒可预防根粉蚧的发生。如果发生根粉蚧，可将有虫害的根部剪除，晾3～5天后再用经过消毒的基质重新栽植。

1.7 食虫植物生产

食虫植物是一种会捕获并消化动物而获得营养(非能量)的自养型植物。食虫植物的大部分猎物为昆虫和节肢动物。其生长于土壤贫瘠,特别是缺少氮素的地区,如酸性的沼泽和石漠化地区。有些植物具有捕虫功能,但不具备消化猎物的能力,只能被称之为捕虫植物。某些猪笼草偶尔可以捕食小型哺乳动物或爬行动物,也被称为食肉植物。正因为它们有着独特的生存方式,在种植管理上也与普通的观赏植物有所区别,特别是在栽培基质和水源方面有着特殊的要求。

1. 栽培管理

(1) 基质。食虫植物生长在土壤贫瘠的地方,主要依靠捕虫器吸收养分,一般根部很不发达,吸收能力较弱,绝大多数食虫植物喜欢矿物质浓度低且偏酸性的基质。适合栽培食虫植物的常用基质主要有:无肥泥炭、珍珠岩、水苔、沙、赤玉土等。市售的培养土因含有较多的肥料,不适宜种植食虫植物。泥炭、珍珠岩或粗沙按2∶1混合适合大多数食虫植物,是较常用的基质配方。

(2) 水源。食虫植物都必须使用软水浇灌,比较理想的浇灌水源是雨水等。自来水中含有大量的矿物质(尤其是钙盐)。这些钙盐会沉积下来,从而杀死植物,所以不管是任何地区万不可直接使用自来水灌溉。必须先对浇灌水做测试或者对比实验,以实际效果决定是否使用。

(3) 温度。部分食虫植物原产于寒温带地区,因此可耐受较低的温度。绝大多数食虫植物可在10℃~35℃的范围内正常生长。设施规模栽培时,应考虑配置加温或者降温设施。

(4) 光照。大多数食虫植物都需要充足的光照,以利于快速生长和显现自身的颜色。温室栽培时,夏季常为了降温而进行遮阴。应尽量采用通风等降温方式,减少遮阴的时间。多雨寡阳季节,需进行人工补光。光源采用荧光灯、LED灯、白炽灯或卤素灯。荧光灯、LED灯距离植物顶端10~30cm,白炽灯、卤素灯距离植物20~100cm。每天提供12h左右的光照。

(5) 湿度。大多数食虫植物喜欢潮湿的环境,可采用增湿保湿的方法以提高空气湿度。潮湿的环境,容易滋生菌类,应避免过于阴暗,经常通风和增加光照。

(6) 营养。食虫植物特有的获得养分的方式是吃虫。如果生长的环境有昆虫,它们一般能自行捕捉,获得自身需要的养分。密闭无虫环境内,一般需要人工喂食小虫或高蛋白的食物。喂食时需注意不要投喂得过多、过大,以免消化不了,产生腐败,影响卫生和美观。也可通过喷洒稀释液肥供植株吸收利用。肥液稀释浓度是普通植物的1/5左右,喷施整株或浇灌捕虫器,每月喷施1~2次。

(7) 病虫害。食虫植物的本身也会受到蚜虫或粉蚧的侵害。较小的危害宜手工清除,较大的危害则应酌情使用杀虫剂。异丙醇是对介壳虫有效的杀虫剂,二嗪农也是大部分食虫植物都可耐受的广谱杀虫剂。此外,有报告称马拉硫磷和乙酰甲胺磷同样适用于食虫植物。

食虫植物栽培最大的问题是灰霉病。保持栽培环境的凉爽且通风良好,并及时去除病枝,可有效抑制灰霉病的发生。

2. 常见种类

食虫植物分布于10个科约21个属,有630余种,几乎遍布全世界,但以南半球最多。主要有三大类:一类是叶扁平,叶缘有刺,可以合起来,如捕蝇草类;一类是叶子成囊状的捕虫囊,如猪笼草、瓶子草类;再有一类是叶面有可分泌黏液的纤毛,通过黏液粘住猎物,如茅膏菜类。

1.7.1 猪笼草（*Nepenthes sp.*）

猪笼草是猪笼草属全体物种的总称,属于热带食虫植物(图2-1-22),其拥有一个独特的获取营养的器官——捕虫囊。捕虫囊呈圆筒形,下半部稍膨大,笼口上具有盖子,因其形状像猪笼而得名。猪笼草叶的构造复杂,分叶柄、叶身和卷须。卷须尾部扩大并反卷形成瓶状,瓶状体的瓶盖反面能分泌气味,引诱昆虫。瓶口光滑,昆虫会滑入瓶内,被瓶底分泌的液体淹死,并分解虫体营养物质,逐渐被植物消化吸收。猪笼草具有总状花序,开绿色或紫色小花。本属约70种,分布于中国华南、菲律宾、马来西亚半岛至澳大利亚北部,生于丘陵灌丛或小溪边。植株匍匐状,高20～40cm,造型奇特的捕虫囊是其主要观赏部位,适宜盆栽悬吊观赏。

图2-1-22　猪笼草

1. 种苗繁殖

猪笼草常用的繁殖方法有扦插和压条。

(1)扦插。插穗一定要带有芽点和有一片叶子。插穗最好带有两、三个芽点。为了减少水分的散失,可于叶脉垂直的方向剪去叶片的1/2～2/3。切取插穗时,应使切口平整,以与茎呈垂直方向切断枝条,减少枝条受伤的面积。将插穗插入基质时,如果枝条只有一个芽点,则枝条插入基质中的深度以能使芽点露在土面上为宜;若枝条带有两、三个芽点,则最下面的芽点要插到基质中。扦插前,让插穗基部沾上少许生根剂,可提高扦插的成功率。使用杀菌剂可以减小枝条的受感染概率。最常用的扦插基质是水苔,也可以使用泥炭。基质需消毒,以减少真菌或细菌感染的机会。

扦插后放置在高湿度的环境下,温度则由品种特性决定。插穗生根需要明亮的光线,但不可让阳光直射。新芽与根的再生需要几个月的时间,通常最顶端的芽点鼓起膨大并形成一个新芽被视为扦插成功的标志。等到新芽产生2～3片叶子后,可进行移植,环境湿度也可逐渐降低。

(2)空中压条。猪笼草的有些品种扦插成功率较低,因此可以改用空中压条法来繁殖。选择一段接近末梢的枝条,在其顶芽下端约2～3个节间进行环状剥皮。剥皮的厚度约为茎直径的1/4。也可切出一个深度达茎直径1/2的切口,可得到与环状剥皮一样的效果。将茎上的切口涂上一些生根剂与杀菌剂,再包上一层5cm以上厚的湿水苔,最外层则用一层塑料胞膜包裹,以防止水分散失。约2～4个月后新根开始生长。等根生出水苔外,便可将这一枝条自母株上切下单独栽培。

2. 栽培管理

猪笼草可以在温室栽培。种植难度较低的低地猪笼草有印度猪笼草(*N. khasiana*)、高棉猪笼草(*N. thorelii*)、奇异猪笼草(*N. mirabilis*)等;高地猪笼草有宝特猪笼草(*N. truncata*)、翼状猪笼草(*N. alata*)、维奇猪笼草(*N. veitchii*)等。

不同种类的猪笼草,对生长环境的要求也不同。杂交种具有更强的适应力。

猪笼草为附生性植物,常生长在大树林下或岩石的北边,自然条件属半阴。夏季强光直射下,必须遮阴,否则叶片易被灼伤,直接影响叶笼的发育。但长期在阴暗的条件下,叶笼形成慢而小,笼面彩色暗淡。生长适温为25℃~30℃,冬季温度不低于16℃,15℃以下植株停止生长,10℃以下温度叶片边缘遭受低温伤害。

猪笼草对水分的反应比较敏感,在高湿条件下才能正常生长发育。生长期需经常喷水,每天需4~5次。如果温度变化大,过于干燥,会影响叶笼的形成。

盆栽猪笼草,基质以疏松、肥沃和透气的腐叶土或泥炭土为好。常用泥炭土、水苔、木炭和冷杉树皮屑配制的混合基质。

猪笼草易得叶斑病、根腐病、日灼病等,以叶斑病、根腐病危害较重。

1.7.2 瓶子草(*Sarracenia*)

瓶子草为多年生草本植物,分属两个不同的植物类别,其中一种产自美国和加拿大,另一类产自亚洲东南部、澳大利亚和马达加斯加。根状茎匍匐,须根,叶子非常奇特而有趣,有的呈管状,有的呈喇叭状,还有的呈壶状,人们就以"瓶"为名,统称它们为瓶子草(图2-1-23)。瓶子草的花茎从叶基部抽出,花较大,且很有特点。花蕊长有一个巨大的盔状柱头,花黄绿色或深红色,具有很高的观赏价值。瓶子草原生在空旷的沼泽湿地中,喜欢充足的光照、潮湿的土壤,不怕寒冷和较低的空气湿度,是一种易于栽培的食虫植物。

图2-1-23 瓶子草

1. 种苗繁殖

(1)分株。瓶子草会萌发出侧芽,当长到足够大时,可将其从母株上切下分离,单独栽培成株。因繁殖系数低,大规模生产时较少采用。

(2)扦插。叶插或根茎段扦插都能成功繁殖。叶插时将叶子剪半,从母株上剥下,斜插入洁净的基质中。根茎段扦插是将根茎切成2.5cm左右一段,切口涂抹杀菌剂,平放于洁净的基质上,再在上面铺上湿水苔,保持高湿度和明亮的光线,约2个月左右可长出新芽。

(3) 播种。瓶子草种子的寿命较长,可达3~5年,发芽时间也较长,需2~4个月。播种前需5℃低温冷藏1~2个月,冷藏时可用湿纸巾包裹或者放于湿水苔中。为避免发霉,水苔与种子均需要消毒,并定时查看。也可不经冷藏直接在冬季或春季低温时播种。

播种适宜温度15℃~30℃,将冷藏过的种子直接撒于洁净的基质表面,表面不盖土或覆盖1~3mm厚的细土以帮助固定根系。保持较高环境湿度和明亮的光线。1个月左右发芽(也有几个月甚至一年后发芽的情况),栽培3~5年才能长到成株。

2. 栽培管理

(1) 栽培基质。瓶子草偏好保水性佳、酸性的栽培基质。基质养分过于丰富,会造成瓶子草的根部坏死。在叶插或小苗栽培时可以直接使用水苔。大株的瓶子草比较适合使用1份泥炭,加1份珍珠岩或粗沙的混合基质。基质应于每年春天更换一次。

(2) 水肥管理。小苗种植2个月开始施肥,每月施一次8000~10000倍稀释的稀薄肥水。在生长旺盛期,每隔3~4周施肥1次。

瓶子草对环境湿度要求高。小苗期需要90%~100%的湿度,所以小苗期养护需要使用密闭保湿。大苗对湿度要求要低些,在没有强风吹袭的地方就能正常生长。在生长季节一般采用浸盆法给水。休眠期需保持较干的状态,防止烂根。

(3) 温度管理。瓶子草生长适温为20℃~30℃,可在0℃~38℃下存活。10℃以下会休眠,具有耐轻霜的能力。夏季适宜温度为21℃~35℃。瓶子草属植物有冬眠习性,在原生地休眠期可长达5个月。在人工栽培时,冬季也应让其休眠。休眠期减少浇水,置于5℃的低温环境下,休眠至春暖期。

(4) 光照管理。瓶子草在充足的光照下,才会鲜艳靓丽。在充足阳光照射下,保持盆土冷凉,对其生长十分有利。休眠期间,光照可减至最低甚至完全无光照。人工栽培时,每天应有6~8h的阳光照射。

(5) 病虫害防治。瓶子草常见的虫害有红蜘蛛和蚜虫。病害主要是由于水苔腐烂导致的根腐病和通风不良、环境过阴引起的黑斑病。

本章小结

观赏植物盆栽是观赏植物生产的主要栽培形式之一。观赏植物盆栽又可以分为花坛植物、温室盆花和观叶植物等类别。栽培容器不但影响到盆栽植物的生长,还关系到生产成本的和观赏价值。基质是观赏植物盆栽生产的基础。观赏植物种类不同,对容器与基质的要求也不同。应根据植物的习性、产品的形式、生产成本等因素,选择容器和配制合适的基质。基质消毒十分重要,不可忽视。无论是上盆、换盆还是翻盆,泄水孔的处理、沥水层的构建、植株栽植深度、基质紧实程度、沿口保留深度等都是盆栽的基本技术。"干透浇透"是盆栽植物水分管理的基本原则。施用基肥是盆栽植物养分供应的基础。盆栽植物的追肥务必遵循"薄肥勤施"的原则。

实训指导

实训项目十三 盆栽观赏植物栽培管理

一、目的与要求

熟练掌握盆栽观赏植物的即时管理技术。

二、材料与工具

1. 生产栽培过程中的盆栽观赏植物。
2. 灌溉、施肥、植保、松土除草等工具。
3. 生产上使用的肥料、农药等农用物资。

三、内容与方法

1. 根据生产现场盆栽观赏植物的生长阶段、生长情况,讨论制定即时栽培管理措施。
2. 根据讨论结果,分组实施栽培管理措施。

四、作业与思考

1. 小组间交叉检查栽培管理措施实施情况,并给予讲评。
2. 分小组完成实训报告。

注:本实训项目一次难以完成盆栽观赏植物栽培管理的主要作业内容,建议根据农时季节安排 2~3 次。

本章导读

本章介绍用于花坛布置的一二年生和多年生观赏植物的盆栽生产过程以及栽培管理技术。其中包括一二年生观赏植物15种和多年生观赏植物23种。

以为花坛布置提供植物材料为目的的观赏植物生产,称为花坛植物生产。花坛植物生产多采用盆栽生产方式,以集约化生产方式进行育苗和栽培管理,待植物生长到一定体量或某一生育阶段,脱盆栽植于花坛或带容器直接用于花坛布置。用于花坛布置的观赏植物种类繁多,但以一二年生和多年生观赏植物为主。多年生观赏植物中又包括了宿根和球根观赏植物。

2.1 一二年生花坛植物生产

2.1.1 矮牵牛(*Petunia hybrida*)

矮牵牛别名碧冬茄、撞羽朝颜,茄科矮牵牛属多年生草本植物,原产南美,现世界各地均有栽培。矮牵牛茎直立,株高15～45cm,分枝多,株型饱满。花单生叶腋及顶生,花朵硕大,花冠漏斗状,花瓣变化多,有单瓣、半重瓣、瓣边呈皱波状。花色彩丰富,有紫红、鲜红具白色条纹、淡蓝具浓红色脉条、桃红、纯白、桃红具白色斑纹、肉色等,杂交种还具有香味。开花多,花期4～10月底,长达半年,在气候温凉地区可终年开花不断。矮牵牛是园林绿化、美化的重要草花,适宜花坛、花境栽培。大花重瓣品种可做切花用。

矮牵牛对温度的适应性较强。生长适温为13℃～18℃,冬季能经受-2℃低温,夏季高温35℃时,矮牵牛仍能正常生长。喜干怕湿,在生长过程中,需充足水分。矮牵牛属长日照植物。生长期要求阳光充足。大部分矮牵牛品种在正常阳光下,从播种至开花约100天,如果光照不足或阴雨天过多,往往开花延迟10～15天,而且开花少。宜生长于疏松、肥沃和排水良好的微酸性砂质壤土。

1. 种类与品种

目前市场上比较流行的品种有海市蜃楼、梦幻、梅林等系列。

（1）海市蜃楼系列。属多花单瓣型矮牵牛。其综合了大花型花大和多花型花多的优点,而且在种子质量、幼苗活力、生长习性和花期等诸方面整齐一致。在同类型矮牵牛品种中,花色最全。

（2）梦幻系列。株高30cm,花径9cm,开花早,对气候适应性强,在室外种植时可形成地毯效果。

（3）梅林系列。株高25cm,株型整齐紧凑,雨后复原快,开花一致,花茂密,花径6cm,有红、粉红、蓝、网纹紫红、樱桃红等22种花色。

2. 种苗繁殖

可采用播种、扦插繁殖。种子细小,故播种前应将种子与细沙充分混合,均匀地播于育苗盆上,用细孔水壶或浸盆法浇水。为保持育苗基质湿润,播后可加盖薄膜,出芽后去除。种子在20℃~22℃条件下10~12天发芽。

扦插繁殖在冬、春季进行。取6~8cm长的嫩枝,剪去下部叶片,插于疏松而排水良好的粗砂或蛭石中,在20℃~23℃下约经两周生根。若用十万分之一的吲哚丁酸浸泡插条下部一天,再行扦插,效果更好。

现代生产中,草花种苗大多由专业育苗公司工厂化生产。专业公司配备专门的播种线、发芽室和育苗室。种苗质量要明显好于传统育苗方法。

3. 栽培管理

适合矮牵牛盆栽的基质的pH为5.5~5.8,EC值为1.0~1.5mS/cm。如果pH过高,上部叶片发黄显示缺铁症状。

优质矮牵牛穴盘苗的标准是植株颜色正常,无机械损伤和药害,无病虫害,6~8片叶,叶色绿色,株高3~5cm,无拔节徒长现象,长势整齐,外观上能遮挡穴盘,幼根白色,根上有明显的根毛,根系恰好把穴孔的基质包住,基质潮湿时,容易被拉出穴孔。

矮牵牛根系分枝多而细,移苗时,注意勿使土团散碎。幼苗期应注意盆土湿度,严禁干旱和积水。株高4cm时摘心,以促发枝条,或喷施矮壮素矮化植株。

生长期忌肥料过多,否则植株生长过旺而花朵不多。梅雨季雨水多,盆土过湿,茎叶容易徒长。夏季气温高,应在早、晚浇水,保持盆土湿润。花期雨水多,花朵褪色,易腐烂。

矮牵牛的主要病害有根腐病,由腐霉菌引起,根部变棕褐色,腐烂,浇灌甲基托布津等杀菌剂可以防治。灰霉病,叶片黄褐色或棕赭色,花朵上有病斑,为葡萄孢菌引起的真菌性叶斑病,生产中应保持良好的空气流通和降低湿度,清除枯叶或病叶,定期喷施杀真菌剂（如扑海因,百菌清等）或使用烟剂熏蒸。

4. 花期调控

矮牵牛花期调控常采取调整播种期、摘心与修剪、加温、降温、补光等手段。

（1）调整播种期。生产上矮牵牛多用种子繁殖。播种的时期,因目标花期要求而定。早春播种的初夏开花;7月播种的9月开花;10月播种的3月开花;12月播种的4月开花。为实现全年生产,可实行分期播种。

（2）摘心与修剪。摘心会推迟矮牵牛的花期。在不同季节摘心对花期的影响也不一样。夏天摘心一般会推迟花期7~10天,冬春摘心会推迟花期10~15天。矮牵牛花后重剪,可使其再次开花。如夏季盛花后进行修剪,迫使其抽生新枝,20~30天后又可开花。

（3）温度调控。温度是影响矮牵牛生育期的一个重要因素。夏天矮牵牛从定植到初花只要35天,冬春则需要60~80天。生长期间,通过调节温度可以调控开花期。

2.1.2 彩叶草（*Coleus blumei*）

别名五色草、洋紫苏、锦紫苏,唇形科彩叶草属多年生草本植物,原产爪哇。老株可长成亚灌木状,但株形难看,观赏价值低,故多作一二年生栽培。彩叶草是应用较广的观叶花卉,生产上多作花坛植物栽培,供配置图案花坛用。

株高50~80cm,栽培苗多控制在30cm以下。全株有毛,茎为四棱,基部木质化,单叶对生,卵圆形,先端长渐尖,缘具钝齿,叶可长15cm。叶面绿色,有淡黄、桃红、朱红、紫等色彩鲜艳的斑纹。顶生总状花序,花小,浅蓝色或浅紫色。

性喜温暖,不耐寒,越冬气温不宜低于5℃,生长适温为20℃~25℃,喜爱阳光充足的环境,但又能耐半阴。要求疏松肥沃、排水良好的土壤。

1. 种类与品种

生产上常用的有"奇才"系列。株高30cm,生长适温15℃~20℃,播种后13周可售。颜色有红色、黄色等。还有墨龙系列和欢乐系列等。

五色彩叶草（*Coleus blumei Var. verschaffeltii*）,是彩叶草的变种。叶片有淡黄、桃红、朱红、暗红等色斑纹,长势强健。

还有叶型变化的：

（1）黄绿叶型（*Chartreuse Type*）,叶小,黄绿色,矮性分枝多。

（2）皱边型（*Fringed Type*）,叶缘裂而波皱。

（3）大叶型（*Large-Leaved Type*）,具大型卵圆形叶,植株高大,分枝少,叶面凹凸不平。

2. 种苗繁殖

彩叶草繁殖常用播种和扦插两种方法。

（1）播种繁殖。通常在3~4月进行,在有发芽室的条件下,四季均可播种。发芽适温25℃~30℃,10天左右发芽。出苗后间苗1~2次,再分苗上盆。播种的小苗,叶面色彩各异,可择优汰劣。商品生产多采用播种线+发芽室+温室育苗。

（2）扦插繁殖。一年四季均可进行,也可结合植株摘心和修剪进行嫩枝扦插。剪取生长充实饱满枝条,截取10cm左右,插入干净消毒的河沙中,入土部分必须常有叶节。扦插后在庇荫下养护,保持盆土湿润。生根成活期间,切忌盆土过湿,以免烂根。15天左右即可发根成活。

3. 栽培管理

彩叶草生性强健,栽培管理比较粗放。选用富含腐殖质,且排水良好的基质。以骨粉或复合肥作基肥。生长期每隔10~15天施一次有机液肥（盛夏时节停止施用）。施肥时,切忌将肥液沾到叶面上,以免叶片灼伤腐烂。彩叶草喜光,过阴易导致叶面颜色变浅,植株生长细弱。除保持盆土湿润外,应经常用清水喷洒叶面,清除叶面积尘,保持叶片色彩鲜艳。苗期应多次摘心,以促发侧枝,使之株形饱满。开花后,保留下部分枝2~3节,其余部分剪去,以促发新枝。彩叶草生长适温为20℃左右,寒露前后移至室内。冬季室温不宜低于10℃,并减少浇水,防治烂根。除留种母株外,应在花穗形成之初摘除花茎。10月初,入中、高温温室越冬,在此期间可通过重剪更新老株。同时,结合翻盆进行换土。

彩叶草的病虫害较少,苗期结合水肥管理用75%甲基托布津1500倍稀释液灌根防治。温室湿度过大,偶发灰霉病,应注意通风,降低湿度,清除病株、病叶,并用速克灵1500倍稀释液防治。

2.1.3 四季秋海棠(*Begonia semperflorens*)

别名瓜子海棠、玻璃海棠、蚬肉秋海棠,为秋海棠科秋海棠属多年生常绿草本。原产巴西低纬度高海拔地区林下,现我国各地均有栽培。茎直立,稍肉质,高25~40cm,有发达的须根。叶卵圆形至广卵圆形,基部斜生,绿色或紫红色。雌雄同株异花,聚伞花序腋生,花色有红、粉红和白等色,单瓣或重瓣,品种甚多。四季秋海棠开花茂密,体形较小,花期长,花色多,变化丰富,花叶俱美,易与其他花坛植物配植。

1. 种类与品种

目前市场流行栽培品种有超奥林、胜利系列等。

(1) 超奥林系列。开花早,花期长,花径2cm,叶片绿色,生长习性良好,株高15~20cm,冠径25~30cm。

(2) 胜利系列。花期整齐,株型丰满,整体表现优于其他系列,顶部叶紧凑,在阳光或遮阴下生长良好。

2. 种苗繁殖

四季秋海棠用播种和扦插繁殖。

(1) 播种。一般在早春或秋季气温不太高时进行。由于种子细小,播种工作要求细致。播种前先将盆土高温消毒,然后将种子均匀撒入,压平,再用浸盆法供水。在温度20℃的下7~10天发芽。待出现2片真叶时,及时间苗。

(2) 扦插。扦插最适宜四季海棠重瓣优良品种的繁殖,可四季进行,但以春、秋两季为最好。夏季扦插,高温多湿,插穗容易腐烂,成活率低。插穗宜选择基部生长健壮枝的顶端嫩枝,长8~10cm。扦插时,将大部叶片摘去,插于清洁的基质中,保持湿润,并注意遮阴,15~20天即生根。生根后早晚可让其接受阳光,根长至2~3cm长时,即可上盆培养。

3. 栽培管理

四季秋海棠喜阳光,稍耐阴,怕寒冷,喜温暖、稍阴湿的环境和湿润的土壤,但怕热及水涝。夏天注意遮阴和通风降温。

水分管理的要求是"二多二少",即春、秋季节是生长开花期,水分要适当多一些,以盆土湿润为度。夏、冬季节是四季秋海棠的半休眠或休眠期,应控制浇水,以盆土稍干为度。冬季浇水在中午前后阳光下进行,夏季浇水在早晨或傍晚为好,这样气温和盆土的温差较小,对植株的生长有利。浇水的原则为"不干不浇,干则浇透"。

生长期间每隔10~15天施1次发酵腐熟的有机肥液或其他肥料。施肥的原则为"薄肥勤施"。

摘心是四季秋海棠栽培的重要环节。当花谢后,要及时摘心和修剪残花,促使多分枝、多开花。否则,植株易长得瘦长,株形不美观,开花也较少。

华东地区4~10月四季秋海棠都要在全遮阴的条件下养护,但在早晨和傍晚最好稍见阳光。若发现叶片卷缩并出现焦斑,这是受日光灼伤后的症状。霜降之后,要移入室内防寒保暖,否则遭受霜冻。

四季秋海棠常见病虫害是卷叶蛾。此虫以幼虫食害嫩叶和花,直接影响植株生长和开花。少量发生时以人工捕捉,发生严重时可用乐果稀释液喷雾防治。

2.1.4 鸡冠花（*Celosia cristata*）

鸡冠花是苋科青葙属一年生草本植物,原产非洲、美洲热带和印度,世界各地广为栽培。

茎直立粗壮,株高20～150cm。叶互生,长卵形或卵状披针形,叶有深红、翠绿、黄绿、红绿等多种颜色。肉穗状花序顶生,形似鸡冠,扁平而厚软,呈扇形、肾形、扁球形等。花色丰富多彩,有紫色、橙黄、白色、红黄相杂等色。花期较长,可从7月开始到12月。种子细小,呈紫黑色,藏于花冠绒毛内。鸡冠花高茎品种可用于花境、切花、干花等。矮生品种用于栽植花坛或盆栽观赏。原产印度的凤尾鸡冠花（*C. cristata* var. *Pyramidalis*）,茎直立多分枝,穗状花序,应用也较广泛。

1. 种类与品种

目前市场流行栽培品种有世纪、和服系列等。

（1）世纪系列：半高型羽状鸡冠花,枝条强壮,羽状花序可以长达20cm,分枝结实。作花坛用花夏季需要使用生长调节剂。

（2）和服系列：矮生型羽状鸡冠花,长势非常一致,不需要或少量使用植物生长调节剂。

2. 种苗繁殖

以播种繁殖为主,于4～5月进行,气温在20℃～25℃时为好。播种前,可在苗床中施一些饼肥或厩肥、堆肥作基肥。播种时应在种子中掺入一些细土进行撒播,因鸡冠花种子细小,覆土2～3mm即可,不宜深。播种前要使苗床中土壤保持湿润,播种后用细眼喷壶喷水,遮阴,两周内不要浇水。一般7～10天可出苗,待苗长出3～4片真叶时可间苗一次,拔除弱苗、过密苗,到苗高5～6cm时即应带根部土定植。

3. 栽培管理

（1）光照。鸡冠花喜阳光,若阳光充足植株生长健壮,叶色深绿,花朵大,花色鲜艳；若光照不足,茎叶易徒长,叶色淡绿,花朵变小。

（2）温度。鸡冠花喜干热温暖气候,需阳光充足,耐高温不耐低温,15℃以下叶片泛黄,5℃以下便会受冷害。

（3）水肥。鸡冠花喜肥,生长期每15天施一次浓度为150～200ppm的20-20-20水溶性复合肥。保持土壤稍干燥,盛夏浇水需在早上和晚上,以免损伤叶片。花前增施1～2次磷、钾肥,使花的颜色更鲜艳。

（4）病虫害防治。鸡冠花在太湿和温度不合适时,易发生根腐病,严重时植株完全停止生长,根系腐烂,最终导致整个植株死亡。可用根腐灵1500倍稀释液和代森锰锌1000倍稀释液喷施防治。生长期易发生小造桥虫,用乐果或菊酯类农药喷洒叶面,可起防治作用。

2.1.5 三色堇（*Viola tricolor*）

别名人面花、猫脸花、阳蝶花、蝴蝶花、鬼脸花。三色堇为堇菜科堇菜属多年生观赏植物,常作2年生栽培。一般茎高20cm左右,从根际生出分枝,呈丛生状。基生叶有长柄,叶片近圆心形。茎生叶卵状长圆形或宽披针形,边缘有圆钝锯齿。托叶大,基部羽状深裂。早春从叶腋间抽生出长花梗,梗上单生一花,花大,直径3~6cm。花有五瓣,通常每朵花有兰紫、白、黄三色。花瓣近圆形,假面状,覆瓦状排列。花期可从早春到初秋,是冬、春季节优良的花坛材料。

1. 种类与品种

目前三色堇比较流行的栽培品种有:

(1) 超级宾哥系列。大花型三色堇,比其他系列品种更耐热,花期一致,花柄短而强健,花瓣厚。其中魔蓝色、玫红翅、黄色、黄斑、蓝色广受种植者欢迎。

(2) 皇冠系列。株高20cm,花朵纯色,花径8cm,早花,耐热,抗低温,花期从秋至春季。

(3) 三角洲系列。大花型三色堇,生长势旺,株型紧凑,花梗短,不容易徒长,株高15cm,适宜昼温15℃~18℃,适宜夜温10℃~15℃。

较耐寒,喜凉爽,在昼温15℃~25℃、夜温3℃~5℃的条件下发育良好。昼温若连续在30℃以上,则花芽消失,或不形成花瓣。日照长短比光照强度对开花的影响大,日照不良,开花不佳。喜肥沃、排水良好、富含有机质的中性壤土或黏壤土。

2. 种苗繁殖

以播种繁殖为主。三色堇的播种期主要由成品期(供货期)决定,由供货期决定定植期,定植期取决于当地栽培的气候条件和品种生育期。由定植期倒推播种期,播种期也由播种的环境、品种来决定。在工厂化育苗中,8月中旬到10月中旬成苗期约5.5周,10月中下旬到11月中旬成苗期为6周,11月中下旬后到2月中旬成苗期约7.5周,2月中下旬到3月中下旬成苗期需7周左右。

3. 栽培管理

(1) 基质。采用疏松透气、排水良好、无菌的栽培基质。栽培基质pH应为5.5~5.8,基质EC值必须要小于1.5mS/cm,三色堇对氨盐十分敏感。

(2) 光照。提供35000~45000lx光照可加速诱导开花,低光照地区补充35000~45000lx光照可以促进芽和根系的生长。

(3) 温度。在冷凉季节,夜温升到15℃可促进早开花。温度低于15℃将会提高植物的耐寒性,但也会因此延长生育期,延迟开花。

(4) 水分。基质浇水要见干见湿。空气湿度保持在40%~70%。保持栽培环境空气流通,可加速基质中的水分蒸发,有利根的有氧呼吸。

(5) 施肥。施钙基复合肥(15-0-15或12-2-14+6Ca+3MgO),氮浓度为150~200ppm。在冷凉气候下,氨基氮肥会导致根腐。氮浓度高还会引起徒长。叶片起皱和畸形表明缺钙,为避免这种情况发生,可在定植前施一些硝酸钙或硫酸钙。

(6) 病虫害防治。

叶斑病:症状为叶片产生淡褐色至浅白色病斑。防治方法:发病后喷洒47%加瑞农可湿性粉剂700倍稀释液、甲基托布津1200倍稀释液。

根腐病:高温高湿、土壤黏重、pH过高都容易诱发此病。应选择良好的栽培基质,降低基质温度可预防此病发生。未发病时喷洒75%百菌清可湿性粉剂600倍液预防,在发病初期拔除病株后用普力克500~800倍稀释液喷雾或灌根。

灰霉病:感病苗的茎叶呈水渍状腐烂。染病成株自地表的叶片起呈水渍状,茎基腐烂,生出灰褐色或灰绿色霉层。该病病原为灰葡萄孢,相对湿度高时容易发病。冬季注意增温保温,控制湿度,增强植株抗病力,发病初期喷洒50%扑海因600~1000倍稀释液或40%嘧霉胺600~800倍稀释液。

4. 花期调控

（1）调整播种期。生产上三色堇多用种子繁殖。播种的时期,因产花要求而定,8月初播种的10月下旬开花,8月中旬播种的11月初开花,9月初播种的11月底开花,12月播种的3月开花。为实现全年生产,可实行分期播种。

（2）摘花。三色堇花期较长,若欲推迟花期,可将花蕾或残花摘除。

（3）温度调控。温度是影响夏堇生育期的一个重要因素。长江中下游地区10月前定植到初花要35天,10月份定植的需要45天左右,11月以后定植的要到第二年的2月盛花。

（4）水肥调控。氮肥施得过多会推迟花期。生长后期,控制基质水分,有助于植株提早开花。

2.1.6 金盏菊（*Calendula officinalis*）

别名金盏花、黄金盏、长生菊,原产欧洲南部,现世界各地都有栽培。英国的汤普森·摩根公司和以色列的丹齐杰花卉公司在金盏菊的育种和生产方面闻名于欧洲。菊科金盏菊属二年生草本。株高30~60cm,全株被白色茸毛。单叶互生,椭圆形或椭圆状倒卵形,全缘,基生叶有柄,上部叶基抱茎。头状花序单生茎顶,形大,4~6cm,舌状花一轮或多轮平展,金黄或橘黄色。筒状花黄色或褐色。也有重瓣（实为舌状花多轮）、卷瓣和绿心、深紫色花心等栽培品种。花期12~6月,盛花期3~6月。适用于中心广场、花坛、花带布置,也可作为草坪的镶边植物或盆栽观赏。金盏菊具有抗二氧化硫能力,对氰化物及硫化氢也有一定抗性,为优良抗污植物,也用于厂矿区环境的美化布置。

1. 种类与品种

（1）邦·邦（BonBon）。株高30cm,花朵紧凑,花径5~7cm,花色有黄、杏黄、橙等。

（2）吉坦纳节日（Fiesta Gitana）。株高25~30cm,早花种,花重瓣,花径5cm,花色有黄、橙和双色等。

（3）卡布劳纳（Kablouna）系列。株高50cm,大花种,花色有金黄、橙、柠檬黄、杏黄等,具有深色花心。其中1998年新品种米柠檬卡布劳纳（Kablouna Lemon Cream）,米色舌状花,花心柠檬黄色。

（4）红顶（Touch of Red）。株高40~45cm,花重瓣,花径6cm,花色有红、黄和红黄双色,每朵舌状花顶端呈红色。

（5）宝石（Gem）系列。株高30cm,花重瓣,花径6~7cm,花色有柠檬黄、金黄。其中矮宝石（Dwarf Gem）更为著名。

（6）圣日吉他。极矮生种,花大,重瓣,花径8~10cm。

（7）祥瑞。极矮生种,分枝性强,花大,重瓣,花径7~8cm。

还有柠檬皇后（Lemon Queen）和橙王（Orange King）等。

2. 种苗繁殖

主要用播种繁殖。常以秋播或早春温室播种,每克种子100~125粒,发芽适温为20℃~22℃。播后覆土3mm,7~10天发芽。因有自播性,落在园子里的种子可以自己发芽,所需土壤不必特别肥沃。

3. 栽培管理

金盏菊喜阳光充足环境,适应性较强,能耐 -9℃低温,怕炎热天气。在阳光充足及疏松、肥沃、微酸性土壤环境中生长更好。

(1) 基质。采用疏松透气、排水良好、无菌的栽培基质,栽培基质 pH 值应为5.9~6.2,基质 EC 值 0.75~1.5mS/cm。

(2) 水分。水分管理遵循"见干见湿"的原则,空气湿度保持40%~70%。

(3) 施肥。每周施 100~150ppm(15-0-15 或 12-2-14+6Ca+3MgO 和 20-10-20 交替使用),以保证植株生长分健壮。

(4) 病虫害防治。金盏菊栽培过程中常发生枯萎病和霜霉病危害,可用65%代森锌可湿性粉剂500倍稀释液喷洒防治。初夏气温升高时,金盏菊叶片常发生锈病危害,用50%萎锈灵可湿性粉剂2000倍稀释液喷洒。早春花期易遭受红蜘蛛和蚜虫危害,可用40%氧化乐果乳油1000倍液喷杀。

4. 花期调控

金盏菊的开花期可以通过改变栽培措施加以调节,调节的措施主要如下:

(1) 播种期调节。8月下旬秋播盆内,降霜后移至8℃~10℃室温下培养。白天放室外背风向阳处,严寒时放在室内向阳窗台上。一周左右浇一次水,保持盆土湿润,每月施一次复合液肥,到了隆冬季节即能不断开花。

3月底或7月初直播于庭院,苗出齐后适当间苗或移植,给予合理的肥水条件,6月初即可开花。因金盏菊成花需要较长的低温阶段,故春播植株比秋播的生长弱,花朵小。

8月下旬露地秋播,苗期适时控制浇水,培育壮苗。入冬后移栽到防寒向阳地内越冬,气温降至0℃以下时,夜间加盖草帘防寒,白天除去草帘。当最低气温降至 -7℃以下时,在草帘下加盖一层塑料薄膜。此时白天只打开草帘,不打开薄膜,但晴天中午前后宜打开薄膜适当通风。翌年早春最低气温回升到 -7℃以上时,及时除去薄膜,夜间盖上草帘即可。待最低气温升到0℃时应立即除去草帘。此时适当浇水保持土壤湿润,同时,每隔15天左右追加一次稀薄饼肥水,"五一节"可以达到盛花期。

(2) 修剪调节。早春正常开花之后,应及时剪去残花梗,促使其重发新枝。加强水肥管理,新枝于9~10月可再次开花。

2.1.7 羽衣甘蓝(*Brassica Oleracea var. acephala*)

十字花科甘蓝属2年生草本。原产地中海沿岸至小亚细亚一带,现广泛栽培,主要分布于温带地区。株高30cm,抽薹开花时可达100~120cm。根系发达,主要分布在30cm深的耕作层。茎短缩,密生叶片。叶片肥厚,倒卵形,被有蜡粉,深度波状皱褶,呈鸟羽状。栽培一年的植株形成莲座状叶丛,经冬季低温,于翌年开花、结实。总状花序顶生,花期4~5月。

1. 种类与品种

园艺品种形态多样,按高度可分高型和矮型。按叶的形态分皱叶、不皱叶及深裂叶品种。按颜色,边缘叶有翠绿色、深绿色、灰绿色、黄绿色,中心叶则有纯白、淡黄、肉色、玫瑰红、紫红等品种。

目前盆栽羽衣甘蓝的栽培品种有皱叶型羽衣甘蓝、圆叶型羽衣甘蓝和波浪型羽衣甘蓝。

(1) 名古屋系列。叶片卷曲,株型整齐,耐寒,生长适温5℃~20℃,播种后12周开花。

(2) 鸽系列。植株圆形,株高10~15cm,生长适温5℃~20℃,播种后12周开花,耐寒性好,花期长。

(3) 大阪系列。波浪形叶,生长适温5℃~20℃,播种后12周开花,夜温7℃~10℃时显色,抗寒性好。

2. 种苗繁殖

播种繁殖。培育大株应选在7月初育苗,花坛用小株在8月份育苗。播种时正值夏季,应注意遮阴降温。播种可直接播在露地苗床中,撒播,播后稍压土,并浇透水,约4~5天后发芽。真叶2~3片时移栽。

3. 栽培管理

喜冷凉气候,极耐寒,可忍受多次短暂的霜冻,耐热性也很强。生长势强,栽培容易,喜阳光,耐盐碱,喜肥沃土壤。生长适温为20℃~25℃。

(1) 基质。羽衣甘蓝生长周期较长,栽培基质的选择非常重要。一般选用疏松、透气、保水、保肥的几种基质材料混合而成,并在基质中适当加入鸡粪等有机肥作基肥。

(2) 密度。盆栽或露地栽培要注意株距,一次定植的株距在35cm左右,经多次假植的可在初期密度高一些。

(3) 水肥。定植缓苗后需加强肥水管理。一般选用200ppm的20-10-20的肥料,7天施用一次。生长期要充分接受光照。

(4) 病虫害防治。

苗期猝倒病:病害开始时往往仅个别幼苗发病,发病条件适合时以这些病株为中心,迅速向四周扩展蔓延,形成一块一块的病区。当苗床温度低,幼苗生长缓慢,再遇高湿,则感病期拉长,特别是在局部有滴水时,很易发生猝倒病。苗期遇有连续阴雨雾天,光照不足,幼苗生长衰弱发病更重。防治方法:加强苗床管理,根据苗情适时适量通风,避免环境低温高湿。浇水每次不宜过多,且在上午进行。未发病时用75%百菌清可湿性粉剂600倍稀释液或25%嘧菌酯1500倍稀释预防,在发病初期拔除病株后用普力克500~800倍稀释喷雾或灌根,或95%恶霉灵3000倍稀释喷雾或灌根。

蚜虫:蚜虫繁殖力很强,每年繁殖量很大,常群聚在叶片、嫩茎吸食液汁。防治方法:在蚜虫刚发生时,可喷40%氧化乐果、乐果1000~1500倍稀释液,或辛硫磷乳剂1000~1500倍稀释液,或蚜虱净1000倍稀释液或2.5%功夫乳油3000倍稀释液。

4. 株型调控

调节羽衣甘蓝株型的大小的措施如下:

(1) 调整播种期。羽衣甘蓝一般在平均温度低于15℃以下就开始变色,此时植株由营养生长转入生殖生长。因此,推迟播种期可减少植株的营养生长期,达到控制植株株型的效果。

（2）控制氮肥的施用。氮肥主要促进茎叶的生长，适当控制氮肥的施用可控制羽衣甘蓝的株型。反之，增加氮肥的施用可促进植株叶片肥大，株型增大。

（3）水分控制。控制浇水量也会影响植株的大小。羽衣甘蓝在基质湿润情况下生长茂盛，在干旱条件下株型瘦小。

2.1.8 一串红（*Salvia splendens*）

唇形科鼠尾草属多年生草本，常作一二年生栽培，原产巴西，我国各地广泛栽培。

方茎直立，光滑，株高30～80cm。叶对生，卵形，长4～8cm，宽2.5～6.5cm，顶端渐尖，基部圆形，边缘有锯齿。轮伞状总状花序着生枝顶。花冠唇形，红色，冠筒伸出萼外，长3.5～5cm，外面有红色柔毛，筒内无毛环。花萼钟形，长11～22mm，宿存。花冠、花萼同色。变种有白色、粉色、紫色等。花期7月至霜降。小坚果卵形，果熟期10～11月。一串红盆栽适合布置大型花坛、花境，景观效果特别好，常用作主体材料。矮生品种盆栽，用于窗台、阳台美化和屋旁、阶前点缀，也可室内欣赏。

1. 种类与品种

（1）萨尔萨（Salsa）系列。其中双色品种更为著名，玫瑰红双色（Rose Bicolor）、橙红双色（Salmon Bicolor）更加诱人，从播种至开花仅60～70天。

（2）赛兹勒（Sizzler）系列。这是目前欧洲最流行的品种，多次获英国皇家园艺学会品种奖，其中勃艮第（Burgundy）、奥奇德（Orchid）等品种在国际上十分流行，具花序丰满、色彩鲜艳、矮生性强、分枝性好、早花等特点。

（3）绝代佳人（Cleopatra）系列。株高30cm，分枝性好，花色有白、粉、玫瑰红、深红、淡紫等，从株高10cm开始开花。

（4）火焰（Blaze of Fire）。株高30～40cm，早花种，花期长，从播种至开花55天左右。

另外，还有红景（Red Vista）、红箭（Red Arrow）和长生鸟（Phoenix）等矮生品种。

同属观赏种有红花鼠尾草（S. coccinea），其中红夫人（Lady in Red）花鲜红色。珊瑚仙女（Coral Nymph）橙红花萼，白色花冠双色种。雪仙女（Snow Nymph）花萼和花冠均为纯白色。粉萼鼠尾草（S. farinacea），其中银白（Silver White）花白色。阶层（Strata）花萼白色，花冠蓝色，播种至开花需85～90天。维多利亚（Victoria）花萼和花冠均为深紫色。

2. 繁殖方法

以播种繁殖为主，也可用扦插繁殖。

（1）播种繁殖。播种时间于春季3～6月上旬均可进行，播后不必覆土，温度保持在20℃左右，约12天就可发芽。若秋播可采用室内盘播，室温必须在21℃以上，发芽快而整齐。低于20℃，发芽势明显下降。另外，一串红为喜光性种子，播种后不需覆土，可用轻质基质（如蛭石）撒于种子周围，既不影响透光又起保湿作用，可提高发芽率和整齐度，一般发芽率达到85%～90%。

（2）扦插繁殖。以5～8月为好。选择粗壮充实枝条，长10cm，插入消毒的基质中，温度保持20℃，插后10天可生根，20天可移栽。

3. 栽培管理

喜温暖和阳光充足环境。不耐寒，耐半阴，忌霜雪和高温，怕积水和碱性土壤，适宜于pH为5.5～6.0的土壤中生长。对光周期反应敏感，具短日照习性。

(1) 基质。基质 pH 介于 6.2~6.5，EC 值介于 0.75~1.0mS/cm。基质 pH 值过高，上部叶片发黄显示缺铁。一串红对高盐分敏感，如果叶片下垂，则有可能是盐分过高。

(2) 光照。30000~35000lx 光照。若光强度较弱，补充光照则可以减少徒长。光照过强，特别是夏季生产时应设置遮阳网。

(3) 温度。一串红生长最适温度为夜温 13℃~16℃，昼温 21℃~24℃。

(4) 水分。浇水原则"见干见湿"，空气湿度 40%~70%。

(5) 施肥。施钙基复合肥（15-0-15 或 12-2-14+6Ca+3MgO），氮浓度为 100~200ppm。若低温加上养分不足，容易发生黄叶现象。

(6) 摘心。当苗有 4 片叶子时，开始摘心，促进植株多分枝，一般可摘心 3~4 次。

(7) 病虫害防治。

花叶病：症状主要表现为叶面为浅绿色或黄绿与深绿相间，形成斑驳状花叶，叶片表面高低不平，皱缩甚至蕨叶，花朵小，花数少，植株矮小，呈退化状态。病毒主要通过蓟马、蚜虫等害虫或扦插过程中人员操作接触传染。要控制该病的发生和蔓延，需重视灭蚜，同时清除栽培环境附近的其他寄主，以减少侵染源。尽量使用 F_1 代穴盘苗而不是扦插繁殖苗。

灰霉病：在高温高湿下容易发生灰霉病。病害主要是由于基质含水量高，以及栽培环境空气湿度高，严重荫蔽，通风不良等。应及时采取措施，改善环境条件。

温室白粉虱：温室白粉虱以幼虫和成虫在叶背吸取汁液，使叶片变黄。成虫和幼虫均能分泌大量蜜露，分布于叶面和果实表面引起煤污病，影响叶片的光合作用，造成叶片早衰枯死。采取物理防治和化学防治相结合的防治方法，效果较好。在温室内设置"黄板"诱杀成虫。在发生初期喷洒 10% 可湿性粉剂吡虫啉 1500 倍稀释液（或双素碱水 500 倍稀释液，或蚜克西 500 倍稀释液，或一遍净 1000 倍稀释液）或 3% 啶虫脒 1000~2000 倍稀释液。以喷雾叶背为主，兼顾叶片正面。过 3~4 天再喷一次。喷雾时一定要加消抗液，因白粉虱体背翅背上有一层鳞粉，药物不易浮着和吸收。还可以采用熏蒸防治法。熏蒸可以使药物烟深入到棚体的各个角落。熏蒸在晚上进行，密闭温室，将烟剂摆放均匀，从里向外点燃，熏蒸一夜，第二天早晨打开温室通风。熏蒸所用药物有敌敌畏烟剂、蚜克灵烟剂等。3~4 天再熏一次，要连续熏蒸数 2~3 次。可用黄纸板粘贴来查看虫。并要注意空气流通，否则植株会发生腐烂病或受蚜虫、红蜘蛛等侵害。

4. 花期调控

一串红花期调控常采取调整播种期、摘心与修剪、温度调控，水肥调控等手段。

(1) 调整播种期。生产上一串红多用种子繁殖。播种的时期，因产花要求而定，早春播种的初夏开花，7 月播种的 9 月开花，10 月播种的 4 月开花。为实现周年生产，可实行分期播种。

(2) 摘心与修剪。一串红栽培可以摘心，也可以不用摘心，摘心会推迟花期。在不同的季节摘心对花期的影响也不一样。夏天摘心一般会推迟花期 10~12 天。冬春摘心会推迟花期 15~20 天。一串红花后重剪，也可使其再次开花，如春季盛开后进行修剪，迫使其抽生新枝，30~40 天后又可开花。

(3) 温度调控。温度是影响一串红生育期的重要因素之一。夏天一串红从定植到初花只要 45 天，冬春则需要 60~80 天，不同的温度管理生育期有较大的差别。

(4) 水肥调控。氮肥施得过多会推迟花期。生长后期,适当控制基质水分,有助于植株提早开花。

(5) 植物生长调节剂控制。过多的喷施生长抑制剂如多效唑将会推迟花期。

2.1.9 雏菊(*Bellis perennis*)

别名延命菊,春菊,马兰头花,玛格丽特。菊科雏菊属多年生草本植物,常秋播作2年生栽培(高寒地区春播作1年生栽培)。原产于欧洲至西亚,现世界各地均有栽培。株高15~20cm。叶基部簇生,匙形。头状花序单生,花径3~5cm,舌状花为条形。有白、粉、红等色。通常每株抽花10朵左右,花期3~6月。雏菊植株矮小,叶色翠绿可爱,花朵小巧玲珑,整齐美丽,花期长,生长势强,容易栽培,是早春地被花卉的首选,适用布置花坛、花带和花境边缘,也可家庭盆栽观赏。一葶一花,错落排列,外观古朴,花朵娇小玲珑,色彩和谐,可与金盏菊、三色堇、杜鹃、红叶小檗等配植,形成良好的景观效果。

1. 种类与品种

目前市场流行栽培品种有塔苏系列等。株高12cm,花径3cm,颜色有红色、玫红色、白色,叶色翠绿可爱,花朵小巧玲珑,整齐美丽,花期长,生长势强,容易栽培。

2. 繁殖方法

雏菊以播种繁殖为主。9月初秋播。穴盘育苗采用疏松透气、排水良好、无菌的基质。播种基质pH值应为6.2~6.5,EC值在0.75mS/cm左右。种子发芽需光照,播后无须覆盖。保持基质湿润,温度保持在20℃~22℃,发芽需要5~7天。胚根显露后,温度降低到18℃~20℃,并降低土壤湿度。要防止基质湿度过高,在两次浇水之间要让基质适度干透。施用一次氮浓度为75~100ppm的水溶性复合肥。炼苗阶段,温度降低至16℃~18℃,肥料浓度提高到100~150ppm,维持基质EC值在1.0~1.5mS/cm,并加强通风,防止徒长。

3. 栽培管理

雏菊耐寒,宜冷凉气候。在炎热条件下开花不良,易枯死。

(1) 光照。喜阳光充足,不耐阴。光照充足有利于防止植株徒长。

(2) 温度。生长适温为7℃~15℃,这样的温度有利于形成良好的株型。

(3) 水肥。生长期保持土壤湿润,每半月施肥一次,可施用氮浓度为150~200ppm的复合肥,维持基质EC值为1.5~2.0mS/cm,pH为6.2~6.8。如肥水充足则开花茂盛,花期亦长。

(4) 病虫害防治。常见菌核病、叶斑病和小绿蚱蜢危害。菌核病用50%托布津可湿性粉剂500倍液喷洒,小绿蚱蜢用50%杀螟松乳油1000倍液喷洒防治。

2.1.10 大花马齿苋(*Portulaca grandiflora*)

别名半支莲、松叶牡丹、太阳花。马齿苋科马齿苋属一年生肉质草本。原产南美巴西。我国各地均有栽培。茎细而圆,平卧或斜生,节上有丛毛。高10~15cm。叶散生或略集生,圆柱形,长1~2.5cm。花顶生,直径2.5~4cm,基部有叶状苞片,花瓣颜色鲜艳,有白、黄、红、紫等色。蒴果成熟时盖裂,种子小巧玲珑,棕黑色。6~7月开花。园艺品种很多,有单瓣、半重瓣、重瓣之分。大花马齿苋植株矮小,茎、叶肉质光洁,花色丰艳,花期长。宜布置花坛外围,也可辟为专类花坛或盆栽观赏。

1. 种苗繁殖

大花马齿苋主要用播种或扦插繁殖。

(1) 播种。种子非常细小,每克约8400粒。常采用育苗盘播种,播后不覆盖,保证基质足够湿润。发芽温度21℃~24℃,7~10天出苗。幼苗极其细弱,如保持较高温度,小苗生长很快,便能形成较为粗壮、肉质的枝叶。从播种到开花需70~80天。

(2) 扦插。生长期剪取健壮充实的枝条,长7~8cm,插入疏松透气、排水良好、无菌的基质。插后12~14天可生根,25天后上盆栽植。

2. 栽培管理

喜温暖、阳光充足而干燥的环境,阴暗潮湿之处生长不良。极耐瘠薄,一般土壤均能适应,而以排水良好的沙质土最相宜。

(1) 基质。盆栽基质可用3份田园熟土、5份黄沙、2份砻糠灰或细锯末,再加少许过磷酸钙粉均匀拌和而成。

(2) 光照。生长期必须放阳光充足处。

(3) 水肥。栽后浇水不宜过多,保持稍湿润和半阴环境。每半月施肥一次,可用20-20-20通用肥。

(4) 病虫害防治。大花马齿苋极少病害,重点防治蚜虫、杏仁蜂等。防治蚜虫的关键是在植株发芽前,即花芽膨大期喷药,可用吡虫啉4000~5000倍液。发芽后使用吡虫啉4000~5000倍液并加兑氯氰菊酯2000~3000倍液即可杀灭蚜虫。

2.1.11 万寿菊(*Tagetes erecta*)

别名臭芙蓉、万寿灯、蜂窝菊、臭菊花、蝎子菊,原产墨西哥,现广泛作庭院栽培观赏,或布置花坛、花境,也可用于切花。菊科万寿菊属一年生草本植物。茎直立,粗壮,多分枝,株高约80cm。叶对生或互生,羽状全裂。裂片披针形或长矩圆形,有锯齿,叶缘背面具油腺点,有强臭味。头状花序单生,有时全为舌状花,直径5~10cm,舌状花有长爪,边缘皱曲,花黄色、黄绿色或橘黄色,花期6~10月。

1. 种类与品种

目前市场流行栽培品种有安提瓜岛、完美系列等。

(1) 安提瓜岛系列。矮生,基部分枝性强,花径7.5cm,重瓣,株高25~30cm,生长适温18℃~20℃,播种后11周开花,适合花坛栽植或盆栽。

(2) 完美系列。株高35~40cm,播种后10~12周开花,对气候适应性强。

栽培品种多变,有皱瓣、宽瓣、高型、大花等。

2. 种苗繁殖

用播种繁殖或扦插繁殖。3月下旬至4月初播种,发芽适温15℃~20℃,播后一星期出苗,5~7片真叶时定植。扦插宜在5~6月进行,很易成活。

万寿菊穴盘育苗采用疏松透气、排水良好、无菌的基质,播种基质pH应为6.0~6.5,EC值在0.75mS/cm左右。种子发芽无须光照,播后用蛭石覆盖种子,保持基质湿润,温度保持在21℃~24℃。一旦胚根显露,就要把温度降低到20℃~21℃,并要在基质略干后再浇水,以利于更好地发芽和根的生长。此后,温度逐渐降低至18℃~20℃,施用氮浓度为75~100ppm的水溶性复合肥。炼苗阶段,温度可降低至17℃~19℃,但不要低于15℃,肥料浓度提高到 100~150ppm,维持基质 EC 值在 1.0~1.5mS/cm,但要避免使用铵态氮肥,在两次浇水之间要让基质干透,并加强通风,防止徒长。

3. 栽培管理

喜阳光充足的环境,耐寒、耐干旱,在多湿气候下生长不良。对土壤要求不高,但以肥沃、疏松、排水良好的壤土为好。

(1) 光照。万寿菊为阳性植物,生长、开花均要求阳光充足,光照充足有利于防止植株徒长。夏季大晴天的正午前后要适当遮阴降温。

(2) 温度。生长适温为 15℃~25℃,花期适宜温度为 18℃~20℃,冬季温度不低于 5℃,夏季温度高于 30℃ 时,植株徒长,茎叶柔软细长,开花小而少。

(3) 水肥。水肥管理的关键是采用排水良好的基质,保持基质的湿润虽然重要,但每次浇水前适当的干燥是必要的,当然不能使基质过干导致萎蔫。每周可施用氮浓度为 150~200ppm 的复合肥,维持基质 EC 值为 1.5~2.0mS/cm 以及 pH 为 6.2~6.8。

(4) 摘心或修剪。幼苗定植后,生长迅速,应及时摘心,促使分枝。为控制植株高度,在摘心后 10~15 天,用 B-9 溶液喷洒 2~3 次。夏、秋植株过高时,可重剪,促使基部重新萌发侧枝再开花。花后及时摘除残花并疏叶修枝,使花开得更多。

(5) 病虫害防治。常见病害有叶斑病、锈病,可用 50% 托布津可湿性粉剂 500 倍稀释液喷洒。常见虫害有红蜘蛛等,可用 50% 敌敌畏乳油 1000 倍稀释液喷杀。

2.1.12 孔雀草(*Tagetes patula*)

别名小万寿菊、杨梅菊、臭菊、红黄草,原产墨西哥,现广泛栽培。菊科万寿菊属一年生草本。株高 30~40cm。叶对生,羽状分裂,裂片披针形,叶缘有明显的油腺点。头状花序顶生,单瓣或重瓣,花形与万寿菊相似,但花朵较小而繁多。花外轮为暗红色,内部为黄色,故又名红黄草。除红黄色外,还培育出红褐、黄褐、纯黄色、橙色、淡黄、杂紫红色斑点等品种。花期从"五一"一直开到"十一"。孔雀草已逐步成为花坛、庭院的主体花卉,也可盆栽观赏。

1. 种类与品种

目前市场流行栽培品种有珍妮、英雄系列等。

(1) 珍妮系列。花径 5~6cm,株高 20~25cm,非常耐热,即使在高温情况下,花园地栽长势依然强健。生长速度快,整齐,株型紧凑。适合夏季栽培。

(2) 英雄系列。花径 5cm,株高 20~25cm,以开花早而著称,花多重瓣,耐寒性佳,宜秋、冬季栽培。

2. 种苗繁殖

播种和扦插均可。播种于 11 月至次年 3 月间进行,冬春播种的 3~5 月开花。扦插繁殖可于 6~8 月间剪取长约 10cm 的嫩枝,直接插于花盆即可。夏、秋季扦插的 8~12 月开花。

孔雀草穴盘育苗采用疏松透气、排水良好、无菌的基质,播种基质 pH 应为 6.2~6.5,EC 值在 0.75mS/cm 左右。孔雀草种子发芽无需光照,播后用蛭石覆盖种子,保持基质湿润,温度保持在 21℃~22℃。一旦胚根显露,把温度降低到 18℃~22℃,并在基质略干后再浇水,以利于更好的发芽和根的生长,增加光强至 10000~25000lx。此后逐渐降低温度,并控制水分,以防幼苗徒长。可施用 N 浓度为 75~100ppm 的水溶性复合肥。炼苗阶段,温度可降低至17℃～19℃,但最好不要低于15℃,肥料浓度提高到100～150ppm,维持基质EC值在1.0～1.5mS/cm,但要避免使用铵态氮肥,并加强通风,防止徒长。

3. 栽培管理

孔雀草喜阳光,但在半阴处栽植也能开花。它对土壤要求不严,既耐移栽,又生长迅速,栽培管理又很容易。撒落在地上的种子在合适的温、湿度条件中可自生自长,是一种适应性十分强的花卉。

(1) 光照。孔雀草为阳性植物,生长、开花均要求阳光充足,光照充足还有利于防止植株徒长。高温季节需要避免直射阳光,正午前后要遮阴降温。

(2) 温度。上盆后温度可降至18℃,经几周后可以降至15℃,开花前后可低至12℃～14℃,这样的温度有利于形成良好的株形,但在实际生产中难以达到此条件。所以,尽量把温度保持在5℃以上。

(3) 水肥。水分管理以基质干湿交替为原则。每周可施用氮浓度为150～200ppm的复合肥,维持基质EC值为1.5～2.0mS/cm以及pH为6.2～6.8mS/cm。植株缺肥会造成茎叶发红。夏季注意水肥管理。冬季气温较低时,要减少肥的使用量。如果是以普通土壤为基质的,则可以用复合肥在基质装盆前适量混合作基肥。肥力不足时,再追施肥料。

(4) 病虫害防治。孔雀草常见病害有褐斑病、白粉病等,属真菌性病害。土壤消毒、合理灌溉、清除病株病叶等园艺措施是防治病害的基本方法。一旦发生病害,及时喷锈粉宁等杀菌药。虫害主要是红蜘蛛,可加强栽培管理,在虫害发生初期用20%三氯杀螨醇乳油500～600倍稀释液进行喷药防治。

4. 花期调控

(1) 调整播种期。生产上孔雀草多用种子繁殖。播种的时期,因产花要求而定。早春播种的初夏开花,8月初播种的9月下旬开花,11月播种的次年3月开花,12月播种的次年4月开花。为实现全年生产,可实行分期播种。

(2) 摘蕾或修剪。孔雀草栽培一般不摘心。如果要推迟花期,可将花蕾摘除或开花后将残花、枝条修剪,使花枝更新,延长花期。为配合摘蕾或修剪,应增加肥水供应。

2.1.13 长春花(*Catharanthus roseus*)

别名日日春、四时春、五瓣梅,夹竹桃科长春花属多年生草本,在亚热带和温带地区都作为一年生花卉栽培。茎直立,多分枝。叶对生,长椭圆状,叶柄短,全缘,两面光滑无毛,主脉白色明显。聚伞花序顶生。花玫瑰红,花冠高脚蝶状,5裂,花朵中心有深色洞眼。长春花的嫩枝顶端,每长出一叶片,叶腋间即冒出两朵花,因此它的花朵特多,花期特长,花势繁茂,生机勃勃。从春到秋开花从不间断,所以有"日日春"之美名。适用于盆栽、花坛和岩石园观赏,特别适合大型花槽观赏,无论是白花红心还是紫花白色,装饰效果极佳。在热带地区长春花作为林下的地被植物,成片栽植,盛花时,一片雪白、蓝紫或深红,有其独特的风格。长春花还能与金盏菊相互轮作,夏、秋季长春花开出娇艳美丽的粉红色花朵,春季金盏菊开出明亮耀眼的黄花。高秆品种还可做切花观赏。

1. 种类与品种

在20世纪70年代以前栽培品种局限在白色、紫红色为多,近30多年来,美国、欧洲等育种家已选育出不少系列的新品种。常见品种有:

(1) 杏喜(Apricot Delight),株高25cm,花粉红色,花径4cm,红眼。
(2) 蓝珍珠(Blue Pearl),花蓝色、白眼。
(3) 冰箱(Cooler)系列,其中葡萄(Grape)花玫瑰红色,椒样薄荷(Popper mint)花白色、红眼,冰粉(Icy Pink)花粉红色,山莓红(Raspberry Red)花深红色,白眼。
(4) 热浪(Heat Wave)系列,是长春花中开花最早的品种,有花紫红色的兰花(Orchid),花淡紫蓝色的葡萄(Grape)。阳伞(Parasol),株高40cm,花径5.5cm,是长春花中最大的花。热情(Passion),花深紫色,黄眼,花径5cm。和平(Pacificas),花大,花径5cm,分枝性强,播种至开花仅需60天。
(5) 小不点(Little)系列,其中琳达(Linda)花玫瑰红色,小白(Blanche)花白色,亮眼(Bright Eye)花白色,深玫瑰红眼。
最新品种有阳台紫(Balcony Lavender),花淡紫色,白眼。樱桃吻(Cherry Kiss),花红色,白眼;加勒比紫(Caribbean Lavender),花淡紫色,具紫眼。
(6) 目前直立型长春花流行的栽培品种有:
太平洋系列:株高20~30cm,花径5cm,播种后仅60天就可以开花,花色丰富,分枝性好,花瓣重叠,且习性整齐,开花整齐一致。
地中海系列:花朵大,长势强健,在阳光充足、炎热干燥的栽培条件下表现优异。花早生,茂盛,可以很快满盆。

2. 种苗繁殖

常用播种、扦插和组培繁殖。
(1) 播种繁殖。4月春播。长春花每克种子750粒,发芽适温为18℃~24℃。播后14~21天发芽。出苗后在光线强、温度高的中午,需加遮阴2~3小时。待苗5cm高,有3对真叶时可上盆。
(2) 扦插繁殖。春季或初夏剪取嫩枝,长8~10cm,剪去下部叶,留顶端2~3对叶,插入基质中,保持基质稍湿润,室温20℃~24℃,插后15~20天生根。
(3) 组培繁殖。采用茎尖作外植体。经消毒的茎尖,剪成数段,每段0.4~0.6cm,接种在MS培养基附加6苄氨基腺嘌呤5mg/L和萘乙酸0.2mg/L,经1个月培养,长出不定芽。再转接到1/2MS培养基添加激动素0.2mg/L和吲哚乙酸2mg/L,半月后开始长出白根,成为完整植株。

3. 栽培管理

长春花喜温暖、稍干燥和阳光充足环境。生长适温3~7月为18℃~24℃,9月至翌年3月为13℃~18℃,冬季温度不低于10℃。长春花忌湿怕涝,宜肥沃和排水良好的土壤,耐瘠薄,但切忌偏碱性、板结、通气性差的黏质土壤。
幼苗具3对真叶时移栽到10cm盆,每盆3株。苗高7~8cm时摘心1次,以后再摘心2次,以促使多萌发分枝,多开花。生长期管理简单,无特殊要求,但应避免积水。每半月施肥1次,或用15-15-30的"卉友"盆花专用肥。盆栽或花坛脱盆地栽,从5月下旬开花至11月上旬,长达5个多月,在花期随时摘除残花,以免残花发霉影响植株生长和观赏价值。8~10月为长春花采种期,应随熟随采,以免种子散失。常有叶腐病、锈病和根疣线虫危害。叶腐病用65%代森锌可湿性粉剂500倍稀释液喷洒。锈病用50%萎锈灵可湿性粉剂2000

倍稀释液喷洒。根疣线虫用80%二溴氯丙烷乳油50倍稀释液喷杀防治。

2.1.14 百日草(*Zinnia elegans*)

别名步步高、火球花,菊科,百日草属,原产于墨西哥,一年生草本花卉。喜温暖和阳光充足的环境,适应性强,耐干旱,不耐阴,耐热。花朵硕大,色彩丰富,有紫红、红、黄、橙、白等色。春天播种,从播种到开花约需12~13周。花期长,是园林中常见的夏季草花,也是夏季花坛布置的主要材料。

1. 种类与品种

目前市场流行栽培品种有梦境、彼得诺系列等。

(1) 梦境系列。矮生,大花,花径约10cm,株高20~25cm,栽培时间只需要50~60天就会开花,花色繁多艳丽,适合盆栽及花坛布置。

(2) 彼得诺系列。株高30~35cm,播种后8~9周开花,花期长,可持续整个夏天,适宜在大型盆和组合盆种植。

2. 种苗繁殖

百日草常用播种繁殖。播种宜采用较疏松的人工基质。基质的pH为6.5~7.5,EC值以0.7mS/cm以下为宜。可用75%从加拿大进口的0~6mm品氏草炭+20%珍珠岩+5%蛭石比例混合均匀进行播种。播后用粗蛭石覆盖种子。第一阶段,保持温度在20℃~21℃,基质保持湿润,2~3天出苗。第二阶段,出苗后,逐渐加强光照和通风,基质仍需保持湿润,但要防止过湿,子叶完全展开时,施用50ppm的水溶性肥料,之后要喷保护性杀菌剂。第三阶段,第一对真叶展开后,温度降至18℃~20℃。基质湿度保持在50%~70%,浇水前让基质有轻微的干燥。尽量做到早上浇水,傍晚叶干。此阶段施用氮浓度为100ppm的氮肥(15-0-15或12-2-14+6Ca+3MgO和20-10-20交替使用)。第四阶段,本阶段已形成良好的根系,5~6片真叶,浇水前允许基质干燥,但要避免过长时间的萎蔫,施用氮浓度为200ppm钙基氮肥(15-0-15或12-2-14+6Ca+3MgO)。

3. 栽培管理

百日草生长适温为18℃~25℃,幼苗期必须在15℃以上,为耐旱性草本,在夏季多雨或土壤排水不良的情况下,植株细长,节间伸长,花朵变小。土壤以疏松、肥沃和排水良好的沙质壤土为好,忌连作。

(1) 基质。采用疏松透气、排水良好、无菌的栽培基质,栽培基质pH应为5.3~5.8,基质EC值应为1.2~1.5mS/cm。

(2) 温度。生长适温为18℃~25℃。

(3) 水分。浇水要见干见湿。

(4) 施肥。生长期每半个月施肥一次,可施氨态氮肥(20-10-20),花蕾形成前增施2次磷、钾肥。

(5) 摘心修剪。苗高10cm时进行摘心,促使多分侧枝。花后如不留种需及时摘除残花,促使叶腋间萌发新侧枝,可再度开花。

(6) 病虫害防治。种植过密、通风不良易发生白粉病。在改善通风的基础上,用25%百菌清可湿性粉剂800倍稀释液喷洒。虫害有蚜虫、潜叶蝇等。蚜虫可用50%杀螟松乳油1500倍稀释液喷杀。潜叶蝇的防治,发现后立即摘除虫害叶,可有效控制以后的发生程度。

发现虫道后,马上连喷 3 次"斑潜净"药剂,会收到良好的效果。

2.1.15 虞美人(*Papaver rhoeas*)

别名丽春花、赛牡丹、小种罂粟花,罂粟科罂粟属,2 年生直立草本,原产欧洲及亚洲。株高 40~60cm,花径 5~6cm,植株纤秀,花朵轻盈,色彩鲜艳。新品种不断上市,花瓣由单瓣向半重瓣、重瓣发展,花色由粉色、红、橙向黑色发展,五彩缤纷,是极美的春季花卉,适合于花坛、花境布置或草坪边缘成片栽植。

1. 种苗繁殖

虞美人以种子播种繁殖为主。播种后,一般不覆土,所以基质必须始终保持湿润,给予 1000lx 左右的光照利于发芽。胚根伸出后,保持 18℃~21℃。出苗后,逐渐加强光照和通风,基质仍需保持湿润,但要防止过湿。气温 25℃以上、晴天强光时,应盖遮阳网,最大光照强度为 25000lx。子叶完全展开时,施用 50ppm 的水溶性肥料,之后要喷保护性杀菌剂。第一对真叶展开后,温度降至 17℃~18℃。基质湿度保持在 50%~70%,浇水前让基质有轻微的干燥。此阶段施用氮浓度为 100ppm 的氮肥。炼苗阶段,温度可降低至 15℃~17℃,但最好不要低于 15℃,肥料浓度提高到 100~150ppm,维持基质 EC 值为 1.0~1.5mS/cm。

2. 栽培管理

虞美人喜凉爽、湿润和阳光充足的环境。直根系,根系深长,要求土壤排水良好、深厚肥沃。

(1) 光照。喜阳光充足,不耐阴。光照充足有利于防止植株徒长。

(2) 温度。生长适温为 10℃~25℃。

(3) 水肥。掌握间干间湿的浇水原则,忌积水及长期过湿。每月施肥一次,可施用氮浓度为 150~200ppm 的复合肥,维持基质 EC 值为 1.5~2.0mS/cm 以及 pH 为 6.2~6.8。肥量不宜过多,5 月花前增施磷、钾肥一次。

(4) 病虫害防治。幼苗期易发生枯萎病,发病初期可用 70%托布津可湿性粉剂 1000 倍稀释液喷洒防治。生长期有蚜虫危害,可用 50%杀螟松乳油 1500 倍稀释液喷杀。

2.2 多年生花坛植物生产

多年生观赏植物根据地下部分变态与否又可以分为宿根观赏植物和球根观赏植物两类。宿根、球根植物具有很强适应性、繁殖力强、栽种方便、管理粗放等特点,且宿根、球根植物因其品种的不同,花期、叶形、高矮各异,这样可调剂绿地的花期,达到一年四季有花可赏,在花坛观赏植物应用中所占比例不可小视,发展前景广阔。

2.2.1 萱草类(*Hemerocallis fulva*)

百合科萱草属多年生草本植物,别名众多,有"金针菜"、"黄花菜"、"忘忧草"等名。当食用时,多被称为"金针菜"(golden needle)。原产中国、南欧及日本,现广为栽培。喜光照或半阴环境,适宜种植于肥沃湿润、排水良好的土壤中。它适应多种土壤环境,无论盐碱地,砂石地,贫瘠荒地,均可生长良好。耐干旱、耐半阴、耐水湿。园林中丛植于花境、路旁,也可作疏林地地被,也适合于古典园林假山、点石、路旁、池边点缀或小片群植。家庭庭院适宜种植于后庭,或院落阶沿、墙边作院景点缀,极富饶趣(图2-2-1)。

1. 种类与品种

(1) 黄花萱草(金针菜)(*H. flava*)。原产中国,叶片深绿色带状,花6~9朵,花柠檬黄色,浅漏斗形。花蕾为著名的"黄花菜",可供食用。

图2-2-1 萱草

(2) 黄花菜(黄花)(*H. citrine*)。叶较宽,深绿色,花序上着花多达30朵左右。全国各地都有分布,尤其在湖南省祁东县官家嘴镇为最多,是黄花菜原产地。

(3) 大苞萱草(*H. middendo*)。花序着花2~4朵,黄色,有芳香,花梗极短,花朵紧密,具大型三角形苞片。花期7月。

(4) 童氏萱草(*H. thunbergh*)。叶片最长,花葶高1m以上,着花12~24朵,杏黄色,具芳香。

(5) 小黄花菜(*H. minor*)。叶绿色,花葶着花2~6朵,黄色,外有褐晕,有香气。傍晚开花。花期6~9月,花蕾可食用。

(6) 杂种萱草(大花萱草)(*H. Hybrid*)。美国一些植物园、园艺爱好者收集中、日等国所产萱草属植物,进行杂交育种而得,现品种已达万种以上,成为重要的观赏植物,也是百合科花卉中品种最多的一类。

2. 种苗繁殖

萱草可以用播种繁殖和分株繁殖。

(1) 播种繁殖。萱草自然生长很少能够结实,但人工辅助授粉能获得种子,通过种子播种可获得大量实生苗。大花萱草在苏州地区,花期主要集中在6月,部分品种有2次开花现象。萱草单花寿命一般不超过24h,大多数品种花朵在清晨开放,暮色降临后,逐渐闭合,一般常在22点后相继萎蔫。

人工辅助授粉后经30~40天,在7~8月间果实成熟。蒴果3室,成熟时果实背裂,每室有种子4~5粒,每果有种子5~18粒不等,种子黑色。不同品种的单果重与千粒重差异很大,小花品种的单果重较小,大花品种单果重较大。成熟种子胚占很大部位,如胚乳失水,胚极易因干燥而死亡,种子失去发芽力。因此,果实宜在果皮转黄,种皮开裂时采收,采收后将种子剥出,用牛皮纸袋装好后放入4℃冰箱中,低温保鲜贮藏。种子保留到8月下旬播种,播种后8~12天出苗,种苗生长30天左右,叶片数达到3~4片时第一次移栽。

(2) 分株繁殖。萱草种植每2~3年后需要分株一次。分株宜在秋季落叶后,或春季刚刚萌发前。春季分株植株,当年开花不好。分株时挖出母株,抖掉外围泥土细心观察,按照根的自然伸展间隔,顺势从缝隙中用手分开或利刀切开,每丛3~4芽,不宜过多。分开后加以修剪,并除去烂根,即可栽植。栽植后浇透水,保持湿润,半月后可恢复正常生长。

3. 栽培管理

(1) 播种苗的管理。第一次移栽,移入10cm×12cm的营养钵中。翌年秋季第二次移栽到大田中。栽植株行距,植株高大的品种为40cm×40cm;植株矮小的品种为30cm×

30cm。也可以第一次移栽时,直接移栽到大田中,第一次移栽时株行距为20cm×20cm。

幼苗再生长阶段,需肥料较多,要薄肥勤施。施肥可以与浇水结合,每隔10天施用一次0.2%的复合肥。2年生的种苗生长期的施肥可分2~3次进行,第一次在2月叶片大量萌发前,第二次在5月开花前,第三次在9月初,秋叶萌发前进行。

新苗移栽后,需维持土壤持水量的70%~80%,干旱应及时浇水。苗期植株小,需水量也小。从生殖生长开始,需水量逐渐增大,如这时缺水,将影响生长。花蕾期必须经常保持土壤湿润,防止花蕾因干旱而脱落,一般每隔一周浇水一次。

对于第一次开花的植株,及时剪除残花梗有利植株的发育。

萱草栽植2~3年后需要进行分植,以防止株丛过密而引发衰败。一般每株萱草每年的增殖系数为3左右。通常每丛萱草可保持15~16个分枝,株丛超过20枝必须进行分植。

(2) 成品苗养护管理。大花萱草栽培管理比较简单,要求种植在排水良好,夏季不积水,富含有机质的土壤中。由于花期长,除种植时施足基肥外,开花前及开花期需补充追肥2~3次,以补充磷、钾肥为主,也可喷施0.2%的磷酸二氢钾,促使花朵肥大,并可达到延长花期的效果。花后自地面剪除花茎,并及时清除株丛基部的枯残叶片。因其分蘖能力比较强,栽植时株行距须保持在30cm×40cm。栽后第2年适时追肥,对当年开花有较大影响。全年最好施3次追肥,第1次在新芽长到约10cm时施;第2次在见到花葶时施;第3次在开花后10天施。施后注意浇水,保持土壤湿润状态可促多开花。萱草根系有逐年向地表上移的趋势,秋冬之交要注意根际培土,并中耕除草。

2.2.2 玉簪类(*Hosta*)

百合科玉簪属多年生植物,又名白萼、白鹤仙。原产东亚寒带与温带,世界有23~26种,主要分布于中国、日本、朝鲜、韩国。现代庭园,多配植于林下草地、岩石园或建筑物背面,也可三两成丛点缀于花境中。

图 2-2-2 玉簪

1. 种类与品种

(1) 玉簪(*Hosta plantaginea* Aschers)(图2-2-2),宿根草本,株高约40cm,变种有重瓣玉簪(var. plena Hort.),花重瓣,白色,花期6~8月。

(2) 紫萼(*H. ventricosa* Stearm),叶片薄质,花色淡堇紫色,花期6~8月。

(3) 狭叶玉簪(*H. lancifolia* Engler),别名狭叶紫萼、日本玉簪,花期8月,花色淡堇紫色,叶片有白边及花叶变种。

(4) 波叶玉簪(*H. undulata* Bailey),别名皱叶玉簪,叶缘有微波浪,叶面有乳黄或白色纵,花期7~8月。

2. 繁殖方法

多于春、秋季分株繁殖,也可播种或组织培养繁殖。

一般在春季萌芽前进行,把母株挖出,抖掉多余的盆土,把盘结在一起的根系尽可能地分开,用锋利的刀把它剖开成两株或两株以上,分出来的每一株都要带有相应的根系,并对其叶片进行适当修剪,以利于成活。分株后灌根或浇一次透水。20 天左右正常养护。在分株后的 3~4 周内要节制浇水,适当遮阳。

3. 栽培管理

玉簪植株生长健壮,耐严寒,喜阴湿,畏阳光直射,在疏林及适当庇荫处生长繁茂。喜土层深厚、肥沃湿润、排水良好的砂质壤土。

玉簪在苏南地区的物候期大致是:3 月萌芽出土,8~9 月开花,10 月果实成熟,11 月中下旬霜后地上部枯萎,根茎与休眠芽露地越冬。通常 2~3 年生的地下茎,可发 5 个左右新芽,株丛具根出叶 20 片左右,丛径幅宽约 50cm。

玉簪种植宜选不积水,夏季阳光不过强的地方。在直射阳光下,生长十分缓慢或进入半休眠的状态,并且叶片也会受到灼伤而慢慢地变黄、脱落。因此,在炎热的夏季要遮掉大约 50% 的阳光。夏季高温、闷热(35 ℃ 以上,空气相对湿度在 80% 以上)的环境不利于它的生长。对冬季温度要求很严,当环境温度在 10 ℃ 以下停止生长,低于 0 ℃ 地上部分枯萎,地下部分宿存越冬。夏季水涝 24h 以上,玉簪即出现凋萎现象。土壤以微酸性、含有较丰富的有机质为宜。也可选缓释性复合肥,每亩用量为 12kg 左右。

2.2.3 鸢尾类(*Iris spp.*)

鸢尾科鸢尾属多年生草本植物,原产亚洲、欧洲。鸢尾地下部分可分为块状或匍匐状根茎,或鳞茎、球茎。根茎类鸢尾比较耐寒,若有雪覆盖,可耐 -40℃ 的低温。大多数喜阳光,也有耐阴的。对土壤和水分要求不严,有喜排水良好、适度湿润土壤者,如鸢尾、蝴蝶花、德国鸢尾等,大多数鸢尾属这一类;有喜湿润土壤至浅水者如溪荪、花菖蒲等;

图 2-2-3 鸢尾

有喜生于浅水中者如黄菖蒲、路易斯安娜鸢尾等。现代用于花卉栽培的鸢尾,大多是经过长期杂交选育,培养出的一批园艺栽培种。鸢尾是花境、花带、林边或隙地的极好绿化材料,也可丛植、群植在建筑物前、绿篱旁,还可作切花(图 2-2-3)。

1. 种类与品种

根据对土壤的要求,常见的种类有以下三类:

(1) 适合碱性土壤的鸢尾类:

鸢尾(*I. tectorum*),别名扁担花、蓝蝴蝶,花色白、蓝,花期 5 月,耐寒、耐旱、耐水湿。

德国鸢尾(*I. germannica*),花色丰富,矮生品种只有 15cm 高。

香根鸢尾(*I. florentina*),花白色有淡蓝色晕,花期 5 月。

银包鸢尾(*I. pallida*),花淡紫色,花期 5 月,花茎高可达 120cm,有花叶和花瓣带斑点的品种。

(2) 适合酸性土壤的鸢尾类:

蝴蝶花(*I. japonica*),别名日本鸢尾、兰花草,花色淡紫,花期 4~5 月,长江流域地区可露地越冬,喜半阴。

黄菖蒲(*I. pseudacorus*),别名黄花鸢尾,植株高大,有大花、深黄、白色及重瓣品种,在水边生长最好。

花菖蒲(I. ensata)，别名玉蝉花、东北鸢尾、紫花鸢尾，花深蓝紫色，花期6~7月，有大花、重瓣品种。

燕子花(I. laevigata)，别名平叶鸢尾、光叶鸢尾，花色深紫，花期6~7月，有红、白、翠绿色变种，园艺品种极多。

溪荪(I. sanguinea)，别名红赤鸢尾、东方鸢尾，花期5~6月，有白色变种。

美国鸢尾(I. hybrida)，又名常绿水生鸢尾、路易斯安娜鸢尾，花期5月，花色丰富，园艺栽培品种极多。

(3) 对土壤要求不严，可生长在任何地方的鸢尾类：

马蔺(I. lactea var. chinensis)，花色堇蓝，叶片革质而硬，耐干旱和水湿，根系发达，可作护坡或盐碱地改良。

拟鸢尾(I. spuria)，又名欧洲鸢尾，花色有淡蓝色、白、乳黄，花期6~7月。

2. 繁殖方法

鸢尾可用播种繁殖，也可分株繁殖。多数鸢尾通常用分株方法繁殖，一般2~4年分株一次。苏州地区在春、秋两季进行分株。分割根茎时，每段根茎要求具2~3个芽。利用根茎繁殖幼苗，可将新根茎分割后，插埋于湿沙中，保持20℃温度，2周内可以促进不定芽的发生。

播种繁殖多用于自然结实的种类。应在种子成熟采收后立即播种，延迟播种种子需要低温湿藏。播种苗2~3年开花。若播种苗在保护地越冬，则生长18个月即可见花。

3. 栽培管理

鸢尾的多数种类要求日照充足，如花菖蒲、燕子花、德国鸢尾等，在庇荫度较大的生长条件下，常开花稀少。而蝴蝶花，在半阴处生长较好。最适土温为16℃~18℃，生长的日夜平均温度可为20℃~23℃，最低温度为5℃。在高温和光线较弱的温室中，缺少光照会造成花朵枯萎。鸢尾对氟元素敏感，含氟的肥料和磷酸盐肥料禁止使用。在生长过程中，防止因叶片受损而感染灰霉病，从而植株生长受阻，甚至植株倒伏、死亡。另外轮作或对土壤进行消毒处理，可减少感染软腐病或根腐病。

2.2.4 麦冬类(Liriope spp).

百合科沿阶草属多年生常绿草本植物，原产中国及日本，现广为栽培，喜光、耐阴、耐寒、耐高温多湿，对土壤适应性较强，可粗放管理。常作花坛植物、地被植物栽培(图2-2-4)。

1. 种类与品种

国内常栽培种有：

(1) 阔叶山麦冬(Liriope platyphylla)，百合科山麦冬属常绿草本植物，叶片绿色，花紫色，花期

图2-2-4 麦冬

8~10月。栽培品种中常见的还有金边阔叶麦冬(Liriope platyphylla 'variegata')，叶片边缘黄绿色。

(2) 矮麦冬(Ophiopogon japonicus 'Nana')，百合科沿街草属多年生常绿草本植物，叶绿

色,株高 8~10cm。常见的品种还有黑麦冬(*Ophiopogon japonicus*),植物高度 8~10cm,叶片墨绿偏黑色。喜阴湿温暖,稍耐寒。江南地区栽培四季常绿。

2. 繁殖方法

以分株繁殖为主,一般在 3 月下旬至 4 月下旬进行。选生长旺盛、无病虫害的壮苗,剪去块根和须根,以及叶尖和老根茎,拍松茎基部,使其分成单株,剪除残留的老茎节,以基部断面出现白色放射状花心(俗称菊花心)、叶片不开散为度。按行距 20cm、穴距 15cm 开穴,穴深 5~6cm,每穴栽苗 2~3 株,苗基部应对齐,垂直种下,要做到地平苗正,及时浇水。

3. 栽培管理

宜选疏松、肥沃、湿润、排水良好的中性或微碱性砂壤土栽培,积水低洼地不宜栽植,忌连作。每亩施农家肥 3000kg,配施 100kg 过磷酸钙和 100kg 腐熟饼肥作基肥。深耕 25cm,整细耙平,做成 1.5m 宽的平畦,挖穴栽植。麦冬生长期长,需肥量大,一般每年 5 月开始追肥,结合松土每年追肥 3~4 次。

2.2.5 金光菊类(*Rudbeckia*)

菊科金光菊属,多年生草本植物,头状花序大或较大,有多数异形小花,原产于北美及墨西哥,喜通风良好、阳光充足的环境,适应性强,耐寒又耐旱,对土壤要求不严,但忌水湿,对光照不敏感,无论在阳光充足地带,还是在阳光较弱的环境下栽培,都不影响其生长开花,是花境、花带、树群边缘或隙地的极好绿化材料,也可丛植、群植在建筑物前、绿篱旁,还可做切花(图 2-2-5)。

图 2-2-5 金光菊

1. 种类与品种

(1)黑心金光菊(*R. hybrida*),别名黑心菊,全株被粗糙硬毛,舌状花单轮黄色,管状花黑褐色,花期 5~9 月。

(2)抱茎金光菊(*Rudbeckia amplexicaulis Vahl*),全株无毛,舌状花黄色,管状花黄绿色,有重瓣变种。

(3)二色金光菊(*Rudbeckia bicolor Nutt.*),舌状花红黄双色。

(4)全缘金光菊(*Rudbeckia fulgida Ait.*),叶面被长硬毛或柔毛,舌状花金黄色或基部橙黄色,管状花褐紫色。

(5)金光菊(*Rudbeckia laciniata L.*),茎生叶 3~5 裂,花黄色,花期 7~9 月。

(6)齿叶金光菊(*Rudbeckia speciosa Wend.*),金黄色,管状花黄绿色,花期 7~9 月。

(7)毛叶金光菊(*Roserotina*),全株被粗毛,头状花序单生于茎顶,直径 8~10cm。舌状花瓣金黄色,茎部色深,管状花从紫黑色变为深褐,花期 7~10 月。

2. 种苗繁殖

以播种和分株繁殖为主。播种繁殖在春、秋季均可进行,但以秋播为好。播种后 10~15 天出苗,待苗长出 4~5 片真叶时移栽,翌年开花。分株繁殖宜在早春进行,将地下宿根挖出后分株,每份要具有 3 个以上的萌芽。播种苗和分株苗均应栽植在施有基肥与排水良好、疏松的土壤中。种植后浇透水,视光照强度,适当遮阳。为了促使侧枝生长,延长花期,当第一次花谢后要及时剪去残花。重瓣品种多采用分株法。

3. 栽培管理

金光菊性喜向阳通风生长环境,耐寒耐旱,不择土壤,管理可较为粗放,多作地栽,适生于砂质壤土中,对水肥要求不严。植株生长良好时,可适应以氮、磷、钾肥进行追肥,使黑心菊花朵更加美艳。生长期间应有充足光照。摘心可延长花期。对于多年生植株要强迫分株,否则会使长势减弱而影响开花。

2.2.6 金鸡菊(*Coreopsis basalis*)

菊科金鸡菊属多年生宿根草本植物,别名小波斯菊、金钱菊、孔雀菊,可在草地边缘、坡地、草坪中成片栽植,也可做切花,还可用作地被(图2-2-6)。

1. 种类与品种

(1) 金鸡菊(*Coreopsis basalis*),全株疏生长毛,叶全缘浅裂,茎生叶3~5裂,头状花序径6~7cm,具长梗,花金黄色。

图 2-2-6　金鸡菊

(2) 大花金鸡菊(*C. grandiflora*),全株稍被毛,有分枝,基生叶披针形,全缘,舌状花8枚,黄色,管状花也为黄色。

(3) 大金鸡菊(*C. lanceolata*),无毛或疏生长毛,叶多簇生基部或少数对生,茎上叶很少,头状花序,舌状花8枚黄色,端2~3裂,管状花黄色。

(4) 轮叶金鸡菊(*Coverticillata*),无毛,少分枝,叶轮生无柄掌状3深裂,各裂片又细裂,管状花黄色至黄绿色。

2. 种苗繁殖

常用播种繁殖。4月播种,播后轻压或覆盖细土,7~10天发芽,发芽率高,但发芽不整齐。也可在春、夏季用嫩枝进行扦插繁殖或秋季进行分株繁殖。

3. 栽培管理

耐寒耐旱,对土壤要求不严,喜光,但耐半阴,适应性强,对二氧化硫有较强的抗性。生长期每月施肥1次,花期停止施肥,防止枝叶徒长,影响开花。花后应及时剪去花梗,以便茎部萌发种苗。一般植株生长5~6年后需重新繁殖更新。

2.2.7 蓍草类(*Achillea*)

菊科蓍属多年生草本植物,原产东亚、西伯利亚及日本,现广为栽培,花白或粉红色,花果期7~10月,长三角地区冬季常绿,是花坛、花境和鲜切花的良好材料(图2-2-7)。

1. 种类与品种

(1) 蓍草(*A. alpina*),全株被柔毛,花淡红色或白色,花期7~8月。

(2) 千叶蓍(*A. millefolium*),别名西洋蓍草、锯叶蓍草,花白色,花期6~8月,变种有红花蓍草和粉花蓍草。

图 2-2-7　蓍草

(3) 蕨叶蓍草(*A. filipendulina*),别名凤尾蓍,花鲜黄色,花期 6～8 月。种子有春化要求。

(4) 矮珠蓍(*A. nana*),全株密被柔毛,茎不分枝,高 5～10cm,花灰白色,芳香。

2. 种苗繁殖

播种、扦插或分株繁殖。

3. 栽培管理

喜阳性,耐半阴,耐寒,喜温暖,阳光充足及半阴处皆可正常生长。

蓍草栽培简单,管理粗放,一般不会发生病害。生长旺季要保持土壤湿润,要做到不干不浇,不可浇水过度,开花后要重剪,加强追肥。冬季地上部分不枯萎,苏州地区可常绿越冬。

2.2.8 宿根福禄考类(*Phlox*)

花荵科天蓝绣球属多年生草本植物,原产北美,现广为栽培。根茎呈半木质,茎粗壮直立,顶生圆锥或球状花序,花色丰富,以红、紫、粉、白及复色品种为主,花期 6～10 月。喜光照充足,耐寒,适合于温和气候,喜排水良好,忌夏季炎热多雨,稍耐石灰质土壤,是花坛、花境、切花、地被、盆栽的良好材料(图 2-2-8)。

图 2-2-8 宿根福禄考

1. 种类与品种

(1) 宿根福禄考(*P. paniculata*),茎直立不分枝,株高 60～120cm,花色丰富,花期 6～9 月。

(2) 丛生福禄考(*P. subulata*),植株匍匐呈垫状,基部稍木质化,株高 10～15cm,花色丰富,花期 3～5 月。

2. 繁殖方法

常用扦插或分株繁殖。5～6 月扦插时取宿根福禄考当年生枝条,插穗长 5～8cm,留叶 2～3 对。扦插后保持基质湿润,2～3 周即可生根。分株繁殖于 3～4 月进行。分株时保证每丛带 3～4 个芽。丛生福禄考由于植株纤细,分株繁殖时每丛要保证带 8～10 个芽。

3. 栽培管理

生长旺季要保持土壤湿润,但要做到不干不浇,不可浇水过度。肥料用粪肥或饼肥水,每 10～15 天浇一次。开花后要及时去掉残花,加强追肥,促其边叶腋间萌发新梢再次开花。

2.2.9 荷包牡丹(*Dicentra spectabilis*)

罂粟科荷包牡丹属多年生草本,别名铃儿草、兔儿牡丹(图 2-2-9)。株高 30～60cm,具肉质根状茎,叶对生,2 回 3 出羽状复叶,状似牡丹叶,叶具白粉,有长柄,裂片倒卵状。总状花序顶生呈拱状,花下垂向一边,鲜桃红色,有白花变种,宜布置花境、花坛,也可以盆栽,作促成栽培,做切花,还可以点缀岩石园或在林下大面积种植。

荷包牡丹喜光,可耐半阴,性强健,耐寒而不耐夏季高温,喜湿润,不耐干旱。宜富含有机质的壤土,在沙土及黏土中生长不良。

1. 繁殖方法

常用分株或将根茎截段繁殖。秋季将地下部分挖出,清除老腐根,将根茎按自然段顺势分开,分别栽植。另可将根茎截成段,每段带有芽眼,插于沙中,待生根后栽植盆内。

2. 栽培管理

在生长期要给以充足的肥水,花期少搬动,以免落花影响观赏价值。花后地上部分枯萎,可挖起根茎盆栽,保持温度15℃和湿润环境,进行促成栽培,70天左右又能见花。根据促成栽培开始的时间早晚,可在2~6月份内控制开花日期,分批供应市场。

图2-2-9　荷包牡丹

2.2.10　羽扇豆(*Lupinus polyphyllus*)

蝶形花科羽扇豆属多年生草本植物,也称多叶羽扇豆,茎上升或直立,基部分枝,全株被棕色或锈色硬毛,掌状复叶,小叶5~8枚,花期3~5月,果期4~7月。较耐寒,喜光,忌炎热,略耐阴,需肥沃、排水良好的酸性沙质土壤,在中性及微碱性土壤植株生长不良。主根发达,须根少,不耐移植。江苏地区冬季要适当防护可露地过冬。羽扇豆特别的植株形态和丰富的花序颜色,是园林植物造景中较为难得的配置材料,用作花境背景及林缘河边丛植、片植(图2-2-10)。

图2-2-10　羽扇豆

1. 种类与品种

(1) 画廊(lupinus gallery),植株紧凑的矮生品种,也是市场最新培育的早花品种,高度50~60cm,花穗整齐健壮,单穗最多可开12朵花,花色丰富(红、粉红、黄、蓝、白五色)。一、二月播种当年即可开花,春播秋播均可,适合盆栽观赏。

(2) 绶带(lupinus russell hybrids),高型品种,高度100~130cm,花期晚,长势强,花色多,适于露地栽植及多年生观赏。

2. 繁殖方法

多以播种繁殖,春、秋播均可,但3月春播,遇到高温容易导致哑花,多作2年生栽培。9~10月中旬播种,花期翌年4~6月。育苗基质宜疏松均匀、透气保水,常用草炭土、珍珠岩、砻糠灰按7∶2∶1混合配制。发芽适温25℃左右,保证基质湿润,7~10天发芽,发芽率高。

也可扦插繁殖,在春季剪取根茎处萌发的枝条,剪成8~10cm,最好略带一些根茎,扦插于冷床即可。

3. 栽培管理

羽扇豆苗期30~35天,待真叶完全展开后移苗分栽。羽扇豆根系发达,移苗时保留原土,以利于缩短缓苗期。苗期至少移栽一次,可用10cm×12cm的营养钵进行第一次移栽,移栽后确定合理的摆盆密度。作2年生栽培时,应采取相应的越冬防寒措施。温度保持在5℃以上,避免叶片受低温冷害,影响前期的营养生长和观赏效果。夏季应防止高温,避免阳光曝晒造成叶片灼伤而影响美观。

栽培土壤宜偏酸性,常在栽培基质中拌和硫黄粉。硫酸亚铁、硫酸铝等酸性肥料虽具有短期内降低pH的效果,但过高的盐离子浓度会对植物根系造成毒害,生产中要少用。

羽扇豆主要病害为叶斑病和白粉病,栽培过程中应注意剪除过密和枯黄的枝条,使其通风透光。用多菌灵可湿性粉剂1500倍稀释液喷施,防治效果良好。

2.2.11 毛地黄(*Digitalis purpurea*)

玄参科毛地黄属多年生草本植物,别名洋地黄、指顶花、金钟、心脏草、毒药草、紫花毛地黄、吊钟花(图2-2-11)。株高60～120cm,叶粗糙、皱缩、叶基生呈莲座状,花期5～6月。喜阳且耐阴、耐寒、较耐干旱、耐瘠薄土壤,适宜在湿润而排水良好的土壤上生长。

1. 种类与品种

栽培品种有白、粉和深红色等,一般分为白花自由钟,大花自由钟,重瓣自由钟。

2. 繁殖方法

常用播种繁殖,一般春季3月上旬播种,45天后,幼苗长到3～5片叶时,即可移栽。

3. 栽培管理

幼苗要注意及时浇水和松土除草,以减轻病害。

毛地黄略喜阴和冷凉,生长的适温为12℃～19℃。在足够的湿度和适当的低温下,也可以在较强的光照下生长。在强光照和夜间温度超过19℃的温室里也会开花,但开花品质不好。

图2-2-11　毛地黄

常见病虫害有枯萎病、花叶病和蚜虫。发现病害时,应及时清除病株,用石灰进行消毒。发生蚜虫时,可用吡虫灵喷杀。

2.2.12 薰衣草(*Lavandula angustifolia*)

唇形科薰衣草属多年生亚灌木,常做一二年生栽培,又名香水植物、灵香草、香草、黄香草,株高45～90cm,呈丛生状,茎直立,叶呈长披针形或羽毛状,花为穗状花序顶生,有蓝、深紫、粉红、白色等,全株均具芳香(图2-2-12)。薰衣草喜欢冷凉的气候,耐寒力较强,但不耐高温,夏季种植需遮光。对土壤要求不严,耐瘠薄,喜干燥,土壤过于潮湿常会造成植株突然死亡。薰衣草种子发芽的最低温度为8℃～12℃,最适温度18℃～22℃,生长适宜温度20℃～32℃,冬季可以忍受-20℃～-35℃的低温,特别在苗期更耐低温。在具4～5对叶片时,可耐-5℃～-8℃的低温。

1. 种类与品种

(1) 狭叶薰衣草（L. anguistifolia），有很多品种。

(2) 法国薰衣草（L. stochas），半抗寒，有独特的萼片，花凋谢后，萼片宿存。

(3) 齿叶薰衣草（L. dentate），叶芳香，为柔软的种类，冬季开花。

(4) 绵毛薰衣草（L. lanata），半耐寒，有芳香气味，叶白色，被茸毛，花紫色。

(5) 法国薰衣草亚种（L. stoechas subsp. Peduculata），半抗寒，叶细长而密集，长花梗，花洋红至粉红色，苞片直立。

(6) 宽叶薰衣草（L. latifia），花枝可驱除苍蝇。

(7) 绿薰衣草（L. viridis），叶绿色，花白色或绿色，叶有香脂气味，高35cm左右。

图2-2-12 薰衣草

2. 种苗繁殖

薰衣草可以用播种和扦插方法繁殖。

(1) 播种繁殖。一般江苏地区在10月份播种。薰衣草种子发芽困难，播种前常用温水浸泡，不同品种浸泡时间不同，一般恒温30℃需12～24h不等。狭叶薰衣草种子不易吸水，把种子磨毛后用温水浸泡12h后，在20℃～30℃温度下用浓度为25mg/kg浓度的赤霉素溶液浸泡种子2h。滤出种子，微干后即可播种。其他类型的薰衣草种子直接用温水浸泡即可。

(2) 扦插繁殖。一般选用无病虫害健康的植株顶芽或较嫩、没有木质化的枝条扦插，扦插容易成活，一般2～3周就会生根。扦插苗的管理比较方便，整个苗期都不用施肥，生产上采用较多。

3. 栽培管理

薰衣草忌涝，水分管理应遵循"干透浇透"的原则，浇水避免水溅在叶子及花上，否则易腐烂且滋生病虫害。若土壤积水时间长，植株会突然死亡。薰衣草虽耐瘠薄，但充足的养分供应有利于植株生长健壮。开完花后必须进行修剪，修剪后保留的植株高度为原来的2/3左右，有利于生长。修剪时注意不要剪到木质化的部位，以免植株衰弱死亡。薰衣草病虫害较少，如果管理得好，基本不会出现病虫害。如果管理不当可能出现根腐病。虫害主要是红蜘蛛和蚜虫。蚜虫用黄板诱捕预防，用吡虫灵1000倍稀释液防治。

2.2.13 花毛茛（Ranunculus asiaticus）

毛茛科花毛茛属多年生草本花卉，又称芹菜花、波斯毛茛。株高20～40cm，块根纺锤形，常数个聚生于根颈部。茎单生，或少数分枝，有毛，基生叶阔卵形，具长柄，茎生叶无柄，为2回3出羽状复叶。花单生或数朵顶生，花径3～4cm，花期4～5月，有重瓣、半重瓣，花色丰富，有白、黄、红、水红、大红、橙、紫和褐色等多种颜色（图2-2-13）。喜凉爽及半阴环境，忌炎热，适宜的生长温度白天20℃左右，夜间7℃～10℃。既怕湿又怕旱，宜种植于排水良好、肥沃疏松的中性或偏碱性土壤。6月后块根进入休眠期。

1. 种类与品种

花毛茛可分为波斯花毛茛（Persian Ranunculus）、班塔花毛茛（Rurban Ranunculus）、法国

花毛茛(French Ranunculus)和牡丹花毛茛(Paeonia Ranunculus)等四种类型,但是近些年将这些品种进行杂交,培育出很多现代品种,已经找不到品系的代表特征,因此现在主要根据品种进行分类。

(1)复兴品系。有复兴白(Ranunculus white)、复兴粉(Ranunculus Pink)、复兴黄(Ranunculus Yellow)、复兴红(Ranunculus Red)等品种,植株高大,常做切花。

图 2-2-13 花毛茛

(2)超级品系。有超级粉(Super jumbo Rose ~ pink)、超级黄(Super jumbo Golden)、维多利亚红(Victoria Red)、维多利亚玫瑰(Victoria Rose)等品种,多为重瓣,可做切花、盆花。

(3)福花园品系。福花园(Fukukaen Strain)花朵重瓣率高,花瓣多,色彩艳丽,有红、橙、黄、粉等多色,可用于切花或盆花。

(4)幻想品系。有幻想曲(Perfect Double Fantasia)、多彩(High Collar)等,可做切花或花坛花卉。

2. 繁殖方法

以分株繁殖为主,也可播种繁殖。

(1)分株繁殖。花毛茛夏季进入休眠期后,将休眠块根挖起,晾干放在通风干燥处贮藏。9~10月栽植块根。栽植前顺根颈部有自然分开状部位用手掰开或使之自然分离。分离块根时应注意带有根颈部分,否则不能发芽。种前用温水浸泡块根2~3h有利于发芽。以3~6个块根为一丛,进行地栽或盆栽,覆土宜浅,3cm左右。发芽后每隔10天施1次稀薄腐熟有机肥液,然后按常规管理即可。

(2)播种繁殖。种子成熟应立即播种,在温度10℃条件下,约20天生根。温度过高发芽缓慢。通常秋季露地播种,长出2对真叶后移栽,次年春开花,也可春节催花。

3. 栽培管理

花毛茛苗期需搭遮阳网降温,防治光照过强,温度过高。为防止幼苗徒长,以白天温度低于15℃,夜间温度为5℃~8℃,温差小于10℃为宜。开花前每10天施一次氮、磷、钾比例为3:2:2的复合肥水溶液,并逐渐增加施肥的浓度和次数。花期浇水要适量均衡,保持土壤湿润。及时剪掉残花,花期可长达1~2个月。入夏后温度升高,要停止施肥和浇水,当枝叶完全枯黄时,选择连续2至3天晴天采收块根。采收块根时,应逐个挖取,以避免损伤块根。块根经冲洗、杀菌消毒、晾干后,贮藏至秋季栽植。生长阶段加强病虫害防治,发现病株及时拔除,定期喷洒广谱杀菌剂灭菌。随时监控斑潜蝇、蚜虫等虫害的发生。

2.2.14 郁金香(Tulipa gesneriana)

百合科郁金香属多年生草本植物(图2-2-14,图2-2-15),原产地中海沿岸及中亚细亚和伊朗、土耳其等地,现已被世界各地栽培,其中以荷兰栽培最为盛行,栽培水平也最高。鳞茎扁圆锥形或扁卵圆形,外被棕褐色皮膜。叶3~5枚,长椭圆状披针形,长10~25cm,宽2~7cm。叶分为基生叶和茎生叶,一般茎生叶仅1~2枚,较小。郁金香矮壮品种宜布置春季花坛,鲜艳夺目。高茎品种适用切花或配置花境,也可丛植于草坪边缘。中、矮品种适宜盆栽,点缀庭院、室内。

1. 种类与品种

郁金香经过园艺家长期的杂交栽培,目前全世界已拥有8000多个品种。

(1) 早花类。又分为单瓣早花群和重瓣早花群。

图 2-2-14　郁金香与郁金香鳞茎　　　　　　图 2-2-15　盆栽郁金香

(2) 中花类。如凯旋系(Triumph Tulip),花大,单瓣,株高 45～55cm。

(3) 晚花类。

百合花型(Lily flowered Tulips):花瓣先端尖,平展开放,形似百合花。

花边型(Fringed Tulips):花瓣边缘有流苏花边。

绿花群(Viridiflora Tulips):花被部分变绿。

伦布朗型(Rembrand Tulips):花冠上有异色斑条。

鹦鹉群(Parrot Tulips):花瓣扭曲,具锯齿状花边。

牡丹花型群(Paeony Flowered Tulips)。

2. 繁殖方法

常用分球繁殖。郁金香鳞茎每年更新,花后老球即干枯,其旁生出一个新球及数个子球。子球数量因品种不同而有差异,早花品种子球数量少,晚花品种子球数量多。子球数量还同培育条件有关。每年5月下旬将休眠鳞茎挖起,去泥,除去残叶残根,分级晾晒后,在干燥的5℃～10℃的通风环境贮存,当年10月下旬栽种。

3. 栽培管理

郁金香属长日照花卉,性喜向阳、避风,冬季温暖湿润,夏季凉爽干燥的环境。8℃以上即可正常生长,一般可耐 -14℃低温。但怕酷暑,如果夏天来得早,盛夏又很炎热,则鳞茎休眠后难于度夏,经常产生种球干枯现象。

(1) 土壤。要求腐殖质丰富、疏松肥沃、排水良好的微酸性沙质壤土。忌碱土和连作。土壤要疏松,种植层厚30cm,施入腐熟的有机肥作基肥,并用多菌灵500倍稀释液或75%辛硫磷乳油1000倍稀释液喷浇土壤消毒。

(2) 水分。种植完毕后立即浇透水,但土壤不可积水。出苗期保持土壤充分湿润,出苗后减少水分保持土壤潮湿。土壤含水量过高,透气性差,易产生病害,土壤过干又易产生盲花。

(3) 温度。生长适宜温度白天为18℃～24℃,夜间为12℃～14℃。可根据目标花期及生长状况在此温度范围内进行调整。

(4)追肥。在基肥充足的前提下,花蕾长出后和开花后各追肥一次。

(5)花后管理。花谢后除预留种子的母株外,其余的均需及时剪除残花(保留花茎),以便使养分集中供给新鳞茎发育。逐渐减少浇水次数,以利新鳞茎膨大和质地充实。

2.2.15 欧洲水仙(*Narcissus pseudonarcissus*)

石蒜科水仙属多年生球根花卉。欧洲水仙又称洋水仙,原产欧洲及其附近地区,现世界各地均有栽培。

鳞茎卵圆形,由多数肉质鳞片组成,外皮干膜状,黄褐色或褐色。根纤细、白色,通常不分枝,断后不再生。大部分品种花单生,黄色或淡黄色,稍有香气,花径8~13cm,品种之间花瓣大小有区别。副冠喇叭形,黄色或橙色,边缘呈不规则齿牙状且有皱褶。

本植物适应冬季寒冷和夏季干热的生态环境,在秋、冬、春生长发育,夏季地上部分枯萎,地下鳞茎处于休眠状态,但其内部进行着花芽分化过程。喜肥沃、疏松、排水良好、富含腐殖质的微酸性至微碱性砂质壤土。冬季能耐-15℃低温,夏季37℃高温下鳞茎在土壤中可顺利休眠越夏。花期3~4月。苏州地区长势良好,没有品种退化现象。

欧洲水仙花形优美,花色素雅,叶色青绿,姿态潇洒,常用于花坛、花径、岩石园及草坪丛植,也可用于盆栽观赏(图2-2-16,图2-2-17)。

图2-2-16 欧洲水仙

图2-2-17 欧洲水仙种球

1. 种类与品种

常见的变种有以下6类:

(1)二色洋水仙(*var. bicolor*),花被片纯白色,副冠鲜黄色。

(2)淡黄洋水仙(*var. jahnstonii*),花浅黄色。

(3)大花洋水仙(*var. major*),花朵特别大。

(4)小花洋水仙(*var. minimus*),植株矮小,高仅15~20cm,花小,副冠较短。

(5)重瓣洋水仙(*var. plenus*),花的副冠及雌雄蕊全部瓣化,与水仙花的形态迥异,呈芍药花状,花很大,直径约7cm。

(6)香洋水仙(*var. moschatum*),花初开乳黄色,后变纯白色,花被片边缘波状,有浓香味。

园艺栽培品种常见的有塔西提、银色二月、小矮人、卡洛人婚礼等。

2. 种苗繁殖

常用分球繁殖。每年6月中旬将休眠鳞茎挖起,去泥,除去残叶残根,分级,晾晒,贮存。当年10月下旬栽种,栽培地应施入充足的腐叶土和适量的磷、钾肥作基肥。植球后覆土

5~7cm 即可。

3. 栽培管理

（1）露地栽培。一般 10 月下旬栽植。土壤以富含有机质的壤土为好。每亩施氮肥 10kg、磷肥与钾肥各 12kg 作基肥。栽植密度 10cm×12cm，覆土 7cm 左右。栽植后浇足水，以后保持土壤湿润为宜，切不可积水。生长过程中若发现有病毒感染株，应立即拔除。花后尽早将残花去除，以利球根的膨大。6、7 月植株休眠后，将鳞茎掘起，晾干，贮藏于凉爽、通风场所。最好置于 15℃ 左右的冷库中，以利花芽继续发育，促进提早开花。如果不刻意分球繁殖，也可让欧洲水仙种球留在土壤中休眠，免去收获与储藏种球的麻烦。

（2）容器栽培。欧洲水仙由于植株较矮小，花大色艳适宜盆栽，是元旦和春节理想的盆花。一般用 10~15cm 的塑料盆，每盆栽植种球 3~5 粒。盆栽基质以草炭土：砻糠灰：珍珠岩＝7：2：1 比例配制。种植深度为 4~5cm。

（3）病虫害防治。欧洲水仙的主要病虫有根腐病和线虫病。在球根定植前，以 43℃ 的 0.5% 福尔马林溶液浸泡 3~4h，可预防欧洲水仙的根螨及茎线虫病。欧洲水仙的主要虫害有蚜虫和红蜘蛛。可用 75% 的百菌清可湿性粉剂 700 倍稀释液，或 40% 氧化乳油 1000 倍稀释液喷洒。

2.2.16　风信子（*Hyacinthus orientalis*）

百合科风信子属多年生草本植物（图 2-2-18，图 2-2-19），原产东南欧、地中海东部沿岸及小亚细亚一带，后来在欧洲进行栽培。1596 年英国已将风信子用于庭园栽培，18 世纪开始在欧洲已广泛栽培，并开展育种。至今，荷兰、法国、英国和德国将风信子的生产推向了产业化。因其花形优美，植株矮小，常用于花坛、花径、岩石园及草坪丛植，也可用于盆栽或水培观赏。

鳞茎卵形，有膜质外皮。植株高约 15cm，叶似短剑，肥厚无柄，肉质，上有凹沟，绿色有光泽。花茎肉质，从鳞茎抽出，略高于叶，有花 5~20 朵。每花 6 瓣，花有紫、玫瑰红、粉红、黄、白、蓝等色，芳香。自然花期 3~4 月。

风信子喜凉爽、湿润和阳光充足环境，性耐寒，要求排水良好的沙质土，在低湿黏重土壤生长极差。

图 2-2-18　风信子

图 2-2-19　风信子的鳞茎

1. 种类与品种

风信子园艺品种有 2000 多个,根据其花色,大致分为蓝色、粉红色、白色、紫色、黄色、绯红色、红色等七个品系。常见的品种有:安娜玛丽(Anna Marie)、南极洲(Antarctica)、大西洋(Atlantic)、杏色激情(Apricot passion)、蓝夹克(Blue Jacket)、蓝珍珠(Blue Pearl)蓝星(Blue Star)、卡耐基(Carnegie)、哈勒姆城(City of Haarlem)、得夫特(Delft Blue)、吉卜赛女王(Gipsy Queen)、粉珍珠(Pink Pearl)、星空(Sky Jacket)、紫色感动(Purple Sensation)等。

2. 栽培管理

苏州地区鳞茎有夏季休眠习性,秋冬生根,早春萌发新芽,3 月开花,6 月上旬植株枯萎。风信子的生长适宜温度:鳞茎根系生长 2℃~6℃,芽萌动 5℃~10℃,叶片生长 10℃~12℃,现蕾开花期 15℃~18℃,鳞茎贮藏 20℃~28℃。风信子鳞茎在越夏休眠期间进行花芽分化,25℃对花芽分化最为理想。

3. 种苗繁殖

以分球繁殖为主,育种时用种子繁殖。

(1) 分球繁殖。6 月份把鳞茎挖回后,将大球和子球分开。大球秋植后来年早春可开花,子球需培养 3 年才能开花。

(2) 种子繁殖。多在培育新品种时使用。秋季播种,覆土 1cm,翌年 1 月底 2 月初萌发。实生苗培养的小鳞茎,4~5 年后开花。风信子种子发芽力可保持 3 年。

3. 栽培管理

风信子栽培以排水良好、中性至微碱性的沙质壤土为宜。大田栽培忌连作。

露地栽培宜于 10~11 月进行。施足基肥,上面加一薄层沙。按株距 15cm~18cm 排放鳞茎,覆土 5~8cm。保持土壤疏松和湿润。一般开花前不作其他管理。花后如不拟收种子,应将残花剪去,以促进球根发育。剪除残花的位置应尽量在花茎的最上部。

苏州地区鳞茎可留土中越夏,不必每年挖起贮藏。如分株,可在 6 月上旬将球根挖出,摊开、分级贮藏于冷库内。贮藏环境必须保持干燥凉爽,将鳞茎分层摊放以利通风,夏季温度不宜超过 28℃。

2.2.17 葡萄风信子(*Muscari botryoides*)

百合科蓝壶花属多年生观赏植物,别名蓝瓶花、蓝壶花、串铃花、葡萄百合等(图 2-2-20,图 2-2-21),原产欧洲中部的法国、德国及波兰南部,现全世界均有种植。

鳞茎卵圆形,叶绒状披针形,丛生,植株矮小。花葶高 15~20cm,顶端簇生 10~20 朵小坛状花,整个花序犹如蓝紫色的葡萄串,秀丽高雅。苏州地区花期 3~4 月。花色蓝紫、白、粉红等。喜肥沃、排水良好的砂质土壤,耐半阴,耐寒。适宜温度 15℃~30℃。苏州地区冬季常绿,夏季休眠。

葡萄风信子株丛低矮,花色明丽,花期长,是园林绿化优良的地被植物。常作疏林下的地面覆盖或用于花境、花坛、草坪的成片、成带与镶边种植,或用于岩石园作点缀丛植,也可盆栽观赏。

图 2-2-20 葡萄风信子

图 2-2-21 葡萄风信子的鳞茎

葡萄风信子喜温暖湿润的环境,耐寒性强,冬季不畏严寒,初夏宜凉爽,耐半阴,宜肥沃、疏松和排水良好的壤土。

1. 种类与品种

常见的品种有白葡萄风信子(white grape hyacinth)、剑桥葡萄风信子(Muscari armeniacum Cantab)、圣诞珍珠(Muscari armeniacum Christmas Pearl)、超级星(Muscari armeniacum Superstar)、天蓝葡萄风信子(Muscari azureum)、蓝钉子(Muscari armeniacum Blue Spike)、雪山(Muscari Mount Hood)、羽毛葡萄风信子(Muscari plumosum)等。

2. 繁殖方法

一般采用播种或分生鳞茎繁殖。种子采收后,可在秋季露地直播,次年4月发芽,实生苗2年后开花。分生鳞茎可于夏季叶片枯萎后进行,秋季生根,入冬前长出新叶片。在苏州地区可在田间过夏。

3. 栽培管理

葡萄风信子适应性强,栽培管理容易。苏州地区一般10月下旬~11月上旬露地种植,栽植后保持培土湿度,待长出叶片后,可施用氮、磷、钾稀释液以促进生长。

4. 花期调控

8月底将鳞茎放入6℃~8℃的冷库内冷藏45天,然后取出放置在冷室通风处,12月初上盆,保持温度18~25℃,元旦可开花。

2.2.18 石蒜(*Lycoris radiata*)

石蒜科石蒜属多年生草本植物,共有20余种,为东亚特有属(图2-2-22,图2-2-23)。我国有15种,集中分布于江苏、浙江、安徽三省,我国原产的有石蒜和忽地笑等。

图 2-2-22 石蒜

图 2-2-23 石蒜的鳞茎

鳞茎广椭圆形,初冬出叶,线形或带形,花茎先叶抽出,高约30cm,顶生4~6朵花。花鲜红色或有白色边缘,花被筒极短,上部6裂,裂片狭披针形,长4cm,边缘皱缩,向外反卷。花期9~10月,果期10~11月,夏季休眠。生于阴湿山地或丛林下。

石蒜叶色翠绿,秋季花朵怒放,姿色活泼妖艳,适宜布置于溪流旁小径、岩石园叠水旁作自然点缀,或配植于多年生混合花境中。可构成初秋佳景,也可作为盆花和切花材料。

1. 繁殖方法

多以分生鳞茎进行繁殖。分鳞茎时间以6月为好,此时老鳞茎呈休眠状态,地上部分枯萎。可选择多年生、具多个小鳞茎的健壮老株,将小鳞茎掰下,尽量多带须根,以利当年开花。一般分球繁殖需隔4~5年。

也可播种繁殖。秋季采后即播,当年长胚根,翌春发芽。实生苗需培植4~5年后开花。

2. 栽培管理

石蒜喜温暖湿润环境,耐寒性略差,在长江中下游地区冬季地上部常因冻害而枯萎,但地下鳞茎能安全越冬。地栽一般不必施肥,栽植深度约5cm。地植株行距10~15cm。盆栽以每盆3~5株为宜。栽后浇透水,并经常保持土壤湿润不积水。新根生长的最适温度为22℃~30℃,一般栽后15~20天可长出新叶。

2.2.19 百子莲(*Agapanthus africanus*)

石蒜科百子莲属多年生草本植物,又名紫君子兰、蓝花君子兰,叶线状披针形,近革质,花茎直立,高可达60cm,伞形花序,有花10~50朵,花漏斗状,深蓝色或白色(图2-2-24,图2-2-25),花期7月至8月。原产南非,我国各地多有栽培,喜温暖、湿润和阳光充足环境,要求夏季凉爽,冬季温暖。土壤要求疏松、肥沃的砂质微酸性壤土,切忌积水。

图2-2-24　百子莲　　　　　　　　　图2-2-25　百子莲植株

百子莲叶色浓绿、光亮,花蓝紫色,也有白色、紫花、大花和斑叶等品种。可置半阴处栽培,作岩石园和花径的点缀植物。

1. 繁殖方法

用播种或分株法繁殖。播种一般在春季进行,种子极容易发芽。但播种苗需要4~5年才能开花。分株在秋季植株地上部分枯萎后,也可春季植株发芽前,但以秋后分株为好。

2. 栽培管理

喜肥喜水,但土壤不能积水,否则易烂根。每2周施肥1次,花前增施磷肥,可花开繁茂,花色鲜艳。花后生长减慢,进入半休眠状态,应严格控制浇水,宜干不宜湿。常见叶斑病危害,可用70%甲基托布津可湿性粉剂1000倍液喷洒防治。

2.2.20 大丽花(*Dahlia pinnata*)

菊科大丽花属多年生球根类花卉,原产墨西哥高原地区,在我国北方地区多有栽植。

大丽花具肥大的纺锤状肉质块根,多数聚生在根颈的基部。块根内部贮存大量水分,经久不干枯。株高随品种而异,40~200cm不等。头状花序,花色及花形丰富。苏州地区花期5~6月(图2-2-26,图2-2-27)。

图2-2-26 大丽花

图2-2-27 大丽花的块根

大丽花性喜阳光和温暖而通风的环境,忌黏重土壤,以富含腐殖质、排水良好的沙质壤土为宜,盆栽时盆土尤其要注意排水和通气。

大丽花花色丰富,花朵富贵大气,常用来做花境或群植,也可作为盆花或切花的花材。

1. 种类与品种

(1) 花花公子(Dandy)。株高60cm,花单瓣,花径9cm,以双色种著名,其中舌状花紫色,管状花白色者更为美丽。

(2) 丑角(Harlequin)。株高31cm,花单瓣,花径6cm,其中舌状花深红色、管状花白色的和舌状花黄色、管状花白色的尤为名贵。

(3) 银八瓣(Mignon Silver)。株高30~35cm,花单瓣,瓣宽、白色,舌状花仅8枚。

(4) 皮克科洛(Piccolor)系列。株高20~25cm,花单瓣,花径6~7cm,花色有白、黄、深红、粉、橙红和双色等。

(5) 婴孩(Bambino)。半重瓣和重瓣类型,株高30~35cm,花亚重瓣,小型,属迷你型。

(6) 菲加罗(Figaro)系列。株高20cm,花半重瓣、重瓣,花直径6~8cm。花色有黄、橙、红、橙红、深红、紫、白、粉等。

(7) 里戈莱托(Rigoleto)系列。株高30cm,花重瓣,花径6~7cm,花色有黄、红、橙、粉、白等,属早花种。

(8) 黄太阳杂种(Sunny Hybrid Yellow)。株高30~35cm,花半重瓣、重瓣,花径6~7cm,花黄色。

(9) 叶古铜色类型。有恶魔系列(Diablo),株高35~40cm,花重瓣,花径8cm,花色有深红、橙、粉等,叶古铜色,属早花种。

2. 繁殖方法

主要用分生、扦插繁殖。

(1) 分生繁殖。一般在3月下旬结合种植进行。因大丽花仅限于块根的根颈部能发芽,在分割时必须带有部分根颈,否则不能萌发新株。在越冬贮藏块根中选充实、无病、带芽点的块根,2~3月份在室温18℃~20℃的湿沙中催芽。发芽后,用利刀从根颈部带1~2芽切段,用草木灰涂抹切口防腐。

(2) 扦插繁殖。这是大丽花的主要繁殖方法。植株顶芽、腋芽、脚芽均可扦插,但以脚芽最好。以3~4月在温室或温床内扦插成活率最高。插穗取自经催芽的块根,待新芽基部一对叶片展开时,即可从基部剥取扦插。

3. 栽培管理

栽植深度以6~12cm为宜。栽时可预埋支柱,免以后插入时误伤块根。生长期要注意除蕾和修剪。茎细挺而多分枝品种,可不摘心。大丽花在霜后地上部完全凋萎而停止生长,11月下旬掘出块根,晾干,埋藏于干沙内,维持5℃~7℃,相对湿度50%,待第二年早春栽植。

大丽花的茎部脆嫩,经不住大风侵袭,又怕水涝,地栽时要选择地势高燥、排水良好、阳光充足而又背风的地方,并做成高畦。苏州地区大田栽培在一般为3月底进行,如欲提早花期,可于温室中催芽,再行定植。大丽花喜肥,生长期间7~10天追肥1次。夏季植株处于半休眠状态,一般不施肥。

2.2.21 美人蕉(*Canna generalis*)

美人蕉科美人蕉属多年生草本植物,原产美洲热带和亚热带,现世界各国广泛栽培(图2-2-28,图2-2-29)。

美人蕉株高可达100~150cm,根茎肥大。茎叶具白粉,叶片阔椭圆形。总状花序顶生,花径可达20cm,花瓣直伸,具4枚瓣化雄蕊,花色丰富。苏州地区花期7~11月。

图2-2-28 美人蕉

图2-2-29 美人蕉的根茎

美人蕉喜温暖和充足的阳光,不耐寒,要求土壤深厚、肥沃,盆栽要求基质疏松、排水良好,生长季节经常施肥。露地栽培的最适温度为13℃~17℃。苏州地区可在防风处露地越冬。

常作为灌丛边缘、花坛、列植,也可盆栽或做切花用料。

1. 种类与品种

美人蕉品种很多,到19世纪初已有近千个品种。常见的品种有:

(1) 大花美人蕉。又名法美人蕉,是美人蕉的改良种。株高1.5m,茎叶均被白粉,叶大,阔椭圆形,长40cm左右,宽20cm左右。总花梗长,小花大,色彩丰富,花萼、花瓣被白粉。雄蕊5枚,均瓣化成花瓣,圆形,直立而不反卷。其中一枚雄蕊向下反卷,为唇瓣。

(2) 紫叶美人蕉。株高1m左右,茎叶均紫褐色,总苞褐色,花萼及花瓣均紫红色,瓣化瓣深紫红色,唇瓣鲜红色。

(3) 双色鸳鸯美人蕉。引自南美,是目前美人蕉属类中的珍品,因在同一枝花茎上开出大红与五星艳黄两种颜色的花而得名。

2. 繁殖方法

美人蕉多用播种和分生繁殖。

(1) 播种繁殖。4~5月用利具割破或锉伤种子坚硬的种皮,温水浸种一昼夜后露地播种,播后2~3周出芽。长出2~3片叶时移栽一次,当年或翌年即可开花。

(2) 分生繁殖。分割母株根茎,每段带2~3个芽,当年可开花。

3. 栽培管理

美人蕉栽培管理较为粗放。露地栽植密度,每平方米13~16支根茎段。生长期要求肥水充足。高温多雨季节,适度控制水分。植株长至3~4片叶后,每10天追施一次液肥,直至开花。花后及时剪掉残花,促使其不断萌发新的花枝。植株怕强风,不耐寒,一经霜打,地上茎叶均枯萎,留下地下根状茎。大部分品种苏州可露地越冬。

2.2.22 葱兰(*Zephyranthes candida*)

石蒜科葱兰属多年生草本植物,原产墨西哥及南美各国,在我国广泛栽培。

葱兰株高20cm左右。叶基生,线形,暗绿色,花葶中空,单生,花被6片,白色,花期7~9月(图2-2-30)。

葱兰性喜阳光,也能耐半阴,耐寒力强,长江流域及以南均可露地越冬。要求排水良好,肥沃的沙壤土。

葱兰株丛低矮而紧密,花期较长,最适合花坛边缘材料和荫地的地被植物,也可盆栽和瓶插水养。

图2-2-30 葱兰

葱兰多不结实,鳞茎分生能力强,以春季分生子鳞茎繁殖为主。

葱兰栽种2~3年后,叶片易枯黄老化,可将地上部叶片全部剪除,并进行追肥,使之恢复生长。因其生长快,几年后易丛生、拥挤、郁闭、老化,要注意及时分球移栽复壮。

2.2.23 韭兰(*Zephyranthes grandiflora*)

石蒜科韭兰属多年生草本植物,原产墨西哥及南美各国,在我国广泛栽培。

韭兰地下具卵形鳞茎,叶扁线形,基部簇生5~6叶,柔软,春夏间开花,花粉红色,从一管状、淡紫红色的总苞内抽出,单生于花茎顶端,花喇叭状,花被6片(图2-2-31)。

韭兰性喜阳光,也能耐半阴,耐寒力强,长江流域及以南均可露地越冬。要求排水良好,肥沃的沙壤土。

韭兰露地栽植一般在春季进行,施足基肥,整地后作畦,将鳞茎以上叶片剪去,每穴3～4个种球,深度以鳞茎上梢微露为宜,株行距为10cm×15cm。

韭兰对土壤等环境条件要求不严格,管理粗放。一般定植成活后,每1～2个月施肥1次即可。

韭兰宜在花坛、花境、公园、绿地、庭院地栽或盆栽观赏。

图2-2-31　韭兰

本章小结

一二年生观赏植物、多年生观赏植物(宿根、球根)均可以作为花坛植物栽培生产。一二年生观赏植物多用播种繁殖,多年生观赏植物多用分生繁殖。观赏植物商品生产中,种苗多由专业种苗供应商供应。用作花坛的观赏植物,多数先行盆栽,然后带盆布置花坛或脱盆后栽植于花坛。也有将种苗直接栽植于花坛,在花坛中生长直至开花的。在掌握一般技术外,需重点关注一二年生观赏植物的杂种优势利用、多年生观赏植物的种性退化等问题。对将种苗直接栽植在花坛的布置方式,也需要关注花坛土壤的连作障碍问题。

实训指导

实训项目十四　花坛植物的应用

一、目的与要求

掌握花坛植物应用的方式与方法。

二、材料与工具

1. 可用于花坛应用的盆栽观赏植物。
2. 花坛布置需要的尺、绳、浇水壶,以及修剪用的剪刀等。

三、内容与方法

1. 根据花坛设计方案,选配花坛植物的种类、颜色与数量。
2. 选择装运方式与运输工具。
3. 根据花坛设计方案,搭建花坛基础(盆栽直接用于布置)或整理花坛土壤(脱盆栽植)。
4. 摆放盆栽观赏植物或脱盆栽植。

5. 修剪整理和浇水。

四、作业与思考

1. 分小组完成实训任务。
2. 从方案制订、项目实施等方面进行小结,提出改进意见。

第 3 章 切花(叶、枝)生产

本章导读

本章着重介绍切花(包括切叶、切枝、切果)的产品类型及其商品特性、生物学特性、常见种类与品种、种苗繁殖方法、栽培方式、管理要点及其采收保鲜等知识和技能。

根据切取植物材料的不同可以将切花分为切花类、切叶类、切枝类和切果类等四大类。

切花是指从植物体上剪切下来以观花为主的植物体的一部分,包括花朵、花序或花枝,通常具有色彩鲜艳、姿态优美、香气宜人等特点。这类花材通常为插花和其他花卉装饰的主体花材。根据花的姿态和形状通常将其分为线型花材、块状花材和散状花材等三种。月季、菊花、香石竹、唐菖蒲被称为世界四大切花。

切叶是指从植物体上剪切下来的绿色或彩色的叶片,通常具有色彩鲜艳或形态别致等特点。这类花材常作为插花或其他花卉装饰的配材,起烘托主体的作用。切叶的种类很多,目前插花切叶多取用蕨类植物、裸子植物和被子植物的单叶或复叶。根据叶片在枝干上的着生形态和叶片的形状,可分为线状叶材、团(块)状叶材和散(雾)状叶材等。

切枝是指从植物体上切取具有观赏价值的枝条,通常为木本枝条。这些枝条通常具有形态、色泽上的特点,或者枝条上着生的芽、叶具有较高观赏价值。切枝常作为插花或花卉装饰的主题或衬托,如银芽柳、梅、桃、红瑞木、金银花、龙游柳、南天竹等。

切果是指从植物体上切取的以果实为观赏主体的植物材料,具有形状奇特、果色鲜艳、挂果期长等特点,常作为插花或花卉装饰的主材或配材,如火棘、金橘、金银木、南天竹、乳茄、观赏辣椒、佛手等。

习惯上将切花、切叶、切枝、切果统称为切花,在花卉装饰中统称为花材。切花生产在花卉产业中占有相当重要的地位。在国际花卉贸易总额中,鲜切花贸易占60%,盆栽花卉占30%,其他观赏植物占10%。我国2012年统计资料:全国花卉种植面积约为112万公顷,比2011年增长9.4%;鲜切花类总种植面积为5.93万公顷,比2011年增长2.5%;总销售量为213亿枝,增幅达13.66%;总销售额为135.41亿元,增长了6.32%。

切花生产根据消费的特点,为满足不同节日、不同人群的需求,大多采用设施栽培,以全年供应市场。

3.1 切花生产

3.1.1 切花月季(*Rosa hybrida*)

月季是蔷薇科蔷薇属的常绿或半常绿灌木。茎具钩状皮刺,叶互生,为奇数羽状复叶,托叶附生于叶柄,花朵单生或簇生茎顶,花瓣多数重瓣型。花色花型多姿多彩。切花月季各部位名称见图2-3-1。目前普遍栽培的是近200多年来经过多次杂交育种、培育而成的园艺杂种,在花卉学上称为"现代月季"。现经国际登录的品种有2万多个。现代月季根据亲本来源与生育性状主要分为杂交茶香月季、聚花月季、壮花月季、藤本月季和微型月季等5大类。用于切花栽培的主要是杂交茶香月季(Hybrid Tea Roses),通常称为HT系月季。这个种群是四季开花的单花月季,花枝顶端一般只有顶芽孕花。花径在10cm以上,最大的花径可达15cm,多数为重瓣花,生长势旺盛。

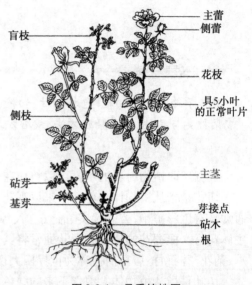

图2-3-1 月季植株图

切花月季喜日照充足、空气流通、排水良好的环境。多数品种最适宜的生长温度是白昼18℃~25℃,夜间10℃~15℃。气温超过30℃,则生长停滞,开花小,花色暗淡。夏季连续30℃以上高温,并处于干旱情况下,植株进入半休眠状态。冬季气温低于3℃~5℃开始休眠。茎秆在露地可耐-15℃低温。月季喜肥,适宜栽植于肥沃疏松的微酸性土壤,较耐旱,而忌积水。大棚与温室栽培,空气相对湿度要求控制在70%~80%,湿度过高,容易罹病。

1. 种类与品种

月季作为国际市场上交易量最大的切花,生产的竞争极其激烈,选择合适的品种是获得竞争优势的前提条件。一般应选择花型优美,重瓣性强,叶片大小适中,有光泽,具有较强抗病虫害能力,抗逆能力强,生长旺盛的品种(表2-3-1)。应按市场的需求,适当安排各花色品种的栽培面积的比例。

表2-3-1 常见切花月季品种

品种	颜色	品种	颜色
坦尼克	白色	蜜桃雪山	香槟色
冷美人	紫色	粉佳人	粉色
假日公主	橙黄色	卡罗拉	鲜红
大红桃	桃红色	戴安娜	淡粉
黑魔术	黑红色	影星	粉色

2. 栽培规划及栽植前准备

（1）切花月季在生产前应考虑以下问题：

市场需求：根据市场对切花月季需求量及生产面积确定生产量。

品种、颜色：根据不同市场消费者对花卉的喜好确定生产品种、颜色和类型。

上市时间：根据品种特性与市场需求确定栽培时间与上市时间。

栽培方式：根据切花品种的特性、当地气候条件、生产条件等确定采用露地栽培或设施栽培。

人员配备：根据生产面积、生产季节、作业流程等确定所需技术人员与操作人员。

（2）设施栽培用地的准备。

排水设施：切花月季忌积水、耐干旱，需根据当地气候、地势等条件，在生产地周围建立完善的排水系统。

土壤：切花月季定植后可连续采花 5～6 年，因此对土壤的要求很高。种植前进行深翻 40～50cm，每亩施腐熟有机肥 2500～3000kg 和 45% 的复合肥 25～30kg。也可采用基质栽培，基质的 pH 为 5.6～6.5。对前茬种植过其他植物的土壤，每亩需用敌磺钠、棉隆 25～30kg 进行土壤消毒。

（3）塑料大棚或温室。切花月季要求生产大棚或温室透光性好，通风流畅。南方地区夏季防高温要设遮阳网和降温帘，北方地区主要是冬季的保温防寒。

3. 种苗繁殖

切花月季生产用种苗多用嫁接方法繁殖。选用同属中最常见的而且抗逆性强的品种如蔷薇作砧木，多采用 T 字形芽接。芽接一般于 3 月中旬或 7 月上旬至 9 月中旬进行。

4. 定植

月季全年都能栽植，但最适宜的时间应是休眠期。裸根苗可在早春 2 月芽萌动前定植。带土球苗，可在 6 月前定植。切花月季栽培，南方采用高畦，北方多为低畦。为使植株受光均匀，宜用南北向畦。畦宽 60～70cm。生产常用二行式、三行式、四行式定植，生产上为操作方便常用二行式，即每畦种植 2 行，行距为 35～40cm。种植深度以嫁接苗的接口露出地面 1～2cm 为宜。栽植时将植株周围土壤压紧并浇水，使根与土紧密结合。

5. 整枝修剪

切花月季的整枝修剪，是贯穿在整个切花生产过程中的重要管理措施，直接影响切花的产量与质量。

（1）整枝修剪的目的。通过摘心、去蕾、抹芽、折枝、短截等方法，增强树势，培育采花植株骨架，促进有效切花枝的形成与发育。

（2）整枝修剪的时期与要求。

幼苗整枝：幼苗定植后的主要任务是形成健壮采花植株骨架，培育切花主枝。芽接苗的接芽萌发后，待有 5～6 片叶时摘心，促使侧芽发梢。选择 3 个粗壮枝留作主枝，主枝粗度要求达到 0.6～0.8cm 以上。将主枝再度重剪，栽植后当年秋季，可以开始采花。

成年植株夏季修剪：切花月季夏季修剪是利用 7～8 月高温期，植株生长缓慢，切花质量下降，销售价格低迷时期进行植株调整，为秋、冬期出花做基础准备。但夏季气温高，植株生长还有一系列的生理活动，如果采用冬季回缩修剪的高强度短截，会对树体伤害过度，不利秋季恢复生长。因此主要采取捻枝与折枝的办法，培育新的骨架主枝，保证秋、冬、春三季的采花数量与质量。捻枝是将枝条扭曲下弯，不伤木质部。折枝是将枝条部分折伤下弯，但不离树体。进行捻枝与折枝时应注意：在捻枝、折枝前2周，要停止灌水，控制水量，以利枝条弯曲，并防止伤口出现伤流；根据单株生长情况，对老枝进行短截或疏剪后，选3~4条健壮枝进行捻枝或折枝；进行捻枝与折枝的高度控制在50~60cm以内，折枝口前的枝条上要保持一定量的叶片；捻枝、折枝处理是为了促进基生枝的发生，以更新主枝。新主枝产生后，这些经过捻枝与折枝的枝条可以作为营养枝保留，待翌年2~3月后再行剪除。夏季修剪后，促发形成的新主枝，仍然需经2~3次摘心，育成粗壮的成花母枝，在入秋后促发切花枝，生产切花。

切花枝的剪取：切花枝的剪取除考虑切花长度外，还应重视剪切后，对植株后期产量的影响。通常合理的切花剪切部位，应该在枝条基部具有2枚5片小叶的节位以上剪切（图2-3-2）。这有利于留下节位上新枝的发生与发育。剪切时，原枝条留叶量的多少，与下次产花的间隔日数与花枝长度等相关。

（3）日常修剪。切化月季管理中，除了在生长周期进行复壮更新修剪外，在正常的采花情况下，还需要做好下列一些工作：及时剥除开花枝上的侧芽与侧蕾；去除砧木萌发的脚芽；剪除并烧毁病枝、病叶；对弱枝摘心、短截、保留部分叶片，根据着生位置决定疏剪或留作营养枝；注意整株树体的均衡发展，考虑主枝分布与高度的均衡。

在长江流域地区，切花月季为获得最好经济效益，整枝修剪的大体规律是：1~2月整枝，在3月中下旬出早春花；8月整枝，在9~10月出秋花；10月整枝，在翌年元旦、春节出冬花。

6. 肥水管理

（1）苗期管理。定植后一周内充分保证根部土壤和表土湿润，白天叶面喷水，适当遮阴。3~5天后即可检查是否发出白色的新根。如果有大量的白色新根发出则说明定植成活。20天后当有大量的新根萌发时，可减少浇水量，适当蹲苗，促使根系进一步生长。假如基肥充足，可根据生长情况确定是否需根外追肥。大棚内保持相对湿度为70%~80%。

（2）成苗期管理。成苗期生长迅速，需要补充足够水分。冬季每4~6天浇水1次，夏季2~3天浇水1次。为促进花芽形成与花蕾发育，要避免过多施用氮肥，重视磷、钾肥的供给。通常采用低氮高钾的营养配方，常用氮、磷、钾的配比为1:1:2或1:1:3。开花期需要的相对湿度为40%~60%，白天湿度控制在40%，夜间湿度应控制在60%为宜。

7. 病虫害防治

设施栽培切花月季，由于栽培环境湿度较高，容易诱发各类病虫害。因此需要及时调控设施内的温湿度，适时调整施肥配方，以减少病虫害的发生和蔓延。主要的病虫害有：

（1）月季白粉病。这是目前切花月季最重要的病害，发病植株的叶片、嫩梢、花梗和花

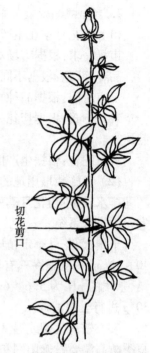

月季切花"5留2"的剪切位置（留2片5小叶剪切）

图2-3-2　月季切花剪切位置

蕾均可受害。可用15%粉锈宁可湿性粉剂500～1000倍稀释液并加入少量的杀毒矾混合喷雾,效果极佳。发病严重的每5天左右喷药1次,连续喷3～4次。控制病情后可每10天喷药1次,并和托布津、多菌灵、百菌清等药剂交替使用。

(2) 月季黑斑病。这是切花月季普遍发生的病害,以危害叶片为主,其次是叶柄、叶梢。受害叶片发生近圆形的黑色病斑,继而叶片很快发黄、脱落,叶柄产生紫色到黑色条状病斑,严重时仅剩下枝条、花梗。发病原因是真菌所致,多雨、多露等空气湿度大,设施内通风不良等容易使症状蔓延。发病的适宜温度在25℃左右,30℃以上不利于此病发生。防治方法:用50%多菌灵、百菌清800倍稀释液防治。

(3) 月季虫害。主要有蚜虫、红蜘蛛和青虫等。蚜虫、红蜘蛛多在高温条件下发生,可用一遍净1000倍稀释液、哒螨灵乳油2000倍稀释液等喷施。青虫可用百事达、抑太保等防治。

8. 采收、贮藏与保鲜

(1) 采收。切花月季的采收标准是花瓣露色,萼片向外折到水平状态,外围花瓣有1～2瓣开始向外松展时为采收适期。采收通常在早晨与午后进行,气温较高时一般每日采收2～3次,冬季每日采收1次。采收要既考虑切花商品质量,又要考虑后续采花。因此采花时,应在花枝基部保留有5枝小叶的2个节位。除去切花基部15cm内的叶片与表皮刺瘤,每枝切花保留3～4枚叶片。

(2) 贮藏、保鲜。切花月季包装方法是扎成一层或两层圆形或方型花束。各层切花反向叠放箱中,花朵朝外,离箱壁5cm。小箱为10扎或20扎,大箱为40扎。装箱时,中间需捆绑固定。纸箱两侧需打孔,孔口距离箱口8cm。纸箱宽度为30cm或40cm。外包装的标识必须注明切花种类、品种名、花色、级别、花茎长度、装箱容量、生产单位、采切时间等。贮藏的温度为2℃～4℃,最好是插入10cm水中进行湿贮。湿贮的水质pH低对月季切花有利。月季在2℃～4℃条件下,采用保鲜剂在贮藏室中可贮存7～14天。

3.1.2 菊花(*Dendranthema morifolium*)

菊花是菊科菊属多年生宿根植物,为我国原产的传统名花,栽培有三千多年历史。约在公元4世纪传入朝鲜,后再由朝鲜传入日本,1688年传入欧洲。在18世纪中叶欧洲开始利用温室进行菊花的切花生产,并通过杂交培育出许多适应切花栽培特点的优良园艺栽培种。20世纪80年代,我国经济开始快速发展,对菊花鲜切花的需求量猛增,我国开始从日本、荷兰等国引进切花菊品种和切花菊生产技术。经过多年的研究与实践,我国的切花菊产业迅速壮大,种植面积和产量迅速增长,其生产技术达到了可全年供应的水平,已经形成以日、韩等国家为出口对象,以海南、上海、广州、青岛、大连等沿海地区为中心的出口切花菊生产基地群,并逐渐向内地延伸。

菊花为多年生宿根草本花卉,具有独特的气味。茎基部稍呈木质化,单叶互生,叶形变化丰富,从卵形到广披针形,边缘有缺刻及锯齿。头状花序,顶生或腋生,一般有300～600朵小花组成。作为切花品种,一般株高要求达到80～150cm。

菊花适应性强,喜阳光充足、地势高燥、通风良好的生长环境。要求富含有机质、肥沃疏松,排水良好的砂质土壤,适宜的土壤pH为6.2～6.7。菊花生长发育适应的温度范围为15℃～25℃,花芽分化温度为15℃～20℃。气温在32℃以上生长受到影响,10℃以下生长缓慢。地上茎可耐0℃低温,地下茎可忍受-10℃低温。菊花大部分品种为短日照植物,只有在每昼夜日照长度少于12h以下才能开花。对光周期的反应,品种间差异较大。切花菊全年栽培必须了解品种对光周期反应的特性。

菊花花芽分化受到光照、温度、营养条件与不同品种特性的影响。大多数自然花期在秋季的菊花,每天日照短于12h,夜温处于15℃左右时花芽开始分化。自然花期在夏季的菊花类型,幼苗期需要经过一个低温期才能开花,切花生产夏菊时,常在幼苗阶段用3℃~7℃处理3周,诱导开花。

1. 种类与品种

(1) 根据头状花序大小,分为两个类型。国内与日本生产的切花菊主要是单枝大花型,花枝顶生单花,花序直径为10~15cm;欧美盛行多头小花型,一枝多花,花直径在5cm左右。

(2) 根据自然花期,分为四个类型。

夏菊类(3~7月份开花),适合春季与初夏做切花栽培。

夏秋菊(8~9月份开花),常做切花的夏季栽培。

秋菊(10~11月份开花),可做全年栽培。

寒菊(12月至次年2月份开花),常作冬、春季栽培。

(3) 根据花型,可分为平瓣、匙瓣、管瓣和桂瓣与畸瓣类。

(4) 品种选择。标准切花菊选择平瓣内曲、花型丰满、莲座型和半莲座型的大中轮品种(表2-3-2)。要求茎长颈短、瓣质厚硬、茎秆粗壮挺拔、节间均匀、叶片肉厚平展而不大、鲜绿有光泽,并适合长途运输和贮存,且2~3天无水也不易萎蔫,吸水后能挺拔复壮,浸泡后能够全开而耐久。近几年,切花秋菊品种"神马"和夏菊品种"优香"因生长期短,栽培容易等优点,在国内已大量种植并畅销国内外。(表2-3-2)

表2-3-2 常见切花菊一览表

	品种名	花色	花期
秋菊品种	祝	粉	8月下旬
	秋晴水	白	9月上旬
	深志	黄	9月中旬
	秋樱	粉	9月中下旬
	都	粉	9月中下旬
	千代姬	紫粉	9月中下旬
	秋之山	黄	9月下旬
	花甬	红	9月下旬
	秋之风	白	10月上旬
夏菊品种	银香	白	6月中旬
	新光明	黄	6月中旬
	森之泉	白	7月中旬
	宝珠	黄	7月中旬

续表

	品种名	花色	花期
寒菊品种	银御园	白	12月
	寒白梅	白	12月
	金御园	黄	12月
	寒樱	桃色	12月
	春之光	黄	1~2月
	红正月	红	1~2月
	银正月	白	1~2月

2. 繁殖方法

切花菊的繁殖方法有分株繁殖、扦插、组织培养等,在生产中常用扦插繁殖或组织培养繁殖。下面介绍的扦插繁殖方法,具有成本低、成苗快等特点。

（1）扦插方法。

苗床扦插:沙床一般宽90cm,长度根据温室的实际情况来定。用砖砌成床壁,床底部设排水层。深度15~20cm的育苗床,内填充10~15cm的扦插基质。

穴盘扦插:选择128穴的穴盘,使用前用1500倍稀释的高锰酸钾液消毒。穴盘摆放于通风、排水良好、四周无病虫的高燥处。穴盘育苗成活率高,运输便利,可减少病虫传播等（图2-3-3）。

图2-3-3　菊花扦插苗

（2）基质选择。适合扦插用的基质很多,可以根据生产基地实际情况选用。常用的基质有清河沙(直径1~2mm的清水河沙)、珍珠岩与蛭石按1∶1∶1的比例混合,或用珍珠岩与碳化稻壳按2∶1的比例混合基质,也可只用草碳土做基质。其中使用草碳土基质加108孔穴盘育苗效果最好。

(3) 插穗制作。采穗后进行分级挑选,在分选过程中除去病残苗、黄化苗、空心苗、红心苗、老化苗等不良插穗。插穗长5~7cm,保留顶部两叶一心,其余叶片去除。

(4) 基质和插穗消毒。基质在填装穴盘或苗床前用800倍稀释的五氯硝基苯或敌磺纳消毒。插穗也要进行消毒处理,一般用阿米西达800倍稀释液,或苯咪甲环唑800倍稀释液浸泡10min(防白锈病),也可用百菌清1000倍稀释液浸泡。药剂处理1h后,再用生根剂处理并进行扦插。

(5) 扦插与管理。一般3月底到4月初始开始扦插,扦插时将穗穗垂直插入穴盘中,深度控制在1.5cm左右,插好后应立即浇水,使穗穗与基质紧密结合。通过遮阳网调节设施内光照强度及温度,以确保叶片不发生萎蔫为原则。温度保持15℃~20℃,3周左右扦插苗生根完好,可供栽植。

3. 定植

(1) 作畦。菊花栽培要求有3~4年以上的轮作。可用敌磺纳、棉隆每亩25~30kg进行土壤消毒。每亩施有机质2500~3000kg。采用深沟高畦,畦高20~30cm,宽90~110cm,并保证种植区四周的排水通畅。

(2) 张网。选10cm×10cm的网格拉紧固定在畦四角的木杆上,并在两端穿上横杆固定。木杆高110cm,横向杆距75cm。沿畦两侧加立木杆以便将网格撑开,杆距250cm。木杆应在同一条直线上。

(3) 定植。苗龄25天左右,6~7片真叶时定植。定植时间:春季栽培在12月至翌年2月,夏季栽培在3~4月,秋季栽培在5~7月,冬季栽培在7~8月。定植选择在上午10点以前或下午3点以后进行。将菊苗定植在网格的正中心,密度即为10cm×10cm。用小铲先挖一个长宽各3cm、深5cm的小穴,然后将根系及所带基质完整地放入穴中,再用手轻轻向基质周围填入土壤并压实,深度以整个基质没入土中为度。

4. 管理

(1) 肥水管理。定植结束,应立即浇水,使种苗根系与周围土壤紧密接触,并使叶片保持一定的水分,不至于很快萎蔫。切花菊在整个生育期内,需要大量养分,除充足的基肥外,在生长前期,以氮肥为主,促进营养生长,要求达到基杆健壮,叶片均匀茂盛,并达到切花要求高度。生长后期要增加磷、钾肥,使花与叶协调生长,花大色艳。现蕾后的追肥可用0.1%~0.2%尿素与0.2%~0.5%磷酸二氢钾进行根外追肥。菊花对水的要求为保持土壤湿润,切忌过干过湿,不宜漫灌与沟灌。

(2) 植株整理。

抹侧芽及侧蕾:在菊苗长到40cm高,各叶梗内的侧芽长至2.5cm左右时,开始抹除侧芽。品种不同,侧芽数量不一。如切花菊"神马"共有侧芽50~60个,侧蕾3~6个。抹芽、蕾时,用食指或大拇指指甲将侧芽、侧蕾清除至叶梗底部,杜绝留有侧芽、侧蕾的梗。

除叶:为增加植株群体内部通风换气,当切花菊进入生殖生长后,将植株基部20cm以下的叶片摘除干净,并及时集中销毁。

提网:选择在中午温度高的时间段进行,杜绝在早晨露水未干时进行。提网时,应两人相向同时进行,杜绝单人提网。

生长调节剂应用:在切花菊栽培中,可利用赤霉素与丁酰肼等生长调节剂,提高切花商品价值。通常在小苗成活后用 5mg/L 赤霉素喷洒 1 次,3 周后再用 25mg/L 浓度喷 1 次,可以增加菊花茎秆高度。在花蕾直径约 0.5cm 时,用毛笔将 500~2500mg/L 的丁酰肼涂于花蕾,能有效降低切花菊的花茎长度。对一些易徒长品种,当出现徒长现象时也可使用丁酰肼调节花茎高度。

遮光与补光:通过遮光缩短日照,使秋菊与寒菊提早开花,或通过补光措施延长日照,使花期推迟,从而调节市场供应。

(3) 病虫害防治。切花菊的病虫害主要是白粉病与蚜虫。白粉病的被害状表现为:叶背有白色小点,并逐渐增大,成圆形或椭圆形的症状大斑,以后叶面出现淡黄色,叶片卷曲向上,整叶变黄褐色。在设施栽培高温、高湿、不通风的环境下,白粉病容易发生,因此管理上要加强通风。发病前 10 天开始每周一次喷洒 800~1000 倍代森锌,或用 1000 倍液的甲基托布津防治。菊花蚜虫主要是菊蚜与桃赤蚜、棉蚜等,室内温湿度越高,虫害越严重,可喷洒氧化乐果、抗蚜威等药剂防治。

4. 采收、贮藏与保鲜

(1) 采收标准。花蕾开放度达 2°时即可采摘(图 2-3-4),此时花直径为 2.5~3cm,露白部分与花萼高度比约 1:1,花朵的形态端正,整枝花型协调,无磨损、污染现象。用手捏住茎秆中上部向身体方向稍用力,用剪刀在菊花茎秆基部 10cm 处剪取。然后将花从网格线下取出,每 10 支花为一扎。

图 2-3-4 菊花切花

(2) 储藏、保鲜。切花菊采后储藏有干贮与湿贮两种方法。湿贮即将切花浸于保鲜液中,贮藏温度为 4℃,相对湿度为 90%。干贮即将切花包扎装箱后贮藏,贮藏温度为 -0.5℃~-1℃。通常可贮存 6~8 周。短期贮藏不超过 2 周,温度控制在 2℃~3℃。切花菊运输要求保持 2℃~4℃低温,不得高于 8℃。

3.1.3　唐菖蒲(*Gladiolus hybridus*)

别名菖兰、剑兰、扁竹莲、十样锦、十三太保等,为鸢尾科唐菖蒲属多年生球根花卉,原产中南部非洲及地中海沿岸地区,我国栽培始于 19 世纪末,现代主要栽培品种是由 10 个以上原种杂交选育而成。唐菖蒲花形别致,花色丰富,花期长可达一个半月之久,是著名四大切花之一,享有"切花之王"的美誉。此外,它具有抗二氧化硫污染的能力,对氟敏感,是优良的环保检测植物。

唐菖蒲是多年生草本植物(图 2-3-5,图 2-3-6),是球根花卉中的球茎类。球茎扁圆形,是一个变态的短缩茎。球茎既是养分贮藏器官,也是繁殖器官。

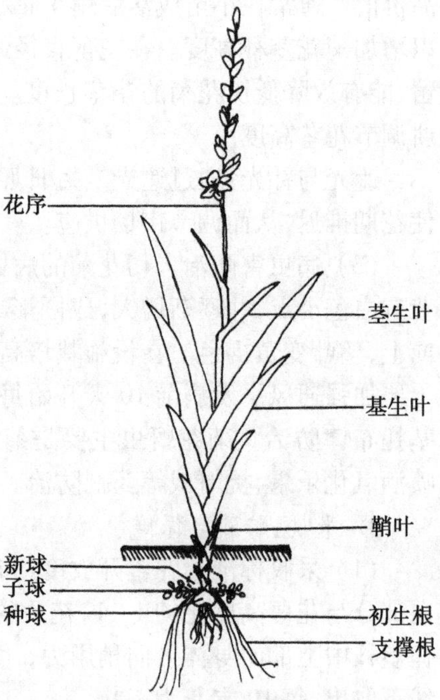

唐菖蒲的叶基生,通常在发生 2 片完全叶时花芽开始分化,具有 7 片完全叶时,开始抽出花茎。

唐菖蒲的根有初生根与支撑根两种类型。初生根发生在种球基部的节位上,是植株生长前期的吸收根。支撑根发生在新球基部的节位上,具有对植株的支撑固定功能,也是孕蕾、开花、新球发育期的主要吸收根。

唐菖蒲的花为顶生蝎尾状聚伞花序,每一花序着花 8~20 朵。商品切花要求每个花序应具小花 12 朵以上,花茎 12~16cm。花色有红、粉、白、橙、黄、紫、蓝、复色等。

图 2-3-5 唐菖蒲植物

唐菖蒲是喜光性长日照植物,开花需要有 12h 以上的日照时间。不耐寒冷,温度低于 10℃时生长缓慢,0℃以下受冻害。不耐炎热,温度高于 27℃以上时生长受阻。生长发育最适温度是白天 20℃~25℃,夜间为 10℃~15℃。怕水涝,生长期要求阳光充足,通风良好。喜土质疏松、排水良好的中性沙质壤土。pH 以 6~7 为宜,高于 7.5 时会产生缺素症,pH 低于 5.0 时对氟反应敏感。连作容易罹病,种球退化现象严重。

图 2-3-6 唐菖蒲的球茎

1. 种类与品种

按花茎大小,可分为小花型(8cm)、中花型(8~10cm)、大花型(10cm 以上)。

按生育期长短,可分为早花类(60~65d)、中花类(70~90d)、晚花类(90~120d)。

按自然开花期,可分为春花类和夏花类。

主要栽培品种有:

(1) 白色系,如白友谊、白雪公主、白花女神、繁荣、佩基等。

(2) 粉色系,如魅力、粉友谊、夏威夷人、玛什加尼、埃里沙维斯昆等。

(3) 黄色系,如金色原野、金色杰克逊、荷兰黄、新星、豪华、彼德李、聚光梅格、黄金等。

(4) 红色系,如红美人、红光、奥斯卡、胜利、青骨红、玫瑰红、火焰商标、欢呼、尼克尔、芭蕾舞女演员、戴高乐、乐天、钻石红等。

(5) 紫色系,如长尾玉、蓝色康凯拉、紫色施普里姆等。

(6) 烟色系,如巧克力等。

(7) 复色系,如小丑等。

2. 繁殖方法

唐菖蒲繁殖以分球为主,也可采用切球播种、组织培养等方法繁殖。

(1) 分球法。将母球上自然分生的新球和子球取下来,另行种植。通常新球第2年可正常开花。

(2) 切球法。为加速繁殖,将种球纵切成几部分,但每部分必须带1个以上的芽和部分茎盘。切口部分用草木灰涂拌以防腐烂,待切口干燥后再种植。

(3) 播种法。培育新品种和老品种复壮时常用此法。一般在夏、秋季种子成熟采收后,立即盆播,发芽率较高。冬季将播种苗转入温室培养(或秋季直接在温室播种),第2年春天分栽于露地,夏季就可有部分植株开花。

(4) 组织培养法。用花茎或球茎上的侧芽作为外殖体进行组织培养,可获得无菌球茎。

3. 栽植

(1) 栽植时间。全年可分批栽植。但唐菖蒲切花市场价格规律是6~7月切花价格最低,9~10月与3~4月切花价格最高,11月至翌年2月价格也好。长江下游地区目标花期在12月以后的,需要加温并延长光照时间,这会增加生产成本。因此,江浙沪一带唐菖蒲商品生产的主要季节是在秋季。一般在7~8月播种,通过后期简易大棚的保护,切花采收期大体在9月下旬至12月上旬。

(2) 土壤准备。选择地势较高、排水良好的大棚或温室和前期未种植过鸢尾科植物的土壤。若重茬种植,土壤需用药物消毒。选pH为5.8~6.5的沙质土壤并施足基肥。土壤经深翻耕整后按南北向作畦。畦面宽1.0~1.2cm,畦高10~15cm。畦面需张网眼为15cm×15cm防倒伏网。

(3) 种球消毒。播种前先将种球在清水内浸15min,然后消毒。常用的消毒方法为用多菌灵、甲基托布津、百菌清等药剂800倍稀释液浸泡消毒30min,取出后用清水洗净,晾干后栽植。

(4) 播种。每亩种球用量约1.5万球左右。栽植深度为球茎高度的3~4倍,一般深10~12cm,以利支撑根的发育与防止切花倒伏。

4. 栽培管理

(1) 肥水管理。唐菖蒲生长期忌受水渍。追肥十分重要,重点在二叶期、四叶期与六叶期的3次追肥。前期追肥以氮肥为主,中后期要增加磷、钾肥。定植初期温度10℃~18℃为宜,茎叶出土后,可提高温度至20℃~25℃,昼夜温差以10℃为宜。生长季节光照强度30000lx,日照时间12h以上,如遇长时阴雨天需适当补光。

(2) 病虫防治。唐菖蒲生长期会有蛴螬、地老虎等地下害虫为害。地上部分会发生尺蠖、螟蛾、叶蝉、蚜虫等虫害,以及病毒病、锈病、灰霉等病害。严格执行轮作制度,重视种球质量,防止种球退化,是防治唐菖蒲病虫害的主要方法。

5. 采收、贮藏与保鲜

唐菖蒲商品切花最适宜的采收期,是在花穗下部的第 1~3 朵小花初露色时进行。采收以清晨剪切为最好。剪切后,剥除花枝上的茎生叶,按等级分级包扎,每 10 支为一束。切花分级标准为:

一级花:花茎长度大于 130cm,小花 20 朵以上。

二级花:花茎长度 100~130cm,小花 16 朵以上。

三级花:花茎长度 85~100cm,小花 14 朵以上。

四级花:花茎长度 70cm 以上,小花不少于 12 朵。

唐菖蒲剪切包扎后的花束,必须直立摆放,不得横卧,否则会使顶部花穗弯曲,影响商品品质。剪切后的鲜花可用低温冷藏保鲜,常用温度为 4℃~6℃,不宜低于 4℃,冷藏期约 6~8 天,不宜超过 2 周。

3.1.4 香石竹(*Dianthus caryophyllus*)

香石竹又名康乃馨、麝香石竹,是石竹科石竹属宿根草本植物。香石竹花朵绮丽、高雅馨香,被世人公认为"母亲节之花",代表慈祥、温馨、真挚的母爱,是世界著名四大切花之一(图 2-3-7)。目前香石竹世界最高生产水平为每平方米年产量 130~150 支,甚至有高达 250 支以上的。我国平均年生产水平在每平方米 100 支左右,还具有很大的增产潜力。

香石竹是多年生植物,切花生产作 1~2 年生栽培。茎直立,多分枝,株高 30~100cm,茎部半木质化,茎干基部硬而脆。茎节明显膨大,如竹节状。叶片对生,线状披针形,基部抱茎,叶色灰绿。花单生,或 2~6 朵聚生枝顶,具香气。切花香石竹多为重瓣花,花直径一般为 5~8cm,花期 5~7 月。根纤细,多分枝,长 40~50cm。根据栽培条件,根系主要分布在近 20cm 的耕作层内。

图 2-3-7 香石竹

香石竹喜冷凉的生长环境,不耐寒,生长适温 15℃~20℃,对 30℃ 以上或 5℃ 以下的温度适应性差。全年生产要求有冬季能保(加)温,夏季可降温通风的栽培设施。香石竹原种是长日照植物,栽培种已成为四季开花的中日性植物,但在 15~16h 长日照条件下,对花芽分化与花芽发育有促进作用。香石竹喜富含腐殖质、深厚肥沃、pH 为 6~6.5 的微酸性土壤,栽培中忌连作。

国内香石竹切花生产多数采用塑料大棚或温室栽培。

1. 种类与品种

香石竹按开花习性,可分为一季开花类和四季开花类。

按花朵大小,可分为大花型(8~9cm)、中花型(5~8cm)、小花型(4~6cm)、微花型(2.5~3cm)。

按整枝方式,可分为独本型、多花型。

按花色分类,可分为纯色香石竹、异色香石竹、双色香石竹和斑纹香石竹。

常见栽培品种有:

(1) 红花系列,如马斯特、多明哥、海伦、佛朗克等品种,花苞大,色彩艳,长势强健,在市场上很受欢迎。

(2) 桃红色系列,如达拉斯、多娜、成功等品种,特别是达拉斯有生长快、产量高、花苞大、抗性强等优点,已成为生产中的主栽品种。

(3) 粉红色系列,如卡曼、佳勒、鲁色娜、粉多娜、奥粉等,花大色美,抗性强,是国内目前的流行品种。

(4) 黄色系列,如日出、莱贝特、普莱托、黄梅等。以抗性强、花色纯正、鲜艳的品种受欢迎。

其他还有紫色系的紫瑞德、紫帝、韦那热;橙黄色系的玛里亚、佛卡那;绿色系的普瑞杜;白色系的白达飞、妮娃;复色系的俏新娘、内地罗、莫瑞塔斯等。

2. 繁殖方法

可用扦插、播种和压条繁殖。香石竹切花生产用种苗,皆采用扦插繁殖。除炎热夏天外,其他时间都可进行扦插。一般以1~3月份效果好,成活率可达90%以上。插穗应选用植株中部生长健壮侧芽2~3个,在顶蕾直径达1cm时,即侧芽长至4~6cm时用手掰取。插穗基部要带有踵状部分。扦插时用吲哚丁酸、ABT生根粉处理更利于成活。扦插基质用珍珠岩与蛭石,或田园土与河沙,或珍珠岩与泥炭,按4∶6的比例混合而成。扦插深度以1cm为宜。在温度15℃~21℃,湿度70%~80%的条件下,20~30天即可生根。根长2cm后定植。

3. 定植

(1) 作畦。香石竹栽培病害感染严重,必须建立严格的轮作制度与土壤消毒。栽培香石竹的土壤应在种植前2个月进行翻耕整地。结合耕翻整地,每亩施充分腐熟有机肥3500kg,翻入表土以下10cm。畦宽1~1.1米,畦高30cm,沟宽60cm。

(2) 张网。张网是为了使香石竹的茎能正常挺直生长。张网应在摘心结束、苗高15cm时进行。同时张3层网,最低一层固定15cm处,其余两层随植株生长,逐渐升高,每层相距20cm左右。张网要求:立桩要直、牢,桩与桩之间的距离要均匀,网要绷紧,网眼要方正。

(3) 定植。香石竹定植时间根据目标花期与栽培方式而定。通常从定植到始花约需110~150天。香石竹切花效益较高的供花期在10月至翌年4月,因此定植期宜在5~6月。定植密度通常每亩栽植1.2~1.4万株。

4. 栽培管理

(1) 肥水管理。香石竹由于生长期长,又要分期分批多次采收切花,因而需要大量养分。除在栽植前施足基肥外,还需要用速效肥作追肥补充。追肥的原则是少量多次。在不同生育期,又要根据生长量调整施肥次数和施肥量。

第一阶段:4~6月中旬,香石竹生长量约占全年生长量的25%;6~9月高温期,生长缓慢甚至停止生长,其生长量仅为全年生长量的10%~15%。

第二阶段:9月下旬至12月上旬,气温适宜香石竹的生长,其生长量占全年总生长量的比例高达50%~60%。

第三阶段:12月至翌年2月,完成其余15%~20%的生长量。

根据上述生长规律进行追肥。第一阶段每隔2~3周1次,第二阶段3~4周1次,第三阶段2周1次,开花期少施氮肥,增施磷钾肥。铵态氮不利于香石竹生长,尽可能使用硝态氮。有条件的地方可用滴灌施肥,所用肥料采用易溶于水的盐类。

香石竹的浇水,苗期要干干湿湿,缓苗期保持土壤湿润,缓苗后要适度"蹲苗",使根向下扎,形成强壮的根系。夏季土壤水分含量不宜过高,浇水应做到清晨浇水,傍晚落干。9月中旬开始,增加浇水次数。浇水时应尽量少沾湿叶片,否则很容易引起茎叶病害。滴灌既保证香石竹所需水分,又有利于降低土壤和空气温度,抑制病害发生蔓延。

(2) 温度管理。温度管理要随室外温度的变化作调整(表2-3-3)。

表2-3-3 不同季节香石竹生长温度调控

季节	春	夏	秋	冬
白天/℃	19	22～25	19	16
夜间/℃	13	10～16	13	10～11

(3) 光照管理。香石竹是一种积累性长日照植物,日照累积的时间越长,越能促进花芽分化,提早花期,提高开花整齐度和产量。冬季加光时的温度要控在12℃以上(否则效果不明显)。

(4) 植株管理。摘心的目的是增加分枝,提高单株产花量与调节花期,均衡供花。第一次摘心在定植后30天左右,幼苗主茎有6～7对叶展时进行。在主茎上留5～6个节,摘除茎尖生长点。第一次摘心后30天左右,侧枝上有5～6个对节时进行第二次摘心。经过两次摘心,香石竹每株可发生6～10支开花侧枝。根据不同栽培类型与对花期的要求,可采取一次摘心、一次半摘心和二次摘心等不同方法,以调节植株生长与排开花期(图2-3-8)。

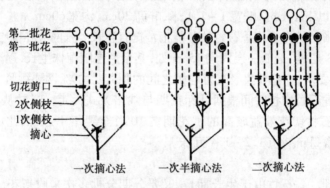

图2-3-8 香石竹不同摘心方法

(5) 病虫害防治。香石竹栽培期间常见的病虫害有病毒性的花叶病、条纹病、环斑病,细菌性的萎蔫病、枯萎病,真菌性的茎腐病、叶斑病、锈病,还有蚜虫与红蜘蛛等。因此,要贯彻"防重于治"的原则,一般7天左右喷一次保护性药剂,多种杀菌剂交替喷洒防治。

5. 采收、贮藏与保鲜

(1) 切花采收。香石竹切花采收,根据销售、贮藏、运输等不同要求,对花蕾的开放程度也有不同的标准。根据我国颁布的香石竹切花行业标准,将花蕾的开放度分为四级,即称为开花指数,其标准为:

开花指数1:花瓣伸出花萼不足1cm,呈直立状。适于远距离运输。

开花指数2：花瓣伸出花萼1cm以上，略有松散。可兼作远距离或近距离运输。

开花指数3：花瓣松散，开展度小于水平线。适合就近批发出售。

开花指数4：花瓣全面松散，开展度接近水平。适宜尽快出售。

香石竹采收一般应在傍晚剪切，因为此时是香石竹碳水化合物含量最高的时期，这直接影响到切花贮藏寿命与瓶插寿命。剪切长度要考虑上市要求与生产下茬花枝的分枝能力。切花剪切的时期，应在开花指数4时为最适期，但考虑运输、贮藏等因素，多数在花蕾露色，开花指数在1~3时剪切。香石竹切花比较耐干，可以干贮。但剪切后，切花放置于清水吸水6h，更有利延长保鲜。

（2）贮藏与保鲜。香石竹切花剪切后保鲜冷藏温度为0.5℃~1℃，一般开花指数为1时可以贮藏8周以上，开花指数2~3时可存贮3~4周。完全开放的花朵冷藏温度为3℃~4℃，贮存期一般不超过2周，贮藏环境的相对湿度保持90%~95%。

3.1.5 百合（*Lilium spp.*）

百合为百合科百合属的多年生球根植物，是近年国内外鲜切花市场发展很快的一支新秀。用于鲜切花栽培的百合，是在20世纪中叶出现的许多观赏品种，这类百合都是园艺杂种，统称为"现代百合"或"观赏百合"，在鲜切花生产领域中可以全年供花。根据各栽培品种的原始亲本与杂交遗传的衍生关系，观赏百合商品栽培类型主要有亚洲百合杂种系、东方百合杂种系与麝香百合（铁炮百合）杂种系三个主要类别。

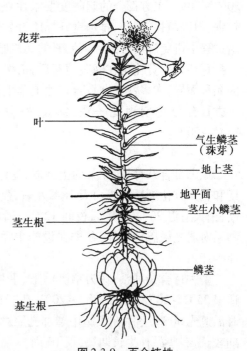

图2-3-9　百合植株

百合植株由鳞茎、茎生小鳞茎、气生小鳞茎、直立茎、花、叶与基生根、茎生根等部分组成（图2-3-9）。鳞茎是由地下短缩茎的茎盘上着生数十片肉质鳞片聚合组成，是百合的养分贮藏器官，也是百合的繁殖器官（图2-3-10）。组成鳞茎的鳞片实际是一种变态叶，鳞片有3年寿命，所以一个鳞茎是由1~3年生不同年龄段的鳞片组成。茎生小鳞茎是百合植株地下茎节部分的腋芽发育而成，小鳞茎培育1~2年，可以形成切花栽培的开花种球。

百合的茎直立，由百合种球的顶芽萌发后形成。一般切花百合直立茎的地上部分高80~140cm，不分枝，茎顶芽分化为花芽开花。地上茎只有一年寿命。露地栽培的自然花期在6月前后，7~8月高温期即枯萎，由地下鳞茎休眠越夏。

百合的根系有基生根与茎生根两种形态。基生根由鳞茎基部的鳞茎盘上长出，是支持植株与吸收养分、水分的主要根系，一般较粗壮，具2年左右寿命。茎生根是着生在直立茎地下部分的茎节上，是百合生长期的重要吸收根，每年

图2-3-10　百合的鳞茎

随直立茎的发育而生成,也随茎的衰亡而枯萎。

百合的花多数呈总状花序,着生于茎的顶端。花序上的花朵数与种球鳞茎的大小成正相关。每朵花的单花期约2~4天,一个花序前后可开20天左右。将剪切后的花序水养,一般已形成的花蕾都能先后开放。

百合生长喜凉爽湿润的环境条件,能耐寒而怕酷暑,喜阳光,又略耐荫蔽。生长开花的适宜温度为15℃~25℃,通常10℃以下停止生长。温度低于5℃或高于28℃对生长不利。百合是长日照植物,光照时间过短会影响开花。切花夏季栽培要求光照强度为自然光的50%~70%,东方百合的遮阴度要求比亚洲百合与麝香百合高。对土壤要求不严,适应性较强,但以疏松、肥沃、排水良好、pH为5.5~7的砂壤土为好。不需要大量的肥料,整个栽培过程中避免施用含氯和氟元素的无机肥料。

百合花芽分化是在鳞茎萌芽后,植株生长具有一定营养面积时完成的。具体分化时间因品种而异,大多数亚洲百合在地上茎生长高10~20cm,具叶50片左右时花芽开始分化。麝香百合分化期稍晚一些,约具80片叶左右花芽开始分化。花芽分化最适温度为15℃~20℃。

1. 种类与品种

亚洲百合杂种系:花朵向上开放,花色鲜艳,生长期从定植到开花一般需12周。生长前期和花芽分化期适温为白天18℃左右,夜间10℃,土温12℃~15℃。花芽分化后温度需升高,白天适温23℃~25℃,夜间12℃。适用于冬、春季生产,夏季生产时需遮光50%。该杂种系对弱光敏感性很强,冬季在设施中需每日增加光照,以利开花。若没有补光系统则不能生产。

麝香百合杂种系:花为喇叭筒形、平伸,花色较单调,主要为白色,属高温性百合,白天适温25℃~28℃,夜间18℃~20℃,生长前期适当低温有利于生根和花芽分化。夏季生产时需遮光50%,冬季在设施中增加光照对开花有利。从定植到开花一般需16~17周,生长期较长,有些品种生长期短,仅10周。

东方百合杂种系:花型姿态多样,花色较丰富,花瓣质感好,有香气。生长期长,从定植到开花一般需16周,个别品种长达20周。要求温度较高,生长前期和花芽分化期为白天20℃左右,夜间15℃。夏季生产时需遮光60%~70%,冬季在设施中栽培对光照敏感度较低,但对温度要求较高,特别是夜温。

除以上杂交系外,还有系间杂交类型:

LA百合杂种系:即由铁炮百合与亚洲百合杂交培育而成。

LO百合杂种系:即由铁炮百合与东方百合杂交培育而成。

OT百合杂种系:即由东方百合与喇叭百合杂交培育而成。

切花生产中常以东方杂交系为主,常见栽培品种有西伯利亚、索邦、木门、水晶公主、西诺红等。

2. 繁殖方法

百合常用播种、扦插、分球、组织培养等方法繁殖,但以鳞片扦插和分球繁殖为主。

(1) 鳞片扦插。

插床准备:扦插床应选择排灌良好的苗床,床面中间高,四周低以防床内积水。用经过消毒、含水量60%的泥炭土作扦插基质。

选取鳞片:可于秋季掘取个头硕大的优良品种百合鳞茎,稍加摊晾,使其鳞片发软,再将健全的鳞片从鳞茎上剥取。剥取的鳞片,要保持整洁,并使创口收干,以确保其不发生霉烂。

鳞片扦插:将鳞片斜插入疏松的基质中,行距10~15cm,株距4~5cm。鳞片的凹面倾斜朝上,扦插深度以鳞片顶端稍露出即可,切勿过浅或过深,否则不利于其形成愈合组织和分化小鳞茎。

插后管理:温度18℃~22℃,湿度55%~60%,扦插后,经1至2个月,大部分鳞片即可生根,并在鳞片基部生出小鳞茎,同时抽出叶片,这时便可以进行移栽培育。培植3~4年便可为商品球。

(2)分球。在百合茎秆地表以下的几节,会生成多个小鳞茎,并具有健全的根系,可以单独栽种培养成商品种球。在采收切花时,基部留5~7片叶,花后6~8周新的鳞茎便成熟。将小鳞茎挖出,种植在塑料箱或纸箱内,以泥炭2份,蛭石2份,细砂1份为培养基质,1年后种植在栽培床,2年后便可作"开花球"。

3. 栽培管理

(1)栽培方式。全年切花生产主要在大棚、温室等设施内采用畦式、槽式、箱式栽培。现以温室畦式栽培为例。

百合切花栽培以富含腐殖质,土层深厚疏松,能保持适当湿润又排水良好的沙壤土为最好。百合喜微酸性土壤,亚洲和麝香百合适宜的土壤pH为6~7,东方百合适宜的土壤pH为5.5~6.5。土壤消毒后作畦,畦宽1~1.2m,畦高15~20cm。一些植株高大品种应张网2~3层,网格15cm×15cm。

(2)种球准备。

解冻和消毒:生产用种球周长要大于14cm。种球到货后立即打开包装放在10℃~15℃的环境下进行"解冻",待完全解冻后进行消毒。消毒方法:将种球放入千分之一的克菌丹、百菌清、多菌灵、高锰酸钾等水溶液中浸泡30min,也可以将种球放入80倍稀释的40%的福尔马林溶液中浸泡30min。取出后用清水冲净种球上的残留溶液,然后在阴凉的地方晾干后方可定植。

种球的贮存:解冻后的种球若不能马上种完,不能再冷藏,否则就有发生冻害的危险。可以存放在0℃~2℃条件下,但最多只能存放两周。也可以存放在2℃~5℃环境中,最多可存放一周,同时必须打开塑料薄膜包装。

(3)定植。设施切花百合的定植时间可根据栽培类型及上市时间确定。种植深度以鳞茎顶部距地表8~10cm,冬季定植的为6~8cm。种植密度因品种、鳞茎大小和季节因素而有所不同,亚洲系品种为40~55个/m²,东方系品种为25~35个/m²,麝香系品种为35~45个/m²。

(4)栽培管理。

温度:根据百合自然生长的规律,生长前期在12℃~13℃的较低温度条件下,有利于发根,对今后生长发育与切花品质有较大影响。这段时间大概占整个生长期的1/3时间,或者至少要维持到茎生根的长出。此后,亚洲百合的栽培温度保在14℃~15℃,其白天温度可以升高到20℃~25℃,晚间温度保持8℃~10℃。东方百合与麝香百合可以相对高一些。百合切花栽培期间设施内避免出现30℃以上的高温,以及10℃以下低温的波动。温度过高或过低与温度剧变,都会影响切花的商品质量。

湿度:定植前的土壤湿度为握紧成团、落地松散为好。在温度较高的季节,定植前应浇一次冷水,以降低土壤温度。定植后,再浇一次水,使土壤和种球充分接触,为茎生根的发育创造良好的条件。以后以保持土壤湿润为标准,即手握一把土成团但不出水为宜。浇水一般选在晴天的上午。相对湿度以80%~85%为宜,相对湿度应避免太大的波动,否则可能发生叶烧。

肥料:开花百合球生长的前期主要消耗自身鳞片中贮存的营养,因此定植前不需加过多底肥。定植一个月以后,可视土壤肥力追施肥料。百合对钾元素的需求量很大,可按 $N:P_2O_5:K_2O=14:7:21$ 配制复混肥料施用。按每次 $15~20kg/667m^2$ 追施,每10~15天一次,直至采花前3周。同时也应注意补充铁、硼、锌等微量元素。

光照:百合栽培夏季要避免强光直射。亚洲百合与麝香百合夏季遮阴率要达到50%左右,东方百合要达到70%左右。冬季栽培会因光照强度不足与日照长度较短而影响切花质量。亚洲百合对光的敏感度较强,东方百合不太敏感。增加光照强度的补光可用每 $10m^2$ 加设一盏400W 太阳灯。为弥补冬季光照长度不足,常从植株萌芽到现蕾阶段的6周时间,连续给予16h 光照,可以促使切花提早进入市场。延长光照的补光,每平方米用一盏20W 的白炽灯。

疏蕾:采用周长为14~16cm 的优质种球,管理措施得当,一般可分化5个以上的花蕾。为使花蕾发育整齐、大小匀称,需及时进行疏蕾。疏蕾应在显蕾后、膨大前进行,最好进行摘心疏蕾,每株留蕾2~5个,其余疏掉。疏蕾时间宜选择在不喷农药和叶面肥的晴天进行,尤以上午为好。

(5)病虫害防治。

百合疫病:发病初期用50%甲霜灵锰锌500倍稀释液;40%乙膦铝200倍稀释液;64%杀毒矾可湿粉剂500倍稀释液,每隔7~10天喷一次,连续2~3次即可。

百合枯萎病(又称茎腐病):在发病初期用杀菌剂灌根与喷雾相结合,如用甲霜灵锰锌500倍稀释液喷施植株表面,用多菌灵500倍稀释+代森锌500倍+五氯硝基苯500倍稀释液灌根2~3次。若在小苗前期,个别植株发病,可将病株拔除,并对病株周围30cm 直径范围用杀菌剂处理。

百合叶枯病:50%多菌灵或70%多菌灵500倍稀释液或1%的波尔多液+80%多菌灵及65%代森锌600倍稀释液灌根,或农利灵1000~1500倍稀释液加80%多菌灵600倍稀释液,每亩40~50kg,重点喷施新生叶片及周围土壤表面。

百合鳞茎青霉病:种植前用0.1%~0.2%高锰酸钾药液浸泡种球20min。只要种球保持完整,栽种后一般不会感病。

根腐病:以物理防治为主。降低土壤湿度及空气湿度,同时降低苗床温度,尤其在夏季栽培更应注意。药剂处理:用代森锰锌800倍稀释液与绿亨一号交替对叶面及地表喷雾;或用恶霉灵2000倍或多菌灵500~600倍稀释液+福美双500~800倍稀释液灌根。

灰霉病:加强设施内通风,降低空气湿度;及时清除感病植株、病叶并销毁;用扑海因

800倍稀释液、速克灵1000倍稀释液或甲基托布津1000倍稀释液交替对植株进行喷雾。

病毒病：拔除病株并销毁，出苗整齐后喷施植病灵毒克1~2次，控制蚜虫，避免传播。

虫害：百合上常见虫害主要为蚜虫，可用一遍净1000倍稀释液喷施，重点是叶片背面。

4. 采收、保鲜与贮藏

（1）采收。百合切花采收以花蕾露色为标准，一般每个花茎具5个以下花蕾，以有一个花蕾露色为采收标准。5~10个花蕾，以2个花蕾着色为标准。切花剪切时间以上午10时前为适宜，以减少花枝失水。剪切后的花枝，干贮时间不要超过30min。在剥除枝条下端10cm内的叶片后，即分级浸入清水。

（2）保鲜与贮藏。切花分级后以10支为一扎，纸箱包装一般每箱30扎，放进冷藏室。冷藏室温度维持4℃左右。运输适宜温度为2℃~4℃，绝对不能超过8℃。

3.1.6 非洲菊（*Gerbera Jamesonii*）

非洲菊又名扶郎花、灯盏菊，属于菊科非洲菊属多年生草本花卉。非洲菊于上个世纪80年代中期引入我国，发展迅速。特别是近几年，由于我国鲜切花的用量剧增，其种植面积急剧扩大，非洲菊已成为鲜切花市场中不可缺少的种类。近年来随新品种的不断引进，种植面积逐年扩大，现已是我国切花花卉的重要品种之一。非洲菊花色丰富，花朵清秀挺拔，潇洒俊逸，花艳而不妖，娇美高雅，给人以温馨、祥和、热情之感，是礼品花束、花篮和艺术插花的理想材料，备受人们喜爱（图2-3-11）。非洲

图2-3-11 非洲菊

菊花期容易调控，栽培技术相对并不复杂，能全年开花，切花率高，每株每年可切取30~50支鲜花。

非洲菊叶基生，莲座状，叶片长椭圆形至长圆形，长10~14cm，宽5~6cm，顶端短尖或略钝，基部渐狭，边缘不规则羽状浅裂或深裂，叶面无毛，叶背被短柔毛，老时脱毛。中脉两面均凸起。花葶单生，或数个丛生，长25~60cm，无苞叶，被毛，头状花序单生于花葶之顶。花期11月至翌年4月。

喜冬季温和、夏季凉爽、空气流通、阳光充足的环境条件，生长适温为18℃~25℃，白天不超过26℃，冬季休眠温度12℃~15℃，低于7℃停止生长。要求排水良好、喜富含腐殖质、pH为6~6.5的沙壤土。

1. 种类与品种

按舌状花花瓣大小和花瓣多少，可分为窄瓣型（花瓣宽4~4.5mm）、宽瓣型（花瓣宽5~7mm）、重瓣型、托桂型与半托桂型等。

切花栽培多选用生长势旺、抗病能力强、花色鲜艳、花秆挺拔粗壮、切花保鲜期长的重瓣、大花型品种。适宜品种见表2-3-4。

表 2-3-4　常见栽培品种

品种名	花色	花朵直径/cm	花茎长度/cm	年产量/(枝/株)
Aruba	嫩黄绿心	8~12	>40	30~35
Vino	亮红绿心	8~12	>40	35~40
Frulance	粉红绿心	8~12	>40	30~35
Ferrar	鲜红绿心	8~12	>40	30~35
Larensa	橘黄绿心	8~12	>40	30~35
Ornella	桔黄花边绿心	8~12	>40	30~35
Redfavourite	鲜红绿心	8~11	>40	35~40
Fleurance	深粉红绿心	8~12	>40	30~35
Melissa	桃红绿心	10~14	>45	25~30
Lila Balla	玫瑰红绿心	8~12	>40	30~35
Rosaballa	亮粉红绿心	8~12	>40	25~30
Rosula	橘红绿心	8~11	>40	25~30
Sangria	大红黑心	9~13	>45	25~30
Dani	深粉红黑心	8~11	>40	30~35
Amarrou	亮粉黑心	8~11	>35	30~35
Escaio	玫瑰红黑心	8~11	>35	25~30
Chateau	紫红黑心	10~15	>45	20~25

2. 繁殖方法

非洲菊为异花传粉植物,自交不孕,其种子后代易发生变异。因此非洲菊必须采用无性繁殖方式。目前,非洲菊多采用组织培养繁殖,也可采用分株繁殖。

(1) 分株繁殖。一般在 4~5 月进行。将老株掘起切分,每个新株应带 4~5 片叶,另行栽植。栽时不可过深,以根颈部略露出土为宜。

(2) 组织培养。通常用花托和花梗作为外植体。芽分化培养基为:MS + BA(10mg/L) + IAA(0.5mg/L);继代培养增殖培养基为:MS + KT(10mg/L);长根培养基为:1/2MS + NAA(0.03mg/L)。非洲菊外植体诱导出芽后,经过 4~5 个月的试管增殖,就能产生试管植株。

3. 栽培管理

(1) 作畦。种植非洲菊的土壤需深翻 30cm 以上,施腐熟厩肥 2000~3000kg/667m^2。对土壤消毒后起沟作畦。畦高 30cm,畦宽 60~80cm,沟宽 70~80cm。若构建栽培槽,可以防止土壤盐渍化及太高的地下水位。栽培槽一般宽 60~80cm,高 40~60cm。

(2) 定植。

定植时间:非洲菊为全年开花植物,全年均可种植,但从生产及销售的角度考虑,以争取在 10 月份达到第一个盛花期为宜。在 20℃ 以上的温度条件下,非洲菊定植后 5~6 个月可采花。因此,4~5 月份为较理想的定植期。

定植密度:定植密度对非洲菊的切花产量和质量影响较大。根据不同品种、不同种植年限,确定不同的种植密度。通常每畦种植两行,行间距25~30cm,株距25cm左右,交错种植,每平方米种植10株左右。

栽植方法:从专业育苗公司购买的非洲菊种苗,到货后应立即栽植。移栽前,尽量避免将幼苗置于高温或有风的环境中。非洲菊必须浅栽,植株的心叶应与土面相平或稍微高出土面,栽植深度要保持一致。若栽得太深,易发生霉菌性病害。若昼温超过30℃,则要在清晨或傍晚进行移栽。栽植时尽可能减少对根系及叶片的损伤。

4. 栽培管理

(1) 小苗期管理。小苗定植后须精心管理。定植的当天要浇一次透水,一方面可提高土壤的含水量,利于吸收水分;另一方面,可促使根系与土壤接触。随后,保持适宜的温度及湿度。缓苗期可用小孔喷头进行喷灌,以增加植株周围的湿度。早春时节,早晚要适当保温,温度超过25℃时,应及时通风降温。晴天需适当遮阴。定植后应每天检查,及时剔除带病植株并补上健壮苗。小苗成活后,可施少量的低浓度营养液,以促使其生根长叶。

(2) 成苗期管理。若温度适宜,定植后一个月左右,非洲菊可进入旺盛生长期。此时期的管理,应根据气候条件而定。若正当春、秋生长适期,应大肥大水促进生长。若已进入夏季高温期或冬季低温期,则以保根促壮为主,适当控制浇水,控制氮肥,增施磷、钾肥,及时摘除老叶。夏季光照过强时需适当遮阴。

(3) 花期管理。植株进入花期后,一方面花茎伸长、花朵开放需要有大量的养分,另一方面叶片过于繁茂需要适当控制生长。花期管理的好坏,对花的产量和质量影响极大。初花期由于养分积累少,花朵细而弱,此时不宜留花。为保持植株养分平衡,保证有足够的营养生长量,应及时摘除花蕾,同时去除黄叶、花叶及病叶,以减少养分消耗。一般每株留25枚叶片。及时调整花期氮、磷、钾营养的比例。盛花期,通过摘花、摘蕾控制花茎和花蕾的数量。摘花、摘蕾时,应去劣留优,保留的花蕾在发育程度上应有梯度,以便能依次开花,均衡上市。夏季花期,要注意遮阳及通风降温。冬季花期,则要注意保温及加温,尤其是防止昼夜温差太大,以减少畸形花的产生。不能从叶丛中心浇水、施肥,否则易引发病害。

(4) 摘除老残叶。非洲菊基生叶丛下部叶片易枯黄衰老,应及时清除,以利新叶与新花芽的萌生。一般每株只需保持12~18片功能叶即可。

(5) 病虫害防治。

灰霉病:空气湿度较高时(冬、春两季或由于种植过密时),最易发生此类病害。其症状为花朵上出现斑点(灰色斑块),花朵中心腐烂,呈现出灰棕色的尘埃状真菌软毛。防治方法:浇水时避开植株的叶片和花朵;为防止晚间水蒸气在花朵上凝结,应平稳提高温室的温度,并运行空气循环风扇;疏除生长过密的叶片。化学药剂防治使用41%聚砹·嘧霉胺1000倍稀释液喷施,5~7天用药1次。

立枯病:又称根茎腐病,是对非洲菊危害最大的病害。病原体为镰刀菌,常通过根茎部、叶柄断口处侵入。症状:叶子先发黄,后变红褐至灰褐色,然后逐片枯死。根颈部变黑色腐烂状,偶尔可见粉红色分生孢子。此病一旦发生,常造成植株死亡。防治方法:土壤严格消毒;控制栽植深度;对幼小植株定期喷施药剂保护;控制土壤湿度,特别是气温低于15℃时,土壤不能过湿;及时销毁病株。发病初期可喷洒38%恶霜嘧铜菌酯800倍稀释液,或41%聚砹·嘧霉胺600倍稀释液,或20%甲基立枯磷乳油1200倍稀释液,隔7~10天喷1次。

蚜虫:常发生在幼苗期及初花期。蚜虫分泌出某些物质,成为某些真菌生长发育的寄主,危害严重时会导致植株枯萎死亡。可用稀释1000倍的一遍净防治。

白粉虱:种植后很快会出现白粉虱,尤其在夏季,会通过通风设备进入温室。白粉虱的生命周期只有几天,尤其是在天气暖和时,因此,每2~4天就要灭杀一次。可用稀释600~800倍的蓟虱净、啶虫脒、苦参碱、噻虫嗪、烯啶虫胺防治。

潜叶蝇:潜叶蝇危害叶片,在叶片上造成白色斑点或白色孔道。潜叶蝇的完整生命周期(从卵到成虫)大约需要24天,预防时应每7天喷施一次药剂,防治时则每7天喷施两次药剂。也可用黏虫纸进行诱捕。可用40%乐果乳油1000倍稀释液、50%敌敌畏乳油800倍稀释液防治。

红蜘蛛:在比较干燥的季节最易发生。幼虫喜食幼叶和幼嫩花蕾,成虫喜食老叶,并于叶背面产卵。受危害的植株表现为叶片收缩、硬化,叶面失去光泽,叶背黄褐色,花瓣畸形,并有许多小白斑。可用20%螨死净可湿性粉剂2000倍稀释液、15%哒螨灵乳油2000倍稀释液防治。

蓟马:蓟马会在舌状花上造成白色斑块或小条斑,花头也可能变形,叶片上也可以看到银灰色的斑点。可用吡虫啉、噻虫嗪、噻虫胺等防治。

6. 采收、保鲜与贮藏

(1) 切花采收。非洲菊种植后7~9周即开始产花。其最适采收时期为最外轮花的花粉开始散出时。一般单瓣品种需花朵外围2~3轮雄蕊成熟,重瓣品种需要更成熟一些才采收。采收非洲菊切花,可直接用手指捏住花茎中部,保持30°~40°的幅度左右摇摆数次,向上拔起,即可采下。操作最好在上午气温较低时进行。

(2) 保鲜与贮藏。将切花置于相对湿度为90%~95%,温度为2℃~5℃的环境中进行贮藏。当储运时,非洲菊可耐较长时间的干藏。但在开箱后必须尽快将其插入水中,也可使用市售保鲜液延长瓶插寿命。

3.1.7 马蹄莲(*Zantedeschia aethiopica*)

马蹄莲为天南星科马蹄莲属的多年生草本植物,属于球根花卉中的块茎类,又称慈姑花、海芋、海芋百合、百合花、喇叭花、番海芋(日本)、水芋、野芋、观音莲、佛焰苞芋等(图2-3-12,图2-3-13)。马蹄莲叶片翠绿,花苞色彩艳丽硕大宛如马蹄,形状奇特,是国际花卉市场上重要的切花种类。

马蹄莲地下具肥大褐色的肉质块茎。块茎为纺锤形(彩马块茎为不规则扁圆形)。株高60~120cm。茎叶基生,叶片绿色,全缘,呈大椭圆形、箭形或戟形,先端锐尖,基部戟形。叶长15~45cm,叶柄长50~70cm。花茎基生,高与叶相近,佛焰苞长10~25cm,以纯白色为主,形大、短漏斗状,喉部开张、先端尖、反卷,似马蹄状,故名。肉穗花序,直立,在佛焰苞中央,呈鲜黄色。

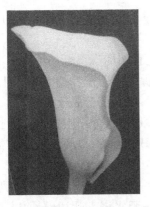

图 2-3-12　马蹄莲

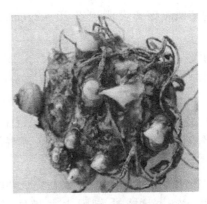

图 2-3-13　马蹄莲的块茎

马蹄莲性喜温暖,喜好富含腐殖质、疏松、pH 为 5.5~7.0 的沙质壤土。好强光照,但也能耐阴。忌干旱与夏季暴晒,但花期需要充足的阳光,否则佛焰苞常带绿色。冬季阳光不足会影响开花(花少)。冬季低温而光照强,有利于开花和提高花的品质。不耐寒,越冬应在 4℃~5℃ 以上,0℃ 以下块茎、茎秆、叶片就会受冻害。生育适温为白天 15℃~25℃,冬季生长适温 10℃,夜间不低于 13℃~16℃ 时能够正常生长开花。夏季遇 25℃ 以上高温,会出现盲花或花枯萎现象,或中途停止发育。

1. 种类与品种

国内马蹄莲有 3 个栽培类型,即青梗种、白梗种、红梗种。另常见栽培种主要有黄花马蹄莲、银星马蹄莲、黑心黄马蹄莲和彩色杂交马蹄莲。但国内切花品种以白花马蹄莲为主。白花马蹄莲佛焰苞高度 55cm 以上,要求最低温 13℃,栽种后至第一朵花时间 70~95 天。

2. 繁殖方法

马蹄莲多用种子繁殖和分生繁殖,生产上常用自然分球(小块茎)繁殖。分生繁殖在春、秋两季,或在花期以后、夏季休眠期进行。取多年生块茎进行剥离分栽即可,注意每丛须带有芽。多数在八月下旬至九月初种植。一般种植 2 年后的马蹄莲可按 1∶2 甚至 1∶3 分栽。6 年生的马蹄莲可以分栽 3~5 个单株。分栽的大块茎经 1 年培育即可成为开花球,较小的块茎须经 2~3 年才能成为开花球。

3. 栽培管理

(1) 作畦。马蹄莲切花栽培要求耕作层厚度 30~40cm。充分供水是高产优质的关键之一。持水力强的黏重土壤比保水能力差的沙质土壤更有利于马蹄莲的生长。施足有机基肥(2000kg/亩),结合耕翻整地与土壤充分混合。用 55% 敌克松 500~800 倍稀释液进行消毒。低畦,畦宽 120cm。走道高于畦面 20~25cm,宽 30~40cm。

(2) 种球。要选择健壮无病、色泽光亮、芽眼饱满的种球。块茎大小以直径为 3~5cm 为宜,种球太小开花少或不开花。用 25~50mg/kg 的赤霉素溶液浸泡 10~15min,可促进开花,增加切花产量。

(3) 定植。栽植深度,一般应略浅于种球原生长深度,并根据栽植时的土壤温度作适当调整。原则上土温低则宜浅植,土温高宜深植。标准塑料棚定植密度为 400~500 穴(株,行距 50cm×70cm)。定植后立即浇透定根水,以后保持土壤湿润状态。注意:定植时,大棚两边的植株应该离大棚边缘20~25cm,以防冬季低温和夏季高温(日灼)对植株的影响。

(4)温度。保护地内的温度以15℃~25℃最为适宜。到气温开始下降的10月下旬,要覆盖塑料薄膜以保温。冬季应采用双层或三层薄膜保温。若能保持10℃以上温度,可连续开花。5月份加盖50%~60%的遮阳网,以降低温度,促使其正常开花。

(5)水分。马蹄莲喜湿,初定植时保持土壤湿润即可,水分不宜太多。生长期内应充分浇水,水分不足会出现叶柄折断现象。灌溉用水的pH以6.5~7.0为宜。花后进入休眠期时,应逐渐减少浇水。

(6)肥料。马蹄莲为喜肥植物,在生长期间,每10~15天追施肥料1次。到了花期,每4~5天施用一次,并增施磷、钾肥,以抗植株倒伏。切忌肥水浇入叶柄(鞘)内,否则易造成块茎腐烂。中耕时不能伤球根,一旦块茎受伤,很易感染软腐病。

(7)光照。定植后,为促使其提早成活,从6月下旬开始到8月下旬之前,用遮光30%~60%的遮阴网覆盖。但马蹄莲在秋、冬、春三季需充足的阳光。越夏若要保持不枯叶,至少遮光在60%以上。

(8)疏芽疏叶。定植后的第一年,为使植株生育充实,可不摘芽。为保证营养生长与生殖生长之间的平衡,定植后的第二年开始应摘芽,保留每平方米3~4株,每株带10个芽左右即可。此外,当植株生长过于繁茂时,可除去老叶、大叶,或切除叶片的1/3左右,以抑制其营养生长,促使花梗不断抽生。

(9)病虫害防治。马蹄莲忌连作。病害主要有细菌性软腐病、根腐病、叶斑病等。虫害主要有蓟马、粉蚧、红蜘蛛、卷叶虫和夜蛾等。防治措施主要有:对块茎及土壤进行消毒,注意种球贮藏期间的通风换气,定期喷施多菌灵或百菌清等药剂。

4. 采收、保鲜与贮藏

以花开八成为标准。以小卷筒状占70%、中大卷筒状占20%、半开或全开占10%的比例上市为好,可以满足不同层次的花商需要,而且可以延长货架寿命。白色马蹄莲以卷曲的佛焰苞开展时,就地就近上市。彩色马蹄莲以佛焰苞展开3/4至完全展开之间,穗状花序的花粉尚未脱落前为采收适期。采摘时必须用双手紧握花茎底部用力从叶丛中拔出。采下的马蹄莲切花每10支一捆,立即插入清水或保鲜液。花茎基部用湿棉花和塑料纸包装后装箱上市销售。常温(5℃~25℃)贮藏,结合保鲜液的使用,马蹄莲可以在短期内不影响品质。

3.1.8 郁金香(*Tulipa gesneriana*)

郁金香属于百合科郁金香属的具鳞茎草本植物,又称洋荷花、旱荷花、草麝香、郁香等。是世界著名的球根花卉,它具有开花早,色彩纯正鲜艳,花期可控,观赏价值高等特点。郁金香的栽培形式可以盆栽、地栽、露地栽培、设施栽培、基质培、水培等。在产品形式上,郁金香可以用作盆栽观赏、露地观赏和切花观赏。本节主要介绍郁金香切花的水培促成栽培技术。

郁金香是多年生草本植物,鳞茎扁圆锥形或扁卵圆形,长约2cm,棕褐色,外被淡黄色纤维状皮膜。茎叶光滑具白粉。叶片长椭圆状披针形或卵状披针形,长10~21cm,宽1~6.5cm。基生叶2~3枚,较宽大,茎生叶1~2枚。花单生茎顶,直立,基部常黑紫色。花葶长35~55cm。花瓣6片,倒卵形。花型有杯型、碗型、卵型、球型、钟型、漏斗型、百合花型等,有单瓣也有重瓣。花色有白、粉红、洋红、紫、褐、黄、橙等,深浅不一,单色或复色。花期一般为3~5月,有早、中、晚之别。

郁金香是秋植春花的球根花卉。秋季栽植,鳞茎在土中发根,春季出叶开花,夏季以鳞茎休眠。休眠期间,花芽在鳞茎中分化完成。郁金香性喜凉爽、湿润,喜阳光充足的栽培环境,适宜腐殖质丰富、疏松肥沃、排水良好的沙质土壤,8℃以上即可正常生长,可耐-14℃低温,是中性日照植物。

1. 种类与品种

1917年由英国皇家园艺学会将郁金香品种归纳为三大类14型(表2-3-5)。

表2-3-5 郁金香的分类

三大类	14型
早花类 (Early folwering)	(1)香花型(Duc Van Tol) (2)单瓣早花型(Single Early) (3)重瓣早花型(Double Early)
五月开花类 (May flowering)	(4)乡趣型(Cottage) (5)荷兰品种型(Dutch Florists) (6)英国品种型(English Florists) (7)达尔文型(Darwin) (8)荷兰裂变型(Broken Dutch) (9)英国裂变型(Broken English) (10)伦布朗型(Rembrandt) (11)乡趣裂变型(Broken cottage) (12)鹦鹉型(Parrot) (13)晚花重瓣型(Late Double)
原始种类	(14)栽培种型(Species Tulipa)

贮藏期间通过低温处理能提前开花的种球,又称处理球;通过自然低温开花的种球,又称非处理球。

郁金香切花水培促成栽培对品种要求是:

(1)鳞茎完成花芽分化后,经历一段时间的低温处理。根据处理温度分为5℃球和9℃球。

(2)球体充实、外表光滑、无损伤、无病虫害。种球周长大于12cm。

(3)花期容易控制,花径较大的品种。

常用切花水培促成栽培的品种有标志、道琼斯、金阿波罗、法国之光、利欧等。

2. 定植前的准备

(1)设施、设备准备。郁金香栽培适宜的温度为13℃~20℃。目标花期在元旦、春节期间的,华东地区在11月中下旬开始种植。因此,郁金香切花水培促成栽培需要有可以加温、通风良好、阳光充足、设备配套的温室、中温冷库(5℃~10℃)、定植盘(针式或蜂窝式种植盘)(图2-3-14),以及温度计、湿度计、EC计等仪器。

(2)营养液准备。为提高郁金香切花茎秆的韧度,在营养液中加入硝酸钙及其他微量元素(150g/100L)。

(3)种球准备。

种球消毒:种球在贮藏和运输过程会产生青霉病等病害,种植前需进行杀菌消毒。用75%多菌灵粉剂800倍稀释液浸泡消毒20分钟。消毒后取出晾干待种。种球消毒时不能用含有铜制剂的药品进行消毒,因为铜离子对郁金香鳞茎的根有伤害。

去皮:郁金香鳞茎的外面有一层变异的鳞片(俗称种皮),有保护鳞茎的作用。种皮遇水软化会产生韧性,阻碍根的生长。因此,需将种皮剥除。

去侧芽:郁金香鳞茎的鳞茎盘上常有侧芽发生,水培时会消耗主鳞茎的营养且不能正常开花,因此也需用手瓣去。

图 2-3-14　郁金香水培定植盘(针式)

3. 定植

郁金香种球定植用的定植盘以及操作环境应严格消毒。种球定植在针式种植盘内的深度以种球稳固为宜。为减少定植对种球的损伤,定植时应一次插稳,避免反复操作而损伤种球,增加感染病害的机会。定植密度以种球之间相互不接触为度。标准针式种植盘,每盘定植种球数量90个左右。

4. 栽培管理

(1) 冷库促根。定植后,在种植盘中加入 EC 值为 1.0mS/cm 的营养液。种植盘移入冷库中进行促根处理。冷库促根的温度为7℃~9℃,空气湿度为75%~90%。定期检查鳞茎发根情况,及时补充营养液。经10~12天,鳞茎根系长2~3cm时,种植盘移入温室。

(2) 温室管理。温室温度控制在16℃~20℃,湿度保持在55%~75%。将营养液更换为 EC 值 1.5mS/cm。每天检查植株生长情况,剔除生长异常或感病植株,并补充营养液。

(3) 病虫害防治。

郁金香青霉病:又名郁金香鳞茎腐烂病,主要危害鳞茎。主要防治方法:控制空气湿度。对发病种球涂抹波尔多液200倍稀释液。

郁金香长管蚜:主要危害叶片,吸取叶片汁液造成叶片黄花。防治方法:用吡虫啉800倍稀释液喷雾。

叶片开裂:郁金香水培后期,植株的叶片和茎会因植株缺钙而开裂。这是空气湿度高,通风不良,植株缺钙的表现。防治方法:安装水平方向的循环风扇,选择晴天中午通风,升高灌溉水中的 EC 值等。

5. 采收、保鲜与贮藏

当郁金香的花朵稍露色时便可采收(图 2-3-15)。采收时连球一起拔起,用刀片去除鳞茎,分级包扎,每束10支。采收后立即直立放置于水桶中,以防花茎变形。采收完毕后放入冷库内,库内温度设定在2℃,冷库内要有一定的光照。长时间处于黑暗状态,郁金香切花的花茎会伸长倒伏。

图2-3-15　待采收的水培郁金香切花

3.1.9　鹤望兰(*Strelitzia reginae*)

鹤望兰又名天堂鸟、极乐鸟,是旅人蕉科鹤望兰属多年生草本植物,其花形奇特,花朵绽开时,总苞紫红,花萼橙黄,花瓣浅蓝,整个花形犹如一只正在展翅飞翔的彩雀,或似昂首眺望的仙鹤,十分优雅可爱。其花期较长,一年四季可接连开放。成株每年可开花20朵以上,每朵花自然观赏期可达20~30d。盆栽可作大型房间装饰布置,切花、切叶更是高档花材,素有"鲜切花王"的美誉。

鹤望兰地下具有粗壮肉质根,无明显地上茎。叶片从极短的地上茎盘叠合状对生,两侧排列,有长柄,质地坚硬,中央有纵槽沟。叶片长椭圆形,长20~40cm,宽8~5cm,革质,侧生整齐平行叶脉。花序叶腋抽生,高出叶丛,花形奇特。花6~8朵排列成蝎尾状,也有10朵以上的花枝。花序外有佛焰总苞片,长15~20cm,绿色,边缘带紫红色。花大,两性,两侧对称,萼片3枚,披针形,橙黄色,花瓣3枚侧生,2枚靠合成舌,中央1枚小舟状,基部具耳状裂片,与萼片近等长,暗蓝色(图2-3-16)。

图2-3-16　鹤望兰

鹤望兰性喜温暖、湿润气候。最适生长温度为23℃~25℃,冬季不低于5℃,夏季可耐受40℃高温,但花芽发育期若高于27℃,会影响花芽生长甚至坏死。高温、强光下会造成灼伤。空气相对湿度宜维持在60%~70%。需土层深厚、富含有机质、疏松、肥沃而又排水良好,pH为6.5~7.0的土壤。

1.种类与品种

(1)白花天堂鸟。植株丛生状,叶大,叶柄长1.5米,叶片长1米,基部心脏形,6~7月开花,花大,花萼白色,花瓣淡蓝色。

(2) 无叶鹤望兰。株高1米左右,叶呈棒状,花大,花萼橙红色,花瓣紫色。

(3) 邱园鹤望兰。是白色鹤望兰与鹤望兰的杂交种,株高1.5米,叶大,柄长,春、夏季开花,花大,花萼和花瓣均为淡黄色,具淡紫红色斑点。

(4) 考德塔鹤望兰。萼片粉红,花瓣白色。

金色鹤望兰(S. golden)。是1989年新发现的珍贵品种,株高1.8米,花大,花萼、花瓣均为黄色。

2. 繁殖方法

鹤望兰繁殖的方法主要有种子播种和分株繁殖,生产上分株繁殖应用较多。

(1) 种子繁殖。播种前先除去种子上的橘红色绒毛。可用98%的浓硫酸处理9min,处理过程中随时搅拌,防止温度过高损伤种子。容器可以用玻璃器皿或铁铝制品(容器中不能有水滴)。处理后,清水冲洗干净,用力揉去腐蚀后的种皮,再用30℃~40℃温水浸泡3~4天,每天换水一次,3~4天后可见部分种子胚芽突出。播种时先在基质上盖一层1cm厚的细纱,放上浸过的种子,种子间保持2~3cm距离。然后盖上2cm的细沙土并浇水,再覆盖塑料薄膜保湿。发芽温度为24℃~30℃,播种后15~20天发芽,发芽率50%左右。一个月左右新苗出齐。

(2) 分株繁殖。分株时间为春秋两季,最适宜时间为5~6月份。选分蘖多、叶片整齐、无病虫害的健壮成年植株。一般选择生长6年以上、具有4个以上芽、总叶片数不少于16片的植株。将植株整体从土中挖起,尽量多带根系,剔去宿土并剥去老叶。根据植株大小用刀切割分离,每丛分株苗有2~3个芽和8~10片叶。切口应沾草木灰或灭菌剂,并在通风处晾干3~5h后栽植。

3. 定植

(1) 土壤。鹤望兰为肉质根,喜疏松、肥沃、排水良好的土壤。土壤要深翻,一般不小于80cm。施足基肥,每亩需腐熟有机肥2000~2500kg,与土壤充分拌和后并消毒。畦高30cm,宽100~120cm,四周排水沟要畅通。

(2) 定植。于每年5~6月定植。定植株行距为60cm×60cm,或80cm×80cm,交叉列植,栽植穴深60~70cm、直径60cm。定植时先将苗根舒展伸直,逐层回填栽培土壤。栽植不宜过深,以根颈部与土面齐平为宜。栽后踩实土壤并浇足水。

4. 栽培管理

(1) 肥水管理。定植后第1~2周每天浇1次水,以利植株成活。定植后缓苗期内,不需要施肥。当植株基部萌发新叶时,每半月施肥一次。当抽出花梗时,需增施磷肥和钾肥。在切花采收过程中,每隔15~20天追施1次稀释液肥。

(2) 光照管理。鹤望兰需充足阳光,冬季应保持全日照。夏季阳光强烈时,应适当遮光。

(3) 温度管理。定植后,最佳生长温度为15℃~27℃,冬季最低温度不可低于5℃,夏季花芽发育期,最高温度不可高于35℃。

(4) 常见病害。

细菌性萎蔫病:发病初期用72%的农用链霉素4000倍稀释液或新植霉素4000倍稀释液喷洒,每隔10天喷1次,前后喷2~3次。及时清除病残植物体并集中烧毁。棚室栽培浇水要适当,减少病菌的侵染途径。棚室栽培中如发现病虫害严重地区,种植前土壤应高温消毒。

根腐病:播种前将种子在清水中浸种1天,然后在60℃热水中处理30min,冷却、晾干后再播种在消过毒的土壤中。连年发病地区用福尔马林或70%五氯硝基苯对土壤进行消毒。有条件的可在设施内用蒸汽对土壤消毒30~60min。

粉蚧:利用粉蚧成虫对黄色有强烈趋性的特性,在黄色板上涂黏油进行诱杀。用80%敌敌畏乳油1000倍稀释液喷雾,对防治成虫、若虫效果较好。由于虫体在叶片背面,喷药时必须注意充分喷洒叶背。

6. 采收、保鲜与贮藏

切花的采收标准是以第一朵小花开放。需要贮藏的切花,应在花茎第一朵小花显色后4~5天内采收。采收时握住花葶中下部,用力将整个花葶从基部拔起即可。生产上采用干贮藏方式,即把切花紧密包装在聚乙烯膜袋中,以防水分丧失。贮藏温度为8℃,最长贮藏期可达4周。

3.1.10 洋桔梗(*Eustoma grandiflorum*)

洋桔梗又名草原龙胆,为龙胆科草原龙胆属植物。原产美国内布拉斯加州和得克萨斯州,引种到欧洲和日本,经过杂交改良,现已成为一种妖媚动人、异常新奇的花卉。洋桔梗植株姿态轻盈潇洒,花色典雅明快,花形别致可爱,是目前国际上十分流行的盆花和切花种类之一,已列为世界十大切花之一。

洋桔梗为1~2年生草本植物,茎直立性,灰绿色,摘心后萌芽性强,株高通常在50~80cm。叶片灰(粉)绿色,对生卵形至长椭圆形,全绿,基部互抱于茎节上,长约6~7cm。花朵大,多数花朵排列呈圆锥花序。花瓣5~6枚,长椭圆至倒卵形,瓣缘顶端稍波状向外卷,基本花色有紫、白及粉红,有重瓣和双色品种(图2-3-17)。

洋桔梗喜温暖、湿润和阳光充足的环境。要求疏松肥沃、排水良好的钙质土壤。生长适温为15℃~28℃,生长期夜间温度不低于12℃。冬季温度在5℃以下,叶丛呈莲座状,不能开花。也能短期耐0℃低温。生长期温度超过30℃,花期明显缩短。洋桔梗喜湿润环境,长日照(16h)对洋桔梗的生长发育有利。花期主要在春、夏季。

图 2-3-17 洋桔梗

1. 种类与品种

洋桔梗品种根据成熟期可分为极早熟、早熟、中熟和晚熟。

玛莉系列:中熟品种,目前共有12个颜色,抗性强,产量高,大花型,花色丰富,生长周期短,株形优美。

雪莱系列:中晚熟品种,有6种颜色,容易栽培,抗性强,大花型,耐运输。

艺术系列:晚熟品种,有2个颜色,容易栽培,生长稳定,抗性强,大花型,耐运输,生长周期长。

2. 繁殖方法

洋桔梗主要用播种和扦插繁殖,生产上主要用播种繁殖。

洋桔梗种子非常细小,每克约20000粒,包衣种子每克1000粒左右。育苗基质一般以泥炭、蛭石、珍珠岩按6∶3∶1的比例混合。播种后不需要覆盖。育苗温度控制在18℃~23℃,湿度保持65%~75%。子叶出土后适当降低基质湿度以利壮苗。待苗第一对真叶展出时可施混合肥料(20-20-20)1500倍稀释液。经过60~65天的培育可供定植。

3. 定植

(1) 作畦。土壤深翻30cm以上,施入有机粪肥2500kg/667m²。土肥充分拌和后进行消毒(棉隆每亩25~30kg)。畦高20~30cm,宽90~110cm。在畦面铺黑色地膜和滴灌带,以减少杂草危害,提高保水、保肥能力。土壤pH以7.0为最好,一般掌握在6.5~7.0。pH过低,会引起生长不良,叶片枯焦,甚至不长花蕾。可通过施用生石灰来调整pH。

(2) 架网。为了防止倒伏,在滴灌带铺设完成后,架设15cm×15cm或15cm×20cm的定植网二层。

(3) 定植。一般以第2对真叶完全展开,第3对真叶未展开时为最适宜定植期。洋桔梗的根为直生根,再生能力较弱,需要适时移植。移植后需要一周的缓苗期,以适应栽培环境。在移植初期必须注意避免土壤干燥、强光、高温等不良环境。可以通过遮阴、喷雾等措施降低设施内的温度,直到植株新生叶呈狭长形,没有莲座状现象产生时即停止喷雾,随即保持土壤适当的水分。

4. 栽培管理

(1) 光照。洋桔梗对光照反应较敏感,长日照(每天16h)促进其茎叶生长和花芽形成。加光栽培一般有两种方法:一是间断加光,也就是在夜间加几个小时的光照时间;二是延长光照,就是在傍晚时延长光照时间。一般第一种方法效果比较好。在冬季和早春期间,尤其要注意补光,通常在夜间加补2~4h。

(2) 温度。洋桔梗定植后适宜温度是白天20℃~24℃,夜间16℃~18℃。植株的生育速度如节间的伸长程度、花芽分化快慢、收获期的长短极容易都受到温度的影响。因此秋、冬季至早春需加温,尤其是在夜间或寒流期。

(3) 施肥。洋桔梗属于需肥量较高的植物。洋桔梗不仅要求有充足的大量元素,还要求土壤中保证有较多的钙。通常在生长期每半个月施肥1次,交替使用14-0-14和20-10-20肥料,浓度以100~200ppm为宜。大约在移植后6周,植株生长到第7节位时,必须喷施磷、钾肥,以使茎枝粗壮不致软垂。若再继续补充氮肥则茎干细软,节间伸长,造成上下节间长度不一致。

(4) 浇水。洋桔梗对水分的要求严格,水分过多会引起根系生长不良,也容易侵染病害。水分过少会使茎叶细弱,提早开花。移植后的一个月内要保持土壤湿润。花蕾形成之后,应尽可能避免高温、高湿的生长环境。

(5) 病虫害防治。

病害:常见的病害主要有立枯病、灰霉病、菌核病等,防治措施包括及时拔除病株、摘除病叶和病花、加强通风换气、降低空气湿度和药剂防治,药剂防治用抗枯宁、万霉灵、代森锰锌等。

虫害:有蚜虫、卷叶虫、斜纹夜蛾、潜叶蝇等,可用毒死蜱、吡虫啉、辛硫磷颗粒防治。

6. 采后、保鲜与贮藏

(1)采收。洋桔梗采收适期以每支花3~5朵开放的成熟度为佳,并且摘除过度开放的花朵及过小不会开放的花苞。采收时自基部剪取。采收完后先在田间将茎部1/2以下的叶片去除,再运到包装场整理、分级包装。

(2)保鲜与贮藏。洋桔梗于包装场完成分级包装并适量装于立式容器后,应再次将切花移入5℃的冷藏库进行降温处理,以减缓花朵开放的速度。若配合特殊节日调节出货期,应采用干式贮藏法,在贮藏前先吸足保鲜液,然后以纸箱装箱,再置于温度5℃的冷藏库中。但建议贮藏期间不超过5天,时间过长将不利于品质及瓶插寿命。

3.1.11 满天星(*Gypsophila paniculata*)

满天星又叫霞草、重瓣丝石竹,石竹科,丝石竹属。由于它花型小、色浅、花姿蓬松具立体感,气质高雅清秀,给人以朦胧感(图2-3-18),是重要的陪衬花材,为当今最流行的切花之一。

满天星为多年生宿根花卉,株高90cm以上。肉质根,外观似粗大"人参",米黄色,略带须根。叶披针形至条状披针形,无柄,对生于节,节部膨大,紫红色,节间绿色被蜡质粉,花小,白色、淡粉红色。萼短钟状,聚集呈稀疏的圆锥状聚伞花序,每花序内的小花最先是顶端开放,逐步下延。自然条件下花期5~6月。

图2-3-18 满天星

满天星原产于欧洲、非洲北部及亚洲中、西部的干燥地带。性喜凉爽,在阳光充足、空气流通的条件下,生长最佳。生长适温为15℃~25℃,在30℃以上或10℃以下容易引起叶片莲座状丛生,只长叶不开花。要求疏松,富含有机质,含水量适中,pH为6.5~7的土壤。

1. 种类与品种

园艺品种甚多,目前世界切花市场及我国引进栽培的主要有5个品种。

(1)仙女(Bristol Fairy)。在切花生产中应用最多,约占80%。花小型、白色。适应性很强,能耐夏季的高温和冬季的低温,栽培较易,也容易进行周年生产。

(2)完美(Perfecta)。花大,节间短,茎粗壮挺拔。高温期容易产生莲座状丛生,低温时开花停止,栽培难度大,但市场价格较高。

(3)钻石(Flamingo)。是从仙女中选育出来的大花品种,节间短,低温时开花推迟,全年生产比较困难。

(4)火烈鸟(Hamingo)。花淡粉红色,花小,茎细长,春季开花。

(5)红海洋(Red Sea)。花深桃红色,花大,茎硬,在高寒地带春季栽植,秋季出售,花色十分鲜艳,不易褪色。在暖地,从秋到春都能开花,是最近新选育出的品种。

2. 繁殖方法

满天星商品化切花生产的种苗繁殖以组培为主,也可扦插繁殖,一些单瓣品种可用种子繁殖。

(1)组培繁殖。采用茎尖培养,繁殖系数高,根系生长状况好,苗质量高。用组培苗生产切花,花枝挺拔,色泽纯正,切花质量高。重瓣品种主要用组织培养方法繁殖脱毒苗,然后再进行扦插繁殖。取优良单株嫩茎顶端作外植体,常规消毒后,切取0.3~0.5mm长顶芽接种于培养基上。初代培养基为MS + BA 0.5mg/L + NAA 0.2mg/L + KT 0.5mg/L,繁殖系数可达8以上。继代培养基为MS + BA 0.5 mg/L + NAA 0.2mg/L。生根培养基为MS + 0.3mg/L。经过20~25天的生根培养,试管苗根长1~1cm时,及时移栽。

(2)扦插繁殖。宜选用带4~5对叶片的插穗,用生根粉或其他生长素处理后扦插于珍珠岩中。扦插繁殖可不受季节限制,但以3月中下旬至7月上旬和9月下旬至11月上旬为最佳时期。温度在15℃以上时,一般20天即可发根。

(3)播种繁殖。单瓣满天星多用种子繁殖。种子千粒重1.29g。22℃~26℃下约10天发芽。9月初播种,初冬移入冷床越冬,翌年3月下旬定植露地,4月底至5月初开花。11月下旬露地播种,种子在露地越冬,翌年春天出芽,花期5月中旬。3月露地直播,5月下旬后开花。

3. 定植

(1)作畦。深翻土壤40~50cm,施入足够的有机肥(2500~3000kg/667m^2),并适当增施磷钾肥。酸性或中性土壤用石灰调节其酸碱度。作高畦,畦高30~40cm,宽110~120cm,畦面覆盖黑色地膜,以利保墒、保暖。架设25cm×25cm的定植网,定植网要充分绷紧。

(2)定植。每亩定植2000~2500株。采用双行栽植,行距50,株距35cm~50cm。定植前要灌足水,择阴天定植,定植时植株间错位排列,用刀将膜划成"十"字形定植孔,孔要尽量小。定植后沿定植孔浇足"定根水"。定植时间:设施切花栽培,可在夏天或秋天甚至早春定植。可于初秋直至初夏采花。采花后的植株应于6~7月挖起,然后经冷藏至8~9月,再定植。

4. 栽培管理

(1)肥水管理。满天星定植缓苗后,前期追肥以N:P:K = 5:4:5为宜,中后期比例为1:2:4。在满天星的整个生育期,灌水量应适当减少。前期要适当控水,防止徒长倒伏早衰,中期根据土壤水分可适当浇水。满天星生长期间保持夜温15℃~20℃,昼温22℃~28℃。

(2)摘心与整枝。温度适宜时,满天星生长势较旺盛,枝芽萌发较多,如不及时整枝与抹芽,植株生长过密,不利于通风透光,导致盲花枝增多,严重影响切花的质量和产量。在满天星植株抽薹约30cm左右时,在从顶点以下5～10cm处去除生长点,促进下部侧枝整齐萌发生长。同时疏去基部过多的莲座状侧枝,集中养分供上部侧芽生长。

(3)病虫害防治。茎腐病、萎缩病是满天星的致命病害。定植前土壤要充分消毒。虫害主要是螨类和蚜虫,可用三氯杀螨醇1000倍稀释液和杀灭菊酯1500倍稀释液喷杀。

5. 采收、保鲜与贮藏

当满天星花枝上的小花有40%～60%开放即可采收。用剪枝剪采收成熟花枝,枝条长度60～80cm。采后放入干净的冷水中吸水保鲜。基部用棉花包扎插入保鲜液中保鲜8～12h。

3.1.12 金鱼草(*Antirrhinum majus*)

金鱼草又名龙口花、龙头花、洋彩雀,为玄参科金鱼草属多年生草本植物(图2-3-19),生产上作1～2年生植物栽培。金鱼草切花在国际花卉市场上较受欢迎,因而栽培面积逐渐增加,市场开发潜力巨大。

金鱼草株高20～90cm,上部有腺毛。叶片长圆状披针形,全缘、光滑,长7cm,下部对生,上部互生。总状花序顶生,长达25cm以上。花冠筒状唇形,基部膨大成囊状,上唇直立,2裂。下唇3裂,开展外屈。花有白、淡红、深红、深黄、浅黄等色。茎部绿色者,花色除紫色外,其他各色都有。茎色红者,花色只有紫、红色。花期长。金鱼草种子细小,灰黑色,每克约8000粒。

图2-3-19 金鱼草

金鱼草原产地中海一带,性喜凉爽气候,较耐寒,不耐酷热及水涝,喜光性,生长适温白天为15℃～18℃,夜间10℃左右。切花栽培的植株高80～100cm,有分枝。花序长度25cm以上。喜肥沃、疏松、排水良好和富含有机质、pH为6.0～7.5的沙质壤土。

1. 种类与品种

金鱼草有4种类型:

(1)在晚秋、冬季或早春开花的弱光照品种。

(2) 在春季开花的短日照到中长日照、中等强度日照品种。
(3) 在晚春到夏季开花的中长日照、中等强度日照品种。
(4) 在夏季到早秋开花的长日照、强光照品种。
常见的品种有巴拿马、奥克兰、西弗吉尼亚、坦皮科、波托马克、将军等。

2. 繁殖方法

生产上以播种繁殖为主。通常在 8~10 月播种。播种基质一般选取 pH 为 5.5~5.8、无菌、排水良好的泥炭土。穴盘育苗采用 200 穴的黑色穴盘。穴盘装满基质,将基质轻轻压实,每穴播 1 粒种子。播后轻轻喷水,使种子和土壤密切结合。发芽温度 18℃~21℃。无论在发芽室或温室内发芽,均应保持土壤表面湿度。当胚根露出时保持充足的水分,当子叶完全展开时每天早上喷水 1 次。适当控水可促进根系生长。当真叶露出,进入快速生长期时,施用浓度为 50~150mg/mL 氮、磷、钾平衡(如 20-10-20)的肥液,并适当控水,使基质见干见湿。期间可喷施少量杀菌剂对部分真菌性和细菌性病害进行预防。当幼苗长出 2~3 对真叶时,植株就可供定植。

3. 定植

(1) 作畦。金鱼草定植土壤以沙质壤土为最佳。施足基肥(2000~3000kg/667m²),土肥充分拌和。畦高 20cm,畦宽 1.2~1.5m,畦面上平铺 1~2 层的支撑网。

(2) 定植。幼苗长出 4~5 片真叶时,带完整土坨栽植。每网格内栽植 1 株。定植后浇水,使根系与土壤密切接触。定植初期应适当遮阴。

4. 栽培管理

(1) 肥水。金鱼草生长过程中,施用钙和钾平衡、浓度为 150~200mg/mL 的液肥。金鱼草忌土壤积水,否则根系腐烂,茎叶枯黄凋萎。但浇水不足,则影响其生长发育。应经常保持土壤湿润,在两次灌水间宜稍干燥。浇水时应尽量避免从植株上方给水,以减少叶面湿度和水滴飞溅传播病害。

(2) 光照。金鱼草为喜光性草本。光照长度和光照强度是影响花芽分化的重要因素。阳光充足条件下,植株健壮,丛状紧凑,生长一致,开花整齐,花色鲜艳。半荫条件下,植株偏高,花序伸长,花色较淡。金鱼草为长日照植物,虽然现在有许多中性品种,但冬季进行每天 4h 补光,延长日照可以提早开花。

(3) 温度。温度对金鱼草生长影响很大。冬季栽培时,温室温度应保持夜温 15℃,昼温 20℃~24℃。温度过低(2℃~3℃)时,植株虽不会受害,但花期延迟,盲花增加,切花品质下降。一旦花芽分化完成,温度是决定切花采收时间和质量的最主要的因素。

(4) 整形修剪。苗高达 20cm 时进行摘心,摘去顶端 3 对叶片。通常保留 4 个健壮侧枝,其余较细弱的侧枝应尽早除去。摘心植株花期比不摘心的晚 15~20 天。金鱼草萌芽力特别强,在整个生长过程中,会不断从叶腋中长出侧芽。因此不论摘心或独本植株,均需及时摘除侧芽。

(5) 病虫防治。

茎腐病:主要为害茎和根部。发病初期,根颈部出现淡褐色的病斑,严重时植株枯死。防治方法包括轮作、土壤消毒及药剂防治。发病初期向发病部位喷施 40% 乙膦铝可湿性粉剂 200~400 倍稀释液,或用 50% 敌菌丹可湿性粉剂 1000 倍稀释液浇灌植株根颈部。

苗腐病:主要为害幼苗。发病初期幼苗近土表的基部或根部呈水渍状,最后腐烂,以致全株倒伏或调萎枯死。发病初期可喷洒50%多菌灵可湿性粉剂800倍稀释液或75%百菌清可湿性粉剂800倍稀释液。

灰霉病:是温室栽培金鱼草的重要病害。植株的茎、叶和花皆可受害,以花为主。发病初期,选用70%甲基托布津可湿性粉剂1000倍稀释液,或50%多菌灵可湿性粉剂800倍稀释液喷雾防治。每隔10~15天喷1次,连喷2~3次。

蚜虫、红蜘蛛、白粉虱、蓟马等:可用3%天然除虫菊酯或25%鱼藤稀释800~1000倍稀释液,对防治蚜虫有特效。40%三氯杀螨醇兑水1000倍,杀螨效果好。用黄色塑料板涂重油,可诱杀白粉虱成虫等。

5. 采收、保鲜与贮藏

金鱼草切花采收以花序下部第1~2朵小花开放时为采收适期。采收后,即去除花茎下部1/4~1/3的叶片,并放在清水或保鲜液中吸水。干贮时应将花茎竖放,否则发生弯头现象,影响切花品质。金鱼草对乙烯与葡萄孢属的真菌敏感,要喷洒杀菌剂防治。在0℃~2℃低温条件下干贮期3~4天;湿贮7~14天。用杀菌剂处理后在保鲜液中低温贮藏可达4~8周。贮藏后最适宜的催花温度为20℃~23℃,湿度不低于75%~80%。

3.1.13 文心兰(*Oncidium hybridum*)

文心兰又名舞女兰、跳舞兰,属兰科文心兰属多年生草本植物,原产于巴西、墨西哥、牙买加等中南美地区。花序分枝性良好,花形优美,花色亮丽,以切花消费为主。文心兰是世界上重要切花品种之一,潇洒脱俗的花姿和温文尔雅的气质被插花界誉为切花"五美人"之一。

文心兰叶片1~3枚,可分为薄叶种、厚叶种和剑叶种。一般一个假鳞茎上只有1个花茎,偶有2个花茎的。花形似飞翔的金蝶,以黄色和棕色为主,还有绿色、白色、红色和洋红色等。花的构造极为特殊,其花萼萼片大小相等,花瓣与背萼也几乎相等或稍大。花的唇瓣通常三裂,或大或小,呈提琴状,在中裂片基部有一脊状凸起物,脊上又凸起的小斑点,颇为奇特,故又名瘤瓣兰(图2-3-20)。

图2-3-20 文心兰

文心兰喜温暖湿润环境,不耐炎热怕严寒,最适生长温度22℃~30℃,最适开花温度18℃~28℃。喜阳光忌直射,喜疏松、透气、保水性好的栽培基质。空气湿度在60%~85%为宜。

1. 种类与品种

主要切花品种有南茜、火山皇后、黄金2号、黄金3号、新奇士、柠檬心等。生产上目前以黄金2号为主。

2. 繁殖方法

通常用分株繁殖。春、秋季均可进行,但以新芽形成但尚未生长时的3~4月为好。成年植株的基部会长出子株,有假鳞茎的子株用刀切离母体后,可另行栽植。分出的子株,至少有2个假鳞茎,且带有新芽。若分株时假鳞茎太少、太弱,分株后很难恢复正常的生长,新芽也难以长大。分出的子株当年可开花。

3. 定植

(1) 设施。具备降温、通风、保温条件的温室或大棚。

(2) 基质。小苗采用水苔作基质,大苗用木炭、石粒、水苔按5:4:1的比例混合后作基质。

(3) 容器。采用18cm×13cm的黑色软塑料盆作为定植盆。

(4) 定植。垫1~2小块的泡沫塑料于盆底,将水苔抖松,放少量水苔于根系底下,然后将小苗根部用水苔包住,谨防折断根系。植入定植盆中,水苔低于盆沿约1.0cm(留沿口),用手捏压软盆以结实有弹性感为宜。

4. 栽培管理

(1) 小苗管理。种植后喷1次广谱性杀菌药。苗期适宜温度为15℃~30℃,湿度65%~85%,光照强度在移栽后2周内不能超过7000lx,2个月后可增加至20000lx。定植后适当控制水分,待盆中水苔较干时,浇少量水,使水苔呈湿润状态。定植后2周可开始施肥。多用液肥、控释肥,以少量勤施为原则。施用稀释3000倍的氮、磷、钾混合肥料(20:20:20),并结合叶面施肥,有助于株高的增长、新芽的增加和假球茎的成熟。一般冬、春季及阴雨天气可每隔7~10天施肥1次,夏、秋季及晴朗天气每隔5~8天施肥1次。

(2) 大苗管理。当文心兰小苗假球茎膨大并有侧生新芽长出,新根缠绕盆底(约定植后6个月左右),即可换盆。换盆前适当控制水分。栽培基质可用木炭:石粒:水苔为5:4:1的混合基质。两株合栽于18cm×13cm的黑色软塑料盆中。每平方米摆放12~15株。大苗生长期适宜日、夜温度为20℃、15℃,湿度50%~80%。夏季高温季节,每天早、中、晚叶面喷雾3次,以增加空气湿度并降低温度。光照强度控制在20000~35000lx。施用氮、磷、钾混合肥料(20-20-20),稀释至2000倍,每周2次;结合喷雾叶面追肥,稀释至4000倍。一般冬春季节及阴雨天气减少施肥次数。夏秋季节及晴朗天气,增加施肥次数。换盆后3~4个月内,为促进假球茎饱满,肥料改为1-22-49的高钾配方肥。温度在15℃以下时停止浇水和施肥。

(3) 花期管理。大苗经过10~12个月的生长,株高达30~45cm,具3~4个较饱满的假球茎(最大横径3~5cm),最顶端两叶宽2~3cm,叶数4~6片,叶色青绿且富有光泽时,已经符合成熟大苗的要求。此时夜温控制在15℃~20℃时,抽梗率高,分枝数多,小花数多,花序品质佳。开花期光照强度应控制在30000~50000lx,冬天遮光50%,夏天遮光70%。在抽梗期可用10-30-20速效肥稀释1500~2500倍浇灌,花芽萌发前还应适当喷施稀释1000倍的磷酸二氢钾。

(4) 病虫害防治。

病害防治:常见的病害有软腐病、褐斑病、疫病、炭疽病、白绢病等。使用农药链霉素、冠菌清、甲基托布津等杀菌剂,每10~15天喷一次,轮换使用。

虫害防治:危害文心兰的害虫主要有蓟马、蚜虫、红蜘蛛、蚧壳虫、白粉虱、斜纹夜蛾及蜗牛和蛞蝓等。可在苗床上悬挂黄色黏虫纸诱杀蓟马成虫、蚜虫等。用蚧螨灵稀释1000~1200倍喷雾防治红蜘蛛和蚧壳虫,辛硫磷颗粒剂防治地下害虫,密达可防治蜗牛和蛞蝓。

5. 采收、保鲜与贮藏

当主枝花朵达60%～70%开放,或主枝上未开花苞为3～4个时采收。从基部2～3cm处切取。文心兰以20～30支不等用报纸简单包住花朵部分后置于盛有清水的桶内。分级后置于保鲜液中,以延长瓶插时间。

3.2 切叶、枝生产

3.2.1 肾蕨(*Nephrolepis auriculata*)

肾蕨又称娱蚣草、蓖子草,骨碎补科肾蕨属多年草本植物。分布于我国东南部及西藏、四川、云南等地,自然生长在溪边、林下、石缝中或树干上。肾蕨叶片翠绿,姿态婆娑,四季常青,是重要的切花配叶。

肾蕨株高30～60cm,地上具直立短茎,密被棕褐色茸毛状鳞片。地下具匍匐状根茎。一回羽状复叶,密集丛生、簇生、斜上伸或下垂生长,叶长40～60cm,宽6～7cm,具40～80对羽片,小羽片长3cm,边缘具细齿,交错而整齐地排布于叶轴两侧。初生幼叶顶端未完全展开时呈钩状。叶轴绿色至褐色,光滑,正面略有纵状凹槽。羽片基部以关节着生于叶轴,容易脱落。

肾蕨喜温暖潮湿的环境,生长适温为16℃～25℃,冬季不得低于10℃。喜半荫,忌强光直射。不耐寒、不耐旱。喜疏松、肥沃、透气、富含腐殖质的中性或微酸性砂壤土。

1. 种类与品种

肾蕨属植物有30余种,其中绝大多数都可用于观赏栽培。

(1) 波士顿蕨。植株强健而直立,小羽叶具波皱。

(2) 长叶蜈蚣草。强健直立,叶长而宽,栽培变种、品种很多。

(3) 长叶肾蕨。叶厚而粗糙,长约100cm,小羽片相离。

2. 繁殖方法

可通过孢子繁殖、分生繁殖及组织培养法繁殖。

(1) 孢子繁殖。孢子繁殖是蕨类植物广泛应用的繁殖方法。肾蕨成年植株,在羽状复叶的小叶背面形成孢子囊,可收集这些孢子进行播种。播种基质以泥炭、木屑、腐叶土、苔藓等单独或混合而成。基质需消毒,播前先浇透水,然后将孢子均匀地撒于基质表面,不用覆土。置于20℃～25℃的发芽室内,一个月左右就会发芽,长出细小的扇形原叶体。再生长一段时间,当幼小的植株长满播种盆面时即可分栽或上盆。

(2) 分生繁殖。肾蕨的分生繁殖简单易行,被普遍应用。春、秋季气温15℃～20℃,选生长健壮、茂盛的母株,将母株分成若干小丛栽植。新植株经1～2个月培养,即可长出新的较大的羽状叶片。

(3) 组培繁殖。以孢子或根状茎尖为外植体,接种于培养基上,诱导成新植株。

3. 定植

(1) 作畦。肾蕨喜排水良好、富含腐殖质、pH为6～7的土壤。施入2500～3000kg/

667m² 腐熟有机肥作基肥,深翻后消毒作畦,畦面宽100cm,高15~20cm。

(2) 定植。当小苗有3~4片叶便可移植。移植时种植3行,株距30~40cm,定植后浇一次定根水,并注意遮阴。

4. 栽培管理

(1) 水肥管理。夏季除保持土壤湿润外,光照充足时每天向植株喷水数次,增加空气湿度,保证叶片清新碧绿。空气干燥,羽叶易发生卷边焦枯现象,影响切叶质量。若浇水过多,则易造成叶片枯黄脱落。生长期每15~20天施肥一次,并及时摘除枯叶。要保持良好的通风,增加叶片的坚韧。

(2) 病虫害防治。

细菌性软腐病:主要发生在肾蕨刚定植的头两周和摆放过密高温潮湿的环境下,从基部叶片开始腐烂。目前对这种病害尚未有特效的杀菌剂。若发现病株,应立即清除。预防措施包括前期浇水不要过多,后期保持良好通风。

根、茎腐病:主要由丝核菌或腐霉引起。防治措施:及时清除受感染的植株并销毁。加强通风,避免高温高湿。用杀菌剂如瑞毒霉800倍稀释液或雷多米尔1500倍稀释液进行根际灌施。

红蜘蛛:主要通过喷施杀虫剂进行防治。常用的杀虫剂有10%虫螨杀1000倍稀释液、中保杀螨2000倍稀释液等。

5. 采收、保鲜与贮藏

当叶色由浅绿转为深绿色,叶柄坚挺而具有韧性时(叶片长30cm以上),即可从贴近地面处剪下。采叶时间一年四季均可。采叶最好在清晨或傍晚进行。切叶采收过早,采后容易失水萎蔫;采收过晚,叶片背面会出现大量深褐色的孢子囊群,影响叶片的美观。将肾蕨叶片平展,分束绑扎,每束20枝。要将叶片摆平相叠,防止折损与扭曲。储藏温度0℃~5℃。目前国内外都采用干运方式。但是,理想的运输方式是将切叶置于水中湿运或用塑料薄膜包装后干运。

3.2.2 蓬莱松(*Asparagus myrioeladus*)

蓬莱松又名松叶天门冬、松叶武竹,为百合科多年生宿根草本植物。株高30~60cm,茎粗壮,分枝上细叶丛生。叶片颇似微型松针,叶色浓绿,新叶鲜绿色,不易枯萎。花淡红色,花期7~8月。枝条柔韧,适合作插花装饰的衬底材料,被广泛用于切叶生产。

蓬莱松喜温暖、湿润和荫蔽环境。生长适温20℃~30℃,越冬温度需在3℃以上。不耐寒,怕强光长时间暴晒和高温,不耐干旱和积水。喜疏松、肥沃的腐叶土。

1. 繁殖

蓬莱松常用播种繁殖和扦插繁殖,切叶生产多用扦插繁殖。

(1) 播种繁殖。蓬莱松的果实为浆果,圆球形。冬季待果皮变红后将其采下,在水中淘洗干净后捞起种子,晾干后收藏。早春或初夏播种。播前先将种子浸泡一昼夜,用河沙作基质,盆播。种子按2~2.5cm间距放在基质上。每穴播2~3粒,播后覆细沙0.5cm,以不见种子为度。保持基质湿润,温度保持在15℃以上,约30d可出芽。

(2) 分株繁殖。蓬莱松丛生性强,能不断生出根蘖,使株丛扩大。3~4月份母株开始萌发新芽时进行分株。将2年生以上母株掘起,将母株丛切分成2~4份。每小丛带有2~

3个芽为好。摘除被切伤的肉质根及部分多余老根。切口沾草木灰后进行定植。

2. 定植

宜选用疏松肥沃、排水良好的沙质壤土。施入腐熟有机肥（1500～2000kg/667m²），并加入适量过磷酸钙。耕翻后作高畦栽培，畦面宽100cm，高15～20cm。每畦可栽种2行，株行距15cm×60cm。栽植深度以茎基的幼芽与土表平齐为度。

3. 栽培管理

（1）水肥管理。定植后1～2周应充分浇水。分株苗萌发新根后，应控制浇水，土壤以干湿交替为佳，防止肉质根腐烂，叶片发黄。生长期掌握薄肥勤施的原则，每半个月追肥1次，以氮、钾复合肥为主，亦可施用稀薄腐熟的有机肥液。

（2）温光管理。生长适温为20℃～30℃，越冬温度不低于5℃。夏季高温季节适当遮阴，防止日光暴晒，并经常喷水，保持株丛翠绿。冬季低温阶段，应保证植株充足阳光照射，以利于来年生长。初冬季节，应加塑料薄膜覆盖保温。

（3）病虫害防治。蓬莱松病虫害较少，但炎热干燥时可能发生红蜘蛛及介壳虫为害，可用稀释1000倍的蚧螨灵防治。

4. 采收、保鲜与贮藏

分株定植后一年，当叶片充分转绿，叶片充分展开时为采收期。将枝条自基部剪下，整理分级后10枝捆绑成一束，放入水中，置于5℃～10℃的冷库贮藏。

3.2.3　一叶兰（*Aspidistra elatior*）

一叶兰，因其果实极似蜘蛛卵，又名蜘蛛抱蛋。百合科蜘蛛抱蛋属多年生常绿宿根草本植物。地下根茎匍匐蔓延。叶自根部抽出，直立向上生长，并具长叶柄。叶片终年常绿，叶色浓绿光亮，姿态优美。一叶兰适应性强，长势强健，极耐阴。一叶兰是现代插花极佳的配叶材料。变种有洒金型，叶片布满黄色斑点，星星点点，煞是好看；白纹型，叶片镶嵌淡黄白色纵条纹，或半片叶黄，半片叶绿。

一叶兰花钟状，单生，贴地开放。根状茎近圆柱形，直径5～10mm，具节和鳞片。叶单生，矩圆状披针形、披针形至近椭圆形，长22～46cm，宽8～11cm，先端渐尖，基部楔形，边缘多皱波状，两面绿色，有时稍具黄白色斑点或条纹；叶柄明显。

一叶兰性喜温暖湿润、半阴环境，较耐寒，极耐阴。生长适温为10℃～25℃，越冬温度为0℃～3℃。

1. 种类与品种

（1）斑叶一叶兰，别名洒金蜘蛛抱蛋、斑叶蜘蛛抱蛋、星点蜘蛛抱蛋，为一叶兰的栽培品种，绿色叶面上有乳白色或浅黄色斑点。

（2）金线一叶兰，别名金纹蜘蛛抱蛋、白纹蜘蛛抱蛋，为一叶兰的栽培品种，绿色叶面上有淡黄色纵向线条纹。

2. 繁殖方法

一叶兰主要用分株繁殖。分株时间最好是在早春（2～3月）土壤解冻后进行。分株方法：把母株用利刃分成2～3丛或更多，分出来的每一丛都要带有自身的根系，对叶片进行适当修剪，以利于成活。

3. 定植

(1) 作畦。一叶兰切叶生产通常选用疏松、肥沃的沙土,或用园土2份,腐叶土1份,厩肥和砻糠灰各0.5份混合而成的基质。土壤深翻、消毒后作畦,畦宽100~120cm,畦高20~25cm。

(2) 定植。定植时要根系舒展开,扶直植株后填土。栽植深度以不掩没心芽为宜。在畦面上2行三角形定植,株行距25cm×40cm。定植后浇一次定根水。

4. 栽培管理

(1) 水肥管理。因定植后植株根系吸水能力减弱,在3~4周内要节制浇水,以免烂根。同时,为了维持叶片的水分平衡,每天给叶面喷雾1~3次(环境温度高多喷,温度低少喷或不喷)。在春夏生长旺期,施肥以氮肥为主,可每月施2次稀薄液肥。冬季则要停止追施肥料。

(2) 温光管理。一叶兰虽喜光,但在夏天不可置于阳光下暴晒,以免叶片发黄、灼伤。整个生长期保持生长温度在15℃~25℃,越冬温度不宜低于5℃。

(3) 病虫害防治。

炭疽病:多发生在叶缘或叶面。病斑近圆形,灰白色至灰褐色,外缘呈黄褐色或红褐色,后期出现轮状排列的黑色小粒点。防治方法:及时剪除烧毁感病植株,减少侵染源。喷施50%施百克或施保功可湿性粉剂1000倍稀释液、25%炭特灵可湿性粉剂500倍稀释液。每10天喷施1次,喷施3~4次。

灰霉病:常发生于叶缘。防治方法:可喷施65%甲霉灵可湿性粉剂1000倍稀释液或50%速克灵可湿性粉剂1500倍稀释液、50%扑海因可湿性粉剂1500倍稀释液。

介壳虫:毒死蜱1000倍稀释液喷雾杀虫。

5. 采收、保鲜与贮藏

当叶片成熟,无病虫害,长约40cm以上,用剪刀剪取。切叶留15~20cm叶柄,10支一束,放于10℃~14℃保湿箱中湿藏或保湿干藏于包装内。

3.2.4 散尾葵(*Chrysalidocarpus lutescens*)

散尾葵,又名黄椰子、紫葵、棕榈科、散尾葵属丛生常绿灌木或小乔木。散尾葵的切叶在花卉装饰领域是主要的叶材之一。

散尾葵茎干光滑,黄绿色,无毛刺,嫩时披蜡粉,茎干基部有环纹。羽状复叶全裂、扩展、拱形。羽叶披针形,先端渐尖,柔软。

散尾葵喜温暖、潮湿、半阴环境。耐寒性不强,气温20℃以下叶子发黄,越冬最低温度需在10℃以上,5℃左右就会冻死。适宜疏松、排水良好、肥沃的土壤。

1. 种类与品种

常见的同属观赏种有卡巴达葵,其株高10m,茎干细长,基部膨大,叶片交互排列,小叶细长,亮绿色,果实小,红色。

2. 繁殖方法

播种和分株繁殖都可以,一般采用播种繁殖。分株繁殖能提早采收切叶。

(1) 播种繁殖。播种繁殖一般采用穴盘播种。播种前需进行种子消毒处理。将种子放入50℃~60℃温水中,搅拌20~30min。也可用40%的福尔马林溶液、0.5%的高锰酸钾溶液消毒,待风干后即可播种。

(2) 分株繁殖。一般在4月份左右结合换盆进行。选基部分蘖多的植株,去掉部分旧盆土,以利刃从基部连接处将其分割成数丛。每丛不宜太小,需有2~3株,并保留根系。分栽后置于较高温、湿度的环境中并经常喷水,以利恢复生长。

3. 定植

散尾葵植株高大,栽植地要深翻40cm以上,并施入基肥(磷、钾肥和牛粪为主,复合肥为辅),栽植地四周要做到沟渠畅通。

定植株行距一般为120cm×120cm或150cm×150cm,栽植形式可采用品字形、行列对称型等,667m²约植800丛。

4. 栽培管理

(1) 温光管理。散尾葵喜光照,但不喜强烈的夏季光照直射。一般于5月中旬至9月上旬需要遮阴60%~80%。虽然散尾葵比较耐阴,但不宜长时间放于无光照处。冬季与早春需要全日照光照,既利于越冬,又可积累更多的养分,对于萌发新叶有益。生长温度为15℃~28℃,高温下需要经常喷水降温及保持良好的通风。不耐寒,冬季需要保持温度在10℃以上,5℃左右易受冷害。

(2) 水肥管理。散尾葵喜水又怕涝,夏、秋季高温期,要经常保持植株周围有较高的空气湿度,但切忌盆土积水,以免引起烂根。在冬季休眠期,要控肥、控水。

(3) 病虫害防治。

病害:主要有叶斑病、炭疽病、茎腐病、芽腐病、根腐病等,如各项栽培措施适当,较少发生病害。一旦发生,可选择波尔多液、农用链霉素等药剂防治。

虫害:主要有蚧壳虫、蝗虫、刺蛾等。蚧壳虫在干燥不通风的环境里易发生,可通过增加湿度和加强通风来预防。同时可用速扑杀、蚧螨灵来防治。

5. 采收、保鲜与贮藏

采收部位为散尾葵的整枚复叶。切叶可常年采收,两次切叶采收时间间隔,夏季约1个月,冬季约40天左右。当复叶完全展开、叶片光泽浓绿、生长充实后即可采收。切叶基部要带叶柄。切叶采下后尽快进行预冷处理。切叶可在相对湿度90%~95%,温度4℃~6℃的环境中贮藏。

3.2.5 银芽柳(*Salix leucopithecia*)

银芽柳也称银柳、棉花柳,为杨柳科、柳属落叶灌木。银柳原产我国北方,现广泛作切枝栽培,出售到香港、新加坡、马来西亚、日本、韩国、泰国等地区和国家。随着切枝加工技术不断更新,彩色银芽柳已成为主要年宵花之一。

银芽柳枝丛生,高3米,幼枝有灰毛,次年即光滑。叶椭圆状长圆形至长圆状倒卵形或长圆形,长5~10cm,先端锐尖,边缘有锯齿,叶背有灰色柔毛,叶柄4~8mm,有柔毛,托叶心脏形。葇荑花序先叶开放,无柄,密生丝状毛,有光泽。花期12月至翌年2月,雌雄异株,雄花形如白毛笔头,洁白如绢,故名银柳,颇具观赏价值。花期长,从花苞露色到凋谢可达3月之久。

银芽柳喜光也耐阴、耐湿、耐寒、好肥、适应性强,在土层深厚、湿润、肥沃、pH为5.5~6.5的壤土上生长良好。生长适温为12℃~28℃。越冬温度不宜低于-10℃。

1. 种类与品种

常见同属观赏种有细柱柳,灌木,芽大;大叶柳,灌木,枝暗紫红色,芽大,暗红色。

2. 繁殖方法

主要用扦插繁殖。结合冬季修剪,剪取枝条充实、叶芽饱满的枝条作插穗。插穗长20cm,有4~5个芽眼。插穗在室内以河沙保湿贮藏。插穗用 ABT 1 号生根粉浸泡基部2h,然后扦插。扦插深度为插穗的1/3~1/2。扦插行距50cm,株距20~25cm,6500株/667m^2。

3. 定植

银芽柳性喜湿润,忌长期干旱和渍涝。根系主要分布在20~30cm的土层内。宜选地势高爽、土质肥沃、排灌良好的地块。土壤深翻并施足基肥(2500kg/667m^2)。作垄栽培,垄宽1.7m,垄沟宽0.3m,垄面覆盖黑色薄膜以利防草和保温、保墒。

扦插苗新芽长15cm,新梢基部半木质化时,选择阴天按行距40cm、株距20cm进行定植,随即浇1次定根水。

4. 栽培管理

(1) 水肥管理。定植后一年追肥2~3次。在银柳抽枝10cm左右时施一次"发棵肥",宜用氮素肥料如尿素(15~20kg/667m^2)。8~9月是银柳新梢中上部花芽分化期,宜在8月10日前后施复合肥(20kg/667m^2),促进花芽分化与充实,称"膨花肥"。多雨季节要十分注意排涝,达到"雨停田干"的要求。连续高温干旱超过7~10天必须及时灌溉,保持土壤湿润。落叶前停止灌水,促进枝条成熟充实。

(2) 整形修剪。根据市场需要,将银芽柳整形为单枝和多头等形态。

单枝银柳:当春季萌发的新枝长达20cm时进行摘心与抹芽,每株选留粗壮、长势旺盛的新枝2~3枝。

多头银柳:在第1年收取切枝后,单株银柳留高10cm平截,第2年春季,萌发的新枝长达20cm时,留壮去弱,每株保留2~3个新芽。5月上中旬,新枝长度达到90cm时,摘除顶端嫩芽。当摘心后的枝条顶端萌发的分枝长达15cm时,每个主枝选留3~4个健壮的分枝。

(3) 病虫害防治。危害银芽柳的病虫害主要是立枯病、黑斑病、刺蛾、夜蛾、红蜘蛛等。

病害:黑斑病发病初期可用可杀得或退菌特500倍稀释液、代森锰锌800倍稀释液交替喷施。

虫害:刺蛾、夜蛾可用BT 300倍稀释液或敌杀死800倍稀释液;红蜘蛛则用克螨特2500倍稀释液防治。

5. 采收、保鲜与贮藏

秋季银柳落叶后,收取花枝。采收花枝时,一般在离地表10cm处剪取。花枝按"单枝银柳"和"多头银柳"分开存放,并按花枝粗细、长度分级包扎。花枝基部保留无花芽的枝段20cm,以便于捆扎。"单枝银柳"按20枝扎成1把,"多头银柳"按10支扎成1把,再将100把捆成1捆,直立放入室内水深10cm的水槽中贮存。贮藏室温15℃~20℃。待苞片脱落,花芽呈银白可上市销售。

3.2.6 蜡梅(*Chimonanthus praecox*)

蜡梅,又称腊梅,为蜡梅科蜡梅属落叶丛生灌木,是中国特产的传统名贵观赏花木。蜡梅花于冬季先叶开放,花色美丽,香气馥郁。蜡梅原产于我国中部的秦岭、大巴山等地区,现在我国的长江流域和黄河以南地区广为栽培。蜡梅切枝的瓶插时间可长达数十天之久,是冬令插花的优质花材。蜡梅瓶插与南天竹配置,是中国传统的插花方式。

蜡梅为落叶灌木,高达 3m 左右。枝、茎成方形,棕红色,有椭圆形突出皮孔。叶椭圆状卵形至卵状披针形,长 7～15cm,顶端渐尖,基部圆形或阔楔形,表面深绿,背面淡绿。花直径约 2.5cm,外部花被片卵状椭圆形,黄色,内部的渐短,有紫色条纹。花托椭圆形,长约 4cm,口部收缩,有附属物。花期 11 月至翌年 3 月。

蜡梅喜阳光,略耐阴,较耐寒,冬季气温不低于 -5℃ 就能在露地安全越冬。但花期如遇到 -10℃ 低温,开放的花朵常受冻害。耐旱,有"旱不死的蜡梅"之说。怕风,忌水湿,宜种在向阳避风处。喜疏松、深厚、排水良好的中性或微酸性砂质壤土,忌黏土和盐碱土。生长势旺,发枝力强,耐修剪。

1. 种类与品种

常见的品种有:素心蜡梅、虎蹄蜡梅、白花蜡梅、紫花蜡梅、金红蜡梅、绿花蜡梅、金钟蜡梅、檀香蜡梅、皇后蜡梅、二乔蜡梅、馨口蜡梅。但其中以素心蜡梅和馨口蜡梅为上品。

2. 繁殖方法

蜡梅的繁殖方法有嫁接、分株、播种和扦插四种。分株和播种通常用于品种蜡梅的砧木繁殖。扦插繁殖由于成活率低,生产上不常应用。嫁接繁殖是蜡梅繁殖的主要方法。嫁接的砧木主要是狗蝇蜡梅的分株苗或 1～2 年生实大苗。嫁接方法有切接、靠接和嫩枝腹接等多种嫁接法。

(1) 切接。切接是嫁接最常用的方法。嫁接时间一般在 3 月底至 4 月初,也就是当蜡梅叶芽萌发到麦粒大小时(约 0.5cm)进行,嫁接适期仅一个月左右。接穗应选择粗壮而无病虫害的一年生枝条的中段,接穗长 6～7cm,一般留 2 对芽。接穗下部削成楔形,砧木切口深 2.5cm 左右,然后将削好的接穗插入砧木切口,对准一侧形成层,绑紧。成活后,当年可生长至 50cm。

(2) 靠接。靠接在 5 月份进行。先将砧木置于蜡梅品种之侧,在砧木高约 20cm 处削出长 5～10cm 的削面,然后再把选择的品种蜡梅枝削成 5～10cm 长的削面,将两个削面对合,对准形成层绑紧。

(3) 腹接。在 6 月至 9 月上旬选择 1～2 年的实生苗或野生蜡梅当年萌发的枝条作砧木,枝条粗度 0.5～1cm。将接穗下端削成楔形(两侧削面不等长),然后在砧木基部距地面 5cm 处的光滑面斜切一刀,深达木质部。将接穗削面的长面向里插入砧木切口,对准形成层,绑紧。

3. 定植

(1) 作畦。深翻土壤并施入基肥。作畦,畦宽 50～80cm,畦高 20～30cm。

(2) 定植。1～3 年生苗定植株行距为 80cm,大苗定植株行距为 160cm。平均每亩定植 900～220 株。栽植深度以嫁接口露出地面 5cm 为宜,定植后浇定根水。

4. 栽培管理

(1) 肥水管理。栽后 25℃～30℃ 检查成活率,发现死苗,立即补种。夏季早或晚浇 1 次水。7 月蜡梅花芽分化时期应适当控制土壤水分,避免因水多造成落蕾、落花。雨季应注意排涝。遵循"薄肥勤施"的原则,在花谢后施 1 次腐熟的农家肥,每株 2~3kg,补充开花消耗的养分并促其展叶。春季萌芽后至 6 月,每隔 10~15 天施 1 次稀薄饼肥水。7~8 月追施 2 次稀薄的磷钾肥,并向叶面喷施 2 次 0.2% 的磷酸二氢钾溶液。根际施肥与叶面施肥交叉进行,时间间隔 1 周,以促进花芽分化和花蕾充实。

(2) 整形修剪。蜡梅定植后第 3 年即可采切花枝。一般蜡梅切枝每隔一年采剪一次。为了每年都能采花枝,可以同一个品种分成两批错开生产。采剪花枝后,要及时剪除植株上瘦、弱、病、枯枝,并对树体在 150cm 高度处平剪。春芽萌发时,及时抹掉过密、不健壮的芽,使当年能长出相应数量壮实、均匀的枝条,从而保证第二年能生产出高品质、高规格的花枝。

(3) 病虫害防治。常见病害有黑斑病、炭疽病、叶斑病、白纹羽病等,主要虫害有大蓑蛾、黄刺蛾、卷叶蛾、蚜虫、介壳虫等。

5. 采收、保鲜与贮藏

根据市场需求和预定的数量分批采花。一般有 1/3 的花蕾膨大吐色,有几朵花开时即可剪花。花枝长度一般 50~150cm。花枝剪下后,根据不同品种、花枝长短等分成不同等级,然后一般按 10 支一束包扎。放置于湿度 90%~95%、温度 0℃~2℃ 的环境中贮藏。

3.2.7 南天竹(*Nandina domestica*)

南天竹,又名南天竺,属小檗科南天竹属常绿灌木。原名南天烛,始见于《图经本草》,至明代《通雅》始称南天竹。枝干挺拔如竹,羽叶开展而秀美,夏季开白花或粉红色花,秋冬时节转为红色,异常绚丽,穗状果序上红果累累,鲜艳夺目。其茎和果枝是良好的传统切花材料,瓶插水养时间长,民间甚有与蜡梅、松枝相配,喻称"岁寒三友"。在日本,南天竹有消灾解厄的意涵,是受欢迎的年花之一。

南天竹为常绿灌木,株高约 2m,叶对生,常集于叶鞘,2~3 回奇数羽状复叶,小叶长 3~10cm,椭圆状披针形。茎直立,少分枝,幼枝红色,老枝浅褐色。夏季开白色花,花小,大形圆锥花序顶生。球形浆果,熟时呈鲜红色。每粒果实含扁圆形种子 2 粒。南天竹枝干挺拔,叶开展而秀美,秋冬叶色变红,红果累累,异常好看。

南天竹性喜温暖、湿润、通风良好的半阴环境。较耐阴耐寒,怕干旱和强光暴晒。萌蘖力强,不耐水湿。适合生长温度为 15℃~25℃。土壤以肥沃、排水良好的沙质壤土为宜。能耐微碱性土壤,为钙质土壤指示植物。

1. 种类与品种

(1) 玉果南天竹。别名玉珊瑚,为南天竹的栽培品种,小叶翠绿色,冬季不变红,果实黄绿色或黄白色。

(2) 五彩南天竹。五彩南天竹是天目山脉野生南天竹变种驯化而得,为南天竹的栽培品种。叶狭长而密,叶色多变,通常呈紫色。果实成熟时呈淡紫色。

(3) 白果南天竹。别名白实南天竹、白南天,为南天竹的栽培品种,果实为白色。

(4) 狭叶南天竹。别名锦丝南天竹、丝南天,为南天竹的变种,植株低矮,叶狭长丝状。

(5) 栗木南天竹。为南天竹的栽培品种,果及叶均较大。

(6) 圆叶南天竹。为南天竹的栽培品种,叶圆形,有光泽。

2. 繁殖方法

繁殖以播种、分株为主,也可扦插。生产上常用分株繁殖。

(1) 种子繁殖。秋季采种,采后即播。在整好的苗床上,按行距 33cm 开沟,深约 10cm,均匀撒种,播种量为 6~8kg/667m²。播后应盖草木灰及细土,压紧。第 2 年幼苗生长较慢,要经常除草、松土、追肥。培育 3 年后可出圃定植。

(2) 分株繁殖。春、秋两季将丛状植株挖出,去除宿土,从根基结合薄弱处剪断。每丛带茎干 2~3 个,同时剪去一些较大的羽状复叶。地栽培养 1~2 年后即可开花结果。

(3) 扦插繁殖。可于梅雨季节或秋季扦插,但多采用春插。剪取 1~2 年生枝条,截成长 20~25cm 的插穗,插穗上留少量叶片(最好能保留顶芽),用生根粉处理后插于沙壤土中,插后 40~50 天生根。

3. 定植

(1) 作畦。选择土层深厚、肥沃、排灌良好的沙壤土。深翻土壤并施入有机肥 1500~2000kg/亩,消毒后作畦。畦面宽 120~150cm,高 20~25cm。

(2) 定植。定植时小苗要扶直,根系舒展放入栽植穴内,覆土深度以不埋没新芽为宜。

4. 栽培管理

(1) 水肥管理。栽植后浇透水。成活后进行追肥,每月施稀释 1000 倍的复合肥(20-20-20)一次,也可用磷酸二氢钾 0.2%~0.3% 浓度叶面喷施促花芽。花期不要过多浇水,以免引起落花。

(2) 修剪。为使南天竹多采枝叶或果枝,可保留每株 5~6 根主干,其余剪除。通过施肥和修剪等措施,使南天竹生长健壮,叶密果盛。

(3) 病虫害防治。在栽培过程中有多种病虫害。常见的病害有红斑病、炭疽病。常见的虫害有尺蠖、夜蛾、介壳虫和蚜虫。可用代森锌可湿性粉剂 400~600 倍稀释液,或甲基托布津可湿性粉剂 1000~1500 倍稀释液防治病害,每 7~10 天一次。用杀螟松乳油 1500 倍稀释液、氯氰菊酯或 90% 敌百虫稀释液喷杀害虫。

5. 采收、保鲜与贮藏

当果实变红时,切下茎枝或果枝,每 10 支为一束,放置于温度 2℃~5℃ 的室内,插于清水进行保鲜。

3.2.8 红瑞木(*Swida alba*)

红瑞木,又称凉子木、红瑞山茱萸,属山茱萸科梾木属落叶灌木。红端木春可观花,夏可观果,秋可观叶,冬可观枝。由于枝条终年鲜红色,近几年来也渐成为重要的切枝花材。

红瑞木树皮暗红色,枝血红色上散生白点。单叶对生,叶卵形或椭圆形,叶先端尖,叶基部圆形,叶缘全缘。花小,黄白色,排成顶生的聚伞花序。核果,卵圆形,成熟时,果白色或稍带蓝色,花期 5~7 月,果期 7~8 月。

红瑞木喜光,也耐半阴环境,可种植于光照充足处或林缘。耐寒力强,也能耐夏季湿热。喜肥沃、湿润而排水良好的砂壤土或冲积土。耐干瘠,又耐潮湿。对土壤要求不严,耐轻度盐碱,在 pH 为 8.7、含盐量 0.2% 的盐碱土中也能正常生长。

1. 种类与品种

(1) 银边红瑞木(cv. Argenteo-marginatus),叶片边缘为白色。

(2) 花叶红瑞木(cv. Gonchanltii),叶片表面为绿色,中间掺杂有黄白色或同时有粉红色斑块及斑纹。

(3) 金边红瑞木(cv. Sapethii),叶片边缘具有一圈黄色边。

2. 繁殖方法

用播种、扦插和压条法繁殖。播种时,种子应沙藏后春播。扦插繁殖可选一年生枝,秋、冬季沙藏后于翌年3~4月扦插。压条可在5月将枝条环割后埋入土中,生根后在翌春与母株割离分栽。

3. 定植

(1) 作畦。选地势较高,土地平整,排水良好,富含腐殖质的砂质壤土。深翻30cm以上并施腐熟农家肥1000~1500kg/667m^2。整平再作畦,作畦宽度3米,畦高15~20cm。

(2) 定植。选择生长健壮、无病虫害、无机械损伤、根系完好的植株进行定植。栽种密度一般为80cm×80cm。定植后及时浇水。

4. 栽培管理

(1) 肥水管理。一般浇缓苗水3次,每间隔5~7天浇水1次,确保苗木成活。在生长旺盛季节,间隔半月进行追肥一次,以促使植株多发新枝。红瑞木喜充足的光照,否则其枝条长度、颜色均会受到影响。特别是生长旺盛季节,日光照时间不宜少于每天4h。

(2) 整形修剪。每年早春萌芽进行修剪,将老枝疏剪,将上年生枝条截短,促其萌发新枝,保持枝条红艳。栽培中出现老株生长衰弱、皮涩花老现象时,应注意更新。可在基部留1~2个芽,其余全部剪去。新枝萌发后适当疏剪,当年即可恢复。如果植株抽枝较少,可在夏初摘心,以保证有较高的产量。

(3) 病虫害防治。红瑞木常见的病害有叶枯病、叶斑病、叶穿孔病、白粉病等,可用多菌灵、多效唑进行防治。红瑞木常见虫害有蚧壳虫、毒蛾等,可用BT乳油、蚧螨灵等防治。

5. 采收、保鲜与贮藏

当植株叶片完全自然脱落后为采收期。挑选生长健壮、无病虫害、树皮色泽呈紫红色的1~2年生枝条从基部剪下。所收获的枝条经整理分级后进行包扎,每10支为一捆,放入水中保鲜水养以供销售。

3.2.9 八角金盘(*Fatsia japonica*)

八角金盘又称八手,手树,因其叶片常八裂,有时边缘呈金黄色而得名,是五加科八角金盘属的常绿木本植物。它叶丛四季油光青翠,叶片像一只只绿色的手掌。由于叶色浓绿有光泽,叶形奇特,已成为重要的插花衬叶。

八角金盘植株丛生,叶革质,掌状,7~9深裂,表面有光泽,边缘有锯齿或呈波状,绿色,有时边缘金黄色,叶柄长,基部肥厚。11月间由枝梢叶腋抽生球状伞形花序,开白色小花。

八角金盘原产日本暖地近海的山中林间,喜阴湿、暖和、通风的环境。在排水良好而肥沃的微酸性壤土上生长茂盛,中性土亦能适应。不耐干旱,有一定的耐寒力,在南方一般年份冬季不受明显冻害,萌芽力尚强。

1. 种类与品种

(1) 银边八角金盘(Fljlcvl Albomarjinata),叶缘白色。

(2) 白斑八角金盘(Fljlcvl Varigata),叶缘具白色斑纹。

(3) 边缘八角金盘(Fljlcvl Undulata)叶缘波状,有时卷曲。

2. 繁殖方法

以扦插繁殖为主，也可播种。

（1）扦插繁殖。扦插于3～4月份进行。以沙土作基质，剪取2～3年生枝条，截成15cm长，带2～3片小叶的插穗。以河沙作扦插基质。扦插后注意遮阴和保持土壤湿润。天气炎热干燥时，可每天向叶面喷雾数次，保持空气湿度。在20℃～25℃条件下，一般1个月即可生根。

（2）播种繁殖。在4月下旬采收种子，采后堆放后熟，水洗净种，阴干后即可播种。一般采用撒播和条播两种方法。条播法是在做好的苗床上横向开沟，沟距15～20cm，沟深2～3cm，将种子均匀撒在沟内，覆土厚度3cm左右。保持土壤经常处于湿润状态。一般20天左右发芽。

3. 定植

（1）作畦。选择排水良好的沙质壤土，深翻并施足有机肥（1500～2000kg/667m²）。畦宽3～3.5m，畦高15～20cm。

（2）定植。当小苗真叶长至2～3片时，即可进行移栽。小苗带土按30cm×30cm的株行距栽植。栽植时，注意小苗心叶不可埋没于土中。栽后浇定根水。

4. 栽培管理

（1）温光管理。生长适温18℃～25℃。当夏季气温超35℃应及时遮阳并通风降温，防焦叶，萎蔫。

（2）水肥管理。夏季浇水要保持土壤偏湿为宜。冬季温度低于7℃～8℃时，要注意防寒保暖，减少浇水。在生长季节，每2周追施腐熟有机肥或适量浓度的化学肥料，促使叶片生长。

（3）病虫害防治。主要病害有炭疽病、叶斑病，可定期喷洒甲基托布津或用50%多菌灵可湿性粉剂1000倍稀释液喷雾防治。主要虫害有介壳虫、螨类等，可用2.5%敌杀死乳油20%速灭杀丁乳油3000～4000倍稀释液、10%氯氰酯乳油1000～2000倍稀释液防治。

5. 采收、保鲜与贮藏

四季均可采收。采收宜于早晨，选取无病虫害、生长健壮、无畸形的叶片，连同叶柄一起剪下。分级包装每10叶一束，放置于温度在10℃，湿度为75%的室内入清水保鲜贮藏。

 本章小结

切花（包括切叶、切枝、切果）是观赏植物生产的重要商品类型。切花商品生产中所指的品种，包括种类、品种及变种。切花生产中，种苗多由种苗供应商供应，本章仅简要介绍常用的繁殖方法。切花生产，尤其是设施内切花生产，往往是一次栽植，多年生产，所以栽培土壤或基质条件对切花生产十分重要。重视土壤改良和基质配制，重视土壤或基质的有效消毒，是切花生产的基础性工作，不可或缺。水肥管理、温光管理和病虫害防治是切花生产栽培最基本的管理内容，所有管理措施都必须建立在栽培对象的习性、当地的生产条件和产品的商品特性上。采收与贮藏直接影响到产品的商品价值，往往是被忽视的"最后一公里"。一定要根据切花的种类与商品特性,建立切花的采收、预处理、运输等操作规程,并予以规范执行。

实训项目十五 切花的采收与贮藏

一、目的与要求
掌握常见切花的采收与贮藏技术。

二、材料与工具
1. 达到采收标准的常见切花。
2. 采收切花用的枝剪或刀具。
3. 配制切花保鲜液的药物及器具。
4. 贮藏切花用的冷库。

三、内容与方法
1. 掌握某一切花的采收标准并制订切花采收方案。
2. 切花采收。
3. 切花整理与加工。
4. 切花保鲜液配制。
5. 切花冷藏贮藏与冷库管理。
6. 切花冷藏期间的性状变化观测。

四、作业与思考
1. 分小组制订切花采收方案并实施。
2. 从方案制订、项目实施等方面进行小结,并提出改进意见。

第 4 章 水（湿）生植物生产

> **本章导读**
>
> 本章着重介绍水生观赏植物（含湿生观赏植物，下同）的种类及其生态习性，以及常见水（湿）生观赏植物的生产栽培技术。

随着园林绿化事业的不断发展，水生花卉所特有的形态、耐水湿的特性，以及观赏效果受到人们越来越多的重视。市场对水生花卉需求量的大幅增加，促进了新品种选育和引种、相关栽培技术及专业生产化的发展。

据统计，全世界水生植物计有 87 种 168 属 1022 种，中国水生维管束植物计有 61 种 145 属 400 余种及变种，其中可供栽培观赏利用的有近 300 个品种。水生花卉花朵大而艳丽，茎叶形态奇特，色彩斑斓，是良好的景观营造和生态修复的植物材料。根据它们的生活方式和形态不同，一般将其分为 4 大类：

1. 挺水型

此类花卉的根扎于泥中，茎叶挺出水面，花开时离开水面，甚为美丽。包括湿生、沼生。它们植株高大，绝大多数有明显的茎叶之分，茎直立挺拔，生长于靠近岸边的浅水处，如荷花、黄花鸢尾、欧慈姑、花蔺等，常用于水景园、水池、岸边、浅水处的布置。

2. 浮叶型

这一类花卉根生于泥中，叶片漂浮水面或略高出水面，花开时近水面。茎细弱不能直立，有的无明显的地上茎，根状茎发达，花大美丽。它们的体内通常贮藏大量的气体，使叶片或植株能平稳地漂浮于水面，如王莲、睡莲、芡实等，多用于水体较深处水景、水面景观的布置。

3. 漂浮型

根系漂于水中，叶完全浮于水面，可随水漂移，在水面的位置不易控制。此类花卉种类较少，以观叶为多，如大藻、凤眼莲等，用于水面景观的布置。

4. 沉水型

此类花卉根扎于泥中，叶多为狭长或丝状，整株植物沉没于水中，花较小，花期短，以观叶为主。此类花卉种类较多，如玻璃藻、莼菜等。

生活中，较多见的是挺水型和浮水型花卉植物，漂浮型和沉水型花卉则较少使用，一般用于净化水质。近几年兴起在水族箱中养殖热带鱼和水生花卉，尤以沉水型使用较多。

4.1 水生观赏植物生产

4.1.1 荷花(*Nelumbo nucifera*)

睡莲科莲属多年生挺水花卉,别名出水芙蓉、莲、水芙蓉等。供观赏的为花莲,供食用地下茎的为藕莲,供食用莲子的为子莲。观赏型荷花按株型大小可分为碗莲、缸(盆)荷、池荷。有些品种可塑性大,既可栽于小盆中,也可栽于缸中。

荷花婀娜多姿,高雅脱俗,是中国十大名花之一,既可观花又可观叶,她出淤泥而不染的品格深受人们喜爱(图2-4-1)。荷花的颜色丰富多彩,有红色、粉红色、黄色、白色、复色等。依瓣数的多少和花型又可分为单瓣型、复瓣型、重瓣型、重台型、千瓣型等。

1. 形态特性

荷花地下具粗壮根茎,根茎内具多孔气腔。荷叶大型,全缘,呈盾状圆形,叶面具蜡质白粉。花生于节处,单生或并生,两性。花晨开暮合,花色丰富。莲子坚硬,生于莲蓬内。

图2-4-1 荷花

2. 生态习性

(1) 年生长习性。在一年的生长期中可分为萌芽、展叶、开花结实、长藕和休眠等过程。每年6月下旬至8月下旬是荷花的开放期。

(2) 对环境的要求。

光照:荷花要放在每天能接受7~8h光照的地方,能促其花蕾多,开花不断。如每天光照不足6h,则开花很少,甚至不开花。荷花属强阳性植物,集中成片种植时要保持一定的距离,以免互相争光。

土壤:种植荷花的土壤pH要控制为6~8,最佳pH为6.5~7.0。盆土最好用河塘泥或稻田土,也可用园土,但切忌用工业污染土。荷花不耐肥,因此基肥宜少,较肥的河塘泥及田园土可不必上基肥,以免烧苗。

温度:荷花是喜温植物,一般8℃~10℃开始萌芽,14℃藕鞭开始伸长。栽植时要求温度在13℃以上,否则幼苗生长缓慢或造成烂苗。18℃~21℃时荷花开始抽新叶,开花则需22℃以上。荷花能耐40℃以上的高温。

3. 种类与品种

根据《中国荷花品种图志》的分类标准,共分为3系、5群、23类及28组。

(1) 中国莲系。

① 大中花群:单瓣类,瓣数2~20,如"古代莲""东湖红莲""东湖白莲等";复瓣类,瓣数21~590,如"唐婉"等;重瓣类,瓣数600~1905,如"红千叶""落霞映雪""碧莲"等;千瓣

类,即"千瓣莲"。

② 小花群:单瓣类,瓣数 2~20,如"火花""童羞面""娃娃莲"等;复瓣类,瓣数 21~590,如"案头春""粉碗莲""星光"等;重瓣类,瓣数 600~1300,如"羊城碗莲""小醉仙""白雪公主"等。

(2) 美国莲系。大中花群,单瓣类如"黄莲花"。

(3) 中美杂种莲系。大中花群,又可以分为单瓣类和复瓣类;小花群,又可以分为单瓣类和复瓣类。

4. 繁殖

荷花的繁殖可分为播种繁殖和分藕繁殖。播种繁殖较难保持原有品种的性状。分藕繁殖可保持品种的优良性状,达到观花效果,提高莲藕的产量。

(1) 播种繁殖。

① 选种。莲子的寿命很长,几百年及上千年的种子也能发芽。莲子的萌发力又很强,有时为了加快繁殖速度,在 7 月中旬,当莲子的种皮由青色转为黄褐色时,当即采收播种,也能发芽。但如果是次年及以后播种,则应等到莲子充分成熟,种皮呈现黑色且变硬时进行采收,收后晾干并放入室内干燥、通风处保存。生产中应选用成熟和饱满的种子进行繁殖。

② 播种。莲子播种在日常气温 20℃ 左右较为适宜。花莲在 4 月上旬至 7 月中旬播种,当年一般都能开花。7 月下旬至 9 月上旬也能播种,但因后期气温较低,只能形成植株,不能达到挺水水生花卉生产开花的目的。

③ 催芽。催芽的方法是将莲尾端凹平一端用剪刀剪破硬壳,使种皮外露但不能弄伤胚芽。将破壳的莲子放催芽盆中,用清水浸种,水深一般保持在 10cm 左右,每天换水一次,4~6 天后,胚芽即可显露。夏天高温时,播种后应适当遮阳,每天早晚各换水一次。此时气温高,2 天就能显露胚芽。

④ 育苗。有盆育和苗床育苗两种。盆育即在盆中放入稀薄塘泥,盆泥占盆高的 2/3。苗床育苗,一般选用宽 100cm、高 25cm 的苗床。床内加入稀塘泥 15~20cm,整平,然后将催好芽的种子以 15cm 的间距播入泥中,并保持 3~5cm 的水层。

⑤ 移栽。当幼苗生长至 3~4 片浮叶时,就可以进行移栽。每盆栽植幼苗一株,应随移随栽,并带土移植以提高成活率。池塘栽植,一般每亩栽植 600~700 株。移栽后,为促进幼苗正常生长,前期应保持浅水,并根据幼苗的生长逐渐加深水层。

(2) 分藕繁殖。

① 种藕选择。种藕必须是藕身健壮,无病虫害,具有顶芽、侧芽和叶芽的完整藕。在实际生产中,还应根据观赏和生产的要求进行选择。在湖塘栽种,无论是花莲、子莲还是藕莲,一般都选用主藕作为种藕。缸盆栽植的花莲,其子藕基本上可以为种藕使用。至于碗莲,即使是孙藕,甚至是走茎也能作为繁殖材料。

② 分栽时间。在气温相对稳定,藕苫开始萌发时进行。根据我国气温特点,华南地区一般在 3 月中旬,华东、长江流域在 4 月上旬(即清明前后)较为适宜,而华北、东北地区则在 4 月下旬至 5 月上旬进行。

③ 分栽方法。缸栽荷花应选用腐熟豆饼等有机肥料作基肥,与塘泥充分搅拌后作栽植土,用泥量为缸容量的 3/4。每缸栽植 1~2 支种藕。栽植时应将藕苫朝下,藕身倾斜 30°埋

入土中,藕尾则应微露泥外。为使缸栽荷花有充足的光照和便于栽培管理,缸间的距离一般为80cm,行距120cm。碗莲盆距也应保持40cm左右。缸栽荷花摆放最好是南北排列,盆栽碗莲还应搭建高80cm的几架。

在荷花专类园及湖塘中栽植荷花,应在栽植范围四周筑建栽植堰。堰的高度应高出水面60~100cm,面积根据种植范围而定,这样既可避免品种混杂,又便于荷花的品种翻新,确保荷花的正常生长。藕种的栽植密度因栽植目的和用途而不同。花莲要达到花叶并茂的景观效果,株行距一般均为2m左右。

5. 定植

(1) 定值前的准备。

场地准备:荷花种植场地水位应相对稳定,排灌方便,平静而无急流,水质清洁而无超标污染。水位一般以0.2~1.0m为宜,春季栽种时水位不超过30cm,汛期水位不超过1m。同时要求光照充足,土质肥沃,土壤pH为6~7,腐殖土厚10~20cm。

整地施基肥:种植前15天,结合土壤翻耕施足基肥,基肥量约占总肥量的70%,应多施有机肥,配施磷、钾肥。

(2) 定植。定值时,种藕顶芽应斜插入土,尾梢稍露出水面,以利于植株正常生长。不同品种或同一品种大小悬殊的种藕不宜混栽,以免长势差异过大,相互干扰,影响生长。

6. 栽培管理

(1) 水位控制。荷花对水分的要求在各个生长阶段各不相同。植藕初期水层要浅,一般为10~20cm。以后随莲花生长发育,逐渐增加水层,一般稳定在50~100cm。冬季水层应在1m以上,以防冻害。栽植一月后可结合中耕除草,追施肥料。

(2) 病虫防治。荷花的主要病虫害有斜纹夜蛾、蚜虫、金龟子、黄刺蛾、大蓑蛾、荷花褐斑病、荷花腐烂病等。

4.1.2 睡莲(*Nymphaea tetragona*)

睡莲科睡莲属,别名水浮莲、子午莲。

1. 形态特征

睡莲为多年生水生花卉(图2-4-2)。根状茎粗短。叶丛生,具细长叶柄,浮于水面,纸质或近革质,近圆形或卵状椭圆形,直径6~11cm,全缘,无毛,上面浓绿,幼叶有褐色斑纹,下面暗紫色。花单生,萼片宿存,柱头具6~9个辐射状裂片。浆果球形,种子黑色。

2. 生态习性

图2-4-2 睡莲

喜强光、大肥、高温。对土壤要求不严,耐寒睡莲在池塘深泥中-20℃低温不致冻死。热带睡莲不耐寒,在生长期中水温至少要保持在15℃以上,否则停止生长。当泥土温度低于10℃时,往往发生冻害。耐寒睡莲在3月上旬开始萌动,3月中旬至下旬展叶,5月上旬开花,10月下旬为终花期,以后逐渐枯叶,进入休眠期。

3. 种类与品种

全世界睡莲属植物有40~50种,中国有5种。按其生态学特征,睡莲可分为耐寒、不耐寒两大类,前者分布于亚热带和温带地区,后者分布于热带地区。主要品种有黄睡莲、香睡莲、蓝莲花、柔毛齿叶睡莲、延药睡莲、墨西哥黄睡莲等。

4. 繁殖

睡莲可用分株繁殖和播种繁殖,以分株繁殖为主。分株繁殖在春季2~4月开始,将根茎自泥土中取出洗净,选有新芽的根茎,用利刀切成段长7~10cm,每段上必须带有饱满的芽。将茎段平栽于池塘中,深度要求芽与土面平。生长期也可进行分株繁殖,但要剪除大部分浮在水面的成叶,留几片未展叶的或半展叶的幼叶,从母株上切下的根茎最好带有一定根系为好。

5. 定值

选择富含腐殖质、结构良好的园土或池塘淤泥,清除杂物,施足基肥,放浅水(水层不超过50cm),将根茎直接种植在土壤中。

6. 管理管理

(1) 水位控制。不论采用盆栽、缸栽、池栽、田栽,初期水位都不宜太深,以后随植株的生长逐步加深水位。池栽睡莲雨季要注意排水,不能被大水淹没。但浸没1~2天不致使睡莲死亡。

(2) 追肥。睡莲需较多的肥料。生长期中,如叶黄质薄,长势瘦弱,则要追肥。盆栽的可用尿素、磷酸二氢钾等作追肥。池塘栽植可用饼肥、农家肥、尿素等作追肥(饼肥、农家肥作基肥也比较好)。

(3) 病虫防治。危害睡莲的虫害主要有螺类,可用治螺类药剂杀除,也可人工捕杀。病害防治可参照荷花的防治方法。

(4) 越冬管理。耐寒睡莲在池塘中可自然越冬。但整个冬季不能脱水,要保持一定的水层。盆栽睡莲如放在室外,冬季最低气温在-8℃以下要用杂草或薄膜覆盖,防止冻害。热带睡莲要移入不低于15℃的温室中贮藏,到翌年5月再将其移出温室栽培。

4.1.3 王莲(*victoria regia*)

王莲为睡莲科、王莲属水生植物,原产美洲亚马孙河流域,现世界各国多有引种。我国西双版纳、广州、南宁、北京等地均有引种。

1. 形态特征

王莲是水生有花植物中叶片最大的植物。叶缘直立,叶片圆形,像圆盘浮在水面,直径可达2米以上(图2-4-3)。叶面光滑,绿色略带微红,有皱褶,背面紫红色。叶子背面和叶柄有许多坚硬的刺,叶脉为放射网状。叶柄绿色,长2~4m。花单生,呈卵状三角形,浆果呈球形,种子黑色。

2. 生态习性

性喜高水温(25℃~35℃)和高气温(25℃~35℃),适宜相对湿度80%,要求光照充足和肥沃

图2-4-3 王莲

的壤土。

3. 种类与品种

王莲包括原生种亚马孙王莲、克鲁兹王莲和两者杂交而成、叶片最大的长木王莲。

4. 繁殖

播种繁殖和分株繁殖,生产主要用播种繁殖,王莲种子采收后需在清水中贮藏。因种子的种皮较硬,播种前需先对种子进行处理,用刀挑破种脐,以利发芽。种子浸入温度在30℃~35℃水中,经10~21天便可发芽。

5. 定植

(1) 定植前准备。王莲喜肥沃深厚的淤泥,但不喜过深的水。栽培池内的淤泥需深50cm以上,水深以不超1m较为适宜。种植时施足厩肥或饼肥。

(2) 定植。当王莲的1~2片出水面时,可移植。

6. 栽培管理

(1) 水位控制。移植后首先要控制水深。王莲叶片直径20cm左右的时候,栽植地水深要控制在25~30cm之间。当叶片直径达到40cm时,开始慢慢增加水的深度,最多不超过60cm。施肥要多次少量。水的温度不能低于25℃,否则将对王莲生长产生影响。

(2) 病虫害防治。主要病害有褐斑病,可用稀释700~800倍的甲基托布津防治;主要虫害有斜纹夜蛾和蚜虫。斜纹夜蛾用90%敌百虫800倍稀释液喷洒。蚜虫用一遍净1000倍稀释液喷洒防治。

4.1.4 千屈菜(*Lythrun salicaria*)

千屈菜科千屈菜属,别名水柳、水枝柳、水枝锦。

1. 形态特征

多年生草本,根茎横卧于地下,粗壮。茎直立,多分枝,高30~120cm,全株青绿色,略被粗毛或密被绒毛,枝通常具4棱。叶对生或三叶轮生,披针形或阔披针形,聚伞花序,簇生,蒴果扁圆形。

2. 生态习性

原产欧洲和亚洲暖温带,喜温暖及光照充足、通风好的环境,喜水湿。生长最适温度为20℃~28℃。我国南北各地均有野生,多生长在沼泽地、水旁湿地和河边、沟边。现各地广泛栽培。比较耐寒,也可旱地栽培。对土壤要求不严,在土质肥沃的塘泥基质中开花鲜艳,长势强壮。

3. 繁殖

可用播种、扦插、分株等方法繁殖。但以扦插、分株为主。

(1) 播种繁殖。千屈菜的种子特别小,3月底至4月初,在温室用播种箱进行播种。温度控制在20℃~25℃,7天左右可萌发。

(2) 扦插繁殖。在生长旺盛的6~8月进行。剪取嫩枝长7~10cm,去掉基部1/3的叶片,插入装有新鲜塘泥的盆中,6~10天生根,极易成活。

(3) 分株繁殖。在早春或深秋进行,将母株整丛挖起,抖掉部分泥土,用快刀切取数芽为一丛另行种植。

4. 定植

千屈菜栽植一般株行距为 30cm×30cm,以保持植株间的通透性。由于千屈菜生长快,萌芽力强,耐修剪,种植时不能太密。

5. 栽培管理

千屈菜生命力极强,管理也十分粗放,但要选择光照充足,通风良好的环境。盆栽可选用直径 50cm 左右的无泄水孔花盆,装入盆深 2/3 的肥沃塘泥,一盆栽 5 株即可。生长期不断打顶促使其矮化分蘖。生长期盆内保持有水。露地栽培选择浅水区和湿地种植,按株行距 30cm×30cm。生长期要及时拔除杂草,保持水面清洁。为增强通风,应剪除部分过密过弱枝,及时剪除开败的花穗,促进新花穗萌发。冬季结冰前,盆栽千屈菜要剪除枯枝,盆内保持湿润。露地栽培不用保护可自然越冬。一般 2~3 年要翻盆分栽一次。

千屈菜一般少有病虫害。在通风不畅时会有红蜘蛛危害,可用一般杀虫剂防除。

4.1.5 凤眼莲(*Eichhornia crassipes*)

又名水葫芦、凤眼兰。为雨久花科凤眼莲属植物。植株柔嫩,生长繁殖快;叶柄奇特,花色美丽;可用于净化污水,美化环境。

1. 形态特征

为多年生漂浮草本。须根发达,悬垂水中。株高 45cm,茎极短,具长的匍匐枝。匍匐枝与母株分离后,生出新植株。叶基生,莲座状,叶片倒卵形,鲜绿色,光亮,叶柄基部膨大呈葫芦状气囊。穗状花序,长 15cm,着花 6~12 朵,淡蓝至紫色,花直径 3cm,上部裂片较大,在蓝色的中央有鲜黄色斑点。花期 7~9 月。

2. 生态习性

原产南美热带,自生于巴西亚马孙河流域。喜温暖、湿润和阳光充足环境。不耐寒,怕干旱,稍耐阴,喜静水、浅水。生长适温 20℃~30℃,温度低于 10℃时停止生长,冬季能耐 0℃低温。以含有机质丰富的黏质土壤为宜。

3. 种类与品种

(1) 大花凤眼莲(Major),花大,浅紫色。

(2) 黄花凤眼莲(Aurea,花黄色)。

常见同属种类有:

天蓝凤眼莲(*E. azurea*),多年生漂浮草本。株高 10~12cm,株幅 45cm,茎粗壮。沉水叶线形至舌状,长 10cm。漂浮叶排成二列,圆状心形至菱形,长 10cm,宽 20cm。穗状花序,长 5~15cm,花淡蓝色,长 5~7cm,深紫色喉部具黄色斑点。花期 7 月。

4. 繁殖

可播种繁殖和分株繁殖

(1) 播种繁殖。早春,挑选饱满且呈黄褐色的种子,放在 25℃~30℃水中泡透,然后播在泥面上,保持湿润。当幼苗长出 5~6 片小叶,叶柄开始膨大有一定浮力时,移入水中苗床培育。待长出 2~3 个分株,当气温达 20℃时,可移出苗床,放入肥沃水面,扩大繁殖。

(2) 分株繁殖。凤眼莲能横向抽出匍匐枝,其先端可形成新的分株,具有很强的自然繁殖能力。每一单株每月可繁殖 40~50 株。

3. 栽培管理

(1) 水面管理。将种苗直接散放在较肥沃水面放养。放养前期和生长后期,水层宜浅,水深30~40cm,以利提高水温。旺盛生长期加深水层到80~100cm。放养初期生长缓慢,要及时捞除水中的青苔和杂草。凤眼莲生长量大,耐肥,在清瘦水面放养,应施足肥料。

(2) 病虫害防治。在光照充足、通风良好的环境下,很少发生病害。气温偏低、通风不畅等也会发生菜青虫类的害虫啃食嫩叶,可用乐果乳剂进行杀灭。

4.1.6 萍蓬草(*Nuphar pumila*)

又名萍蓬莲、水粟,为睡莲科萍蓬草属植物,是一种观叶和观花兼备的水生花卉。叶片碧绿光亮,花朵金黄闪闪,使整个水面显得清新雅丽。

1. 形态特征

为多年生浮水草本。根状茎肥厚,直立或匍匐,株幅达1.4m。叶片浮于水面,卵形或宽卵形,长14~17cm,基部心形,表面绿色,光亮,背面紫红色,有细长叶柄。花单生于花梗顶部,黄色,直径3cm,浮于水面。花期5~8月。

2. 生态习性

喜温暖、水湿和阳光充足环境。耐寒,不耐干旱,耐半阴。生长适温15℃~28℃,温度10℃以下生长停止,冬季能耐-15℃低温。长江流域以南地区不需防寒,露地可越冬。以富含有机质的黏质土壤为宜。

3. 种类与品种

(1) 美洲萍蓬草。原产美国中部和东部,浮叶宽卵圆形或长圆形,长30cm,花黄色,具红色晕,直径4cm,雄蕊铜红色。

(2) 贵州萍蓬草。分布于我国贵州,叶圆形或心状卵形,长4~7cm,基部弯缺,花黄色,径3cm。

(3) 日本萍蓬草。原产日本,株幅1m,浮叶窄卵圆形或长圆形,长40cm,基部箭状,沉水叶波状,长30cm,花黄色,具红色晕,直径5cm。

(4) 橙花萍蓬草。原产美国东部,株幅60~90cm,浮叶宽圆形,长10cm,背面有柔毛,沉水叶圆形,薄。花橙色,直径2cm,具黄色边。

(5) 黄花萍蓬草。原产欧亚大陆、非洲北部、美国东部和西印度群岛,株幅2m,浮叶卵长圆形至圆形,厚质,中绿至深绿色,长40cm,沉水叶宽卵圆形至圆形,边缘波状,淡绿色,每片叶具深的弯缺,花黄色,直径6cm。

(6) 中华萍蓬草。原产我国,叶心状卵圆形,长8~15cm,背面密生柔毛,叶柄长40~70cm,花黄色,直径5~6cm。

4. 繁殖

常用播种和分株繁殖。

(1) 播种繁殖。在3~4月盆播,播后保持水深3~4cm,发芽适温25℃~30℃,播后15天左右发芽,出苗后逐渐加深水面。

(2) 分株繁殖。在3~4月进行,用利刀切开根茎,每段根茎长3~4cm,带有顶芽,栽植后当年可开花。

5. 定植

选择土层深厚、疏松肥沃、光照充足的环境进行栽植。萍蓬草的栽培方式分为直栽和袋栽两种形式。

(1) 直栽。适宜于水深在80cm以下,将萍蓬草的根茎直接栽种于土层中即可。

(2) 客土袋栽。对于土层过于稀松或土层过浅不适宜直接栽种的,用无纺布袋或植生袋作为载体,以肥沃的壤土或塘泥作基质,将萍蓬草根茎基部紧扎于袋内,露出顶芽,栽植于土层中。萍蓬草的适应能力强,一般栽植后10天即可恢复生长,25天左右即可开花。

4. 管理

保持栽培池清洁,不断清除水绵与杂草,水深控制为30~60cm,生长适宜温度为15℃~32℃,当温度降至12℃以下在北方冬季需保护越冬,长江以南越冬不需防寒,可在露地水池越冬;休眠期温度维持在0℃~5℃。

5. 病虫害防治

防治水绵(苔)可用硫酸铜喷洒于水中,幼苗期喷洒浓度为3~5mg/L,成苗期为30~50mg/L。发生蚜虫可喷施稀释1000~1200倍的敌百虫药液。

4.1.7 金鱼藻(*Ceratophyllum demersum*)

又名松针草、松藻,为金鱼藻科金鱼藻属植物。金鱼藻在我国作为沉水植物栽培观赏,最早用于金鱼缸的点缀。金鱼藻是典型的轮生松叶形水草,茎细长而柔软、光滑,姿态优美,生长迅速,栽培容易,是水草中最受人们青睐的种类之一。

1. 形态特征

为多年生沉水草本。茎细长,常无根,长30~60cm,叶叉状轮生,脆弱,深绿色。花小,杯状,腋生,雄花白色,雌花绿色。花期为夏季。

2. 生态习性

原产欧洲中部、东部和地中海地区、非洲热带,我国也有广泛分布,自生于湖泊、池塘、水沟、水库和温泉流水处。喜温暖和阳光充足环境,水温以16℃~28℃为宜,水温低于10℃,生长十分缓慢。冬季通过顶芽越冬,可耐-15℃低温。光照强度为1500lx,水质要求pH为6~7.5。

3. 种类与品种

(1) 五刺金鱼藻。有茎水草,茎细长,分枝,叶轮生,细裂,疏生刺状细齿,花小,白色,果实表面有5枚针状突起。

(2) 细金鱼草。叶粗大,浓绿色,侧枝多,生长密集。

4. 繁殖方法

常用分株和播种繁殖。分株在生长期进行,剪取一小部分茎,长8~10cm,或鳞根出条(即顶芽)漂浮在水中就能成活。播种比较简单,成熟种子在水中能自行繁衍。

5. 栽培管理

金鱼藻对水体环境的适应性强,栽培容易,在正常的水温(20℃左右)和pH为6.0~7.5的条件下,金鱼藻生长迅速,叶色青翠碧绿,并能正常开花结实。

常见病虫害较少,主要是及时清除水中的水苔及螺类。

4.1.8 黄花狸藻(*Utricularia aurea*)

狸藻科狸藻属植物,是有趣的水生食虫草本。叶的裂片长有捕虫囊,当水中游动的小虫碰到捕虫囊的触毛,囊口的活瓣就会打开,小虫随着水流进入囊内后,活瓣关闭,小虫被囊内的酵素所消化,成为黄花狸藻的一顿美餐。

1. 形态特征

为一年生沉水草本。茎长 30~75cm,有分枝。叶 2~3 回羽状分裂,裂片丝状,捕虫囊着生在裂片基部或裂片上,有短柄。总状花序,花茎长 6~14cm,有花 2~3 朵,黄色。花期 8 月。

2. 生态习性

原产东南亚的马来西亚、越南、中国南部、印度和澳洲。喜温暖和光照充足环境。水温以 22℃~28℃为宜,冬季不宜低于 15℃,夏季不宜超过 30℃,光照以 1000~1500lx 为好。水质要求 pH 为 4.0~6.5。

3. 种类与品种

(1) 囊状狸藻(*U. gibba*),一年生或多年生沉水草本,茎细长,柔弱,羽状叶片上着生捕虫囊,长 8cm,总状花序长 20cm,花黄色,有红条纹。

(2) 细叶狸藻(*U. minor*),茎粗,叶 4~6 回二叉分裂,长 1~2cm,裂片扁平,捕虫囊多生于二回裂片分叉的下部,花茎直立,花黄色。

(3) 狸藻(*U. vulgaris*),茎粗,多分枝,叶互生,呈 2 回羽状分裂,裂片线形,长 2~4cm,小裂片下生有捕虫囊,卵形,花茎长 15~25cm,有花 7~11 朵,花黄色。

4. 繁殖方法

常用分株和播种繁殖。

(1) 分株繁殖。在花后将沉在床底的具不定芽的营养体用于育苗,夏季也可用浮水叶进行分切繁殖。

(2) 播种繁殖。采种后在春季撒播在育苗床上,在水温 25℃左右条件下,发芽成苗。

5. 栽培管理

建立地平沟通,保水性好,灌溉自如的生产环境。种植前需清理杂草等。种苗栽植后,水温保持 22℃~28℃,要求水质清洁,pH 为 4.0~6.5。虽然黄花狸藻消化水中生物来提供营养,还需定期向水中施入水草液肥,满足黄花狸藻正常生长的需要。

因黄花狸藻能捕捉小虫,消灭虫害,一般栽培时很少有病虫危害,最大的威胁来自藻类危害。

4.2 湿生观赏植物生产

4.2.1 水生鸢尾(*Iris ssp.*)

常绿水生鸢尾,又称路易斯安那鸢尾。其花色丰富,植株终年常绿,极大地丰富了城市水体景观,成为目前水体绿化的新宠。

1. 形态特征

路易斯安那鸢尾是鸢尾科鸢尾属多年生常绿草本植物,根状茎横生肉质状,叶基生密集,宽约2cm,长40~60cm,平行脉,厚革质。花葶直立坚挺高出叶丛,可达60~100cm。花被片6枚,花色有紫红、大红、粉红、深蓝、白等,花直径16~18cm(图2-4-4)。

图2-4-4 水生鸢尾

2. 生态习性

常绿水生鸢尾喜光照充足的环境,能常年生长在20cm水位以上的水域中,可作水生湿地植物或旱地花境材料。在长江流域一带,该品种11月至翌年3月分蘖,4月份孕蕾并抽生花葶,5月份开花,花期为20天左右。夏季高温期间停止生长,略显黄绿色,在35℃以上进入半休眠状态,抗高温能力较弱。冬季生长停止,但叶仍保持翠绿。值得注意的是,常绿水生鸢尾为杂交品种,很少结籽或不结籽,故生产上常用分株或组培的方法繁殖。

3. 种类与品种

路易斯安那鸢尾原产美国路易斯安那州,由六角果鸢尾、高大鸢尾、短茎鸢尾、暗黄鸢尾和内耳森鸢尾5个野生种组成,都具有六棱形的蒴果。生产商常用新品种有樱桃红、空中小姐、紫衣、蓝宝石、日出等。

4. 繁殖

常绿水生鸢尾很难结实,一般采用分株繁殖。在3~9月间均可分株(10月至翌年2月是常绿水生鸢尾的种苗分蘖期,应尽量避免分株)。分株时可采用2芽左右为一株,25cm×25cm株行距种在整理好的水田里。初期水位保持在10~15cm,12月新芽发出长高后提高到15~40cm。

5. 定植

(1)定植前的准备。选择地势低、易保存水的地块,深翻土壤并施入适量腐熟有机肥、草木灰等作基肥,耙细、整平,做低畦,畦面深25~30cm,畦宽2m。

(2)定植。按株行距50cm×60cm,挖穴栽植,深度宜浅不宜深,使根状茎与地面平即可。覆土压实后浇一遍透水。

6. 栽培管理

定植3天后根据生长情况进行放水栽培,栽培初期水深宜浅渐深,在15~20cm的水深生长为宜。常绿水生鸢尾种植成活后可施 15～20kg/亩的复合肥,每月施一次。

春季防治蚜虫。夏季高温季节防治煤污病、细菌性腐烂病。5～6月开花后应把残枯花秆清除掉。秋季把植株外围的黄叶摘除,并根据杂草生长情况适时耘田治草。

4.2.2　花菖蒲(*Iris ensata var. hortensis*)

花菖蒲别名玉蝉花,鸢尾科鸢尾属宿根草本植物,是由玉蝉花选育获得的一个鸢尾园艺品种群,其株型优美、花型雅致、花色多样(图4-4-5)。花菖蒲在国际上也享有盛誉,在水景、湿地中常能见到其美丽的身影。

1. 形态特征

宿根草本,根状茎粗壮,须根多而细。基生叶剑形,叶长 50～80cm,宽 1.5～2.0cm,有明显的中脉。花茎稍高出叶片,着花2朵,花大,紫红色,中部有黄斑和紫纹,花直径可达 9～15cm。垂瓣为广椭圆形,内轮裂片较小,直立。花柱花瓣状。蒴果长圆形。

图 2-4-5　花菖蒲

2. 生态习性

花菖蒲喜湿润、光线良好的环境,宜栽植于酸性、肥沃、富含有机质的沙壤土上,性耐寒。生长期要求充足水分,适当施肥。常用于林缘、溪边、河畔、水池边环境美化,或植于林荫树下作为地被植物,还可做切花栽培。

3. 种类与品种

(1) 按照产地分。根据产地的不同可以将花菖蒲分为江户系、伊势系、肥后系、长井系、大船系、吉江系以及美国产花菖蒲系。

(2) 按照花型分。可分为单瓣型、重瓣型和复瓣型。

(3) 按花色分。花菖蒲的花色多样,可分为蓝紫色、紫色、蓝色、粉色和白色。

(4) 按花色式样分。可分为单色式,印染式、磨砂式和镶边式。

4. 繁殖

主要用播种和分株繁殖。

(1) 播种繁殖。分春播和秋播两种。播后4～6周出苗,实生苗培育两年可开花。播种一般即采即播。播种繁殖的后代容易产生变异,一般用于培育新品种。

(2) 分株繁殖。可在春季、秋季和花后进行。挖出母株,分割根茎,每段根茎带两三个芽,分别栽植。对根茎粗壮的种类,分割后宜蘸草木灰或放置一段时间使伤口稍干后再种植,以防病菌感染。夏季分株繁殖,需适当修剪地上部分,以减少水分散失。

5. 定植

(1) 定植前的准备。花菖蒲栽植地应选择在排水良好、略黏质、富含有机质的砂壤土,pH 以 5.5～6.5 为宜。栽植畦的规格为畦面高 10cm,宽 120～150cm。整地做床时应施入腐熟有机底肥 1200～1500kg/667m^2。

(2) 定植。栽植穴深度 20～30cm,栽植时覆土应掌握在比原根颈深 1～1.5cm 为宜。

6. 栽培管理

定植后,早期应尽量保持栽植床有较高的湿度,不得久旱。施肥可在秋季排净苗床水后施用腐熟有机肥。中耕除草应在土壤墒情适中时进行。冬季结冰前,应适当进行根基培土防寒,不仅有利于幼苗越冬,而且还可以有效预防冻拔的发生。

地栽花菖蒲的主要病虫害有叶斑病、锈病、卷叶蛾、蚜虫等,可用化学药剂喷雾防治。春季每7~10天打一次药,开花期要尽量少打药。

4.2.3 再力花(*Thalia dealbata*)

别名水竹芋、水莲蕉、塔利亚再力花,多年生挺水草本,适合温带地区种植,花柄可高达2m以上,是近年我国新引进的一种观赏价值极高的挺水花卉。

1. 形态特征

苳叶科再力花属多年生挺水草本,具根状茎。叶片卵状披针形,革质,浅灰蓝色,边缘紫色,长50cm,宽25cm(图2-4-6)。花梗长,超过叶片15~40cm,复总状花序,花小,花紫红色,成对排成松散的圆锥花序,苞片常凋落。全株附有白粉。以根茎分株繁殖。宜以3~5株点缀水面,也可盆栽观赏。

2. 生态习性

再力花是原产于美国南部和墨西哥的热带植物,我国也有栽培。在微碱性的土壤中生长良好,喜温暖水湿、阳光充足的气候环境,不耐寒,生长

图2-4-6 再力花

适温20℃~30℃,低于10℃停止生长。冬季温度不能低于0℃,能耐短时间的-5℃低温。入冬后地上部分逐渐枯死,以根茎在泥中越冬。

3. 繁殖

以播种繁殖和分株繁殖为主。

(1)播种繁殖。种子成熟后可即采即播。一般以春播为主,播后保持湿润,发芽适宜温度16℃~21℃,约15天可发芽。

(2)分株繁殖。将生长过密的株丛挖出,掰开根部,选择健壮株丛分别栽植。或者以根茎繁殖,即在初春从母株上割下带1~2个芽的根茎,栽入施足基肥的水田中栽培。

4. 定植

栽植时一般以10芽为1丛,每平方米栽植1~2丛。定植前施足基肥,以花生粕、骨粉为好。夏季大田栽植定植时应适当遮阴,剪除过高的生长枝和破损叶片,对过密株丛适当疏剪,以利通风透光。一般每隔2~3年分株1次。

5. 栽培管理

灌水要掌握"浅—深—浅"的原则,即春季浅,夏季深,秋季浅,以利植株生长。施肥要掌握"薄肥勤施"的原则。

再力花常有叶斑病危害,可用65%代森锌可湿性粉剂500倍稀释液或百菌清可湿性粉剂800倍液喷洒。虫害有介壳虫和粉虱,用25%噻嗪酮可湿性粉剂1000倍稀释液喷杀。

4.2.4 梭鱼草(*Pontederia cordata*)

又称北美梭鱼草,雨久花科梭鱼草属多年生挺水或湿生草本植物,原产北美。其英文名为Pickerel weed,故译为"梭鱼草"。

1. 形态特征

梭鱼草株高80~150cm,地下茎粗壮,叶丛生,圆筒形叶柄呈绿色,叶片较大,深绿色,表面光滑,叶形多变,但多为倒卵状披针形(图2-4-7),长25cm,宽15cm。花葶直立,通常高出叶面,穗状花序顶生,长5~20cm不等,每个穗上密密地簇拥着几十至上百朵蓝紫色圆形小花,单花约1cm大小,上方两花瓣各有两个黄绿色斑点,质地半透明,在阳光的照耀下,晶莹剔透,宛若精灵,花期5~10月。种子椭圆形,直径1~2mm,果期7~11月。

图2-4-7 梭鱼草

2. 生态习性

梭鱼草喜温暖湿润、光照充足的环境条件,适宜生长发育的温度为18℃~35℃,18℃以下生长缓慢,10℃以下停止生长,冬季必须进行越冬保护。梭鱼草生长迅速,繁殖能力强,条件适宜的前提下,可在短时间内覆盖大片水域。

3. 种类与品种

白花梭鱼草(*Pontederia cordata* var. *alba*),花白色,植株高80~150cm,叶片绿色。穗状花序,顶生,长10~20cm,小花密集,200朵左右。花期6~10月份。

4. 繁殖

采用分株和播种繁殖。

(1) 种子繁殖。一般在春季进行,将种子撒播在泥土上,覆盖一层薄土,加水1~3cm,种子发芽温度需保持在25℃左右。

(2) 分株繁殖。可在春、夏两季进行。去除腐根后,用快刀将地下茎切割成每块2~4个芽作繁殖材料。

3. 栽培管理

梭鱼草整个生长过程中,不可使之遭受干旱。对肥料需求量较多,生长旺盛阶段应每隔2周追肥一次。夏季高温时节,要及时清理杂草,以保证植株正常生长。冬季结冰后,应对植株地上部分进行刈割,并将残叶集中深埋。

生产栽培中,梭鱼草不易患病,但常遭到蚜虫等危害,用40%乐果乳剂1000倍稀释液防治。

4.2.5 花叶芦竹(*Arundo donax* var. *versicolor*)

又名花叶玉竹、花叶芦荻,为禾本科芦竹属植物。外形高大,秋季密生白柔毛的花序随风摇曳,姿态别致。绿色叶片上具有明亮的白色纵条纹,是重要的水边观叶植物。花序及植株可做插花材料。茎秆是制作管乐器的良好材料,还可制作高级纸张、人造丝或编织工艺品。

1. 形态特征

多年生挺水宿根草本观叶植物,具强大的地下根状茎和休眠芽。地上茎通直,有节,表皮光滑,株高1.8m左右,株幅60cm左右,基部粗壮近木质化。叶互生,斜出,叶片披针形,长30~70cm,弯垂,具美丽条纹,金黄或白色间碧绿丝状纹,叶端渐尖,叶基鞘状,抱茎(图2-4-8)。顶生羽毛状大型散穗花序,多分枝,直立或略弯曲,初开时带红色,后转白色。

图2-4-8 花叶芦竹

2. 生态习性

原产欧洲南部,喜温暖、湿润和阳光充足环境,耐寒性差,耐水湿,不耐干旱和强光,生长适温20℃~27℃,冬季温度不低于0℃,可耐短暂-15℃低温,以肥沃、疏松和排水良好的微酸性沙质壤土为宜。

3. 种类与品种

(1)芦竹。株高5m左右,株幅1.6m左右,分枝,叶片扁平,灰绿色。圆锥花序较密,直立,长30~60cm。花果期9~12月。

(2)宽叶花叶芦竹。株高1m左右,叶片宽4~6cm,叶长30cm,中绿色,具白色纵条纹。

4. 繁殖

(1)分生繁殖。在南方,全年均可分株,长江流域地区以春季为宜。将生长密集的根状茎挖出,去除泥土和剪除老根,切成块状,每块须带3~4个芽,即可盆栽或地栽。

(2)扦插繁殖。可在春天将花叶芦竹茎秆剪成20~30cm茎段,每个茎段都要有节,扦插在湿润的泥土中,30天左右节处会萌发白色嫩根,然后定植。若在8~9月进行,从植株基部剪取插穗,除去顶梢,留70~80cm,随剪随插,水深保持3~5cm,插后20天左右可生根。

芦竹在春季也可用播种繁殖。

5. 栽培管理

盆栽用培养土和河沙各半作基质。生长期盆土保持湿润,每月施肥1次,可选用猪粪水或卉友20-20-20通用肥。若缺肥缺水,植株生长势差,株形矮小,叶片狭窄,观赏价值也差。在炎热的夏季,可向叶面喷水。南方露地栽培或北方室内地栽,注意控制根状茎的生长,勿使任意蔓延,影响整体景观。

常见锈病危害,可用20%三唑酮可湿性粉剂2000倍稀释液喷洒防治。虫害有介壳虫、叶野螟和竹斑蛾,用25%噻嗪酮可湿性粉剂1500倍稀释液喷杀。

 本章小结

水(湿)生观赏植物又可以分为挺水、浮叶、漂浮和沉水四类。水(湿)生观赏植物具有独特的通气组织或器官,以及长期适应水生或湿生环境所形成的生态习性是指导生产栽培的理论依据。本章较为详细地介绍了水(湿)生花卉的主要种类与品种及其生产技术,包括种苗繁殖、栽培管理和病虫害防治等常规生产技术。

 实训指导

实训项目十六　水生花卉栽培管理

一、目的与要求

根据常见水生花卉的种类及生物学特性,制订并实施栽培管理方案。

二、材料与用具

1. 常见水生花卉生产栽培现场。
2. 栽培管理所需的工具及其他材料。

三、内容与方法

1. 考察水生花卉生产栽培现场,制订即时栽培管理方案。
2. 实施栽培管理措施。

四、作业与思考

1. 分小组实施水生花卉栽培管理措施。
2. 从方案制订、项目实施等方面进行小结,并提出改进意见。

注:即时栽培管理方案,是指根据某种水生花卉生产栽培现场的实际情况,提出当前水分管理、营养管理、土壤管理和植株管理等方面的栽培管理措施,并组织实施。

第 5 章　地被植物生产

本章导读

地被植物在园林绿化中是不可缺少的一部分，本章主要介绍地被植物的特征、种类、应用方式、栽培方法等知识，重点介绍地被毯的制作技术。

5.1　地被植物的种类与特征

地被植物是指那些株丛密集、低矮，经简单管理即可用于代替草坪覆盖在地表的低矮植物群落。它不仅包括多年生低矮草本植物，还有一些适应性较强的低矮、匍匐型的灌木和藤本植物。一般地被植物的高度标准国内定为 1m 以下，有些植物在自然生长条件下，植株高度超过 1m，但它们具有耐修剪或苗期生长缓慢的特点，通过人为干预，可以将高度控制在 1m 以下，也视为地被植物。

5.1.1　地被植物的特征

第一，地被植物个体较小、种类繁多、品种丰富。地被植物的枝、叶、花、果均富有变化，且色彩丰富，季相多样，可营造出多种生态景观。

第二，地被植物适应性强，生长速度快，抗性强，可在阴、阳、干、湿、盐碱等多种不同的环境条件下生长，有良好的匍匐性和可塑性，易于造型修饰成模纹图案，在短时间内可以收到较好的观赏效果。

第三，繁殖简单。一次种下，多年受益。后期养护管理粗放，病虫害少，不易滋生杂草，不需要经常修剪和精心护理，减少了人工养护的花费和精力。

第四，具有发达的根系，有利于保持水土以及提高根系对土壤中水分和养分的吸收能力，或者具有多种变态地下器官，如球茎、地下根茎等，以利于贮藏养分，保存营养繁殖体，从而具有更强的自然更新能力。

5.1.2　地被植物的分类

1. 依植物种类分类

(1) 草本类。在园林绿地中，草本植物被应用得最为广泛，如马蹄金、藿香蓟、玉簪、虎耳草、麦冬、水仙等。

（2）灌木类。在矮生的灌木中，尤其是枝叶特别茂密，丛生性强，甚至匍匐状的植物也多被用来做地被，如铺地柏、棣棠、金焰绣线菊、金丝桃、水果篮等。

（3）藤本类。此类植物主要用作垂直绿化，也有用在高速路、立交桥的边坡绿化，如爬山虎、常春蔓、茑萝等。

（4）蕨类。这类植物大多喜欢湿润隐蔽的环境条件，是园林中优良的绿地林下植物，如凤尾蕨、贯众、槲蕨等。

（5）苔藓类。苔藓不适宜在阴暗处生长，它需要一定的散射光线或半阴环境，喜欢潮湿环境，特别不耐干旱及干燥，如葫芦藓、万年藓、大叶藓等。

（6）竹类。植株低矮、丛生性的竹类，也常作地被，由于管理粗放，应用越来越广泛，如阔叶箬竹、菲白竹、菲黄竹等。

2. 依生态环境分类

（1）阳生性类。适宜于在全日照的空旷地上生长，如常夏石竹、鸢尾、百里香等。一般来说，它们只能在阳光充足的条件下，才能正常生长，花叶茂盛。在半阴条件下生长不良，甚至死去。

（2）阴生类。适宜于在建筑物密集的阴影处或郁闭度较高的树丛下生长，如虎耳草、玉簪、白芨、一叶兰、蕨类等。这类植物在日照不足的阴处仍能正常生长，在全日照条件下反而会叶色发黄，甚至叶的先端出现焦枯等现象。

（3）半阴性类。一般适宜于在疏林或林缘或阳光不足之处生长，如诸葛菜、黑麦冬、八角金盘、常春藤、棣棠等。这类植物在半阴状态下生长良好，在全日照或阴处生长均欠佳。

（4）湿生类。这类植物一般生长在池边或湿地中，耐水湿，如水菖蒲、泽泻等。

（5）耐旱类。这类植物比较耐干旱环境条件，生长在湿润地方反而长不好，如络石、罗布麻、蛇莓等。

（6）耐盐碱。这类植物能在环境十分恶劣的盐碱地中正常生长，如马蔺、柽柳、紫花苜蓿等。

5.1.3 地被植物的选择与应用

1. 地被植物的选择标准

地被植物在园林中所具有的功能决定了地被植物的选择标准。一般选择地被植物时应符合以下标准：

（1）多年生或自繁能力强，植物低矮、高度不超过1m。

（2）花色丰富，持续时间长，或枝叶观赏性好，抗性强。

（3）全部生育期在露地栽培，繁殖容易，生长迅速，但不会泛滥成灾，覆盖力强，耐修剪。

2. 地被植物的应用方式

地被植物在园林中应用极为广泛，在树木下、溪水边、山坡上、岩石旁、草坪上均可栽植，形成不同的生态景观效果。地被植物与种植地的环境因子，如光照、温度、湿度、土壤酸碱度相适应，要求生长速度与长成后可达到的覆盖面积与乔、灌、草合理搭配，使各种生物各得其所，构成和谐、稳定、长期共存的植物群落。

在主要景区，宜采用一些花朵艳丽、色彩丰富的植物，大面积栽植形成群落，着力突出这类低矮植物的群体美,并烘托其他景观,如美人蕉、杜鹃、红花酢浆草、葱兰以及时令草花。

大绿化的空旷环境中则宜选用一些具有一定高度的喜阳性植物作地被成片栽植。在空间有限的庭院中,则宜选用一些低矮、小巧玲珑而耐半阴的植物作地被。岸边、溪水旁则宜选用耐水湿的湿地植物作地被。

在高大乔木多,且生长繁茂,郁闭度较高或房屋背阳处及大型立交桥下,其他植物不易生长的环境中,主要选择一些能适应不同郁蔽环境的地被植物,覆盖树下的裸露土壤,减少水土流失,并能增加植物层次,提高单位叶面积的生态效益。如沿阶草,大、小麦冬,棕榈实生苗,洒金桃珊瑚、狭叶十大功劳、八角金盘等。

在林缘或大草坪上多采用枝、叶、花色彩变化丰富的品种,如用大量的宿根花卉及亚灌木形成色块图案,显得构图严谨、生动活泼而又大方自然、色彩丰富。

5.2 地被毯生产技术

地被植物种类繁多,色彩丰富,具有防风护土、控制水土流失、绿化美化环境的作用,在生态城市建设中有着极为广阔的应用前景。景天类植物由于低矮,且更具有节水、耐寒、耐瘠薄、管理粗放的特点,在园林绿化中作为地被铺装材料,大有逐渐取代替草坪草的趋势。

5.2.1 生产地被毯常用植物

生产地被毯常用景天科景天属植物。这类植物多肉,广布于全球,但主产地为南非。我国约10个属,247种。常见的有垂盆草、反曲景天、六棱景天等(图2-5-1、图2-5-2、图2-5-3)。

景天属植物常见于干旱地区或岩石上。叶互生、对生或轮生,常单叶。花通常两性,辐射对称,单生或聚伞花序。萼片与花瓣同数,通常4~5片,合生。雄蕊与萼片同数或2倍之。雌蕊通常4~5个,每个基部有小鳞片1枚。果实为蓇葖果,腹缝开裂。

图 2-5-1　垂盆草

图 2-5-2　反曲景天

图 2-5-3　六棱景天

1. 垂盆草(*Sedum sarmentosum*)

景天科景天属,多年生宿根肉质草本,植株株高 7~15cm,细软匍匐,呈丛状扩散,全株呈灰绿色,叶细条状,花期 5 月,小花黄色,花葶高达 30~35cm。用作封闭型花坛、花境材料,是屋顶花园绿化的优良材料。

2. 佛甲草(*Sedum lineare*)

景天科景天属,多年生常绿肉质草本,植株基部分蘖能力较强而呈丛状,株高 10~25cm,全株呈黄绿色,群体效果呈鹅黄色。用做封闭型花坛、花境材料,是屋顶花园绿化的优良材料。

3. 胭脂红景天(*sedum spurium* 'coccineum')

景天科景天属,多年生常绿肉质草本,植株基部分蘖能力较强,株高 10~15cm,呈丛状,枝条呈匍匐状,株呈胭脂红色,入秋后逐渐呈紫红色,天气越冷,颜色越鲜艳,春季温度升高后,叶片逐渐转绿。耐寒、耐旱,喜光耐阴,忌积水,在夏季高温、高湿季节有休眠现象。用做封闭型花坛、花境材料,也可用于屋顶花园绿化。

4. 金叶景天(*Sedum makinoi* cv.)

景天科景天属,常绿多年生肉质草本,株高约 5cm,叶圆形,金黄色,鲜亮,喜光,也耐半阴,耐寒、耐旱,忌水涝,是一种优良的彩叶地被植物。相对于其他景天长势较弱,颜色鲜亮,常作为点缀植物。

5. 反曲景天(*Sedum reflexum*)

景天科景天属,多年生常绿肉质草本。叶株高 15~25cm。喜光,片尖端弯曲,全株灰绿色,花色黄,也耐半阴,耐旱,忌水涝,可用来布置花坛或用作地被植物。

6. 六棱景天(*Sedum sexangulare*)

又称松塔景天,景天科景天属,多年生常绿肉质草本,株高 5~10cm,全株呈灰绿色,叶短针状,密集互生而使枝条呈穗状,花黄色。耐寒、耐旱,喜光,不耐荫,忌积水。用做封闭型花坛、花境材料,也可用于屋顶花园绿化。

除了以上景天类植物常作为地被毯外,丛生福禄考、细叶庭菖蒲、矮麦冬等低矮、覆盖度高的植物也可作为地被毯材料。

5.2.2 地被毯的制作方法

景天类地被毯一般不用种子生产,而采用营养繁殖。从理论上来讲,一年中任何时间都可进行营养繁殖。但实际上,在不利于快速生根和植株生长的条件下进行营养繁殖,往往会导致成本增加。所以景天类植物地被毯制作一般在春、秋两季。

1. 插穗的准备

插条一般采用分株或营养体扦插进行繁殖。扦插繁殖时将植株切成 5cm 左右的茎段,撒在整理好的苗床上,之后覆盖表土。在插穗田间管理过程中注意灌溉、施肥、清除杂草,并追施有机肥或复合肥。待植株高度达 15~20cm 时,通过整株应用或将种茎切割成 5cm 以上的茎段备用。

2. 地被毯制作

选用 40cm×40cm 的方盘,在方盘内先铺无纺布,后铺 2~3cm 的基质。基质一般选用珍珠岩、蛭石、草炭、棕榈丝等轻盈的材料,按不同的配比混合而成。压实基质,将准备好的插条按5cm×10cm的株行距扦插,放在避光处3～5天,之后正常养护,保持高度不超过10cm,30天左右覆盖度达90%以上,成卷即可用以铺设。

3. 地被毯的养护管理

(1)修剪。均匀修剪是地被毯铺设前养护中最重要的环节。如不及时修剪,高生品种其茎上部生长过快,会造成伏倒,而影响美观。修剪期一般在扦插后一个月开始,保证种植前植物高度低于10cm。

(2)水肥管理。地被毯一般在高温、干旱季节每5～7天早晚各浇1次透水,湿润根部达5cm。其他季节浇水以保持根部土壤有一定的湿度为宜。地被毯施肥一般以施氮肥为主,兼施复合肥。养护过程中及时清除杂草。

5.2.3 地被毯的应用

(1)城市绿地。将地被毯直接铺设在地面上,进行淋水,施肥,无缓苗期。

(2)林间隙地。清理林间隙地地表,使地被毯与地表土壤接触,铺设后浇水,一周后可以施肥。

(3)绿化围边。花坛缀边或拼字,铺设后注意保持湿润。

(4)水边绿化。注意雨季不能让水漫过地被毯种植的区域。

(5)屋顶绿化。由于屋顶绿化基质下没有土层,在高温季节适当浇灌;在生长季节要撒施适量的复合肥,使植株复壮。屋顶地被在生长1～2年后,在生长季节要适时进行修剪。

5.3 常见地被植物生产技术

5.3.1 过路黄(*Lysimachia christinae*)

报春花科珍珠菜属草本植物,别称对座草、金钱草、铜钱草、遍地黄;在湖南称为金花菜、铺地莲,在湖北也称为路边黄,在四川称为一串钱,在北京、广州也叫作四川大金钱草,在云南称为真金草,在贵州称为走游草,在浙江、江西也叫作临时救,在陕西则有别称叫作寸骨七。

植株高5～7cm,茎匍匐,由基部向顶端逐渐细弱呈鞭状,匍匐茎最长时可达到1m以上,叶卵圆形。适宜生长温度15℃～30℃,花期5～7月,开杯状黄花,喜光、耐热、耐旱、耐寒,在苏州地区栽培能露地越冬。

1. 常见种类

(1)大过路黄。一年生或多年生草本,高10～30cm,在阴湿生境中,茎下部常匍匐,叶片卵形至卵状椭圆形,花序顶生,花冠黄色,花期5～6月。

(2)小过路黄。多年生草本。茎浓紫红色,具短柔毛,分枝多,下部匍匐,节处生不定根,上部斜升,长枝达20cm。叶片广心形上面淡绿色,下面色更淡,边缘有绿红色小点。

(3)浙江过路黄。多年生匍匐草本,茎长可达30cm,下部节上生根,与叶柄、花梗及花萼一同密被铁锈色柔毛及少数无柄腺体;分枝上升,长可达20cm,节间长1～4.5cm。叶对生,叶柄比叶片短,叶片阔卵形,少数近圆形。

（4）广西过路黄。多年生草本，茎簇生，直立或有时基部倾卧生根，高 10~30cm，单一或近基部有分枝，被褐色柔毛。叶对生，叶柄长 1~2.5cm，密被柔毛。

（5）点腺过路黄。多年生草本，茎簇生，平铺地面，先端伸长成鞭状，长可达 90cm，圆柱形，密被柔毛。叶对生，叶柄长 5~18mm；叶片卵形或阔卵形，长 1.5~4cm，宽1.2~3cm，花冠黄色。花期 4~6 月，果期 5~7 月。

（6）苍白过路黄。多年生草本，茎直立，高 45~75cm，基部圆柱形，上部钝四棱形，无毛。茎下部叶对生，间距稍密，上部叶互生或近对生；叶近于无柄；叶片披针形，长 5~7cm，宽 8~12cm，两端渐狭，上面深绿色，下面灰绿色，无腺点或隐约可见少数粒状突起。花期 7 月。

2. 繁殖技术

过路黄全年均可繁殖，以无性繁殖为主。基质要疏松、肥沃且排水良好，以园土与草炭土混合配制为佳，用分株、压条及切茎撒播等繁殖方法均可。

（1）分株繁殖。将过路黄植株剪切成带有 4~6 个节的 5~8cm 长的插穗，再将 2~3 个插穗合为一束，若植株较纤细，则可将 5~6 个插穗合为一束，注意每个插穗茎节的生长方向。种植时要保证插穗的三分之一或至少有 2 个茎节埋入土中，然后压实，使插穗茎节与土壤接触良好。种植行间距为 10cm×10cm。若在 5~6 月份分栽繁殖，约 35 天就可以覆盖地面。

（2）压条繁殖。将苗床挖成行距约 15cm 宽的种植沟，沟深 2~3cm。将匍匐茎切成长约 15cm 的茎段，再将 2~4 个茎段并为一束后放入种植沟内，覆土压实即可。若在 5~6 月份压条繁殖，约 45 天即可覆盖地面。

（3）切茎撒播繁殖。保留茎段上部分叶片，将其切割成 2~3cm 长的小茎段，均匀的撒播在湿润的苗床上，压实后浇透水，若在 5~6 月份撒播繁殖，约 30 天可覆盖地面。

（4）扦插繁殖。每平方米插 300 株。扦插基质选用疏松透气的草炭、细沙等材料，基质厚度 10cm 即可。也可用 10cm×12cm 的营养钵，在钵内扦插育苗，待苗成活后可直接使用。

3. 管理技术

过路黄是一种非常优良的彩叶地被，具有较强的耐干旱能力。耐寒性强，冬季在 -10℃ 末见冻害。秋季温度降低到 5℃，植株停止生长，叶片由黄转绿。0℃ 以下，会转为暗红色。春季 2 月下旬开始生长，随着温度升高，叶片变为黄色，生长速度加快。

（1）苗期管理。过路黄育苗期要注意浇水，不干不浇，浇则浇透，以确保地下茎节能吸收到充足的水分，保证存活并发芽生长。发根后要及时用 0.3% 的磷酸二氢钾喷施两三次，同时按每平方米 3~5g 的用量追施尿素，再浇一次透水。在炎热夏季要严格控制苗床水分，宁干勿湿，防止苗床出现高温、高湿的小气候，并要适时喷洒药剂，以防病虫害发生。当过路黄植株已经完全铺满地面并开始簇拥生长时，就要进行疏枝或剪割，防止病害的发生。

（2）病害防治。梅雨天高温、高湿会导致过路黄产生疫病。在栽植前对苗床用 75% 百菌清 800 倍稀释液进行土壤消毒。控制氮肥用量，防止过路黄因疯长而形成密丛。夏季高温要保证苗床干湿适度，不要轻易浇水。从 5 月中旬开始，要定期喷施 75% 百菌清或 80% 代森锌 800~1000 倍稀释液，尤其在高温天气的雨后要及时喷药防治。适时修剪，及时疏枝，清除过密匍匐茎和发病的枝条。发病后及时用农用链霉素 3000 倍稀释液浇灌根。

(3) 虫害防治。为害过路黄的害虫主要有小地老虎、蜗牛等。小地老虎、蜗牛使过路黄的茎叶出现孔洞和缺刻,严重时将叶片吃光,从而影响观赏效果。用50%辛硫磷1000倍稀释液防治小地老虎。用密达或灭蜗灵每平方米1~1.5g防治蜗牛。

5.3.2 马蹄金(*Dichondra repens*)

旋花科马蹄金属草本植物,又称小金钱草、黄疸草、荷包草、肉馄饨草、金锁匙、螺丕草、酒杯窝、金挖耳、鸡眼草、小灯盏菜、小迎风草、小碗草、小半边莲、地不腊、星子草、小元宝草、落地金钱、小蛤蟆碗、九连环、玉蚀草、小半边钱、小碗头等。匍匐茎细长,节间着地生根,被灰色短柔毛。叶肾形至圆形。生长于半阴湿、土质肥沃的田间或山地。对土壤要求不严,耐阴、耐湿,稍耐旱,耐轻微的践踏。温度降至-10℃时会遭冻伤。苏州冬季只是上层叶片稍微枯黄,下层仍为绿色。目前主要栽培系列为绿色叶系列("翠瀑"系列)和银色叶系类("银瀑"系列)。

1. 繁殖方法

(1) 有性繁殖。即种子直播法。选用疏松透气的基质如草炭、园土、珍珠岩按7∶2∶1的比例搅拌均匀,苗床整平后将种子均匀地撒播其上,覆土1~2cm,浇透水。播种量每平方米7~8g。

(2) 无性繁殖。将母株切成5cm×5cm大小,铺设的株行距分别为5cm×5cm或10cm×10cm,甚至15cm×15cm。确定好株行距后,把已切小的草块铺设在地面上,铺后稍加压实,然后喷水。在一周内每天喷水一次,以后见干喷水,保持泥土潮湿。一月后除一次杂草,并施适量尿素。1~2个月后即可全部覆盖地面。

2. 栽培管理

(1) 光照、温度、水分。马蹄金喜温暖湿润、阳光充足的环境。苏州地区可以接受全天的光照,冬季可室外越冬。马蹄金根须细密,不太耐干旱,夏季浇水次数要稍多些,保持盆土湿润。缺少水分的马蹄金很容易掉落叶片,枝茎稀疏,影响观赏效果。

(2) 施肥。马蹄金较喜氮肥,平时可以结合浇水适量施些氮肥。4月份结合浇水对马蹄金草坪撒施氮肥一次,每667m²2.5~3kg。秋季9~10月份,对草坪撒施一次氮、磷、钾复合肥,提高草坪的抗寒越冬能力。

(3) 梳草、打孔。公共场所允许游人进入的马蹄金草坪,由于人为践踏严重,土层板结,土壤的透水透气性差,要用打孔机进行打孔。如无打孔机,也可用铁钉、滚耙等进行人工刺孔。对游人践踏特别严重的地方,要在春季对草坪进行临时封闭管理,待草坪全部返青后,再对游人开放。

(4) 病虫害防治。马蹄金草坪的抗病能力强,只有白绢病和少量的叶点霉病发生。采用百菌清、多菌灵等药物,7~10天喷洒一次,可有效防治病害的发生和发展。

金龟子类的幼虫蛴螬和夜蛾类的幼虫、小地老虎的幼虫是马蹄金草坪的主要虫害,要及时观察、及时防治。在成虫羽化期利用成虫的趋光性和趋化性用黑光灯、毒饵、毒草进行诱杀,减少其产卵量。对蛴螬用50%的辛硫磷1000倍稀释液,傍晚喷洒草坪(或浇灌);对小地老虎的幼虫用40%的氧化乐果1000倍稀释液进行喷洒防治,在喷洒后第二天再重复喷洒一次,效果更佳。

(5) 杂草防除。新建植的马蹄金地由于尚未形成密闭且生长环境湿润,杂草极易滋生,并且杂草种类多、数量大,如不及时防治势必严重影响草坪的质量。马蹄金草坪中的马唐、一年生早熟禾、牛劲草、狗尾草等禾本科杂草可用盖草能除掉。

5.3.3 棣棠(*Kerria japonica*)

蔷薇科棣棠属多年生落叶灌木,别名画眉杠、鸡蛋花、三月花、青通花、通花条、地棠、黄度梅、金棣棠、黄榆叶梅、麻叶棣棠、地团花、金钱花、蜂棠花、小通花、清明花、金旦子花。棣棠喜欢温暖的气候,耐寒性不是很强,宜栽种于温暖和湿润的气候环境条件下。较耐阴,不耐寒,对土壤要求不严,耐旱性较差。

1. 常见种类

重瓣棣棠(*K. pleniflora*)、金边棣棠(*var. aureovariegata*)和银边棣棠(*var. picta.*)。

2. 繁殖方法

生产中常采用播种、分株、扦插3种方法繁殖,但多用扦插和分株进行繁殖。

(1) 扦插。3月采用1年生硬枝,6月采用当年生嫩枝,插穗剪8~10cm的茎段,若是嫩枝,留上部2片叶子,其余的均打掉。插在整好的苗床,插后及时灌透水。扦插密度以5cm×5cm为宜,上露1~2个饱满的芽,保持苗床湿润,约20天生根,生根后即可分栽。

(2) 分株。晚秋落叶后或早春萌动前进行,整株挖出从根部劈成数丛,每小丛保证2~3个枝干,定植即可,极易成活。

3. 栽培管理

选择温暖湿润、土壤松软、排水良好的非碱性土壤。夏天要多浇水,在整个生长期视苗势酌量施肥1~2次。开花后留50cm高,剪去上部的枝,促使地下芽萌生。棣棠落叶后,还会出现枯枝,第二年春天要适当进行修剪,可促使当年枝开花旺盛。每隔2~3年应行重剪1次,更新老枝,促发新枝。常有褐斑和枯枝病危害,可用50%多菌灵可湿性粉剂1000倍稀释液喷洒。择适酸性或中性壤土栽植,以预防黄叶病,发病初期可用硫酸亚铁溶液200倍稀释液进行灌根,并用0.5%硫酸亚铁溶液进行喷雾。防治褐斑病,用75%百菌清可湿性颗粒800倍稀释液或70%代森锰锌可湿性颗粒400倍稀释液或50%敌菌灵可湿性颗粒500倍稀释液喷雾,每7天一次,连续喷3~4次可有效控制住病情。加强修剪,使植株始终保持通风透光状态。常见的害虫有:红缘灯蛾、大袋蛾,可用50%杀螟松乳油800倍稀释液喷杀,或用黑光灯诱杀成虫。另有棉红蜘蛛危害,用40%三氯杀螨醇乳油1500倍稀释液喷杀。

5.3.4 络石(*Trachelospermum jasminoides*)

夹竹桃科络石属常绿藤本,又叫石龙藤。长有气生根,常攀缘在树木、岩石墙垣上生长。初夏5月开白色花,花冠略似"卐"字,芳香。适应性强,抗污染,容易培育,管理粗放。

常见的栽培品种有花叶络石,叶上有白色或乳黄斑点,并带有红晕。小叶络石,叶小狭披针形。大叶络石,叶脉突起,叶缘背面向背后略反卷,花期比小叶络石晚。变种有血络石(*var. heterophyllum*)狭叶批针形,宽仅0.2~1cm,叶片有网状粉白色网。

络石一般采用扦插繁殖,极易成活。因其匍匐性茎具有落地生根的特性,所以利用其茎节处接触土层生根后剪断分株,可一次性繁殖大量植株。另外压条方法也很方便,特别是在梅雨季节其嫩茎极易长气根,利用这一特性,将其嫩茎采用连续压条法,秋季从中间剪断,可获得大量的幼苗。

络石根系发达,吸收力强,在石灰性土壤、酸性及中性土壤中均能正常生长。它萌蘖力强,耐修剪,抗性强,很少发生病虫害。可植于庭园、公园、院墙、石柱、亭、廊、陡壁等攀附点缀,十分美观。也可做污染严重厂区、公路护坡等环境恶劣地块的绿化材料。

5.3.5 凤尾蕨(*Pteris cretica*)

凤尾蕨科凤尾蕨属蕨类植物,别名鸡脚草、壁脚草、五指草、山凤尾、小凤尾、井栏边草等。多生于山谷石缝,井边或灌木林缘阴湿处。适应性强,喜阳光充足和稍潮湿环境,也耐半阴,极耐干旱,耐寒,夏季畏直射阳光,应适当遮光,否则直射时间过长会造成叶片卷曲。

同属的种:岩凤尾蕨(*P. deltodon*)和合凤尾蕨(*P. ensiformis*)。园艺品种有银脉凤尾蕨和白玉凤尾蕨。

凤尾蕨常用分株和孢子繁殖。分株全年都可进行,将母株旁的子株挖出,直接种植,种植后浇透水,并注意遮阴保湿。孢子繁殖是在母株孢子即将成熟时,套纸袋,待孢子成熟落入纸袋后即可准备种植。种植前将基质消毒、整平,将成熟孢子撒在基质上。由于孢子小,不用覆土,喷水后放阴湿处,一个月左右萌芽,待苗长高时即分栽。

凤尾蕨栽培宜保持盆土湿润,生长季节水分应供应充足,一般 2~3 天浇水一次。水分过多可导致叶片脱落。空气湿度为 75%~80%,过于干燥会造成叶片边缘枯黄,甚至全叶枯黄。温度管理:凤尾蕨适宜的温度为 18℃~28℃,高于 30℃或低于 17℃皆生长不良,过冬时不能低于 0℃。凤尾蕨喜温暖半阴环境,适合散射光照,不能让阳光直射。刚刚种植时,光照控制在 2000~3000lx,正常生长时光照控制在 7000~8000lx 较为适合。光线过强导致植株叶缘发焦、脱落,叶片卷缩,生长受阻。

5.3.6 菲白竹(*Sasa fortunei*)

禾本科赤竹属多年生草本,原产地株高可达 1m,江苏地区栽培一般株高 15~20cm。该植物喜温暖湿润气候,好肥,较耐寒,忌烈日,宜半阴,喜肥沃、疏松、排水良好的砂质土壤,病虫害极少,管理简单、粗放。

常见的栽培种有翡绿竹(*Sasa tortunei* 'Feiluzh')与翡黄竹(*Sasa viridi-striatus*)

菲白竹主要采用分株繁殖。在 2~3 月份将成丛母株连地下茎带土挖出,分成若干丛,每丛保证 3~5 芽。由于根系浅,随挖随栽成活率高,栽后要浇透水并适当遮阴。

早春二月是最佳的种植的季节,此外,梅雨季节、10 月至翌年 3 月,也适合种植。选用肥沃、疏松的砂质壤土,种植密度 20cm×20cm。在刚种植的区域,植株未郁闭前,要及时除去杂草。

夏季若遇干旱应浇水抗旱。当年新竹可不修剪。次年秋、冬季可割去地上所有的枝叶,促来年春天枝叶茂盛。郁闭 3~5 年后,可进行带状更新,以便让新鞭有空间生长。带状更新的时间在每年的 5 月底、6 月初,也可在秋、冬季进行。为使菲白竹叶色浓绿,可少量施些复合肥,每 667m² 5~10kg。

本章小结

地被植物包括草本、灌木、藤本、苔藓、蕨类及矮生竹类。这类植物对环境要求不严,抗性强,因此管理相对粗放。地被植物主要用扦插和分株方法繁殖。地被毯是地被植物应用的新形式。

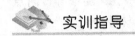 实训指导

实训项目十七　地被毯的制作

一、目的与要求

掌握地被毯的制作方法及养护管理技术。

二、材料与用具

1. 景天类植物插穗。

2. 40cm×40cm 周转盘、无纺布、草炭、珍珠岩等。

3. 枝剪、喷壶等。

三、内容与方法

1. 选择插条。在生长旺盛,无病虫害的母株上选取。

2. 制备插穗。剪取 5~8cm 长插穗备用。

3. 准备插床。在 40cm×40cm 的方盘内铺无纺布。草炭及珍珠岩砻糠灰按 7∶2∶1 的比例搅拌均匀,pH 控制在 6.5 左右。将搅拌均匀的基质铺在周转盘内,厚度 2~3cm,压实备用。

4. 插后管理。将准备好的插穗按 5cm×10cm 的株行距扦插,插后浇透水,放在避光处 3~5 天,之后正常养护管理。保持高度不超过 10cm,30 天左右覆盖度达 90% 以上,成卷即可。扦插后一周若有部分死亡,且影响覆盖率,应及时补苗。

四、作业与思考

1. 分小组完成扦插任务,并进行日常养护管理。

2. 30 天后根据地被毯的质量开展讲评。

3. 分小组交流心得。

第三篇 花木生产技术

第 1 章 花木的种类

本章导读

本章所涉及的花木生产种类主要是指城市绿化布置常用的花木植物材料。一般栽种后,可连年开花,主要包括乔木、灌木、藤本三种类型。据对苏州及长三角地区城市常见绿化植物调查,应用于城市公共绿地、道路、居住区、新建公园等城市绿地中常用的园林花木为 180 种左右,因此这类花木成为花木生产的主要种类,也是需要重点掌握与识别的主要花木种类。

由于我国土地广阔,各个城市所处的气候带不同,应用于城市园林绿地的花木种类不同,各类花木的生态习性、生长表现以及观赏价值也不同。本章以长三角地区城市绿地常见花木为主要对象。

1.1 乔 木

乔木是指树身高大的树木,由根部发生独立的主干,树干和树冠有明显区分。有一个直立主干,且高达 6m 以上的木本植物称为乔木。乔木与低矮的灌木相对应,根据落叶与否和树冠大小不同乔木可分为落叶乔木与常绿乔木。

1.1.1 落叶乔木类

1. 落叶大乔木

一般树冠高度在 4~5m 以上,如悬铃木、水杉、鹅掌楸等。常见落叶大乔木见表 3-1-1。

表 3-1-1　常见落叶乔木一览表

序号	名称	学名	科	属	主要特征	花色、花期	繁殖方法	园林应用
1	山桐子	*Idesia polycarpa*	大风子科	山桐子属	花单性，雌雄异株或杂性，浆果成熟期紫红色	黄绿色，4~5月	播种	庭荫树，园景树
2	乌桕	*Sapium sebiferum*	大戟科	乌桕属	单叶互生，纸质，菱状广卵形，全缘；花序穗状，花单性，雌雄同株；各部均无毛而具乳状汁液	黄绿色，5~7月	播种、嫁接	护堤树，行道树，庭荫树
3	重阳木	*Bischofia polycarpa*	大戟科	重阳木属	3小叶复叶，花小，雌雄异株，总状花序，春季与叶同时开放	绿色，4~5月	播种	行道树，庭荫树
4	合欢	*Albizzia julibrissin*	豆科	合欢属	二回偶数羽状复叶，小叶10~30对，镰刀状长圆形，夜间成对相合；花序头状，如绒映状	花萼及花瓣黄绿色，花丝粉红色，6~7月	播种	行道树，庭荫树，园景树
5	国槐	*Sophora japonica*	豆科	槐属	干皮暗灰色，小枝绿色，皮孔明显，奇数羽状复叶，互生，小叶7~17枚，全缘，荚果肉质，串珠状不开裂	浅黄绿色，7~8月	播种	行道树，庭荫树
6	皂荚	*Gleditsia sinensis*	豆科	皂荚属	枝刺圆而有分歧，一回羽状复叶，花杂性，萼、瓣各为4枚，总状花序腋生	黄白色，5~6月	播种	庭荫树，园景树
7	黄檀	*Dalbergia hupeana*	豆科	黄檀属	树皮剥落，奇数羽状复叶，小叶7~11枚，卵状椭圆形至长圆形，长3~6cm，全缘，圆锥花序顶生	黄白色，5~7月	播种	庭荫树、风景树、行道树
8	枫杨	*Pterocarya stenoptera*	胡桃科	枫杨属	枝具片状髓，奇数羽状复叶，顶生小叶有时不发育，叶轴有翼，小叶9~23枚，长椭圆形，边缘有细锯齿，花单性同株，雄花成柔荑花序，雌蕊由2心皮合成，子房下位。深根性，萌蘖力强	淡绿色，4~5月	播种	行道树，庭荫树，护堤树
9	枫香	*Liquidamba formosana*	金缕梅科	枫香属	树冠广卵形或略扁平，深根性，主根粗长，树皮灰色，浅纵裂，老时不规则深裂。叶掌状3~5(7)裂，基部心形或截形，裂片先端尖，缘有锯齿，幼叶有毛，后渐脱落。花单性，雌雄同株，无花瓣，头状花序，头状果序圆球形，刺状萼片宿存	3~4月	播种，扦插	庭荫树，园景树
10	喜树	*Camptotheca acuminata*	蓝果树科	喜树属	叶侧脉11~15对显著，花杂性，同株，头状花序近球形	淡绿色，5~7月	播种	行道树，庭荫树，河边绿化

续表

序号	名称	学名	科	属	主要特征	花色、花期	繁殖方法	园林应用
11	苦楝	Melia azedarach	楝科	楝属	树冠近于平顶，树皮暗褐色，浅纵裂，小枝粗壮，皮孔多而明显，幼枝有星状毛，老枝紫色，有多数细小皮孔，二至三回奇数羽状复叶互生，圆锥复聚伞状花序，有香味核果近球形，宿存树枝，经冬不落	淡紫色，4~5月	播种、分蘖	用材树，庭荫树，行道树
12	鹅掌楸	Liriodendron chinense	木兰科	鹅掌楸属	冬芽外被2芽鳞状托叶，叶马褂状，花两性，覆瓦状排列于纺锤状花托上	黄绿色，5~6月	播种、扦插	行道树，庭荫树
13	白玉兰	Magnolia denudata	木兰科	木兰属	幼枝上残存环状托叶痕，叶为倒卵状长椭圆形，幼时背面有毛，先花后叶	白色，芳香，3~4月	播种、扦插、压条、嫁接	园景树，行道树
14	白蜡树	Fraxinus chinensis	木樨科	白蜡树属	奇数羽状复叶，小叶5~9枚，卵圆形或卵状椭圆形花雌雄异株，花萼钟状，无花瓣，翅果倒披针形	3~5月	播种、扦插	行道树，庭荫树
15	七叶树	Aesculus chinensis	七叶树科	七叶树属	冬芽大，具树脂，掌状复叶，由5~7枚小叶组成，花杂性，雄花与两性花同株，圆锥花序，蒴果球形，形如板栗，种脐大	白色，5月	播种、扦插、压条	行道树，庭荫树
16	三角枫	Acer buergerianum	槭树科	槭树属	树皮暗褐色，薄条片状剥落，叶通常浅3裂，有时不裂，基部圆形或广楔形，3主脉，裂片全缘，果核部分两面凸起，两果张开成锐角或近于平行	黄绿色，4月	播种	盆景，庭荫树，行道树，护岸树
17	五角枫	Acer mono	槭树科	槭树属	叶掌状5裂，叶基常为心形，裂片卵状三角形，花杂性，多朵集顶生伞房花序，翅果两翅开展成钝角或近水平，长约为果核之2倍	黄绿色，4月	播种	庭荫树，行道树，防护林
18	复叶槭	Acer negundo	槭树科	槭树属	奇数羽状复叶，先花后叶，花单性异株，果翅狭长，张开成锐角或直角	黄绿色，3~4月	播种、扦插、分蘖	庭荫树，行道树，防护林
19	元宝枫	Acer truncatum	槭树科	槭树属	单叶对生，掌状五裂，叶基通常截形，花均为杂性，翅果形状如元宝，果翅等于或略长于果核	黄绿色，5月	播种	行道树，庭荫树

续表

序号	名称	学名	科	属	主要特征	花色、花期	繁殖方法	园林应用
20	构树	Broussonetia papyrifera	桑科	构属	树皮浅灰色，不易裂，小枝密被丝状刚毛，叶两面密生柔毛，花雌雄异株，聚花果球形	4~5月	播种	防护林，庭荫树
21	池杉	Taxodium ascendens	杉科	落羽杉属	叶多钻形，稍内曲，在小枝上螺旋状排列，有的幼枝或萌芽枝上的叶为线形	3~4月	播种、扦插	园景树，湿地树种
22	水杉	Metasequoia glyptostroboides	杉科	水杉属	叶条形，下面有气孔线，在侧生小枝上列成二列，羽状，冬季与枝一同脱落	2月	播种、扦插	园景树，湿地树种
23	银鹊树	Tapiscia sinensis	省沽油科	银鹊树属	树皮淡灰褐色，浅纵裂；小枝暗褐色，有皮孔，奇数羽状复叶，雄花与两性花异株	黄色，6~7月	播种	园景树，用材树
24	柿树	Diospyros kaki	柿树科	柿树属	树皮暗灰色，裂成长方块状，小枝密生褐色或棕色柔毛，后渐脱落。冬芽先端钝。叶椭圆形、阔椭圆形或倒卵形近革质，先端渐尖或钝，基部楔形，叶上面有光泽，深绿色，花雌雄异株，浆果卵圆形或扁球形	黄白色，5~6月	嫁接	园景树
25	枣树	Ziziphus jujuba	鼠李科	枣属	树皮灰褐色，条裂，枝有长、短枝和脱落性小枝三种，有托叶刺或托叶刺不明显，叶基生三出脉	黄绿色，5~6月	分蘖、扦插、嫁接	果树，蜜源树种，园景树
26	大叶桉	Eucalyptus robusta	桃金娘科	桉属	树干挺直，树皮暗褐色，粗糙纵裂，宿存而不剥落，小枝淡红色，略下垂，嫩枝有棱，叶革质，可分为幼态叶、中间叶和成熟叶三类，幼态叶卵形，成熟叶卵状披针形，伞形花序，蒴果碗状	4~9月	播种、扦插、茎尖组培	行道树，园景树
27	栾树	Koelreuteria paniculata	无患子科	栾树属	树皮灰褐色，细纵裂，一回、不完全二回或偶有为二回羽状复叶，卵形或卵状椭圆形，小叶有不规则的钝锯齿，顶生圆锥花序而疏散，蒴果三角状卵形	金黄色，6~7月	播种、分蘖、根插	行道树，庭荫树，园景树，防护林
28	无患子	Sapindus mukurossi	无患子科	无患子属	树皮灰白色，平滑不裂，芽两个叠生，偶数羽状复叶，卵状披针形或卵状长椭圆形，薄革质，花杂性，顶生圆锥花序，核果球形	黄白色或带淡紫色，5~6月	播种	行道树，庭荫树

续表

序号	名称	学名	科	属	主要特征	花色、花期	繁殖方法	园林应用
29	青桐	*Firmiana simplex*	梧桐科	梧桐属	树干端直,树皮灰绿色,通常不裂,叶为掌状,3~7裂,基部心形,裂片全缘,先端渐尖,表面光滑,被面有星状毛,叶柄约与叶片等长	黄绿色,6~7月	播种、扦插、分根	庭荫树,行道树,
30	泡桐	*Paulownia fortunei*	玄参科	泡桐属	树皮灰褐色,小枝粗壮,初有毛,后渐脱落,假二杈分枝,叶卵形,花萼钟状或盘状肥厚	乳白色至微带紫色,内具紫色斑点及黄色条纹,3~4月	播种、扦插(根插)	行道树,造林树
31	英桐（二球悬铃木）	*Platanus acerifolia*	悬铃木科	悬铃木属	枝条开展,幼枝密生褐色绒毛,干皮呈片状剥落,球果常2个一串,偶有单生的,有刺毛,叶3~5裂,中部裂片的长度与宽度近于相等,聚合果球形	4~5月	播种、插条	行道树,庭荫树
32	美桐（一球悬铃木）	*Platanus occidentalis*	悬铃木科	悬铃木属	树皮有浅沟,球果常单生,无刺毛,叶3~5浅裂,中部裂片的宽度大于长度,呈广三角形,聚合果球形	4~5月	播种、扦插	行道树,庭荫树
33	法桐（三球悬铃木）	*Platanus orientalis*	悬铃木科	悬铃木属	树皮深灰色,薄片剥落,内皮绿白色,球果3~6个一串,有刺毛,叶5~7深裂至中部或更深,聚合果球形,果柄长而下垂	4~5月	播种、扦插	行道树,庭荫树
34	垂柳	*Salix babylonica*	杨柳科	柳属	小枝细长下垂,黄褐色,无毛,叶披针形至线状披针形,花序先叶开放,或与叶同时开放	3~4月	扦插、播种	行道树,庭荫树,园景树
35	毛白杨	*Populus tomentosa*	杨柳科	杨属	树干通直挺拔,皮孔菱形散生,嫩枝灰绿色,密被灰白色绒毛。叶片三角状卵形,先端渐尖,基部心形或楔形,缘具缺刻或锯齿,表面光滑,背面密被白色绒毛,后渐脱落,先花后叶,蒴果小,三角形	3~4月	扦插、嫁接、分蘖、播种	造林树,用材树,行道树

续表

序号	名称	学名	科	属	主要特征	花色、花期	繁殖方法	园林应用
36	银杏	Ginkgo biloba	银杏科	银杏属	叶扇形，有两叉状叶脉，在长枝上散生，在短枝上簇生，球花单性，雌雄异株，雌株的大枝常较雄株开展，柔荑花序，风媒花，种子核果状，椭圆形	4~5月	播种、嫁接	行道树，园景树，果树
37	榉树	Zelkova schneideriana	榆科	榉属	树皮灰白色或褐灰色，呈不规则的片状剥落，叶具桃形锯齿，表面粗糙，背面密生淡灰色柔毛，坚果小而歪斜，有皱纹	3~4月	播种、扦插	行道树，庭荫树
38	朴树	Celtis tetrandra ssp. sinensis	榆科	朴属	树皮灰褐色，光滑不开裂，小枝幼时有毛，后渐脱落，叶三出脉偏斜，叶背沿脉及脉腋疏生毛，先端短尖，果柄与叶柄近等长，果核表面有凹点及棱脊	淡黄绿色，4月	播种	行道树，庭荫树，护堤树
39	榔榆	Ulmus parvifolia	榆科	榆属	树皮灰色或灰褐，裂成不规则鳞状薄片剥落，露出红褐色内皮，近平滑，微凹凸不平，叶较小而质厚，基部歪斜，花簇生叶腋，翅果长椭圆形至卵形，种子位于翅果中央，无毛	8~9月	播种	行道树，庭荫树，盆景
40	榆树	Ulmus pumila	榆科	榆属	树皮暗灰色，纵裂，粗糙，单叶互生，叶缘多重锯齿，花两性，早春先叶开花或花叶同放，翅果近圆形，种子位于翅果中部	紫褐色，3~4月	播种、分蘖、扦插	庭荫树，行道树
41	楸树	Catalpa bungei	紫葳科	梓树属	树干耸直，主枝开阔伸展，多弯曲，呈倒卵形树冠，树皮灰褐色，浅细纵裂，叶三角状卵形，基部截形，全缘，两面无毛，背面脉腋有紫色腺斑，总状花序，种子扁平，具长毛	浅粉色，4~5月	播种	行道树，庭荫树
42	梓树	Catalpa ovata	紫葳科	梓树属	树冠开展，树皮褐灰色，纵裂，叶广卵形或近圆形，通常3~5浅裂，有毛，背面基部脉腋有紫斑，圆锥花序顶生，蒴果细长如筷，下垂，深褐色，冬季不落，种子有毛	淡黄色，5月	播种、扦插、分蘖	行道树，庭荫树
43	黄金树	Catalpa speciosa	紫葳科	梓树属	树冠开展，树皮灰色，厚鳞片状开裂，叶宽卵形至卵状椭圆形，基截形或心形，背面被白色柔毛，圆锥花序顶生，蒴果粗如手指	白色，5月	播种、扦插	行道树，庭荫树

2. 落叶小乔木

一般树冠高度在 4~5m 以下,如桃树、梅树、海棠、月季等。常见落叶小乔木见表 3-1-2。

表 3-1-2　常见落叶小乔木一览表

序号	名称	学名	科	属	主要特征	花色、花期	繁殖方法	园林应用
1	龙爪槐	*Sophora japonica* var. *pendula*	豆科	槐属	龙爪槐是国槐的芽变品种,树冠呈伞状,小枝弯曲,荚果串珠状	白色或淡黄色,6~8月	嫁接	行道树,园景树,蜜源树
2	二乔玉兰	*Magnolia soulangeana*	木兰科	木兰属	为玉兰和木兰的杂交种,高7~9m,叶倒卵形至卵状长椭圆形,花大,钟状,有芳香,先花后叶	内面白色,外面淡紫,3~4月	嫁接、压条、扦插	行道树,园景树
3	丁香(紫丁香)	*Syringa oblata*	木樨科	丁香属	小枝近圆柱形或带四棱形,花两性,聚伞花序排列成圆锥花序,与叶同时抽生或叶后抽生	堇紫色,4月	播种、扦插、嫁接、分株、压条	园景树、丛植、专类园、盆栽、切花
4	黄栌	*Cotinus coggygria*	漆树科	黄栌属	树皮暗灰色,小枝紫褐色,被蜡粉,单叶互生,全缘,花杂性,花后久留不落的不孕花的花梗呈粉红色羽毛状,圆锥花序顶生,有许多不育花的紫绿色羽毛状细长花梗宿存,核果肾形	黄绿色,4~5月	播种、压条、分株、扦插	园景树,盆景
5	火炬树	*Rhus typhina*	漆树科	漆树属	奇数羽状复叶互生,小叶11~31枚,长椭圆状披针形,缘有锯齿,秋后树叶会变红,雌雄异株,顶生圆锥花序,密生有毛,花柱宿存,核果密生绒毛,密集成火炬形	淡绿色,6~7月	播种、分蘖或埋根法	观叶,园景树
6	鸡爪槭	*Acer palmatum*	槭树科	槭树属	叶对生,掌状5~9裂,基部心形,裂片卵状长椭圆形至披针形,先端锐尖,缘有重锯齿,背面脉腋有白簇毛,花杂性,雄花与两性花同株,伞房花序顶生,无毛,翅果展成钝角	紫色,5月	播种、嫁接	园景树、盆栽
7	红枫	*Acer palmatum* cv. *Atropurpureum*	槭树科	槭树属	叶掌状深裂,嫩叶红色,老叶终年紫红色,杂性花翅果,两翅间成钝角	紫红色,4~5月	嫁接、扦插	园景树,盆景

续表

序号	名称	学名	科	属	主要特征	花色、花期	繁殖方法	园林应用
8	紫薇	Lagerstroemia indica	千屈菜科	紫薇属	树皮淡褐色,薄片状剥落后枝干特别光滑;枝干多扭曲,小枝四棱,无毛,叶对生或近互生,椭圆形或倒卵状椭圆形,叶长3~7cm,圆锥花序顶生,花茎3~4cm,萼筒无纵棱	淡红色,6~9月	分蘖、扦插、播种	庭院栽培,小型行道树,盆景
9	紫叶李	Prunus cerasifera	蔷薇科	梅属(樱属)	叶卵形至倒卵形,紫红色,背部中脉基部有柔毛,花单生,果球形	淡粉红色,4~5月	嫁接	园景树,行道树
10	梅花	Prunus mume	蔷薇科	李属	树干呈褐紫色,多纵驳纹。小枝呈绿色,先花后叶,花有芳香,果球形,密被细毛,核面有凹点甚多,果肉黏核,味酸	淡粉或白色,12月至翌年4月	嫁接、扦插、压条、播种	园景树,盆景
11	垂枝梅	Prunus mume var. pendula	蔷薇科	李属	枝自然下垂或斜垂,开花时花朵向下,包括4型:单粉、残雪、白碧、骨红垂枝型	白、粉红、绛紫、绿、深紫色等,1~3月	嫁接	园景树,盆景
12	木瓜海棠	Chaenomeles cathayensis	蔷薇科	木瓜属	枝直立,具短枝刺,单叶互生,叶长椭圆形至披针形,有大托叶,花单生或簇生,先花后叶	淡红色近白色,3~4月	播种、扦插、高空压条、嫁接	园景树,盆景
13	垂丝海棠	Malus halliana	蔷薇科	苹果属	树冠疏散,枝开展,幼时紫色。叶卵形至长卵形,托叶小,膜质,披针形,内面有毛,早落,花梗细长下垂,花萼和花梗紫色,花叶同放	粉红色,4月	嫁接、分株、扦插、压条	园景树,盆景
14	西府海棠	Malus micromalus	蔷薇科	苹果属	树态峭立,为山荆子和海棠花之杂交种,小枝紫褐色或暗褐色,幼时有短柔毛,叶长椭圆形,先端渐尖,基部广楔形,锯齿尖细,表面有光泽,托叶膜质,披针形,叶柔毛,萼片短,有时脱落柄细长,花梗及花萼均具	淡红色,4月	嫁接、扦插、分株	园景树
15	桃树	Prunus persica	蔷薇科	梅属(樱属)	先花后叶,冬芽常2~3个簇生,中间为叶芽,两侧为花芽,密被灰色绒毛,小枝红褐色或褐绿色,无毛,叶椭圆状披针形,先端渐尖,缘有细锯齿,两面无毛或背面脉腋有毛,花单生,近无柄,萼外被毛,果近球形,表面密被绒毛	粉红色,3~4月	嫁接、播种、压条	果树,园景树,盆栽

续表

序号	名称	学名	科	属	主要特征	花色、花期	繁殖方法	园林应用
16	樱花（山樱花）	*Prunus serrulata*	蔷薇科	梅属（樱属）	树皮暗栗褐色,光滑,树干具唇形皮孔,花叶同放,腋芽单生或三个并生,中间为叶芽,两侧为花芽,叶卵形至卵状椭圆形,叶端尾状,叶缘具尖锐重或单锯齿,齿端短刺芒状,叶表浓绿色,有光泽,3～5多排成短伞房总状花序,核果球形	白色或淡红色,4月	嫁接	行道树,园景树
17	石榴	*Punica granatum*	石榴科	石榴属	树干呈灰褐色,上有瘤状突起,小枝有角棱,无毛,端常成刺状,浆果多子,外种皮肉质,为可食用的部分	朱红色,果石榴5～6月,花石榴5～10月	播种、扦插、分株、压条	果树,园景树,盆景
18	丝棉木	*Euonymus bungeanus*	卫矛科	卫矛属	小枝细长,绿色,无毛2年生枝四棱,每边各有白线,叶对生,卵形至卵状椭圆形,缘有细锯齿,聚伞花序,蒴果4深裂,种子具橘红色假种皮	淡绿色,5月	播种、分株、扦插	庭荫树,护林树
19	紫荆	*Cercis chinensis*	豆科	紫荆属	芽叠生,叶近圆形,基部心形,全缘,先花后叶,花4～10朵簇生于老枝上	花紫红色或粉红色,4月	播种、分株、扦插、压条	片植,丛植,配植
20	桤木	*Alnus cremastogyne*	桦木科	赤杨属	树皮褐色,幼时光滑,老则斑状开裂。单叶互生,叶倒卵形至倒卵状椭圆形,基部楔形或近圆形,边缘疏生细齿。雌、雄花序均单生,果序球果状,单生下垂,坚果小而扁,两侧有窄翅,果翅膜质,果苞厚,木质,宿存	3月	播种	护堤树

1.1.2 常绿乔木类

1. 阔叶常绿乔木

广玉兰、棕榈、桂花等均为阔叶常绿乔木。常见阔叶常绿乔木见表3-1-3。

表3-1-3 常见阔叶常绿乔木一览表

序号	名称	学名	科	属	主要特征	花色、花期	繁殖方法	园林应用
1	冬青树	*Ilex chinensis*	冬青科	冬青属	冬青的叶坚挺有光泽,叶薄革质,叶缘有锯齿,干后呈红褐色,雌雄异株,聚伞花序着生于当年生嫩枝叶腋,浆果簇附枝上	淡紫色或紫红色,5～6月	播种、扦插	行道树,园景树,绿篱

续表

序号	名称	学名	科	属	主要特征	花色、花期	繁殖方法	园林应用
2	杜英	*Elaeocarpus sylvestris*	杜英科	杜英属	树皮深褐色,平滑不裂,小枝红褐色,幼时有毛,后光滑,叶薄革质,老叶红色,核果椭圆形,外果皮无毛,内果皮坚骨质	白色,6~8月	播种、扦插	行道树,园景树,绿篱墙
3	蚊母树	*Distylium racemosum*	金缕梅科	蚊母树属	树冠开展,呈球形,小枝略呈"之"字形曲折,叶厚革质,全缘,叶面常有虫瘿,总状花序	药红色,花期4~5月	播种、扦插	丛植,片植,盆景,绿篱
4	青冈栎	*Cyclobalanopsis glauca*	壳斗科	青冈栎属	树皮光滑不裂,叶长椭圆形或倒卵状长椭圆形,坚果卵形或椭圆形,生于杯状壳斗中	黄绿色,4~5月	播种	丛植,绿篱,防风林
5	罗汉松	*Podocarpus macrophllus*	罗汉松科	罗汉松属	枝较短而横斜密生,叶条状披针形,螺旋状互生,雌雄异株	花期4~5月	播种、扦插	盆景,孤植树
6	乐昌含笑	*Michelia chapensis*	木兰科	含笑属	树皮灰色至深褐色,叶薄革质,聚合果呈紫红色,外种皮红色	白色,3~4月	播种	行道树,园景树,
7	深山含笑	*Michelia maudiae*	木兰科	含笑属	全株无毛,叶宽椭圆形,革质,叶表深绿色,芽、嫩枝、叶背、苞片均被白粉,花芳香	白色,2~3月	播种	园景树,用材树
8	广玉兰	*Magnolia grandiflora*	木兰科	木兰属	叶倒卵状长椭圆形,革质,叶端钝,基部楔形,叶表有光泽,叶背有铁锈色短柔毛,花杯形,有芳香	花瓣白色,花丝紫色,5~8月	播种、扦插、压条、嫁接	庭荫树,行道树
9	桂花	*Osmanthus fragrans*	木樨科	木樨属	树皮灰色,不裂,芽叠生,叶长椭圆形,全缘或上半部有细锯齿,花簇生叶腋或聚伞状,花小,浓香	黄白色,9~10月	嫁接、压条、扦插	行道树,园景树,盆栽
10	女贞	*Ligustrum lucidum*	木樨科	女贞属	深根性树种,树皮灰色,平滑,叶革质宽卵形至卵状披针形,全缘,圆锥花序顶生,浆果长圆形	白色,6~7月	播种,扦插,压条	孤植或丛植、行道树、绿篱
11	枇杷	*Eriobotrya japonica*	蔷薇科	枇杷属	小枝、叶背及花序均密被锈色绒毛,叶粗大革质,倒披针状椭圆形,先端尖,基部楔形,锯齿粗钝,表面多皱而又光泽,果实球形或梨形	白色,芳香,10~12月	播种、嫁接、扦插、压条	观果景观树

续表

序号	名称	学名	科	属	主要特征	花色、花期	繁殖方法	园林应用
12	红叶石楠	*Photinia fraseri*	蔷薇科	石楠属	夏季转绿,秋、冬、春三季呈现红色,新梢和嫩叶鲜红	白色,4~5月	扦插、嫁接	行道树,绿篱
13	椤木石楠	*Photinia davidsoniae*	蔷薇科	石楠属	幼枝棕色,贴生短毛,后呈紫褐色,最后成灰色,无毛,树干及枝条上有刺,叶革质,长圆形至倒卵状披针形,基部楔形,叶缘有细锯齿,复伞房花序顶生	白色,5月	播种	刺篱,园景树
14	杨梅	*Myrica rubra*	杨梅科	杨梅属	树皮黄灰黑色,老时浅纵裂,幼枝及叶背有黄色小油腺点,叶倒披针形,先端较钝,全缘或近端有浅齿,雌雄异株	紫红色,3~4月	播种、压条、嫁接	孤植,丛植,庭院
15	柑橘	*Citrus reticulata*	芸香科	柑橘属	小枝较细弱,无毛,通常有刺,单叶,叶柄近无翼,果扁球形	黄白色,3~4月	嫁接、播种	观果,庭院、风景区栽培
16	枸橘	*Poncirus trifoliata*	芸香科	枳属	小枝绿色,枝刺粗长而基本略扁,小叶3,叶缘有波状浅齿,近革质,顶生小叶大,倒卵形	白色,4月	播种、浅齿	绿篱,屏障树
17	红楠	*Machilus thunbergii*	樟科	润楠属	树冠上挺立着红色的芽苞,叶革质,全缘,背面有白粉,圆锥花序,浆果球形	黄绿色,4月	播种、分株	园景树,行道树,防风林
18	香樟	*Cinnamomum camphora*	樟科	樟属	树皮灰褐色,纵裂,叶互生,叶缘微呈波状,有离基三出脉,脉腋有明显腺体,圆锥花序腋生于新枝,核果球形	黄绿色,5月	播种、扦插、分蘖	园景树,行道树
19	加拿利海枣	*Phoenix canariensis*	棕榈科	刺葵属	叶大型,长可达4~6米,呈弓状弯曲,集生于茎端	5~7月肉穗花序从叶间抽出	播种	园景树
20	棕榈	*Trachycarpus fortunei*	棕榈科	棕榈属	叶子大,集生于顶,掌状深裂,叶柄有细刺,雌雄异株,圆锥状肉穗花序腋生	黄色,4~5月	播种	行道树,园景树
21	大花紫薇	*Lagerstroemia speciosa*	千屈菜科	紫薇属	叶革质,长10~25cm,具短柄,椭圆形至卵状长椭圆形,花茎5~7.5cm,萼筒有12条纵棱,顶生圆锥花序	初开始淡红色,后变紫色,6~9月	播种	庭院栽培

275

2. 针叶常绿乔木

如：雪松、五针松、日本柳杉等。常见针叶常绿乔木见表3-1-4。

表3-1-4 常见常绿针叶乔木一览表

序号	名称	学名	科	属	主要特征	花色、花期	繁殖方法	园林应用
1	龙柏	Sabina chinensis cv. Kaizuka	柏科	柏属	枝条螺旋盘曲向上生长，叶2型，即刺叶及鳞叶	黄色，4~5月	扦插、嫁接	绿墙，隔离带
2	侧柏	Platycladus orientalis	柏科	侧柏属	叶鳞形，生鳞叶的小枝细，向上直展或斜展，扁平，排成一平面，雌雄同株	3~4月	播种	隔离带,行道树
3	日本柳杉	Cryiomeria joponica	杉科	柳杉属	叶钻形，直伸，先端多不内曲，锐尖或尖，种鳞20~30片，苞鳞尖头及种鳞先端之裂齿较长，每种鳞有种子2~5粒	花期4月	播种	园景树
4	杉木	Cunninghamia lanceolata	柏科	杉木属	大树树冠圆锥形，大枝平展，小枝近对生或轮生，浅根性	雌球花绿色，3~4月	播种,扦插	园景树,用材树
5	圆柏	Sabina chinensis	柏科	圆柏属	叶2型，通常幼时全为刺形，后渐为刺形与鳞形并存，雌雄异株	雄球花黄色，花期4月下旬	播种	园景树,绿篱,盆景
6	粗榧	Cephalotaxus sinensis	三尖杉科	三尖杉属	灌木或小乔木，树皮灰色或灰褐色，呈薄片状剥脱落，叶条形，排列成两列	花期4月	播种	用材树
7	墨西哥落羽杉	Taxodium mucronatum	杉科	落羽杉属	树皮裂成长条片脱落；枝条水平开展，形成宽圆锥形树冠，深根性树种	引种后未见结实	播种、扦插	孤植,列植,河边行道树
8	白皮松	Pinus bungeana	松科	松属	幼树树皮灰绿色，老树干白褐相间或斑鳞状，干皮斑驳，3针一束，叶内树脂道边生，种鳞的鳞脐背生，种子具有关节的短翅，鳞脐有刺	雄球花序鲜黄色，花期4~5月	播种、扦插	景观树,行道树,
9	黑松	Pinus thunbergii	松科	松属	树皮灰黑色，冬芽银白色，2针一束，球果卵形，有短柄，鳞背稍厚，横脊显著，鳞脐微凹，有短刺	紫色，3~5月	播种	盆景,园景树,行道树,庭荫树

续表

序号	名称	学名	科	属	主要特征	花色、花期	繁殖方法	园林应用
10	湿地松	Pinus elliottii	松科	松属	针叶2针、3针一束并存,冬芽红褐色,无树脂,球果成熟时种鳞张开,鳞脐疣突	花期3月	播种、扦插	园景树
11	五针松	pinus parviflora	松科	松属	针叶短,5针一束,冬芽长椭圆形,黄褐色,球果较小,卵圆形至卵状椭圆形,几无梗,种子具宽翅,翅与种子近等长	花期5月	播种、扦插、嫁接	盆景,园景树
12	雪松	Cedrus deodara	松科	雪松属	枝有长短枝,叶针状,灰绿色,各面有数条气孔线,叶在长枝上辐射伸展,短枝之叶成簇生状,球果成熟时红褐色	花期10~11月	播种、扦插、嫁接	园景树,行道树,

1.2 灌 木

灌木是指那些没有明显的主干、呈丛生状态的树木,一般可分为观花、观果、观枝干等几类,矮小而丛生的木本植物。常见灌木种类见表3-1-5、表3-1-6。

表 3-1-5　常见常绿灌木一览表

序号	名称	学名	科	属	主要特征	花色、花期	繁殖方法	园林应用
1	凤尾兰	Yucca gloriosa	百合科	丝兰属	叶密集,螺旋排列茎端,质坚硬,有白粉,剑形,圆锥花序,花大而下垂	乳白色,常带红晕,6~10月	播种、分株、扦插	庭院种植
2	「金叶」桧	Sabina chinensis cv. Aurea	柏科	圆柏属	直立窄圆锥形灌木,枝上伸,小枝具刺叶和鳞叶,鳞叶金黄色		扦插	配植于草坪、花坛、山石、林下
3	水果蓝	Teucrium fruitcans	唇形科	石蚕属	全株银灰色,被白色绒毛,以叶背和小枝最多	淡紫色,3~4月	扦插	种植于林缘或花境,作矮绿篱
4	枸骨	Ilex cornuta	冬青科	冬青属	叶硬革质,先端具3枚尖硬刺齿,中央刺齿常反曲,表面深绿而有光泽,花小,簇生于叶腋	黄绿色,4~5月	播种、扦插	盆景,绿篱
5	龟甲冬青	Ilex crenata cv. Convexa	冬青科	冬青属	叶小而密,叶面凸起,厚革质	白色,5~6月	扦插	地被,绿篱

续表

序号	名称	学名	科	属	主要特征	花色、花期	繁殖方法	园林应用
6	无刺枸骨	*Ilex corunta var. fortunei*	冬青科	冬青属	叶片厚革质,叶缘无锯齿,叶面深绿色,具光泽,背淡绿色	黄绿色,4~5月	播种、扦插	老桩作盆景,观叶观果景观树
7	锦绣杜鹃	*Rhododendron pulchrum*	杜鹃花科	杜鹃花属	分枝稀疏,嫩枝、叶表、背均有有褐色毛,春叶纸质,秋叶革质,形大而多毛	花冠浅蔷薇紫色,有紫斑,5月	扦插、压条、播种	花篱,盆景
8	海桐花	*Pittosporum tobira*	海桐科	海桐属	单叶互生,有时轮生状,全缘或具波状齿,伞房花序顶生,蒴果卵球形	白色或淡黄绿色,5月	播种、扦插	观赏,孤植,丛植
9	孝顺竹	*Bambusa multiplex*	禾本科	箣竹属	丛生竹,地下茎合轴丛生	很少开花	分根或埋条	群植,作绿篱
10	凤尾竹	*Bambusa multiplex*	禾本科	箣竹属	株丛密集,竹干矮小	很少开花	分株	盆景,绿篱
11	胡颓子	*Elaeagnus pungens*	胡颓子科	胡颓子属	树冠开展,具棘刺,小枝锈褐色,被鳞片。叶革质,叶表初时有鳞片后变绿色而有光泽,叶背银白色,被褐色鳞片	银白色,下垂,芳香,萼筒较裂片长,1~3朵簇生叶腋,10~11月	播种、扦插	观叶观果,配植于花丛,作绿篱
12	瓜子黄杨(黄杨)	*Buxus sinica*	黄杨科	黄杨属	叶倒卵形,倒卵状椭圆形至广卵形,通常中部以上最宽,先端圆或钝,常有小凹口,不尖锐,枝叶较疏散	黄绿色,4月	播种、扦插	绿篱,盆景
13	雀舌黄杨	*Buxus bodinieri*	黄杨科	黄杨属	叶狭长,倒披针形至倒卵状长椭圆形,先端圆或钝,往往有浅凹口,革质,有光泽	黄绿色,4月	扦插、压条、播种	绿篱、花坛和盆栽
14	夹竹桃	*Nerium indicum*	夹竹桃科	夹竹桃属	枝条灰绿色,花集中长在枝条的顶端	红、白、黄色,花期几乎全年,6~10月为盛	扦插繁殖,压条、分株	庭院种植片植
15	红花檵木	*Lorpetalum chinense var. rubrum*	金缕梅科	檵木属	小枝、嫩叶及花萼均有锈色星状柔毛,叶暗紫色,阴时叶色容易变绿,花瓣带状线形	紫红色,5月	嫁接,播种,扦插,组培	孤植、丛植、群植,花篱,色带、色块

续表

序号	名称	学名	科	属	主要特征	花色、花期	繁殖方法	园林应用
16	小叶蚊母	Distylium buxifolium	金缕梅科	蚊母属	枝条节间短,枝条分生角度大,上部枝条细长,成斜生或平展	红色或紫红色,2~4月	嫁接、扦插	道路隔离、花坛、庭院种植,盆景
17	含笑	Michelia figo	木兰科	含笑属	分枝紧密,幼芽、嫩枝、叶柄及花苞均密生黄褐色绒毛,叶革质,叶柄极短,花香味似香蕉味,菁葖果卵圆形,先端呈鸟嘴状,外有疣点	淡黄色而边瓣缘常有晕紫,3~4月	扦插、高空压条、嫁接	丛植,配置
18	云南黄馨	Jasminum mesnyi	木樨科	茉莉属	枝细长拱形,绿色四棱形,三出复叶对生,纸质,叶片光滑,花较大,花冠高脚碟状,花冠裂片极开展,长于花筒	黄色,4月	扦插、压条、分株	绿篱,水边驳岸种植
19	刺桂	Osmanthus heterophyllus	木樨科	木樨属	幼枝有短柔毛,叶对生,叶形多变,厚革质,边缘每边有1~4对刺状牙齿,很少全缘,花簇生叶腋,芳香	白色,6~7月	嫁接	孤植、片植或与其他树种混植
20	金叶女贞	Ligustrum vicaryi	木樨科	女贞属	叶色金黄,尤其在春秋两季色泽更亮丽	白色,6~7月	扦插、嫁接	绿篱,色带
21	六月雪	Serissa foetida	茜草科	六月雪属	植株低矮,高不及1m,丛生,分枝多而稠密,嫩枝有微毛。单叶对生或簇生与短枝,长椭圆形,全缘,叶脉、叶缘、叶柄均有白色毛,花单生或数多簇生	白色或淡粉紫色,5~6月	扦插或分株繁殖	雕塑或花坛周围镶嵌材料,盆景
22	栀子花	Gardenia jasminoides	茜草科	栀子属	叶革质有光泽,全缘,无毛。花冠高脚碟状,花芳香,通常单朵生于枝顶	白色,6~8月		绿篱,盆花,切花
23	火棘	Pyracantha fortuneana	蔷薇科	火棘属	枝拱形下垂,幼时有锈色短柔毛,短侧枝常成刺状,到倒卵形至倒卵状长椭圆形,叶基部楔形,下延连于叶柄,花集成复伞房花序	白色,5月	播种、扦插、压条	绿篱,护坡种植,道路两旁或中间绿化带
24	珊瑚树	Viburnum awabuki	忍冬科	荚蒾属	常绿灌木或小乔木,高约10m,全体无毛,树皮灰色,枝有小瘤状凸起的皮孔,叶长椭圆形,革质,有光泽,圆锥聚伞花序顶生,花冠辐状	白色,芳香,5~6月	扦插、播种	绿篱或绿墙,丛植,防火林带及厂区绿化

续表

序号	名称	学名	科	属	主要特征	花色、花期	繁殖方法	园林应用
25	厚皮香	Ternstroemia gymnanthera	山茶科	厚皮香属	叶革质或薄革质，通常聚生于枝端，呈假轮生状，花柱及萼片均宿存	淡黄色，7～8月	播种、扦插	丛植，抗有害气体性强，是厂矿区的绿化树种
26	茶梅	Camellia sasanqua	山茶科	山茶属	芽鳞、叶柄、嫩枝、子房、果皮均有毛，叶椭圆形至长椭圆状卵形，先端短尖，叶革质，花有芳香，无柄，无宿存花萼	白色，11月至来年1月	扦插、播种	绿篱，花篱，片植
27	山茶	Camellia japonica	山茶科	山茶属	叶表面有光泽，先端渐尖或急尖，基部阔楔形，花萼密被短毛，边缘膜质，花丝及子房光滑无毛，蒴果近球形，无宿存花萼，种子椭圆形	红色为主，2～4月	播种、扦插、压条、嫁接	丛植，盆栽，庭院种植
28	洒金桃叶珊瑚	Aucuba japonica f. Variegata	山茱萸科	桃叶珊瑚属	叶革质，叶面散生大小不等的黄色或淡黄色的斑点	紫色，4月	扦插、播种	绿篱，护岸固土
29	苏铁	Cycas revoluta	苏铁科	苏铁属	叶羽状，厚革质而坚硬，羽片条形，边缘显著反卷，花雌雄异株，主干有吸芽	浅黄色，6～8月	播种、分蘖、埋插	植于庭前阶旁及草坪内，盆栽
30	大叶黄杨	Euonymus japonicus	卫矛科	卫矛属	小枝绿色，稍四棱形，光滑，无毛，叶革质而有光泽，椭圆形至倒卵形，聚伞花序，蒴果近球形，假种皮橘红色	绿白色，5～6月	扦插、嫁接、压条、播种	绿篱，盆栽
31	金边大叶黄杨	Euonymus Japonicus cv. Ovatus Aurus	卫矛科	卫矛属	叶缘金黄色	白色，5～6月	扦插	绿篱
32	八角金盘	Fatsia japonica	五加科	八角金盘属	叶革质，掌状，7～9深裂，表面有光泽	白色，11～12月	扦插	观叶盆栽，庭院
33	南天竹	Nandina domestica	小檗科	南天竹属	叶对生，2～3回奇数羽状复叶，强光下叶色变红	白色，5～7月	播种、扦插、分株	果篱，盆景，栽于庭园
34	阔叶十大功劳	Mahonia bealei	小檗科	十大功劳属	奇数羽状复叶，小叶7～15，卵形或卵状椭圆形，缘有刺齿2～5对	黄色，4～5月	扦插、播种	境栽，绿篱，盆栽，岩石园

续表

序号	名称	学名	科	属	主要特征	花色、花期	繁殖方法	园林应用
35	月桂	Laurus nobilis	樟科	月桂属	叶互生,革质,广披针形,边缘波状,有醇香	黄色,4月	扦插、播种	孤植,绿篱
36	金合欢	Acacia farnesiana	豆科	金合欢属	多枝,有刺,小枝常呈"之"字形弯曲,有小皮孔,二回羽状复叶,小叶10~20对,头状花序腋生,极芳香	黄色,10月	播种	刺篱,花篱
37	茉莉花	Jasminum sambac	木樨科	茉莉属	单叶对生,薄纸质,椭圆形或宽卵形,全缘,仅背面脉腋有簇毛,聚伞花序,浓香,常见栽培有重瓣类型,花后常不结实	白色,5~11月	扦插、压条、分株	花篱,盆栽,花篮
38	瑞香	Daphne odora	瑞香科	瑞香属	枝细长,光滑无毛,叶互生,长椭圆形至披针形,先端钝或短尖,基部狭楔形,全缘,无毛,质较厚,表面深绿有光泽,叶柄短,头状花序顶生	白色或淡红紫色,3~4月	压条、扦插	丛植,盆栽

表 3-1-6 常见落叶灌木一览表

序号	名称	学名	科	属	主要特征	花色、花期	繁殖方法	园林应用
1	黄花决明	Cassia glauca	豆科	决明属	小叶4~6对,通常5对	黄色,8~12月	播种	片植,丛植,配植
2	木芙蓉	Hibiscus mutabilis	锦葵科	木槿属	大形叶广卵形,叶基部心形,两面均有星状毛	初开时白色或淡红色,后变深红色,9~10月	扦插、分株、压条	群植树
3	木槿	Hibiscus syriacus	锦葵科	木槿属	叶菱形至三角状卵形,花单生于枝端叶腋间,花梗长	淡紫、红、白等色,6~9月	扦插、压条、分株、播种	花篱、绿篱、盆栽
4	蜡梅	Chimonanthus praecox	蜡梅科	蜡梅属	叶半革质,枝淡灰色,叶表有硬毛,叶背光滑	黄色,1~3月	嫁接、扦插、压条、分株、播种	孤植树、丛植、盆景
5	醉鱼草	Buddleja lindleyana	马钱科	醉鱼草属	小枝具四棱,棱上略有窄翅,幼时有细微的棕黄色星状毛,穗状花序顶生	紫色,6~8月	分蘖、压条、扦插、播种	园林观赏植物,作花篱,花带
6	金钟花	Forsythia viridissima	木樨科	连翘属	小枝黄绿色,呈四棱形,髓薄片状,单叶对生,椭圆状矩圆形,先花后叶	深黄色,3~4月	扦插、压条、分株、播种	绿篱

续表

序号	名称	学名	科	属	主要特征	花色、花期	繁殖方法	园林应用
7	连翘	*Forsythia suspensa*	木樨科	连翘属	小枝黄褐色,稍四棱,皮孔明显,髓中空,单叶或有时为3小叶,对生,卵形,先花后叶	黄色,4~5月	扦插、压条、分株、播种	绿篱,丛植
8	迎春	*Jasminum nudiflorum*	木樨科	茉莉属	枝细长拱形,绿色四棱形,3小叶对生,先花后叶,花较小,花冠裂片较不开展,短于花筒	黄色,2~4月	扦插、压条、分株	花篱,地被,盆景,切花
9	小蜡	*Ligustrum sinense*	木樨科	女贞属	半常绿灌木或小乔木,高2~7m,小枝密生短柔毛,叶薄革质,椭圆形,背面中脉有短柔毛,圆锥花序长4~10cm,花冠裂片较不开展,长于花筒,雄蕊超出花冠裂片	白色,芳香,4~5月	播种、扦插	绿篱,盆景
10	黄棣棠	*Kerria japonica*	蔷薇科	棣棠属	丛生无刺灌木,小枝绿色,光滑,有棱,叶卵形至卵状椭圆形,先端长尖,基部楔形或近圆形,叶缘有尖锐重锯齿,背面略有短柔毛	金黄色,4~5月	分株、扦插、播种	花篱,花丛
11	贴梗海棠	*Chaenomeles speciosa*	蔷薇科	木瓜属	枝开展,无毛,具刺,叶卵形至椭圆形,托叶大,花梗粗短或近无梗	朱红、粉红或白色,3~4月	分株、扦插、压条、播种	园林丛植,盆景观赏
12	黄刺玫	*Rosa xanthina*	蔷薇科	蔷薇属	小枝褐色,有硬直皮刺,无刺毛,小叶7~13,缘有钝锯齿,背面幼时微有柔毛,但无腺,叶柄有稀疏柔毛	黄色,4~5月	分株、压条、扦插	片植,丛植,配植,绿篱
13	玫瑰	*Rose rugosa*	蔷薇科	蔷薇属	茎枝灰褐色,密被刚毛与倒刺,小叶5~9枚,表面亮绿色,多皱,无毛,背面有柔毛及刺毛,托叶大部附着于叶柄上	紫色,5~6月	扦插、分株、嫁接、压条	布置花坛,花镜,做盆景
14	野蔷薇	*Rosa multiflora*	蔷薇科	蔷薇属	茎长,偃伏或攀缘,托叶下有刺,羽状复叶具小叶7~9片,两面有毛,托叶明显,圆锥状伞房花序	白色略带粉晕,芳香,5~6月	播种、扦插、分根	花灌木,墙上攀缘物
15	月季	*Rosa chinensis*	蔷薇科	蔷薇属	常绿或半常绿直立灌木,通常具钩状皮刺,羽状复叶具小叶3~5片,托叶大	深红、粉红至近白色,4~10月	扦插、嫁接、分株、压条	观赏植物,用作布置花坛
16	粉花绣线菊	*Spiraea japonica*	蔷薇科	绣线菊属	叶卵形至卵状长椭圆形,先端尖,叶缘有缺刻状重锯齿,叶背灰蓝色,脉有短柔毛,复伞房花序	淡粉色至深粉红色,6~7月	扦插、播种、分株	花坛、花境、丛植,根叶果可入药

续表

序号	名称	学名	科	属	主要特征	花色、花期	繁殖方法	园林应用
17	郁李	*Prunus japonica*	蔷薇科	梅属（樱属）	枝细密，冬芽3枚，并生，小枝灰褐色，嫩枝绿色或绿褐色，叶卵形至卵状披针形，先端渐尖，基部圆形，锯齿重尖，花单生，总状花序，花具中长梗，花萼钟状，果实似球形，外面无沟槽	粉红近白色，4~5月	分株、播种、嫁接	丛植，绿篱
18	木本绣球	*Viburnum macrocephalum*	忍冬科	荚蒾属	聚伞花序球形，由大型不孕花组成花冠辐状	白色，4~6月	扦插、压条、分株	孤植，园林配置
19	琼花	*Viburnum macrocephalum f. keteleeri*	忍冬科	荚蒾属	聚伞花序，中央为两性可育花，边缘为不孕花，核果椭圆形	白色，4~6月	播种	观赏，孤植于草坪，空旷地
20	荚蒾	*Viburnum dilatatum*	忍冬科	荚蒾属	聚伞花序复伞形状，花冠辐状，生于具1对叶的短枝之顶，小花全为可孕花	白色，5~6月	播种	孤植，园林配置
21	海仙花	*Weigela coraeensis*	忍冬科	锦带花属	花萼片线形，裂至基部，柱头头状，种子有无翅，叶绿色，背面有毛	花初时白色、黄白色或淡玫瑰红色，后变为深红色，5~6月	扦插、分株、压条、播种	孤植，园林配置
22	锦带花	*Weigela florida*	忍冬科	锦带花属	花萼片披针形，中部以下连合，柱头2裂，种子几无翅，小枝绿色光滑，短柔毛	花冠玫瑰红色，4~6月	扦插、分株、压条、播种	丛植，作花篱，也可盆栽
23	金银木	*Loniccra maackii*	忍冬科	忍冬属	小枝髓黑褐色，后变中空，幼时具微毛，叶卵状椭圆形至卵状披针形，基部楔形全缘，两面疏生柔毛	先白色，后黄色，芳香，5月	播种、扦插	丛植于草坪、山坡、林缘、路边或建筑周围
24	结香	*Edgeworthia chrysantha*	瑞香科	结香属	枝通常三叉分枝，棕红色，小枝粗壮褐色，韧皮极坚韧可打结，叶长椭圆形至倒披针形，先端急尖，基部楔形并下延，表面疏生柔毛，背面被长硬毛，具短柄，花芳香，外被绢状柔毛，核果卵形，先花后叶	黄色，3~4月	分株、扦插、压条	孤植树，行道树
25	红瑞木	*Cornus alba*	山茱萸科	梾木属	老干暗红色，枝血红色，无毛，叶对生，聚伞花序	黄白色，5~6月	播种、扦插、分株	丛植，绿篱

续表

序号	名称	学名	科	属	主要特征	花色、花期	繁殖方法	园林应用
26	金丝桃	Hypericum chinensis	藤黄科	金丝桃属	小枝圆柱形,红褐色,光滑无毛,叶无柄,长椭圆形,表面绿色,背面粉绿色,叶对生,聚伞花序,花丝长于花瓣,花柱连合,顶端5裂,蒴果卵圆形	鲜黄色,6~7月	分株、扦插、播种	花篱,盆栽
27	卫矛	Euonymus alatus	卫矛科	卫矛属	小枝四棱形,有2~4排木栓质的阔翅,叶对生,倒卵状长椭圆形,缘具细锯齿,叶柄极短,聚伞花序,蒴果4深裂,有橘红色假种皮	黄绿色,5~6月	播种、扦插、分株	观叶观果,孤植树,丛植,绿篱,盆景
28	紫叶小檗	Berberis thunbergii f. atropurpurea	小檗科	小檗属	叶深紫色或红色,幼枝紫红色,老枝灰褐色或紫褐色,有槽,具刺	黄色,5月	扦插、分株、播种	布置花坛,作绿篱
29	山麻杆	Alchornea davidii Franch.	大戟科	山麻杆属	茎紫红色,有绒毛;叶圆形至广卵形,有锯齿,背面紫色,密生绒毛。花雌雄同株	4~5月	分株,扦插、播种	观叶、丛植,茎可造纸,种子榨油
30	锦鸡儿	Caragana sinica	豆科	锦鸡儿属	枝细长,开展,有角棱。偶数羽状复叶,小叶4枚,倒卵形,托叶针刺状,花单性	红黄色,4~5月	播种、分株、压条、根插	绿篱,盆景
31	接骨木	Sambucus williamsii	忍冬科	接骨木属	灌木或小乔木,高达6m,老枝有皮孔,光滑无毛,髓心淡黄棕色,奇数羽状复叶,小叶5~11,椭圆状披针形,基部阔楔形,常不对称,边缘具锯齿,两面光滑无毛,揉碎后有臭味,圆锥状聚伞花序顶生,花冠辐状	白色至淡黄色,4~5月	扦插、分株、播种	防护林,植干草坪、林缘或水边
32	木兰(紫玉兰)	Magnolia liliflora	木兰科	木兰属	大枝近直立,小枝紫褐色,无毛。叶椭圆形或倒卵状椭圆形,基部楔形,背面脉上有毛,先花后叶	花瓣外面紫色,内面近白色,萼片黄绿色,3~4月	分株、压条	庭院栽培,丛植

1.3 藤　本

藤本植物,是指茎部细长,不能直立,只能依附在其他物体(如树、墙等)或匍匐于地面上生长的一类植物。藤本植物在一生中都需要借助其他物体生长或匍匐于地面,但也有的植物随环境而变,如果有支撑物,它会成为藤本,但如果没有支撑物,它会长成灌木。常见木质藤本植物见表3-1-7。

表3-1-7　常见木质藤本植物一览表

序号	名称	学名	科	属	主要特征	花色、花期	繁殖方法	园林应用
1	凌霄	*Campsis grandiflora*	紫葳科	凌霄属	借气生根攀缘,奇数羽状复叶对生,小叶7~9枚,小叶有齿,两面无毛,花大,花直径5~7cm,圆锥花序,花冠唇状漏斗形	花冠内面鲜红色,外面橙黄色,6~8月	播种、扦插、埋根、压条、分蘗	棚架、假山、花廊、墙垣绿化
2	木香	*Rosa banksiae*	蔷薇科	蔷薇属	常绿或半常绿攀缘灌木,枝细长绿色,光滑而少刺,奇数羽状复叶,小叶3~5枚	白色,4~5月	嫁接、压条	花架、格墙、篱垣和崖壁的垂直绿化
3	紫藤	*Wistaria sinensis Sweet*	豆科	紫藤属	茎枝为左旋性,奇数羽状复叶,互生,小叶互生,具小托叶,总状花序下垂	蓝紫色,4~5月	播种、分株、压条、扦插嫁接	棚架、门廊、盆景
4	油麻藤	*Caulis mucunae*	豆科	油麻藤属	常绿木质大藤本,靠茎左旋攀爬	深紫色或紫红色,4~5月	扦插、压条、播种	大型棚架、绿廊、墙垣等攀缘绿化
5	炮仗花	*Pyrostegia ignea*	紫葳科	炮仗藤属	常绿藤本,卷须攀缘,茎粗壮,有棱,指状复叶对生,小叶3枚,全缘,无毛,顶生圆锥花序,花萼钟状,蒴果长线形,种子有翅	橙红色,初春	播种	棚架,门廊
6	金银花	*Lonicera japonica*	忍冬科	忍冬属	半常绿缠绕藤本,枝细长中空,皮棕褐色,条状剥落,幼时密被柔毛,叶卵形或椭圆状卵形,基部圆形近心形,全缘,幼时两面具柔毛	初时白色略带紫晕,后转黄色,芳香,5~7月	播种、扦插、压条、分株	篱架,花廊,屋顶花园,庭院布景,盆景
7	三角花	*Bougainvillea spectabilis*	紫茉莉科	叶子花属	常绿攀缘灌木,茎具枝刺,枝叶密生柔毛,单叶互生,卵形或卵状椭圆形,花多聚生,为3片苞片所包围	苞片鲜红色,6~12月	扦插	庭院、棚架、盆栽

续表

序号	名称	学名	科	属	主要特征	花色、花期	繁殖方法	园林应用
8	扶芳藤	*Euonymus fortunei*	卫矛科	卫矛属	常绿藤木，茎匍匐或攀缘，小枝近圆形，枝上常有细根及小瘤状突起，叶革质，长卵形至椭圆状倒卵形，缘有钝齿，聚伞花序，蒴果近球形，种子有橘红色假种皮	绿白色，6~7月	扦插、播种、压条	垂直绿化，盆栽
9	常春藤	*Hedera nepalensis* K. Koch var. *sinensis*	五加科	常春藤属	常绿攀缘灌木，具气根，营养枝上叶三角状卵形，全缘或3裂，花果枝上叶椭圆状卵形，全缘	淡绿白色，8~9月	扦插、压条	垂直绿化，盆栽

 本章小结

本章以表格的形式列出了城市园林绿地中常见园林花木175种，分别以落叶大乔木、落叶小乔木、常绿阔叶乔木、常绿针叶乔木、常绿灌木、落叶灌木、藤本进行分类列表，并简要列出了主要特征、花色花期、繁殖方法和园林应用，学生可以借助现场识别、网络查询、书籍查阅来深入了解花木种类、形态特征与生态习性等，为开展花木生产奠定基础。

 实训指导

实训项目十八　园林花木调查与栽培管理

一、目的与要求
掌握识别常见园林花木的方法，制订并实施常见园林花木的栽培管理方案。

二、材料与用具
1. 校园、公共绿地等区域内的园林花木。
2. 识别、测量园林花木需要的皮尺、比色卡、植物标本等。
3. 实施栽培管理需要的工具和材料。

三、内容与方法
1. 识别园林花木80种。
2. 观测、分析园林花木生长状况，制订并实施即时栽培管理方案。

四、作业与思考
1. 分小组实施园林花木的即时栽培管理措施。
2. 从观测分析、方案制订和项目实施等方面进行小结，并提出改进意见。

第 2 章 花木的应用形式

> **本章导读**
>
> 根据花木种类不同,在园林绿地中的应用形式也不同,在生产过程中繁殖方法、栽培养护措施也有所不同。同一树种由于不同的应用形式也有不同的栽植养护措施。因此,了解花木的园林应用形式,对进行花木生产很重要。

根据花木在城市绿地中所起的作用、应用的目的,常常将花木分为行道树、庭荫树、园景树、花灌木、绿篱与垂直绿化等应用形式。不同的应用形式,在生产中所采取的措施也有差异,如行道树与园景树在生产中修剪设定的高度不同。现将花木的应用形式介绍如下:

2.1 行 道 树

行道树指的是沿道路两旁栽植的成行的树木。在城市绿地系统中应用的花木种类虽然不多,但需求量大,要求规格一致,树冠整齐,抗逆性强。行道树的主要栽培场所为人行道绿带,分车线绿岛,市民广场游径,河滨林荫道及城乡公路两侧等。理想的行道树种选择标准,从养护管理要求出发,应该是适应性强、病虫害少,从景观效果要求出发,应该是干挺枝秀、景观持久。在行道树的选择应用上,城区道路多以绿荫如盖、形态优美的落叶阔叶乔木为主。而郊区及一般等级公路,则多注重速生长、抗污染、耐瘠薄、易管理等养护成本因素。甬道及

图 3-2-1 行道树悬铃木

墓道等纪念场地,则多以常绿针叶类及棕榈类树种为主,如圆柏、龙柏、雪松等。近年来,随着城市环境建设标准的提高,常绿阔叶树种和彩叶、香花树种的选择应用有较大的发展并呈上升趋势。目前使用较多的行道树种有悬铃木、七叶树、栾树、合欢、枫香、喜树、银杏、杂交马褂木、香樟、广玉兰、乐昌含笑、女贞、青桐、杨树、柳树、槐树、池杉、水杉等(图 3-2-1、

图3-2-2、图3-2-3、图3-2-4、图3-2-5)。

图3-2-2　行道树香樟

图3-2-3　行道树水杉

图3-2-4　行道树银杏

图3-2-5　行道树白杨

2.2　庭荫树

庭荫树,又称绿荫树、庇荫树。以遮荫为主要目的的树木。早期多在庭院中孤植或对植,以遮蔽烈日,创造舒适、凉爽的环境,后发展到栽植于园林绿地以及风景名胜区等远离庭院的地方。其作用主要在于形成绿荫以降低气温,提供良好的休息和娱乐环境,同时由于庭荫树一般均枝干苍劲、荫浓冠茂,无论孤植或丛栽,都可形成美丽的景观。热带和亚热带地区多选常绿树种,寒冷地区以选用落叶树为主。选择树种要求:生长健壮,树冠高大,枝叶茂密荫浓;荫质良好,荫幅大;无不良气味,无毒;少病虫害;根蘖较少,且生长较快,适应性强,管理简易,寿命较长;树形或花果有较高的观赏价值等。一般可孤植、对植或3~5株丛植于园林、庭院。配植方式可根据面积大小,建筑物的高度、色彩等而定。一般适合当地应用的行道树,都较宜用作庭荫树。东北、华北、西北地区主要有毛白杨、加拿大杨等;华中地区主要有悬铃木、梧桐、银杏等;华南、台湾和西南地区主要有樟树、榕树等。庭荫树的作用在于形成绿荫以降低气温,提供良好的休息和娱乐环境,同时由于树干苍劲、荫浓冠茂,可形成美丽的景观(图3-2-6、图3-2-7)。

图3-2-6 庭荫树栾树

图3-2-7 庭荫树乌桕

2.3 园景树

园景树是园林绿化中应用种类最为繁多、形态最为丰富、景观作用最为显著的骨干树种。树种类型,既有观形、赏叶,又有观花、赏果。树体选择,既有参天伴云的高大乔木,也有株不盈尺的矮小灌木。常绿、落叶相宜,孤植、丛植可意,不受时空影响,不拘地形限制。在园景树的选择应用中,树形高大、姿态优美是首要标准,如世界著名的五大园景树种雪松、金钱松、日本金松、南洋松和巨松,树高均达20～30m,主干挺拔,主枝舒展,树冠端庄,景观气派雄伟。此外,耐水湿条件的水松,也是湖滨湿地的优良园景树种;而白皮松为中国特有珍贵三针松,苍枝驳干,自古以来即为宫廷、名园所青睐。阔叶树种中的香樟、桂花、银杏、榕树、木棉等,均具有优美的观形效果。叶色的季相变化是园景树种选择与应用的又一重要体征。其中,以红叶季相景观最为壮丽。著名的入秋红叶树种有三角枫、元宝枫、黄栌、重阳木、乌桕等;而入秋叶转金黄的则数银杏、金钱松、水杉、梧桐等。观花树种在现代园林景观绿化中的作用愈显突出,其中以春花类应用最为广泛,如玉兰、樱花、桃花、迎春等,花开满树,灿若云霞;夏花类的紫薇、石榴、锦带、合欢等,热烈奔放,如火如荼;秋桂送香,冬梅傲雪,皆为世人所赞赏。而观果树种的应用,则给园林景观绿化增添一道亮丽的风景。冬青、火棘、南天竹等,红果缀枝,艳若珠玑;柿子、石榴、柑橘、枇杷等,玲珑可爱,象征富贵吉祥。而秀叶俊丽的棕榈科树种,又尽显南国风情。它们或植株高大雄伟,孤植如猿臂撑天,给人以力的启迪;或茎干修直挺秀,群植似重峦叠嶂,给人以美的震撼。园景树是园林绿化的骨干树(图3-2-8、图3-2-9、图3-2-10、图3-2-11、图3-2-12、图3-2-13)。

图 3-2-8　园景树二乔玉兰

图 3-2-9　园景树鸡爪槭、雪松

图 3-2-10　园景树大花紫薇

图 3-2-11　园景树云杉

图 3-2-12　园景树池杉

图 3-2-13　园景树枫香

2.4 花灌木

花灌木是以观花为主的灌木类植物,其造型多样,能营造出五彩景色,被视为园林景观的重要组成部分,适合于湖滨、溪流、道路两侧和公园布置,及小庭院点缀和盆栽观赏,还常用于切花和制作盆景(图3-2-14,图3-2-15)。修剪是促进花灌木健康生长的关键措施之一,只有正确地修剪才能使其繁花不断。

图3-2-14 花灌木金钟花

图3-2-15 花灌木贴梗海棠

2.5 绿篱

绿篱是由灌木或小乔木以近距离的株行距密植,栽成单行、双行或多行,紧密且规则的种植形式。因其可修剪成各种造型并能相互组合,从而提高了观赏效果。

绿篱依本身高矮形态,可分为高、中、矮三个类型。

2.5.1 高绿篱

其作用主要用以防噪音、防尘、分隔空间为主,多为等距离栽植的灌木或半乔木,可单行或双行排列栽植。其特点是植株较高,群体结构紧密,质感强,并有塑造地形、烘托景物、遮蔽视线的作用。高绿篱的高度一般在1.5m以上,可在其上开设多种门洞、景窗以点缀景观。造篱材料可选择榕树、珊瑚树、大叶女贞、桧柏、榆树等(图3-2-16、图3-2-17)。

2.5.2 中绿篱

在园林建设中应用最广,栽植最多,其高度不超过1.4m,宽度不超过1m,多为双行几何曲线栽植。中绿篱可起到分隔大景区的作用,达到组织游人活动、增加绿色质感、美化景观的目的。中绿篱多营建成花篱、果篱、观叶篱。造篱材料为栀子、含笑、木槿、金叶女贞、火棘、茶树等。

2.5.3 矮绿篱

多用于小庭园,也可在大的园林空间中组字或构成图案。其高度通常在0.4m以内,由矮小的植物带构成,游人视线可越过绿篱俯视园林中的花草景物。矮绿篱有永久性和临时性两种不同设置,植物材料有木本和草本多种。常用的植物有月季、黄杨、六月雪、千头柏、紫叶小檗、杜鹃、龙船花等(图3-2-18、图3-2-19)。

图3-2-16　高绿篱榕树

图3-2-17　高绿篱珊瑚树

图3-2-18　矮绿篱瓜子黄杨

图3-2-19　花篱龙船花

2.6　垂直绿化

垂直绿化又叫立体绿化,是为了充分利用空间,在墙壁、阳台、窗台、屋顶、棚架等处栽种攀缘植物,以增加绿化覆盖率,改善居住环境。垂直绿化在克服城市家庭绿化面积不足,改善不良环境等方面有独特的作用(图3-2-20)。

本章小结

花木的主要应用形式有行道树、庭荫树、园景树、花灌木、绿篱与垂直绿化,了解这些应用形式利于有目的地生产城市绿化所需要的花木种类与类型。

图3-2-20　垂直绿化紫藤

第 3 章　花木的栽培养护

本章导读

花木的栽培养护措施是基于对花木生长发育特性的认识与了解,以及一系列理论与实践所取得的经验。本章从介绍花木生命周期、年生长周期、枝条的生长、花芽分化及花木生长的整体性等基础理论出发,阐述花木生产中大规格花木的移栽与管理、越冬越夏养护管理、古树名木的养护管理等基本作业内容与要领,以达到掌握花木生产的基本技术的目的。

3.1　花木的生长发育特性

3.1.1　花木的生命周期

花木植物从生到死的生长发育全过程被称为生命周期。因繁殖方式不同,存在两种不同的生命周期。

一是有性繁殖的生命周期。有性繁殖即由种子萌发而长成的单株,称为实生苗。生命过程经历胚胎期、幼年期、成长期、衰老期,只有到成年期才能具有稳定的开花结果能力,达到预期的观赏效果,这一时间较长。不同树种幼年期长短不同。

二是营养繁殖的生命周期。利用营养器官的再生能力繁育的植株,其生命周期中不需要经历较长时间的幼年期,即可具备开花结果的能力,从生理年龄看其已经到成年期,只需要积累一定的营养即可开花结果。园林苗木繁育生产常用扦插、压条、分株、嫁接等手法取得选育好的园艺品种苗木,以达到提前观赏的目的。

3.1.2　花木的年生长周期(树木的生长周期)

在一年中,花木生长都会随季节变化而发生许多变化,如萌芽、抽枝展叶或开花、新芽形成或分化、果实成熟、落叶并转入休眠等。花木这种每年随环境周期变化而出现形态和生理机能的规律性变化,又称为年生长周期。年生长周期是花木区域规划以及制定科学栽培措施的重要依据。

1. 落叶树木的年周期

落叶树木的年周期可以划分为4个时期。

(1) 休眠转入生长期。这一时期处于树木将要萌芽前,即当日平均气温稳定在3℃以上起,到芽膨大待萌发时止。通常是以芽的萌动、芽鳞片的开绽作为树木解除休眠的形态标志,实质上应该是从树液流动开始才能算是真正的解除休眠。树木从休眠转入生长,要求一定的温度、水分和营养物质。当有适宜的温度和水分,经一定时间,树液开始流动,有些树种(如核桃、葡萄、枫杨等)会出现明显的"伤流"现象。北方树种芽膨大所需的温度较低,当日平均气温稳定在3℃以上时,经过一段时间,达到一定的积温即可。原产温暖地区的树木,其芽膨大所需的积温较高;花芽膨大所需的积温比叶芽低。树体内养分贮藏水平对芽的萌发有较大的影响。贮藏养分充足时,芽膨大较早,且整齐,进入生长期也快。土壤持水量较低时,易发生枯梢现象。当浇水过多时,也影响地温的上升而推迟发芽。解除休眠后,树木的抗冻能力显著降低,在气温多变的春季,晚霜等骤然下降的低温易使树木受害,尤其是花芽。北方的杏、樱桃等常因晚霜而使花芽受冻,影响产量,所以要注意防止晚霜危害。早春气候干旱时应及早浇灌,发芽前浇水应配合施以氮肥,可弥补树体贮藏养分的不足而促进萌芽和生长。

(2) 生长期。从树木萌芽生长到秋后落叶止为树木的生长期,包括整个生长季节,是树木年周期中时间最长的一个时期。在此期间,树木随季节变化气温升高,会发生一系列极为明显的生命活动现象,如萌芽、抽枝展叶或开花、结实等;并形成许多新器官,如叶芽、花芽等萌芽常作为树木生长开始的标志,其实根的生长比萌芽要早。不同树木在不同条件下每年萌芽次数不同,其中以越冬后的萌芽最为整齐,这与上一年积累的营养物质贮藏和转化,为萌芽做了充分的准备有关。

每种树木在生长期中,均按其固定的物候顺序进行着一系列的生命活动。不同树种有着不同的物候顺序。有些先萌花芽,而后展叶;也有的先萌叶芽,抽枝展叶,而后形成花芽并开花。树木各物候期的开始、结束和持续时间的长短,也因树种和品种、环境条件以及栽培技术不同而异。生长期是树木营养生长和生殖生长的主要时期。这个时期不仅体现树木当年的生长发育、开花结实的情况,也对树体内养分的贮存和下一年的生长等各种生命活动有着重要的影响,同时也是发挥其绿化作用的重要时期。因此,在栽培上,生长期是养护管理工作的重点。应该创造良好的环境条件,满足肥水的需求,以促进树体的良好生长。

(3) 生长转入休眠期。秋季叶片自然脱落是落叶树木进入休眠的重要标志。在正常落叶前,新梢必须经过组织成熟过程,才能顺利越冬。早在新梢开始自下而上加粗生长时,就逐渐开始木质化,并在组织内贮藏营养物质。新梢停止生长后这种积累过程继续加强,同时有利于花芽的分化和枝干的加粗等。结有果实的树木,在采、落成熟果实后,养分积累更为突出,一直持续到落叶前。秋季气温降低、日照变短是导致树木落叶,进入休眠的主要因素。树木进入此期后,由于枝条形成了顶芽,结束了高生长,依靠生长期形成的大量叶片,在秋高气爽、温湿适宜、光照充足等环境中,进行旺盛的光合作用,合成光合养料,供给器官分化、成熟的需要,使枝条木质化并将养分向贮藏器官或根部输送,进行养分的积累和贮藏。此时树体内细胞液浓度提高,树体内水分逐渐减少,提高了树木的越冬能力,为休眠和来年生长创造条件。过早落叶和延迟落叶,对树木越冬和翌年生长都会造成不良影响。

过早落叶,不利养分积累和组织成熟。干旱、水涝、病虫害等都会造成早期落叶,甚至引起再次生长,危害很大;叶该落不落,说明树木未做好越冬准备,易发生冻害和枯梢。在栽培中应防止这类现象发生。树体的不同器官和组织,进入休眠的早晚不同。皮层和木质部进入休眠早,形成层进入休眠最迟,故初冬遇寒流形成层易受冻害。地上部分主枝、主干进入休眠较晚,而以根颈最晚,故最易受冻害。因此,生产上常用根颈培土的办法来防止冻害。不同年龄的树木进入休眠早晚不同,幼龄树比成年树进入休眠迟。刚进入休眠的树木,处在浅休眠状态,耐寒力还不强,遇初冬间断回暖会使休眠逆转,使越冬芽萌动(如月季),又遇突然降温常遭受冻害,所以这类树木不宜过早修剪,在进入休眠前也要控制浇水。

(4) 相对休眠期。秋末冬初落叶树木正常落叶后到翌年开春树液开始流动前为止,是落叶树木的相对休眠期,局部枝芽休眠则出现得更早。在树木休眠期内,虽然没有明显的生长现象,但树体内仍然进行着各种生命活动,如呼吸、蒸腾、芽的分化、根的吸收、养分合成和转化等,只是这些活动进行得较微弱和缓慢。所以确切地说,休眠只是个相对概念。落叶树休眠是温带树种在进化过程中对冬季低温环境所形成的一种适应性,它能使树木安全度过低温、干旱的冬季,以保证下一年能进行各种正常的生命活动并使生命得到延续。如果没有这种特性,正在生长着的幼嫩组织,就会受早霜的危害,并难以越冬而死亡。在生产实践中,为达到某种特殊的需要,可以通过人为的降温,而后加温,以缩短处理时间,提前解除休眠,促使树木提早发芽开花。

2. 常绿树的年周期

常绿树种的年生长周期不如落叶树种那样在外观上有明显的生长和休眠现象,因为常绿树终年有绿叶存在。但常绿树种并非常年不落叶,而是叶的寿命较长,多在1年以上甚至多年;每年仅仅脱落部分老叶,同时又能增生新叶,因此从整体上看全树终年连续有绿叶。例如,常绿针叶树类中,松属针叶可存活2~5年,冷杉叶可存活3~10年,紫杉叶可存活高达6~10年。它们的老叶多在冬、春间脱落,刮风天尤甚。常绿阔叶树的老叶,多在萌芽展叶前后逐渐脱落。常绿树的落叶,主要是去除无正常生理机能的老化叶片,也是一种新老交替现象。

3.1.3 花木的枝条生长

枝条是茎、分枝、小枝尖端叶腋处的芽开放和延伸的结果。园林花木每年以新梢生长来不断扩大树冠,新梢生长包括加长生长和加粗生长这两个方面。一年内枝条生长达到的粗度与长度,称为"年生长量",在一定时间内,枝条加长和加粗生长的快慢,称为"生长势"。生长量和生长势是衡量树木生长强弱和某些生命活动状况的常用指标,也是栽培措施是否得当的判断依据之一。

1. 枝条的加长生长

这里是指新梢的延长生长。由一个叶芽发展成为生长枝,并不是匀速的,而是按慢—快—慢这一规律生长的。新梢的生长可划分为以下3个时期。

(1) 开始生长期。叶芽幼叶伸出芽外,随之节间伸长,幼叶分离。此期生长主要依靠树体贮藏营养。新梢开始生长慢,节间较短,所展之叶,为前期形成的芽内幼叶原始体发育而成,故又称"叶簇期"。其叶面积小,叶形与以后长成的差别较大,叶脉较稀疏,寿命短,易枯黄;其叶腋内形成的芽也多是发育较差的潜伏芽。

（2）旺盛生长期。通常从开始生长期后随着叶片的增加很快就进入旺盛生长期。所形成的节间逐渐变长，所形成的叶具有该树种或品种的代表性；叶较大，寿命长，含叶绿素多，有很高的同化能力。此期叶腋所形成的芽较饱满；有些树种在这一段枝上还能形成花芽。此期的生长由贮藏营养转为利用当年的同化营养为主。故春梢生长势强弱与此期贮藏营养水平有关。此期对水分要求严格，如水不足，则会出现提早停止生长的"旱象"，通常果树栽培上称这一时期为"新梢需水临界期"。

（3）缓慢与停止生长期。梢生长量变小，节间缩短，有些树种叶片变小，寿命较短。枝内自基部而向先端逐渐木质化，最后形成顶芽或自枯而停止生长。枝条停止生长早晚，因树种、品种部位及环境条件而异，与进入休眠早晚相同。具早熟性芽的树种，在生长季节长的地区，一年有2~4次的生长。北方树种停止生长早于南方树种。同树、同品种停止生长早晚，因年龄、健康状况、枝芽所处部位而不同。幼年树停止生长晚，成年树早；花、果木的短果枝或花束状果枝，停止生长早；一般外围枝比内膛枝晚，但徒长枝停止生长最晚。土壤养分缺乏，透气不良，干旱均能使枝条提早1~2个月结束生长；氮肥多，灌水足或夏季降水过多均能延长生长，尤以根系较浅的幼树表现最为明显。在栽培中应根据目的（作庭荫树还是矮化作桩景材料）合理调节光、温、肥、水，来控制新梢的生长时期和生长量。人们常根据枝上芽的异质性进行修剪，来达到促、控的目的。

2. 枝条的加粗生长

树干及各级枝的加粗生长都是形成层细胞分裂、分化、增大的结果。在新梢伸长生长的同时，也进行加粗生长，但粗生长高峰稍晚于加长生长，停止也较晚。新梢由下而上增粗。形成层活动的时期、强度因枝条生长周期、树龄、生理状况、部位及外界温度、水分等条件而异。落叶树形成层的活动稍晚于萌芽。春季萌芽开始时，在最接近萌芽处的母枝形成层活动最早，并由上而下，开始微弱增粗。此后随着新梢的不断生长，形成层的活动也持续进行。新梢生长越旺盛，则形成层活动也越强烈，且时间长。秋季由于叶片积累大量光合产物，因而枝干明显加粗。生长靠近底部的骨干枝，加粗的高峰越晚，加粗量越大。每发一次枝，树就增粗一次。因此，有些一年多次发枝的树木，一圈年轮，并不是一年粗生长的真正年轮。树木春季形成层活动所需的养分，主要靠上一年的贮藏营养。1年生实生苗的粗生长高峰靠中后期；2年生以后所发的新梢提前。幼树形成层活动停止较晚，而老树较早。同一树上新梢形成层活动开始和结束均较老枝早。大枝和主干的形成层活动，自上而下逐渐停止，而以根颈结束最晚。健康树比有病虫害的树活动时期要长。

3.1.4 花木的花芽分化

花芽分化和发育直接影响开花的数量、质量以及种子生产，影响园林花木的观赏效果。因此，了解和掌握各种园林花木的花芽分化类型和特点，促进花芽顺利分化，在栽培生产中具有重要意义。

1. 花芽分化的概念

由叶芽的生理和组织状态转化为花芽的生理和组织状态的过程，成为花芽分化。花芽分化是由营养生长向生殖生长转变的生理和形态标志。这一全过程由花芽分化前的诱导阶段及之后的花序与花分化的具体进程组成。一般花芽分化可分为生理分化、形态分化两个阶段。芽内生长点在生理状态上向花芽转化的过程，称为生理分化。花芽生理分化完的状态,称作花发端。此后,便开始花芽发育的形态变化过程,称为形态分化。

2. 花芽分化的季节型

花芽分化开始时期和延续时间的长短,以及对环境条件的要求,因植物种类与品种、地区、年龄等的不同而异,可分为以下几种类型:

(1) 夏、秋分化型。绝大多数早春和春、夏间开花的观花树木,如仁果类和核果类果树及其观花变种,如海棠花类、榆叶梅、樱花等,以及迎春、连翘、玉兰、紫藤、丁香、牡丹等多属此类。还有常绿树中的枇杷、杨梅、山茶(春季开花的)、杜鹃花等,它们都是于前一年夏、秋(6~8月)间开始分化花芽,并延迟至9~10月间,完成花器分化的主要部分。但也有些树种,如板栗、柿子分化较晚,在秋天还只能形成花原始体,还看不到花器,延续的时间更长一些。此类树木花芽的进一步分化与完善,还需经过一段低温,直到次年春天才能进一步完成性器官,有些树种的花芽,即使由于某些条件的刺激和影响,在夏秋已完成分化,但仍需经低温后才能提高其开花质量,如冬季剪枝插瓶水养,离其自然花期越远,开花就越差。

(2) 冬、春分化型。原产暖地的某些树木,如龙眼、荔枝,一般秋梢停长后,至次年春季萌芽前,即于11~4月间这段时期中,花芽逐渐分化与形成。而柑橘类的柑、橘、柚常从12月至次春期间分化花芽,其分化时间较短,并连续进行,此类型中有些延迟到年初才分化,而在冬季较寒冷的地区,如浙江、四川等地,有提前分化的趋势。

(3) 当年分化型。许多夏、秋开花的树木,如木槿、槐、紫薇、珍珠梅等,都是在当年新梢上形成花芽并开花,不需要经过低温。

(4) 多次分化型。在一年中能多次抽梢,每抽一次,就分化一次花芽并开花的树木,如茉莉花、月季、葡萄、无花果、金柑、柠檬等以及其他树木中某些多次开花的变异类型,如四季桂、四季橘等。此类树木中,春季第1次开花的花芽有些可能是去年形成的,各次分化交错发生,没有明显停止期,但大体也有一定的节律。

3.1.5 花木的整体性

植物是一个有机的整体,各个部分之间相互联系,某一部位或器官的生长发育,可能影响另一器官的形成和生长发育,既存在相互依赖、相互调节的关系,也存在相互制约、相互对立的关系。这种相互对立与统一的关系,表现为花木生长发育的整体性。研究花木的整体性,有助于更全面、综合地认识花木生长发育规律,以指导生产实践。

花木生长发育的整体性的表现,主要包括各器官之间、地上部分与地下部分、营养生长与生殖生长的相关性等。

1. 各器官之间的相关性

(1) 顶芽与侧芽、顶根与侧根的相关性。成熟期植物通常顶芽生长较旺,侧芽生长较弱,具有明显的顶端优势。去除顶芽,可促使侧芽萌发,利于扩大树冠。同理,去掉侧芽,则可保持顶端优势。园林生产实践中,可根据不同的栽培目的,利用修剪措施来控制树势和树形。例如,对碧桃幼树进行摘心,可加速整形,提早开花结果。另外,对月季等顶芽摘心可促进侧芽萌发,延长花期。

根的顶端生长对侧根的形成有抑制作用。去除顶根,可促进侧根的萌发。园林苗圃进行大苗的培育,可对实生苗进行多次移植,有利出圃栽植成活;对壮老龄树,切断一些一定粗度的根(因树而异),有利于促进吸收根的更新复壮。

(2) 果与枝的相关性。正常发育的果实争夺养分较多,对营养枝的生长、花芽分化有抑制作用。如果结实过多,就会对全树的长势和花芽分化起抑制作用,并出现开花结实的"大小年"现象。其中,果实中的种子所产生的激素抑制附近枝条的花芽分化。

(3) 树高与直径的相关性。通常花木枝干直径的开始生长时间迟于树高生长,但生长期较树高长。一些花木的加高生长与直径生长能互相促进,但由于顶端优势的影响,往往加高生长或多或少地会抑制直径的生长。

(4) 营养生长与生殖器官的相关性。营养器官与生殖器官的形成都需要光合产物,而生殖器官所需的营养物质由营养器官供给的。扩大营养器官的健壮生长是达到多开花、多结实的前提,但营养器官的扩大本身也要消耗大量养分,常与生殖器官的生长发育出现养分上的竞争,二者的关系较为复杂。

(5) 其他器官之间的相关性。花木的各器官是互相依存和作用的,如叶面水分的蒸腾与根系吸收水分的多少有关、花芽分化的早晚与新梢生长停止期的早晚有关、枝量与叶面积大小有关、种子多少与果实大小及发育有关等,这些相关性是普遍存在的,体现了植物整体的协调和统一。

总之,植物各部位和各器官相互依赖,在不同的季节有阶段性,局部器官除有整体性外,又有相对独立性。在园林花木栽培中,利用植物各部分的相关性可以调节树体的生长发育。

2. 地上部分与地下部分的相关性

树的冠幅与根系的分布范围有密切关系。在青壮龄期,一般根的水平分布都超过冠幅,根的深度小于树高。树冠和根系在生长量上常持一定的比例,地上部或地下部任何一方过多的受损,都会削弱另一方,从而影响整体。移植树木时,常伤根很多,一般条件下,为保证成活,要对树冠进行重剪,以求在较低水平上保持平衡。地上部与根系生长高峰错开,根通常在较低温度下先开始生长。当新梢旺盛生长时,根系生长缓慢;当新梢生长缓慢时,根的生长达到高峰;当果实生长加快,根生长变缓慢;秋后秋梢停长和采果后,根生长又常出现一个小的生长高峰。

3. 营养生长与生殖生长的相关性

这种相关性主要表现在枝叶生长、果实发育和花芽分化之间的相关。树木生殖器官的生长发育建立在营养器官生长良好的基础上,没有健壮的营养生长,就难有生殖生长。生长衰弱、枝细叶小的植株难以分化花芽和开花结果,即使成花,也极易因营养不良而发生落花落果。健壮的营养生长要有足够的叶面积,叶面积不足时,花芽难以分化。许多扦插苗、嫁接苗,即使阶段发育成熟,并已经开花结果,但繁殖成幼苗后,还必须经过一段时间的营养生长才能开花结果。

树木营养器官的生长,也要消耗大量的养分,营养生长过旺,势必会抑制花芽分化、开花和结果等生殖生长,如徒长枝上不能形成花芽,生长过旺的幼树不开花或开花延迟等。欲使园林树木花果生长发育良好,达到良好的观花观果目的,必须将花果的数量与叶片面积控制在适宜的比例。如果开花结果过多,不仅会抑制营养生长,还会致使根系得不到足够的光合养分,影响根系的生长,树体的营养条件进一步恶化,反过来花果也因此发育不良,降低了观赏价值和产量,甚至发生落花落果或出现"大小年"的现象。所以,在园林树木栽培管理中应防止片面追求多花或多果的不良倾向,协调好营养生长和生殖生长的矛盾。对观花观果树木,在花芽分化前要促使植株有健壮的营养生长,到了开花坐果期,要适当控制营养生长,使养分集中供应花果,以提高坐果率;在果实成熟期,应防止植株叶片早衰脱落或贪青徒长,以保证果实充分成熟。以观叶为主的树木,则应尽量延迟其发育,阻止开花结果,保证旺盛的营养生长,以提高其观赏价值。

3.2 大规格花木的移栽与管理

大规格花木的移栽即移植大型树木的工程,是指对胸径为 10～20cm 甚至 30cm 以上大型树木的移植工作。随着社会经济的发展以及城市建设水平的不断提高,单纯地用小苗栽植来绿化城市的方法已不能满足目前城市建设的需要,一些重点工程往往需要在较短的时间就要体现出其绿化美化的效果,因而需要移植一定数量的大树。大树移植技术也就成为我国园林工作者面临的新课题,需要掌握大树移植的前期准备、起运栽植、养护管理等技术。

3.2.1 大规格花木的移栽

1. 大规格花木移栽的准备和处理

(1) 做好规划与计划。为预先在所带土球(块)内促发多量有效根系,就要提前 1 至数年采取措施。而是否能做到提前采取措施,又决定于是否有应用大树绿化的规划和计划。事实上,许多大树移植失败的原因,是由于事先没有准备好已采取过促根措施的备用大树,而是临时应急任务,直接从郊区、山野移植而造成的。可见做好规划与计划对大树移植极为重要。

(2) 移栽树木的选择。树种不同,其生物学特性也有所不同,移植后的环境条件就应尽量与该树种的生物学特性和原环境条件相符。行道树,应考虑干直、冠大、分枝点高,有良好的庇荫效果的树种;而庭院观赏树中的孤植树就应讲究树姿造型,应选择长势处于上升期的青壮龄树木,移植后容易恢复生长,且能充分发挥其最佳绿化功能和艺术效果。除选择生长正常、没有感染病虫害和未受机械损伤的树木外,选树时还必须考虑移植地点的自然条件和施工条件,移植地的地形应平坦或坡度不大。过陡的山坡,根系分布不正,不仅操作困难,且容易伤根,不易起出完整的土球。因而应选择便于挖掘处的树木,还应使起运工具能到达树旁。

对可供移植的大树进行实地调查,包括树种、年龄时期、干高、胸径、树高、冠幅、树形等进行测量记录,注明最佳观赏面的方位,并摄影。调查记录土壤条件,周围情况,判断是否适合挖掘、包装、吊运;分析存在的问题和解决措施。此外,还应了解树木的所有权等。对于选中的树木,应立卡编号,为设计提供资料。

2. 大规格花木移栽的时间

(1) 春季移植。在春季树木开始发芽而树叶还没全部长成以前,树木的蒸腾还未达到最旺盛时期,此时带土球移植,缩短土球暴露的时间,栽后加强养护,也能确保大树的存活。

(2) 夏季移植。在夏季,由于树木的蒸腾量大,此时移植对大树成活不利。可加大土球,加强修剪、遮阴,尽量减少树木的蒸腾量,可提高成活率。

(3) 深秋及冬季。从树木开始落叶到气温不低于-15℃这一段时间,也可移植大树,此期间,树木虽处于休眠状态,但地下部分尚未完全停止活动,故移植时被切断的根系能在这段时间进行愈合,给来年春季发芽生长创造良好的条件。

3. 起掘前的准备工作

根据设计选中的树木,应实地复查是否仍符合原有状况,尤其树干有无蛀干害虫等,如有问题应另选他树代替。具体选定后,应按种植设计统一编号,并做好标记,以便栽时对号入座。土壤过干的应于起掘前数日灌水。同时应有专人负责准备好所需用的工具、材料、机械及吊运车辆等。此外还应调查运输线路是否有障碍(如架空线高低、道路是否有施工等),并办理好通行证。

4. 大规格花木移栽的方法

当前常用的大树移植方法主要有软材包装移植法、带土方箱移植法、冻土球移植法和机械移植法。以下主要介绍软材包装移植法。软材包装移植法即带土球移植且用软绳子和蒲包来捆扎。如果挖掘的土球是砂壤土或容易散落的土球,都要用蒲包来包扎使土球不散落,保证土球的完整性。

(1) 枝干的处理。在移植树木前,选定移植树后要进行枝干的修剪,先将树干主梢、粗大侧枝的侧梢同步缩截,一般修剪强度为其总长度的1/4~1/3,以减少叶面蒸腾,截完后立即对主干、侧枝截口进行包封处理,以防树干水分散失。包封是用塑料薄膜包扎截口,用剪裁成正方形的薄膜片把截干部位或缩枝剪口包裹严实再捆紧,可有效防止断面水分的损耗,对保证移栽树的成活至关重要,尤其是在移栽后遇到长时间的干旱或大热天,则成为移栽能否成活的关键因素之一,还可防止杂菌感染切口引起断面霉烂。

(2) 土球大小的确定。树木选好后,可根据树木的胸径来确定土球的直径和高度。一般来说,土球直径为树木胸径的7~10倍,土球过大,容易散球,且会增加运输难度;土球过小,又会伤害过多的根系,影响成活。所以土球的大小还应考虑树种的不同及当地的土壤条件。例如,银杏胸径为20~30cm,则土球直径为120~200cm,土球高度为80~120cm。如果是在大范围内移植大树,则必须考虑到环境条件和土壤性质来确定土球的大小,这对大树移植后的成活是非常关键的。

(3) 起挖及土球的修整。起挖前,为确保安全,应用支棍于树干分枝点以上支牢。确定土球大小后以树干为圆心,比规定的土球大3~5cm划一圆,向外侧垂直挖宽60~80cm的操作沟,深度以到土球所要求的高度为止。当挖至一半深度时,则随挖随修整土球,遇到较大的侧根,用枝剪或手锯锯断,以免将土球震散。土球肩部修圆滑,四周土表自上而下修平至球高一半时,逐渐向内收缩呈上大下略小的形状。深根性树种和砂壤土球应呈苹果形,浅根性和黏性土可呈扁球形。

(4) 土球包扎。土球修整好之后,先用预先湿润过的草绳将土球腰部捆绕10圈左右,两人合作边拉缠,边用小木槌或砖、石敲打绳索,使绳略嵌入土球,并使绳圈相互靠紧,此称"打腰箍"。腰箍打好之后,在土球底部向下挖一圈沟并向内铲去土,直至留下1/4~1/5的心土,以便打包时草绳能兜住底部而不松脱。壤土和砂性土均应用蒲包或塑料布把土球盖严,并用细绳稍加捆拢,再用草绳包扎;黏性土可直接用草绳包扎。整个土球包扎好之后将绳头绕在树干基部扎紧,最后在土球腰部再扎一道外腰箍,并打上"花扣",使捆绑土球的草绳不能松动。土球包装的最后一道工序为封底,封底前先顺着树木倒斜的方向于坑底挖一道小沟,将封底用的草绳一端紧拴在土球中部的草绳上,并沿小沟摆好并伸向另一侧,然后将树木轻轻推倒,用蒲包或麻袋片将露出的底部封好,交叉勒紧封底草绳即可。

(5) 大树的吊运。大树吊运工作是大树移植中的重要环节之一。吊运的成功与否,直接影响到树木的成活、施工的质量以及树形的美观等,常用起重机和滑车吊运。在起吊过程中注意不要损坏土球和树干。在把土球吊到车厢时要注意树干与车头接触处,不要伤害了树干,可以用软材料垫在树干和车头之间来防止树干的损害。

(6) 大树的定植。大树运到后必须尽快定植。首先按照施工设计要求,按树种分别将大树轻轻斜吊于定植穴内,撤除缠扎树冠的绳子,配合吊车,将树冠立起扶正,仔细审视树形和环境,移动和调整树冠方位,使树姿和周围环境相配合,尽量地符合原来的朝向,并保证定植深度适宜。然后撤除土球外包扎的绳包或箱板(草片等易烂软包装可不撤除,以防止土球散开),分层填土、分层夯实,把土球全埋于地下。在树干周围的地面上,也要做出拦水围堰,便于浇水。

3.2.2 大规格花木移栽后的管理

1. 定期检查

主要了解树木的生长发育情况,并对检查出的问题如病虫害、生长不良等要及时采取补救措施。

2. 支撑树干

刚栽上的大树特别容易歪倒,要设立支架,把树牢固地支撑起来,确保大树不会歪斜。

3. 包裹树干

为了保持树干湿度,减少树皮水分蒸发,可用浸水的草绳从树干基部密密缠绕至主干顶部,再将调制的黏土泥浆糊满草绳,以后还可以经常向树干喷水保湿。

4. 生长素处理

为了促进根系生长,可在浇灌的水中加入0.02%的生长素,使根系提早生长健全。

5. 水肥管理

大树移植后立即灌一次透水,保证树根与土壤紧密结合,促进根系发育。

(1) 旱季的管理。6~9月,大部分时间气温在28℃以上,且湿度小,是最难管理的时期。如管理不当造成根干缺水、树皮龟裂,会导致树木死亡。这时的管理要特别注意:一是遮阳防晒,可以在树冠外围东西方向盖"几"字形遮阳网,这样能较好地挡住太阳的直射光,使树叶免遭灼伤;二是根部灌水,向预埋的塑料管或竹筒内灌水,此方法可避免浇半截水,能一次浇透,平常能使土壤见干见湿,也可往树冠外的洞穴灌水,增加树木周围土壤的湿度;三是在树南面架设三角支架,安装一个高1m的喷灌装置,尽量调成雾状水,因为夏、秋季大多吹南风,安装在南面可经常给树冠喷水,使树干、树叶保持湿润,也增加了树周围的湿度,并降低了温度,减少了树木体内有限水分、养分的消耗。

(2) 雨季的管理。南方春季雨水多,空气湿度大,这时主要应抗涝。由于树木初生芽叶,根部伤口未愈合,过于潮湿往往会使树木死亡。雨季应用潜水泵逐个抽干穴内水,避免树木被水浸泡。

(3) 寒冷季节的管理。要加强抗寒、保暖措施。一是用草绳绕干,包裹保暖,这样能有效地抵御低温和寒风的侵害;二是搭建简易的塑料薄膜温室,提高树木的温、湿度;三是选择一天中温度相对较高的中午浇水或叶面喷水。

(4) 移栽后的施肥。由于树木损伤大,第一年不能施肥,第二年根据树的生长情况施农家肥或叶面喷肥。

6. 根系保护

在树木栽植前,定植坑内要进行土面保温,即先在坑面铺 20cm 的泥炭土,再在上面铺 15cm 的腐殖土或 20~25cm 厚的树叶。早春,当土壤开始化冻时,必须把保温材料拨开,否则被掩盖的土层不易解冻,影响树木根系生长。

7. 移栽后病虫害的防治

树木通过锯截、移栽,伤口多,萌芽的树叶嫩,树体的抵抗力弱,容易遭受病害、虫害,如不注意防范,造成虫灾或树木染病后可能会迅速死亡,所以要加强预防。可用多菌灵或托布津、敌杀死等农药混合喷施,分 4 月、7 月、9 月三个阶段,每个阶段连续喷五次药,每星期一次,正常情况下可达到防治的目的。

大树移栽后,一定要加强养护管理。俗话说得好,三分种,七分管,由此可见养护管理环节在绿化建设中的重要性。

3.3 花木的越冬、越夏管理

3.3.1 花木的越冬管理

搞好花木的越冬管理,让其顺利度过冬季低温时期,是种好花木的一个重要环节。花木的越冬管理应做好以下几个方面的工作:

1. 浇水

(1) 水质。水按照含盐类的状况分为硬水和软水。硬水含盐类较多,用它来浇花木,常使叶面产生褐斑,影响观赏效果,所以宜用软水。在软水中又以雨水(或雪水)最为理想,因为雨水是一种接近中性的水,不含矿物质,又有较多的空气,用它来浇花木十分适宜。如果长期使用雨水浇,有利于促进花木同化作用,延长栽培年限,提高观赏价值,特别是性喜酸性土壤的花木,更喜欢雨水。因此,雨季应多贮存些雨水留用。若没有雨水或雪水,可用河水或池塘水。

(2) 浇水方法。可根据花木种类和生长情况来选择合适的浇法。对于一些高大的或已成活的小型花木都可采用灌溉法。此种方法优点是能将土壤浇透,土壤保温时间长;缺点是需水量大,浪费也多。对于一些新栽的花木可用浇灌法,根据各植物需求量决定浇水量的多与少。这种方法特点是可自由控制浇水量,提高水的效用。幼芽娇嫩的花木需要多喷水,新上盆和尚未生根的插条也需要多喷水,喷水能增加空气湿度,降低气温,特别是一些喜阴湿的花卉,如山茶、杜鹃等,经常向叶面上喷水,对其生长十分有利。一般喷水后不久水分便可蒸发掉,这样的喷水量最适宜。冬季花木生长缓慢,新陈代谢降低,大都进入休眠状态,需水量及蒸发量相对减少。浇水的原则是"宁干勿湿",尤其是耐阴花木,更不能浇水过多,以免引起落叶、烂根或死亡。

(3) 浇水温度。浇花木时应注意水的温度。水温与气温相差太大(超过5℃)易伤害花木根系。因而浇的水最好能先放在桶(缸)内晾晒数小时,待水温接近气温时再用。

(4) 浇水时间。最好在光照较好的中午进行。如用自来水浇花,最好先存放1~2天,待水中氯气挥发后再用。

2. 施肥

冬季气温低,植物生长缓慢,大多数花木处于生长停滞状态,一般不施肥。春季温度达到10℃以上,才施肥;秋冬或早春开花的以及秋播的花木,宜施薄肥。为提高花木的抗寒能力,秋末时就应减少施肥,以免花木茎、叶发嫩而降低抗寒能力。

3. 中耕

中耕即松土,能疏松表土,减少水分蒸发,增加土温,改善土壤通气性,促进有益微生物活动,为植物根系生长和吸收养分创造良好条件。通常在中耕的时候结合除草,但除草不能代替中耕。

一般大乔木2~3年结合施肥中耕一次,小乔木和灌木可隔年一次或一年一次,植株长大,枝叶覆盖地面时停止中耕,以免损伤根系,影响生长。树木中耕时间以秋冬季休眠期为好,夏季中耕宜浅,主要结合除草进行。冬季大乔木的中耕深度20cm左右,小乔木和灌木深度10cm左右。

4. 冬季修剪

植株从秋末停止生长开始到翌年早春顶芽萌发前的修剪称为冬季修剪。冬季修剪不会损伤花木的元气,大多数观赏花木适宜冬季修剪。

(1) 落叶树。每年深秋到翌年早春萌芽之前,是落叶花木的休眠期。冬末、早春时,树液开始流动,生育功能即将开始,这时进行修剪伤口愈合快,如紫薇、石榴、木芙蓉、扶桑等的修剪。

冬季修剪对落叶花木的树冠构成、枝梢生长、花果枝的形成等有重要影响。不同观赏花木的修剪要点是:幼树以整形为主;成形观叶树以控制侧枝生长,促进主枝生长旺盛为目的;成形花果树则着重于培养树形的主干、主枝等骨干枝,促其早日成形,提前开花结果。

(2) 灌木。应使丛生大枝均衡生长,使植株保持内高外低、自然丰满的圆球形。定植年代较长的灌木,如灌丛中老枝过多时,应有计划地分批疏除老枝,培养新枝。但对一些为特殊需要培养成高干的大型灌木,或茎干生花的灌木(如紫荆等)均不在此列。应经常短截突出灌丛外的徒长枝,使灌丛保持整齐均衡,但对一些具拱形枝的树种(如连翘等),所萌生的长枝则例外。植株上不作留种用的残花废果,应尽量及早剪去,以免消耗养分。

5. 防止冻害

冬季的低温、霜冻天气,对花木可能构成严重威胁。为使花木安全越冬,必须进行防寒才能避免低温危害。现介绍几种常见的花木防寒措施。

(1) 因地制宜适地适树。根据当地的气候条件,种植抗寒力强的树木、花卉。

(2) 加强栽培管理,增强苗木自身的抗寒能力。通过对花木的合理浇灌,科学施肥(如秋季少施氮肥,控制苗木徒长)等措施,促进苗木生长健壮,增强其自身的抗寒能力。

(3) 浇封冻水和返青水。在土壤封冻前浇一次透水,土壤含有较多水分后,严冬表层地温不至于下降过低、过快,开春表层地温升温也缓慢。浇返青水一般在早春进行,由于早春昼夜温差大,及时浇返青水,可使地表昼夜温差相对减小,避免春寒危害植物根系。

(4) 设风障。对新植或引进的树种,在主风侧或植株外围用塑料布做风障防寒,有的品种还需加盖草帘(如南种北移的大叶黄杨)。

(5) 树干防护。常见为树干包裹和涂白。树干包裹多在入冬前进行,将新植树木或不耐寒品种的主干用草绳或麻袋片等缠绕或包裹起来,高度可为 1.5~2m。树干涂白一般在秋季进行,用石灰水加盐或石硫合剂对树干涂白,可利用白色反射阳光,减少树干对太阳辐射热的吸收,从而降低树干的昼夜温差,防止树皮受冻。另外,此法对预防害虫也有一定的效果。

(6) 覆盖。在霜冻前,在地上覆盖干草、草席等,此法既经济效果又好,应用极为普遍。另外也可覆盖塑料薄膜等材料。

(7) 堆土防寒。对于一些花灌木,浇封冻水后在其根茎四周堆起 30~40cm 高的土堆(土堆要拍实)。

6. 病虫害防治

冬季花木常见的病害有白粉病、煤污病,常见的虫害有蚜虫、白粉虱等,应采取有效措施在休眠期防治,以减少来年春季病虫害的发生。

7. 新栽苗木越冬管理

采取有效的越冬管理措施对当年新栽花木能否安全越冬是一项很重要的工作。

(1) 小灌木类。如金叶女贞、小叶女贞、红叶小檗、冬青、黄杨、小龙柏、美人蕉、南天竹、月季等可采取以下措施:对苗木进行轻度修剪;清除杂草,浅翻土地,给花木根基部培土或培土墩,浇透防冻水;用麦秸、稻秸等进行地面覆盖,来年腐烂后变成肥料。

(2) 乔木和花灌木类。如雪松、白皮松、华山松、棕榈、西府海棠、垂丝海棠、紫叶李、碧桃、红叶桃、桂花、广玉兰、白玉兰、青桐、黑松等花木可采取以下措施:对苗木进行适度修剪;清除杂草,中翻土地,给树根基部培土,浇透防冻水;树干包裹或涂白,起到保温御寒作用;用地膜将树穴覆盖住,可提高地温和保持一定的湿度。

8. 秋栽苗木防寒技术

秋季植树能较好地解决春季植树时间短、春旱和劳动力紧张的问题,现已被广泛推广。但也有不少秋植花木因没有采取合理的防寒措施,未能安全越冬,影响了苗木的成活率。秋栽苗木的防寒技术措施包括以下几种:

(1) 常规防寒方法。对于较耐寒的白蜡、千头椿、悬铃木等树种,秋栽后可采取寒前灌水、根颈培土、覆土、涂白、缠草绳、搭风障等防寒措施。寒前灌水、根颈培土、覆土等措施,对于秋季所有种植的树木都必须进行,涂白、缠草绳,搭风障则可根据植株的耐寒性和冬季气温情况及小气候环境来定,可单选其中一项,也可交叉使用。

(2) 覆膜防寒法。对于不太耐寒的树种如玉兰、大叶女贞、楝树、大叶黄杨、小叶黄杨等树种,则可采取覆膜法。现分乔木和灌木两种进行具体介绍。

乔木:乔木应先用草绳缠干,然后进行覆膜,再用加厚的农用薄膜套从顶一直套到树根颈部,顶部必须扎紧封死。塑料薄膜一定要宽大,不能紧缠树干,四周用竹棍支起。根部采取灌封冻水、根颈培土等措施后,可用稻草或麦秸、玉米秸秆、锯末等进行覆盖,最后再罩以塑料薄膜,四周用土压盖好即可。

灌木:灌木因其较低矮,受风吹力较小,花木根部、冠部保温可用两根柔韧性较强的竹条(宽3cm左右),将两头削尖,交叉插于植株四侧。弓顶距植株冠顶保持在15cm左右,侧面距植株10cm左右,竹条插入土中深度为4~6cm,然后覆农膜。农膜盖好后,四周再用土盖好即可。

覆膜时间和揭膜时间应视天气情况而定。覆膜时间最好在初霜冻时,揭膜应在气温基本稳定、树体开始萌芽后。在冬季晴好天气可适当揭膜通风透气,补充氧气。薄膜如有洞口,应采取贴补措施,防止植株被冻伤。雪天应及时将积压在顶部的积雪清理干净,以利植株接受光照。

3.3.2 花木的越夏管理

夏季是各类花木生长旺盛期,一般要占全年总生长量的60%~80%,因此应加强管理。

1. 除草

在园林绿化中常需清除杂草,保持环境清洁,减少病虫源,促进植物健康生长。但在一些风景林或比较自然的环境里,可适当保留野生的杂草。

除草应掌握"除早、除小、除了"的原则。可手工进行,也可应用除草剂。常见的除草剂有除草醚、灭草灵、"2,4-D"、西马津、百草枯、阿特拉津、茅草枯等多种。除草剂一般有选择性,如2,4-D能防除双子叶杂草,茅草枯防除单子叶杂草,西马津防除一年生杂草,百草枯防除一般杂草和灌木。

2. 浇水

夏季高温需注意浇水量和浇水时间等。

水分不足,叶片及叶柄会皱缩下垂,花木出现萎蔫现象。如果花木长期处于这种供水不足叶片萎蔫状况,则较老的和植株下部的叶片就会逐渐变黄而干枯。浇水时忌浇"半腰水",即所浇的水量只能湿润表土,而下部土壤是干的,这种浇法,也同样影响花木根系发育,也会出现上述不良现象。因此,浇水应见干见湿,浇就浇透。

盛夏中午,气温很高,叶面温度常可高达40℃左右,蒸腾作用强,同时水分蒸发也快,根系需要不断地吸收水分,补充叶面蒸腾的损失。如果此时浇冷水,虽然土壤中增加了水分,但由于土壤温度突然降低,根毛受到低温的刺激,就会立即阻碍水分的正常吸收,而叶面气孔没有关闭,水分失去了供求的平衡,导致叶面细胞由紧张状态变成萎蔫,使植株产生"生理干旱",叶片焦枯,严重时会引起全株死亡。为此夏季浇水时间以早晨和傍晚为宜。

3. 施肥

夏季气温高,水分蒸发快,又是花木生长旺盛期,以追肥为主。施追肥浓度宜小,次数可多些。6~9月间,每月要追肥1~2次。追肥要用速效性肥料,如尿素、硫酸铵、人粪尿、水溶性氮、磷、钾复合肥等。圃地土壤干旱,追肥宜稀;土壤湿润,追肥可浓些。追肥的方法随肥料种类和播种方法不同而异。追施化肥可用干撒或水洒,但以水洒为好。追肥可结合松土除草进行。

4. 夏季修剪

夏季是花木生长期,此时如枝叶茂盛而影响到树体内部通风和采光时,就需要进行夏季修剪。对于冬春修剪易产生伤流不止、易引起病害的树种,应在夏季进行修剪。

从常绿树生长规律来看,4~10月为活动期,枝叶俱全,此时宜进行修剪,此时修剪还可获得嫩枝,可用于扦插繁殖。

春末夏初开花的灌木,在花期以后对花枝进行短截,可防止它们徒长,促进新的花芽分化,为翌年开花做准备。

夏季开花的花木,如木槿、木绣球、紫薇等,应花后立即进行修剪,否则当年生新枝不能形成花芽,使翌年开花量减少。

5. 病虫害防治

花木病虫害很多,病害主要有白粉病、叶斑病、炭疽病等,虫害主要有蚜虫、蚧虫、粉虱、尺蠖等。防治苗木病虫害应贯彻"预防为主,积极消灭"的方针,积极做好综合性防治工作。

6. 春植苗木越夏的管理

酷暑盛夏,骄阳似火,持续高温和干热风使空气更加干燥,地表温度急剧升高,从而使新植苗木树干和枝叶以及土壤中水分蒸发流失加快,这给春植苗木的生长成活造成了极为不利的影响;盛夏是夏季的高温期,同时也是新植花木能否安全过夏成活的关键期。

春季植树后,虽然苗木栽植后很快发芽展枝,但苗木在起苗时根系受到损伤,且自身携带水分、养分又有限,在酷暑高温的环境中,就需要及时、有效、适时、适量地给春植苗木补充水分养分,从而保证苗木正常生长。对新植的大树,针对不同树种采取相应的管护措施,及时补充水分,常绿树种早晚要进行叶面喷水,确保春植苗木在盛夏高温环境中安全成活。

7. 夏季花木降温的主要措施

夏季温度过高,会对观赏苗木产生危害,可进行人工降温来保护花木的安全越夏。主要措施有叶面或畦间喷水、遮阳网覆盖或草帘覆盖等。喷灌是苗圃地降温应用最广泛的方法,即直接向植株叶面以雾状形式喷出或向畦间灌水,使其迅速蒸发,大量吸收空气中的热量而达到降温的目的。

夏季可用覆盖遮阴降温,这对于绝大多数喜阴植物来说是一项必不可少的降温措施,尤其在幼苗期更为重要。一般用遮阳网或芦苇等遮光材料覆盖。苗圃地内使用的阴棚多为临时性的,用木柱、水泥柱作立柱,棚上用铁丝拉成格,然后覆盖遮阳网或草帘来减弱光照,使温度下降。

3.4　常见花木生产技术

3.4.1　牡丹(*Paeonia suffruticosa*)

牡丹为多年生落叶小灌木,生长缓慢,株型小,株高多在0.5~2m之间;根肉质,粗而长,中心木质化,长度一般为0.5~0.8m,极少数根长度可达2m。花期4月中旬到5月上旬之间开放。牡丹适宜疏松肥沃、土层深厚的土壤,土壤排水能力一定要好。盆栽可用一般培养土。

1. 地栽牡丹

选择向阳、不积水之地,最好是朝阳斜坡,土质肥沃、排水好的沙质壤土。栽植前深翻土地,栽植坑要适当大,牡丹根部放入其穴内要垂直舒展,不能拳曲。栽植不可过深,以刚刚埋住根为好。栽植前浇2次透水。入冬前灌1次水,保证其安全越冬。开春后视土壤干湿情况给水,但不要浇水过大。全年一般施3次肥,第1次为花前肥,施速效肥,促其花开得大、开得好。第2次为花后肥,追施1次有机液肥。第3次是秋冬肥,以基肥为主,促翌年春季生长。另外,要注意中耕除草,无杂草可浅耕松土。花谢后及时摘花、剪枝,根据树形自然长势结合自己希望的树形下剪,同时在修剪口涂抹愈伤防腐膜保护伤口,防治病菌侵入感染。若想植株低矮、花丛密集,则短截重些,以抑制枝条扩展和根蘖发生,一般每株以保留5~6个分枝为宜。

2. 盆栽牡丹

盆栽牡丹可通过冬季催花处理而春节开花,方法是春节前60天选健壮鳞芽饱满的牡丹品种(如赵粉、洛阳红、盛丹炉、葛金紫、珠砂垒、大子胡红、墨魁、乌龙捧盛等)带土起出,尽量少伤根,在阴凉处晾12~13天后上盆,并进行整形修剪,每株留10个顶芽饱满的枝条,留顶芽,其余芽抹掉。上盆时,盆大小应和植株相配,达到满意株型。浇透水后,正常管理。春节前50~60天将其移入10℃左右温室内每天喷2~3次水,盆土保持湿润。当鳞芽膨大后,逐渐加温至25℃~30℃,夜温不低于15℃,如此春节可见花。

用播种法、分株法、嫁接法都可以。常用分株和嫁接法繁殖,也可播种和扦插。

3.4.2 山茶(*Camellia japonica*)

常绿灌木,高1~3m;嫩枝、嫩叶具细柔毛。茶花春、秋、冬三季可不遮阴,夏天可用50%遮光处理。山茶的花期较长,一般从10月份始花,翌年5月份终花,盛花期1~3月份。

1. 地栽山茶花

又分为园林栽培与圃地栽培。如作园林绿化栽培,要有蔽荫树做伴,圃地栽培要成行种好遮阴树。温暖地区一般秋植较春植好。施肥要掌握好三个关键时期,即2~3月间施追肥,以促进春梢和花蕾的生长;6月间施追肥,以促使二次枝生长,提高抗旱力;10~11月施基肥,提高植株抗寒力,为翌春新梢生长打下良好的基础。清洁园地是防治病虫害、增强树势的有效措施之一。冬耕可消灭越冬害虫。全年需进行中耕除草5~6次,但夏季高温季节应停止中耕,以减少土壤水分蒸发。山茶花的主要虫害有茶毛虫、茶细蛾、茶二叉蚜等。主要病害有茶轮斑病、山茶藻斑病及山茶炭疽病等。防治方法是清除枯枝落叶,消灭侵染源,加强栽培管理,以增强植株抗病力,并进行药物防治。

2. 盆栽山茶花

盆子大小与苗木比例要适当。所用盆土最好在园土中加入1/2~1/3经1年腐熟的切断松针。于11月或翌年2~3月上盆,高温季节切忌上盆。上盆后水要浇足,平时浇水要适量。浇水量要随季节变化,清明前后植株进入生长萌发期,水量应逐渐增多,新梢停止生长后(约5月下旬)要适当控制浇水,以促进花芽分化。6月是梅雨季节,应防积水。夏季高温季节叶面蒸发量大,需叶面喷水,喷水宜在清晨或傍晚进行,切忌中午喷水。冬季植株逐渐进入休眠,浇水次数宜相应减少。切忌在高温烈日下浇冷水,以免引起根部不适应,而产生生理性的落叶现象。气温高或大风天,叶面蒸发量大,应多浇水或喷水。空气湿度大时,要减少浇水量。如遇干旱脱水,枝叶萎蔫,要立即将植株置于阴处,浇透水,同时进行叶面喷水。一般茶花大叶大花种和生长迅速的品种需水量大,应多浇水。名贵品种如十祥景、鸳鸯凤冠、洒金宝珠、凤仙、绿珠球等水分蒸发量少,浇水过多会引起落叶、落蕾。夏、秋高温季节要及时进行蔽荫降温,冬季要采取防冻措施。盆株在室内越冬,以保持3℃~4℃为宜,若温度超过16℃,就会促使提前发芽。盆栽茶花的施肥、修剪以及病虫害防治等,与露地栽培基本相同。

3.4.3 杜鹃(*Rhododendron simsii*)

杜鹃花种类多,习性差异大,为常绿或落叶灌木,喜凉爽、湿润气候,忌酷热干燥,要求富含腐殖质、疏松、湿润及pH为5.5~6.5的酸性土壤。

1. 杜鹃地栽

长江以南地区以地栽为主,春季萌芽前栽植,地点宜选在通风、半阴的地方,土壤要求疏松、肥沃,含丰富的腐殖质,以酸性沙质壤土为宜,并且不宜积水,否则不利于杜鹃正常生长。栽后踏实土、浇水。杜鹃花的根系很细密,吸收水肥能力强,喜肥但怕浓肥。一般人粪尿不适用,适宜追施薄肥水。杜鹃花的施肥要根据不同的生长时期来进行。3~5月,为促使枝叶及花蕾生长,每周施肥1次。6~8月是盛夏季节,杜鹃花生长渐趋缓慢而处于半休眠状态,过多的肥料不仅会使老叶脱落、新叶发黄,而且容易遭到病虫的危害,故应停止施肥。9月下旬天气逐渐转凉,杜鹃花进入秋季生长,每隔10天施1次20%~30%的含磷液肥,可促使植株花芽生长。一般10月份以后,秋季生长基本停止,就不再施肥。杜鹃花耐修剪,隐芽受刺激后极易萌发,可借此控制树形,复壮树体。一般在5月前进行修剪,所发新梢,当年均能形成花蕾,过晚则影响开花。一般立秋前后萌发的新梢,尚能木质化。若形成新梢太晚,冬季易受冻害。

2. 杜鹃盆栽

长江以北均以盆栽观赏。盆土用腐叶土、沙土、园土(7∶2∶1),掺入饼肥、厩肥等,拌匀后进行栽植。一般春季3月上盆或换土,4月中下旬搬出温室,先置于背风向阳处,夏季进行遮荫,或放在树下疏荫处,避免强阳光直射。生长适宜温度15℃~25℃,最高温度32℃。秋末10月中旬开始搬入室内,冬季置于阳光充足处,室温保持5℃~10℃,最低温度不能低于5℃,否则停止生长。

在高温干燥时节,红蜘蛛、军配虫对杜鹃危害严重,会使叶片发黄、脱落。褐斑病是杜鹃常见的病害。对这些病虫害要及时喷洒相关药剂进行防治。

3.4.4 桂花(*Osmanthus fragrans*)

常绿灌木或小乔木,叶革质,花序簇生于叶腋,花期9~10月,品种有金桂、银桂、丹桂、四季桂等。桂花是中国传统十大花卉之一。

1. 桂花地栽

应选在春季或秋季,尤以阴天或雨天栽植最好。选在通风、排水良好且温暖的地方,光照充足或半阴环境均可。移栽要处理好土球,以确保成活率。栽植土要求偏酸性,忌碱土。地栽前,树穴内应先掺入草本灰及有机肥料,栽后浇1次透水。新枝发出前保持土壤湿润,切勿浇肥水。一般春季施1次氮肥,夏季施1次磷、钾,使花繁叶茂,入冬前施1次越冬有机肥,以腐熟的饼肥、厩肥为主。忌浓肥,尤其忌人粪尿。桂花根系发达,萌发力强,成年的桂花树每年要抽梢2次。因此，要使桂花花繁叶茂，需适当修剪，一般应剪去徒长枝、细弱枝、病虫枝，以利通风透光、养分集中，促使桂花孕育更多、更饱满的花芽，则开花繁茂。

2. 桂花盆栽

盆栽桂花盆土的配比是腐叶土2份、园土3份、沙土3份、腐熟的饼肥2份，将其混合均匀，可于春季萌芽前进行上盆或换盆。在北方冬季应入低温温室，在室内注意通风透光，少浇水。4月出房后，可适当增加水量，生长旺季可浇适量的淡肥水，花开季节肥水可略浓些。到第2年秋天要换盆，盆以瓦缸或大一号瓦盆为宜。换盆时，起苗不要损伤根部，除去部分宿土，换上新的培养土，并放入少量基肥，栽植时要注意使根系在盆内舒展开，不可窝在一处。栽好后，要摇震花盆，使培养土与根系密切接触，然后浇1次透水。至霜降时，将盆置于室内。在上盆和换盆的初期，浇水不可太多，以防烂根。室内温度应保持在5℃～10℃，温度过高不利于冬眠，会抽生叶芽和弱枝，影响来年春后正常生长发育；温度低了，则易受冻害。平时浇水以经常保持盆土含水量在50%左右为宜。阴雨天要及时排水，以防盆内积水烂根。盆栽一般多修剪成独干式。从幼苗开始，选留1个主干，当树干达到预定高度时打顶，促使其萌发3～5个侧枝，形成树冠。以后每年冬春发芽前进行1次修剪，剪除病枯枝、过密枝、细弱枝，并对上强下弱、树形不佳的植株进行适当短截，促使下部萌发不定芽，长出新枝。但修剪不能过度，否则易萌发徒长枝，影响开花数量。桂花正常花期为9月，欲使其延至国庆节开放，可于8月上旬将其移入室内，温度保持在17℃以上，这时浇水要少，使盆土略湿润即可，同时停止施肥，使花蕾生长缓慢。9月中旬将其移到室外露天养护，此时室外气候较凉爽，有利花蕾迅速生长，到国庆节前夕正好盛开。

3.4.5 梅花（*Prunus mume*）

落叶小乔木，干呈褐紫色，多纵驳纹，小枝呈绿色。花期中国西南地区12月至次年1月，华中地区2至3月，华北地区3至4月开花。

1. 梅花地栽

地栽应选在背风向阳的地方，在落叶后至春季萌芽前均可栽植。为提高成活率，应避免损伤根系，带土团移栽。栽植前施好基肥，同时掺入少量磷酸二氢钾，花前再施1次磷酸二氢钾，花后施1次腐熟的饼肥，补充营养。6月还可施1次复合肥，以促进花芽分化。秋季落叶后，施1次有机肥，如腐熟的粪肥等。在年平均气温16℃～23℃地区生长发育最好。对温度非常敏感，在早春平均气温为-5℃～7℃时开花，若遇低温，开花期延后，若开花时遇低温，则花期可延长。地栽梅花整形修剪时间可于花后20天内进行。以自然树形为主，剪去交叉枝、直立枝、干枯枝、过密枝等，对侧枝进行短截，以促进花繁叶茂。

2. 梅花盆栽

盆栽选用腐叶土3份、园土3份、河沙2份、腐熟的厩肥2份均匀混合后的培养土，栽后浇1次透水，放庇荫处养护，待恢复生长后移至阳光下正常管理。生长期应放在阳光充足、通风良好的地方，若处在庇荫环境，光照不足，则生长瘦弱，开花稀少。冬季不要入室过早，以11月下旬入室为宜，使花芽分化充分经过春化阶段。冬季应放在室内向阳处，温度保持5℃左右。生长期应注意浇水，经常保持盆土湿润偏干状态，既不能积水，也不能过湿过干，浇水掌握见干见湿的原则。一般天阴、温度低时少浇水，否则多浇水。夏季每天可浇2次，春、秋季每天浇1次，冬季则干透浇透。盆栽梅花上盆后要进行重剪，为制作盆景打基础。

通常以梅桩作景,嫁接各种姿态的梅花。保持一定的温度,春节可见梅花盛开。若想"五一"开花,则需保持温度0℃~5℃并湿润的环境,4月上旬移出室外,置于阳光允足、通风良好的地方养护,即可"五一"前后见花。

3.4.6 香樟(*Cinnamomum camphora*)

香樟为常绿乔木,树冠广展,枝叶茂密,气势雄伟,是优良的行道树及庭荫树。樟树喜光,稍耐荫;喜温暖湿润气候,耐寒性不强,对土壤要求不严,主根发达,深根性,能抗风。

1. 播种育苗

圃地应选择土层深厚、肥沃、排水良好的轻、中壤土。在翻耕时应施有机肥作基肥,以改良土壤,增加肥力。2月上旬至3月上旬春播,也可以在冬季随采随播。播前用0.5%的高锰酸钾溶液浸泡2h杀菌,并用50℃温水间歇浸种2~3次催芽。陕西、甘肃南部以春季3月中旬到4月上旬播种育苗为宜,秋季育苗易受冻害。以高床为宜,土壤整细压平。采用条播,条距30cm,每亩播种量25kg。经温藏的种子在播种前应进行催芽处理,用温水间歇浸种催芽,切忌高温浸种,以防烫伤种子。播后20~30天发芽,而且发芽整齐。播后用火土灰或黄心土覆盖,厚度为2~3cm,以不见种子为度,浇透水。播后苗床注意保墒,可覆稻草,出苗后即可揭去,这样出苗率可达96%以上。种子萌芽以后,应及时揭除覆盖物。当苗高5cm时应进行间苗、定苗。选粗壮的苗,按7cm左右株距定苗。定苗后施一次肥,以后在6、7、8月份各施肥1次。施肥以氮肥为主,先淡后浓。10月份苗木已进入生长期,应停止施氮肥。香樟苗可当年出圃,也可以培育大苗出圃。1年生苗高50cm,根径0.7cm。产苗量每667m^2为2万株左右。

2. 种苗培育

香樟树苗一年生后最好进行移苗,苗木移栽密度按0.5m×0.3m进行。移栽次数越多,根系越发达,成活率越高。一般香樟田每亩种植600~700株,而适当密植田每亩种植量可达1200~1400株。这样一可以提高土地利用率;二可以密压草,提高肥料利用率;三可以调节光照,确保植株挺拔;四可以通过整枝,减少无效消耗,促进顶端生长。出圃苗以直径2~4cm为宜。去枝数量按移栽培养的年数而定,大体分为三层次:移栽3~6年生苗剪去整体枝条数的1/2;移栽7~10年生苗剪去3/5;移栽11~14年生苗剪去4/5。修枝方法是对树体1/3以下侧枝全部剪除。2/3以上树体选留其侧枝方位分布匀3~7个层次。

3. 大树移植

(1)大树选择。大香樟选择特征是干皮没有或少有微浅的裂痕,主枝显得青嫩光滑,或呈深绿色,无病虫害,树冠圆正,树形美观,生命力强,适应性强,移栽后,能较快地扎根生长。

在选树时,要钻取样土或挖坑分析土壤状况,一般土壤含砂量30%以上的,就挖不起土球。否则,往往选好了的香樟,因挖不起土球而使计划落空,造成人力、物力、财力的浪费。

(2)移栽季节。一般在冬末春初移栽香樟容易成活,最佳移栽时节是嫩芽即将萌动之际。这时有较多的有利因素,如气温较低,雨水渐多,土温回升,枝叶蒸腾作用微弱,而根系已有一定的活动能力。到香樟开始萌动时,根已开始恢复生机,将发生新根,能吸收水分、养分,供应地上部分呼吸、蒸腾、开叶、抽梢的需要。

(3)挖掘与包扎。在挖树之前,要进行修剪部分枝条,挖后即摘光叶子,减少枝叶蒸腾作用,调节地上与地下部分平衡,以提高成活率。树大根系庞大,要挖成大小适当的土球,才易成活,一般以地径的围度作为土球的半径,沿树干作圆,即为土球的合适大小,土球高度要根据根的分布和土性决定,一般以40～60cm为宜。挖掘的方法,要离圆边3～5cm处动土,这样有修整土球的余地。用四齿耙或锋利的锄头,人面对树干挖土开沟,遇有用锄或锹、刀一下斩断不了的粗根,要用锯子锯断,以免震松土球。在土球高度挖至2/3时,将其修整成大小合适的、上下垂直的完整圆形,用粗草绳将其从上到下地箍紧,防止深挖时震垮土球,再继续深挖土球的下部,并使其成为锅底形,但不断主根,保持树体直立,然后像缠圆纱球一样,用粗草绳将整个土球缠紧,再用利器斩断主根,慢慢倒树,不使土球震散,随即用粗草绳扎紧树冠,缠好树干,以保护树干、树冠不受损伤。

(4) 栽植。应随挖、随运、随栽。香樟挖好、包好后,要立即运至造林地栽植。在搬运中,要用吊车或人抬着装车、卸车,切不可拖、滚土球。为防止因车颠跳震散土球,要在车厢内垫层较厚的稻草和用物固定树身不动。

香樟移栽,要预先挖好植穴,其大小要比土球大50～60cm,深60～70cm。定植时,穴底要加填适量的土拌垃圾,使树放到穴里,正好土球面与地面平着或略高少许。除去树干、树冠上的包扎,将树扶正,横直对齐,再去掉土球上的包扎,边填土边捣紧,使土与土球紧密结合,要防止上紧下松。随即架好三脚架护树,并用一桶腐熟的人尿,对一担清水浇下去,既能安兜,又能刺激树根生长,提高成活率。在管理上主要是经常检查和加固树干的支柱,以及看天气浇水,一般在初植时,要隔几天浇一次水。

(5) 移栽管理。树穴底部施腐熟有机肥,穴内换疏松的土壤,以补充养分。移栽时根部喷施0.1%萘乙酸或生根粉溶液,以促进新根生长。伤口修复用0.1%萘乙酸和羊毛酯混合物涂抹枝干、根系伤口,可防止腐烂。种植宁浅勿深,根据地下水位的情况,以土球露地表1/2～1/4为宜,过深则易烂根。应用细土使树穴与土球贴实,浇大水,然后在根部地表覆膜,防止水分的蒸发或过多的水分渗入根部,造成烂根。用草绳进行绕干,然后浇湿、浇透,再用薄膜绕干,这样既可保持树干湿润,又可防止树干水分蒸发和烈日灼伤树皮。

3.4.7 银杏(*Ginkgo biloba*)

银杏为落叶大乔木,雌雄异株,一般3月下旬至4月上旬萌动展叶,4月上旬至中旬开花,9月下旬至10月上旬种子成熟,10月下旬至11月落叶。是近年用于城市道路绿化的主要树种。

银杏寿命长,一次栽植长期受益,因此土地选择非常重要。银杏属喜光树种,应选择坡度不大的阳坡为造林地。银杏对土壤条件要求不高,但以上层厚、土壤湿润肥沃、排水良好的中性或微酸性土为好。

1. 栽植技术

(1) 栽植时间。银杏以秋季带叶栽植及春季发叶前栽植为主。秋季栽植在10～11月进行,可使苗木根系有较长的恢复期,为第二年春地上部发芽做好准备。春季发芽前栽植,由于地上部分很快发芽,根系没有足够的时间恢复,所以生长不如秋季栽植好。

(2) 栽植方法。银杏栽植要按设计的株行距挖栽植窝,窝挖好后要回填表土,施发酵过的含过磷酸钙的肥料。栽植时,将苗木根系自然舒展,与前后左右苗木对齐,然后边填土边踏实。栽植深度以培土到苗木原土印上2～3cm为宜,不要将苗木埋得过深。定植好后及时浇定根水,以提高成活率。

(3) 水肥管理。栽后5~7天浇水。银杏成活后,无须经常灌水,一般在土壤化冻后发芽前浇第一遍水。5月份,如天气干旱,可浇第二遍水,以利于银杏的生长发育。雨季,可视天气情况浇水。银杏耐旱怕涝,阴雨天时要注意排涝。因为银杏的根部呼吸量大,要防止根系因土壤中水分过多缺少氧气造成根系腐烂死亡。施肥在春秋两季,在树冠外围,用环状施肥法或打洞的方法,施一次腐熟的有机肥,施后浇水。银杏有假活、假死现象。有些银杏即使根系死了,叶子还能展开,甚至第二、第三年还能发芽,但叶子很小,待树体内养分耗尽,它才不发叶了,这是银杏的假活现象。有些银杏栽植后,第一年不发芽,甚至第二年还不发芽,但树皮依然鲜绿,到了第三年才开始发芽展叶,这是银杏的假死现象。所以有人说:"种植银杏树,三年活不算活,三年死不算死。"

(4) 修剪、中耕及病虫害防治。银杏无须特殊修剪,移栽前可进行定干修剪,同时将过密枝、病虫枝、伤残枝及枯死枝剪除。在其生长过程中,因生长缓慢,一般不修剪。在养护过程中需及时中耕锄草,减少杂草,有利于树木生长,同时改善土壤的通气条件,促进根系生长,萌发新根。银杏的病虫害很少,夏季高温干旱的年份,当年生苗或新移栽的苗,茎基部易灼伤而使病菌侵入,雨后易发生腐烂病。夏季可设遮阴棚或用波尔多液防治。害虫主要是蛴螬。银杏栽培简单,管理粗放,是优良的绿化树种。银杏树移栽后的管理很重要,但移栽时土壤的孔隙度以及根系大小与枝叶保留量的比例,也能影响银杏移栽成活。

2. 种苗生产

播种繁殖多用于大面积绿化用苗或制作丛株式盆景。秋季采收种子后,去掉外种皮,将带果皮的种子晒干,当年即可冬播或在次年春播。若春播,必须先进行混沙层积催芽。播种时,将种子胚芽横放在播种沟内,播后覆土3~4cm厚并压实,幼苗当年可长至15~25cm高。秋季落叶后,即可移植。但须注意的是苗床要选择排水良好的地段,以防积水而使幼苗近地面的部分腐烂。嫁接繁殖主要用于果树生产。

3.4.8 碧桃 (*Amygdalus persica var. persica f. duplex*)

碧桃为落叶小乔木,在园林中应用较广,可片植形成桃林,也可孤植点缀于草坪中,还可与贴梗海棠等花灌木配植,形成百花齐放的景象。

1. 栽植地点及土壤的要求

碧桃喜干燥向阳的环境,故栽植时要选择地势较高且无遮阴的地点,不宜栽植于沟边及池塘边,也不宜栽植于树冠较大的乔木旁,以免影响其通风透光。碧桃喜肥沃且通透性好、呈中性或微碱性的沙质壤土,在黏重土或重盐碱地栽植,不仅植株不能开花,而且树势不旺,病虫害严重。

2. 水肥管理

碧桃耐旱,怕水湿,一般除早春及秋末各浇一次开冻水及封冻水外,其他季节不用浇水。但在夏季高温天气,如遇连续干旱,适当地浇水是非常必要的。雨天还应做好排水工作,以防水大烂根导致植株死亡。

碧桃喜肥,但不宜过多,可用腐熟发酵的牛马粪作基肥,每年入冬前施一些芝麻酱渣,6~7月如施用1~2次速效磷、钾肥,可促进花芽分化。

3. 修剪

碧桃一般在花后修剪。结合整形将病虫枝、下垂枝、内膛枝、枯死枝、细弱枝、徒长枝剪掉,还要将已开过花的枝条进行短截,只留基部的2~3个芽。这些枝条长到30cm时应及时摘心,促进腋芽饱满,以利花芽分化。

4. 繁殖

主要用嫁接繁殖,东及华南常用毛桃作砧木,若以山杏为砧木,初期生长慢,但寿命长,病虫害少。砧木一般用实生苗,多秋播,第二年春出苗后,及时剪除树干上的萌芽,保证主干光滑,晚夏芽接或第二年春枝接均可,三年生苗可进行定植栽培,嫁接苗定植后1~3年开始开花,4~8年进入开花盛期。

3.4.9 樱花(*Prunus serrulata*)

樱花为落叶乔木,花于3月与叶同放或叶后开花,性喜阳、耐寒、耐旱,忌盐碱,适宜在疏松肥沃、排水良好的地块生长,花期怕风,萌蘖力强且生长迅速。樱花是早春重要的观花树种,被广泛用于园林观赏。

1. 栽培土壤

樱花在含腐殖质较多的沙质壤土和黏质壤土中(pH 为 5.5~6.5)都能很好地生长。在南方土壤黏重的地方,一般混合自制腐叶土(收集树叶及酸性土、鸡粪、木炭粉沤制而成的土壤)。注意,混合前必须将原有黏土块全部打碎,否则起不到改土作用。在地下水位不足1m的地方采用高栽法,即把整个栽植穴垫平后,再在上面堆土栽苗。北方碱性土,需要施硫黄粉或硫酸亚铁等调节pH至6左右。每平方米施硫黄粉2g,有效期1~2年,同时每年测定,使pH不超过7。山樱、染井吉野等品种树干通直,树体较大,是强阳性树种,要求避风向阳,通风透光。成片栽植时,要使每株树都能接受到阳光。

2. 栽植方法

栽植前要把地整平,可挖直径为0.8m,深为0.6m的坑,坑里先填入厚10cm的有机肥,把苗放进坑里,使苗的根向四周伸展。樱花填土后,向上提一下苗使根伸展开,再进行踏实。栽植深度在离苗根上层5cm左右,栽好后浇水,充分灌溉,用棍子架好,以防大风吹倒。

3. 水肥管理

定植后苗木易受旱害,除定植时充分灌水外,以后8~10天灌水一次,保持土壤潮湿但无积水。灌后及时松土,最好用草将地表薄薄覆盖,减少水分蒸发。在定植后2~3年内,为防止树干干燥,可用稻草包裹。但2~3年后,树苗长出新根,对环境的适应性逐渐增强,则不必再包草。樱花每年施肥两次,以酸性肥料为好。一次是冬肥,在冬季或早春施用豆饼、鸡粪和腐熟肥料等有机肥;另一次在落花后,施用硫酸铵、硫酸亚铁、过磷酸钙等速效肥料。一般大樱花树施肥,可采取穴施的方法,即在树冠正投影线的边缘,挖一条深约10cm的环形沟,将肥料施入。此法既简便又利于根系吸收,以后随着树的生长,施肥的环形沟直径和深度也随之增加。樱花根系分布浅,要求排水透气良好,因此在树周围特别是根系分布范围内,切忌人畜、车辆踏实土壤。行人践踏会使树势衰弱,寿命缩短,甚至造成烂根死亡。

4. 修剪养护

修剪主要是剪去枯萎枝、徒长枝、重叠枝及病虫枝。另外,一般大樱花树干上长出许多枝条时,应保留若干长势健壮的枝条,其余全部从基部剪掉,以利通风透光。修剪后的枝条要及时用药物消毒伤口,防止雨淋后病菌侵入,导致腐烂。樱花经太阳长时期的暴晒,树皮易老化损伤,造成腐烂,应及时将其除掉并进行消毒处理。之后,用腐叶土及炭粉包扎腐烂部位,促其恢复正常生理机能。

3.4.10 玉兰(*Magnolia denudata*)

玉兰为落叶乔木,在气温较高的南方,12月至翌年1月即可开花。玉兰是大气污染地区很好的防污染绿化树种。玉兰性喜光,较耐寒,可露地越冬。

1. 种植环境的选择

玉兰喜光,幼树较耐阴,不耐强光和西晒,光照过强或西晒,容易使树木受到灼伤。玉兰可种植在侧方挡光的环境下,种植于大树下或背阴处则生长不良,树形瘦小,枝条稀疏,叶片小而发黄,无花或花小;玉兰较耐寒,能耐 -20℃的短暂低温,但不宜种植在风口处,否则易发生抽条;玉兰喜肥沃、湿润、排水良好的微酸性土壤,但也能在轻度盐碱土(pH为8.2,含盐量0.2%)中正常生长;玉兰是肉质根,怕积水,种植地势要高,在低洼处种植容易烂根而导致死亡;玉兰栽种地的土壤通透性也要好,在黏土中种植则生长不良,在沙壤土和黄沙土中生长最好。

2. 苗木的起挖和栽植

玉兰不耐移植,一般在萌芽前10~15天或花刚谢而未展叶时移栽较为理想。起苗前4~5天要给苗浇一次透水,这样做不仅可以使植株吸收到充足的水分,利于栽种后成活,还利于挖苗时土壤成球。在挖掘时要尽量少伤根系,断根的伤口一定要平滑,以利于伤口愈合。另外还需要注意的是:不管是多大规格的苗木都应当带土球,土球直径应为苗木地径的8~10倍,不能过小,过小则起不到保护根系的作用。土球挖好后要用草绳捆好,防止在运输途中散坨。

栽种前要将树坑挖好,树坑宜大不宜小,树坑过小,不仅栽植麻烦,而且也不利于根系生长。树坑底土最好是熟化土壤,土壤过黏或pH、含盐量超标都应当进行换客土或改土。栽培土通透性一定要好,土壤肥力一定要足,要能供给植株足够的养分,土壤内也不能有砖头、瓦片、石灰等杂质。栽植时深度要适宜,一般来说,栽植深度可略高于原土球2~3cm,过深则易发生闷芽,过浅会使树根裸露,还容易被风吹倒。大规格苗应及时搭设好支架,支架可用三角形支架,防止被风吹倾斜;种植完毕后,应立即浇水,3天后浇二水,5天后浇三水,三水后可进入正常管理。如果所种苗木带有花蕾,应将花蕾剪除,防止开花结果消耗大量养分而影响成活率。

3. 水肥管理

玉兰既不耐涝也不耐旱,在栽培养护中应严格遵循其"喜湿怕涝"这一原则。在栽培养护过程中,有许多人认为玉兰怕涝,就应尽量少浇水,这种认识和做法是非常错误的,因为玉兰怕涝并不等于喜旱,它本身是喜欢湿润环境的,在水分的管理上要掌握好土壤不能过干也不能过湿这个度。经验证明:在栽培过程中,应该使土保持湿润而没有积水。在养护过程中,新种植的玉兰应该保持土壤湿润,这也是保证其成活率的重要举措。给进入正常管理的玉兰浇水以及早春的返青水、初冬的防冻水是必不可少的,而且要浇足浇透。在生长季节里,可每月浇一次水。雨季应停止浇水,在雨后要及时排水,防止因积水而导致烂根,此外还应该及时进行松土保墒。需要注意的是:在雨季干旱时期也要及时灌溉,缺水不仅影响植株的营养生长,还会导致花蕾脱落或萎缩,影响翌年的开花。

另外,在立地条件差,特别是硬化面积大,绿地面积小的环境里种植的玉兰,在连续高温干旱天气的情况下,在根部浇水的同时还应予以叶面喷水。喷水应注意雾化程度,雾化程度越高,效果越好,喷水时间以早 8:00 以前和晚 6:00 以后效果最好,中午光照强时不能进行。对于遭受涝害的玉兰,要在第一时间对其进行挽救,一是要及时将积水排除,二是要对树体进行遮阴,特别是防止西晒,三是剪除部分叶片和花蕾。

玉兰喜肥,除在栽植时施用基肥外,此后每年都应施肥,肥料充足可使植株生长旺盛,叶片碧绿肥厚,不仅着蕾多,而且花大,花期长且芳香馥郁。给玉兰施肥,每年分 4 次进行,即花前施用一次氮、磷、钾复合肥,这次肥不仅能提高开花质量,而且有利于春季生长;花后要施用一次氮肥,这次肥可提高植株的生长量,扩大营养面积;在 7、8 月施用一次磷、钾复合肥,这次肥可以促进花芽分化,提高新生枝条的木质化程度;入冬前结合浇冬水再施用一次腐熟发酵的圈肥,这次肥不仅可以提高土壤的活性,而且还可有效提高地温,且施肥量宜大不宜小。另外,当年种植的苗,如果长势不良可以用 0.2% 磷酸二氢钾溶液进行叶面喷施,能起到有效增强树势的作用。

4. 越冬管理

玉兰虽然能耐 -20℃ 的低温,但小规格玉兰和当年栽种的玉兰都应加强越冬管理,除在 11 月中下旬其落叶后应浇足浇透封冻水外,还应对树坑进行覆草、覆膜或培土处理,树体可进行涂白处理,防止春季抽条。种植成活多年的玉兰,只进行浇防冻水和涂白处理即可。

5. 生理病害及防治

玉兰是抗病性较强的树种,主要病害有黄化病和叶片灼伤病。

(1) 黄化病发病症状和规律。首先表现为小叶褪绿,叶绿素逐渐减少,叶片呈黄色或淡黄色,叶脉处仍呈绿色,病情扩展后整个叶片变黄,进而逐渐变白,植株生长逐渐衰退,最终死亡。

防治方法:黄化病是一种生理性病害,主要因土壤过黏、pH 超标,铁元素供应不足而引起。可以用 0.2% 硫酸亚铁溶液来灌根,也可用 0.1% 硫酸亚铁溶液进行叶片喷雾,并应多施用农家肥。

(2) 叶片灼伤病发病症状及规律。初期表现为植株的叶片焦边,此后叶片逐渐皱缩干枯,发病严重时新生叶片不能展开,叶片大量干枯并脱落。在土地条件差,如硬化面积大、绿地面积小;长时间高温、干旱、光照过强;土壤碱化或花量过大等情况下经常发生此病。

防治方法:增加浇水次数,保持土壤湿润;多施有机肥,增强树势,提高植株的抗性;对树体进行涂白或缠干。

6. 整形修剪

因玉兰的枝干愈伤能力较差,在不是必需的情况下,一般不做修剪,如树形不美或较乱,应将病虫枝、干枯枝、下垂枝及徒长枝、过密枝及无用的枝条疏除,以利植株通风透光,树形优美。修剪时间在早春展叶前进行。玉兰一般不进行短截,以免剪除花芽。如需要修剪,应对较大的伤口涂抹波尔多液,以防止病菌侵染。

3.4.11 紫薇(Lagerstroemia indica)

紫薇属落叶灌木或小乔木。紫薇为小乔木,有时呈灌木状,高 3~7m;树皮易脱落,树干光滑。花期6~9月,果期10~11月。

1. 栽植

栽紫薇应选择土层深厚、土壤肥沃、排水良好的背风向阳处。大苗移植要带土球,并适当修剪枝条,否则成活率较低。栽植穴内施腐熟有机肥作基肥,栽后浇透水,3天后再浇1次。紫薇出芽较晚,正常情况下在4月中旬至4月底才展叶,新栽植株因根系受伤,发芽就更要延迟,因此不要误认为没有栽活而放弃管理。

2. 养护管理

成活后的植株管理比较粗放。紫薇生命力强健,易于栽培,对土壤要求不严,但栽种于深厚肥沃的砂质壤土中生长最好,性喜光,应栽种于背风向阳处或庭院的南墙根下,光照不足不仅植株花少或不开花,甚至会生长衰弱,枝细叶小。紫薇较耐寒,但幼苗期应做好防寒保温工作,三年生以上的成株则不用保温。紫薇耐旱,怕涝,每年可于春季萌动前和秋季落叶后浇一次返青水和冻水,平时如不过于干旱,则不用浇水,一般在春旱时浇1~3次水,雨季要做好排涝工作,防止水大烂根。秋天不宜浇水。可在每年冬季落叶后和春季萌动前施肥,如施用人粪尿或麻酱渣则更好,可使植株来年生长旺盛,花大色艳。为了使紫薇花繁叶茂,在休眠期应对其整形修剪。因紫薇花序着生在当年新枝的顶端,因此在修剪时要对一年生枝进行重剪回缩,使养分集中,发枝健壮,要将徒长枝、干枯枝、下垂枝、病虫枝、纤细枝和内生枝剪掉,幼树期还应及时将植株主干下部的侧生枝剪去,以使主干上部能得到充足的养分,形成良好的树冠。

紫薇栽培管理粗放,但要及时剪除枯枝、病虫枝,并烧毁。为了延长花期,应适时剪去已开过花的枝条,使之重新萌芽,长出下一轮花枝。为了树干粗枝,可以大量剪去花枝,集中营养培养树干。实践证明:管理适当,紫薇一年中经多次修剪可使其开花多次,长达100~120天。

3.4.12 紫荆(*Cercis chinensis*)

紫荆属落叶灌木或小乔木,是春季的主要观赏花卉之一,花期4~5月,喜阳光,耐暑热。适合栽种于庭院、公园、广场、草坪、街头游园、道路绿化带等处,也可盆栽观赏或制作盆景。

1. 繁殖

紫荆繁殖常用播种、分株、压条、扦插的方法,对于加拿大红叶紫荆等优良品种,还可用嫁接的方法繁殖。

(1) 播种繁殖。9~10月收集成熟荚果,取出种子,埋于干沙中置荫凉处越冬。3月下旬到4月上旬播种,播前进行种子处理,这样才做到苗齐苗壮。用60℃温水浸泡种子,水凉后继续泡3~5天,每天需要换凉水一次。种子吸水膨胀后,放在15℃环境中催芽,每天用温水淋浇1~2次,待露白后播于苗床,2周可齐苗,出苗后适当间苗。4片真叶时可移植苗圃中,畦地以疏松肥沃的壤土为好。为便于管理,栽植实行宽窄行,宽行60cm,窄行40cm,株距30~40cm。幼苗期不耐寒,冬季需用塑料拱棚保护越冬。

(2) 分株繁殖。紫荆根部易产生根蘖。秋季10月份或春季发芽前用利刀断蘖苗和母株连接的侧根另植,容易成活。秋季分株的应假植保护越冬,春季3月定植。一般第二年可开花。

(3) 压条繁殖。生长季节都可进行,以春季3月至4月较好。空中压条法可选1~2年生枝条,用利刀刻伤并环剥树皮1.5cm左右,露出木质部,将生根粉液(按说明稀释)涂在刻伤部位上方3cm左右,待干后用筒状塑料袋套在刻伤处,装满疏松园土,浇水后两头扎紧即可。一月后检查,如土过干可补水保湿,生根后剪下另植。灌丛型树可选外围较细软、1~2年生枝条将基部刻伤,涂以生根粉液,急弯后埋入土中,上压砖石固定,顶梢可用棍支撑扶正。一般第二年3月分割另植。有些枝条当年不生根,可继续埋压,第二年可生根。

(4) 扦插繁殖。在夏季的生长季节进行,剪去当年生的嫩枝做插穗,插于沙土中也可成活,但生产中不常用。

(5) 嫁接繁殖。可用长势强健的普通紫荆、巨紫荆做砧木,但由于巨紫荆的耐寒性不强,故北方地区不宜使用。以加拿大红叶紫荆等优良品种的芽或枝做接穗,接穗要求品种纯正、长势旺盛,选择无病虫害或少病虫害的植株向阳面外围的充实枝条,接穗采集后剪除叶片,及时嫁接。可在4~5月和8~9月用枝接的方法,7月用芽接的方法进行。如果天气干旱,嫁接前1~2天应灌一次透水,以提高嫁接成活率。

在紫荆嫁接后3周左右应检查接穗是否成活,若不成活应及时进行补接。嫁接成活的植株要及时抹去砧木上萌发的枝芽,以免与接穗争夺养分,影响其正常生长。

2. 管理

紫荆生性强健,无须特殊栽培管理。每年去除萌蘖,保留一个茎干,可以培育成独干紫荆,开花更为壮观。

3.4.13 雪松(*Cedrus deodara*)

常绿乔木,花期为10~11月份,雄球花比雌球花花期早10天左右。球果翌年10月份成熟。雪松是世界著名的庭园观赏树种之一。它具有较强的防尘、减噪与杀菌能力,也适宜做工矿企业绿化树种。

1. 种苗生产

种苗生产一般用播种和扦插繁殖方式。

(1) 播种繁殖。可于3月中下旬进行,播种量为75kg/hm^2。也可提早播种,以增加幼苗抗病能力。选择排水、通气良好的砂质壤土作为苗床。播种前,用冷水浸种1~2天,晾干后即可播种,3~6天后开始萌动,约15天萌芽出土,可持续1个月左右,发芽率达90%。幼苗期需注意遮阴,并防治猝倒病和地老虎的危害。一年生苗可达30~40cm高,翌年春季即可移植。

(2) 扦插繁殖。扦插繁殖在春、夏两季均可进行。春季宜在3月20日前,夏季以7月下旬为佳。春季剪取幼龄母树的一年生粗壮枝条,用生根粉或500mg/L萘乙酸处理,也可在插穗基部如以500ppm的萘乙酸浸润5min,则能促进生根。然后将其插于透气良好的砂壤土中,充分浇水,搭双层荫棚遮阴。夏季宜选取当年生半木质化枝为插穗。在管理上除加强遮阴外,还要加盖塑料薄膜以保持湿度。插后30~50天,可形成愈伤组织,这时可以用0.2%尿素和0.1%的磷酸二氢钾溶液,进行根外施肥。

繁殖苗留床1~2年后可移植。移植宜于2~3月进行,植株需带个球,并立支竿。初次移植的株行距约为50cm,第二次移植的株行距应扩大到1~2m。生长期应施以2~3次追肥。一般不必整形修枝,只需疏除病枯枝和树冠紧密处的阴生弱枝即可。幼苗期易受病虫危害,尤以猝倒病和地老虎危害最烈,其他害虫有蛴螬、大袋蛾、松毒蛾、松梢螟、红蜡蚧、白蚁等，要及时防治。

2. 栽植

种植的时候土坑不能挖得太深。雪松为浅根性树种，根系只有在靠近土壤表层的地方才会生长得最好，活性最高；移植的雪松不抗大风，需搭建三脚支架支撑好。

3. 养护管理

雪松怕水，不怕旱。苗圃种植，必须在田间多挖深沟，确保雨季不积水；工程栽植雪松，必须把雪松栽植在相对于路面和绿岛表面较高的地方，周边要保证不积水。雪松病虫害不多，尤其是致命的病虫害更少见。春季主要防止蚜虫危害，这种虫在长江流域很普遍，危害嫩梢，造成雪松主干的顶端生长优势丧失。发现有虫害，应及时喷施含磷的杀虫剂。

4. 整形修剪

一般来说，雪松实生苗可以不必修剪而自然成型，但雪松扦插苗，很难自然形成优美树形。下面简单介绍优质雪松的树形特点及整形修剪方法。

(1) 主干弯曲应扶正。雪松为乔木，主干直立不分叉，因此必须保持中心领导干向上生长的优势。有些苗木的主干头弯曲或软弱，势必影响植株正常生长。可用细竹竿绑扎主干嫩梢，充分发挥其顶端优势，绑扎工作每年进行一次。若主干上出现竞争枝，应选留一强枝为中心领导干，另一个短截回缩，于第二年短截。

(2) 大侧枝的选留。雪松侧枝在主干上呈不规则轮生，数量很多。如果间隔距离过小，则会导致树冠郁闭、养分分配不均、长势不均衡。修剪目的就是使各侧枝在主干上分层排列，每层有侧枝 4~6 个，并向不同方向伸展，层间距离 30~50cm。凡被选定为侧枝者均保留，并注意保护其新梢。对于层内未被选作侧枝的较粗壮枝条，应先短截，抚养一段时间后再做处理，其余枝条适当疏除。

(3) 平衡树势树体。各部分因所处条件不同，其生长速度不一致，所以生长势也有强弱之分。优质雪松要求下部侧枝长，向上渐次缩短，而同一层的侧枝其长势必须平衡，才能形成优美的树形。所以在整形修剪时，要注意使各侧枝平衡生长。平衡树势时，对生长势强的枝条可进行回缩剪截，并选留生长势弱的平行枝或下垂枝替代。

(4) 调整"下强上弱"的树势。有些雪松下部侧枝生长过旺，上部侧枝则很弱，形成下强上弱的树冠，很不美观。其原因是幼苗时未能把顶梢扶正，使营养分散在下部大侧枝上，以致长大后上部侧枝不伸展，下部长势旺盛，影响观赏价值。解决办法，对下部的强壮枝、重叠枝、平行枝进行回缩修剪；对上部的植株，用 40~50ppm 赤霉素（GA）溶液喷洒，每隔 20 天喷一次，以促其生长。

(5) 偏形树的改造。雪松因扦插时插穗选择不当或在生长过程中伸展空间受到制约等原因，常形成树冠偏向生长。这种树的改造方法是引枝补空，即将附近的大侧枝用绳子或铁丝牵引过来。也可以嫁接新枝，即在空隙大而无枝的地方，用腹接法嫁接一健壮的芽，令其萌发出新枝。

3.4.14　紫藤（*Wisteria sinensis*）

紫藤为落叶攀缘缠绕性大藤本植物，花期 4~5 月，果熟 8~9 月，对气候和土壤的适应性强，较耐寒，能耐水湿及瘠薄土壤，喜光，较耐阴。

1. 栽植

栽植紫藤应选择土层深厚、土壤肥沃且排水良好的高燥处,过度潮湿易烂根。栽植时间一般在秋季落叶后至春季萌芽前。紫藤主根粗长,侧根少,不耐移植,因此在移栽时,植株要带土球,或不带土球,对枝干实行重剪,栽植穴施有机肥作基肥,栽后浇透水。对较大植株,在栽植前应设置坚固耐久的棚架,栽后将粗大枝条绑缚架上,使其沿架攀缘。紫藤的日常管理简单,生长期一般追肥2~3次。

2. 修剪

紫藤的修剪是管理中的一项重要工作,修剪时间宜在休眠期,修剪时可通过去密留稀和人工牵引使枝条分布均匀。为了促使花繁叶茂,还应根据其生长习性进行合理修剪,因紫藤发枝能力强,花芽着生在一年生枝的基部叶腋,生长枝顶端易干枯,因此要对当年生的新枝进行回缩,剪去1/3~1/2,并将细弱枝、枯枝、齐分枝基部剪除。开花后可将中部枝条留5~6个芽短截,并剪除弱枝,以促进花芽形成。

盆栽紫藤,除选用较矮小种类和品种外,更应加强修剪和摘心,控制植株勿使过大。如作盆景栽培,整形、修剪更需加强,必要时还可用老桩上盆,嫁接优良品种。

3.4.15 凌霄(*Campsis grandiflora*)

落叶藤本,茎木质,以气生根攀附于他物之上,花期6~8月,果期11月,适用于攀附墙垣。

1. 地栽管理

凌霄花喜充足阳光,也耐半阴。适应性较强、耐寒、耐旱、耐瘠薄,病虫害较少,但不适宜在暴晒或无阳光下。凌霄要求土壤肥沃、排水好的沙土。不喜欢大肥,不要施肥过多,否则影响开花。较耐水湿,并有一定的耐盐碱能力。早期管理要注意浇水,后期管理可粗放些。植株长到一定程度,要设立支竿。每年发芽前可进行适当疏剪,去掉枯枝和过密枝,使树形合理,利于生长。开花之前施一些复合肥、堆肥,并进行适当灌溉,使植株生长旺盛、开花茂密。

2. 盆栽管理

盆栽宜选择5年以上植株,将主干保留30~40cm短截,同时修根,保留主要根系,上盆后使其重发新枝。萌出的新枝只保留上部3~5个,下部的全部剪去,使其成伞形,控制水肥,经一年即可成型。搭好支架任其攀附,次年夏季现蕾后及时疏花,并施一次液肥,则花大而鲜丽。冬季置不结冰的室内越冬,严格控制浇水,早春萌芽之前进行修剪。

3. 繁殖方法

凌霄不易结果,很难得到种子,所以繁殖主要采用扦插法和压条法。

(1) 扦插繁殖。南方多在春季进行,北方多在秋季进行,长江中下游地区宜于4~5月进行,成活率很高。方法是选择健壮、无病虫害枝条,剪成10~15cm小段插入土中,20天左右即可生根。

(2) 压条繁殖。凌霄茎上生有气生根,压条繁殖法比较简单,春、夏、秋皆可进行,经50天左右生根成活后即可剪下移栽。

3.4.16 盘槐(*Sophora japonica var. japonica*)

落叶乔木,小枝柔软下垂,树冠如伞,状态优美,枝条构成盘状,上部蟠(盘)曲如龙,老树奇特苍古。冠层可达50~70cm厚,层内小枝易干枯。冬季落叶后仍可欣赏其扭曲多变的枝干和树冠。常作为门庭及道旁树；或作庭荫树；或置于草坪中作观赏树。

盘槐喜光，稍耐阴，能适应干冷气候，喜生于土层深厚、湿润肥沃、排水良好的沙质壤土，对二氧化硫、氟化氢、氯气等有毒气体及烟尘有一定抗性，深根性，根系发达，抗风力强，萌芽力也强，寿命长。嫁接方法为生产上常用的苗木生产形式。

1. 繁殖

（1）砧木准备。春天，在苗圃中选择胸径5cm以上的苗木留1.5~2.5m定干（也可以根据用户的要求来确定干的高度）。当新枝长到10cm左右时，选留6~8个不同方位且分布均匀的枝条，其余的从基部抹除。这些枝条在主干的着生高度最好集中在10cm的范围内。若枝条的数量不足或者分布不均匀，可以把邻近的枝条重摘心来达到要求。第2年3月底、4月初按株行距1.5m×2m进行带土移栽，移栽后浇水，待接。

（2）接穗选择。选择树体优美、无病虫害的龙爪槐的外围枝条。枝条的采集可结合母树的修剪来进行。在4月下旬至5月中旬自龙爪槐的前一年生枝上采取休眠芽作接穗，接于槐树的1~2年新枝上，此外也可在7月上、中旬用当年的新生芽进行芽接。

（3）嫁接方法。一定要等到春末的时候，也就是已经发芽了，再嫁接是最好的，经验说明，嫁接的时间越晚，成活率就越高。避开雨水天气，否则接穗会发霉腐烂。采用芽接法，先在砧木枝条基部背上的光滑处，离基部5~15cm处入刀，逐步向上削，深达木质部，最后削出椭圆形接口，长度2~3cm。在接穗中部饱满芽的下部1cm左右入刀，逐步上削，也深达木质部，至芽上方1cm左右削出椭圆形芽片。芽片的长短、宽窄都要略小于砧木接口。将芽片放到砧木上，对齐四边，若芽片较小，可使芽片的一侧与砧木的削面吻合。然后用塑料薄膜进行全封包扎。

（4）接后管理。接后立即剪掉枝条的1/2。在每个枝条的前端留一个新枝，其余全部疏除。接后20天左右，在接芽前端1cm剪砧，并经常抹除多余的萌芽。根据树的生长状况，在枝条的下垂处重摘心，促发枝量。一般摘心两次。6月中旬、7月中旬追肥两次，以氮肥为主，并结合追肥浇水。及时防治病虫害和清除杂草。

2. 栽培管理

整形修剪是盘槐定植后的重要管理措施。为了扩大树冠，每年修剪时应保留盘槐枝条上侧的枝芽。为了更新树冠，则应将枝条回缩。

3.4.17 树状月季（*Rosa ssp.*）

月季是常绿或半常绿的灌木或藤本植物，其品种多达1万种以上，栽培极为广泛。月季花期长，四季均能开放，花色较多，且花色艳丽，芳香浓郁，可谓色香俱佳。

月季是良好的园林绿化树种，既可盆栽，又可地栽，同时还能做切花。由于月季株形矮小，株高仅1.5m左右，因此其地栽效果并不理想。但是通过采取一定的措施，可以把本来矮小的灌木月季培育成具有明显主干和完整冠形的树状月季，令其观赏价值大增。下面就来介绍树状月季的培育方法。

1. 扦插苗培育树状月季

（1）品种选择。选择枝条粗壮，生长势强，株形直立高大的品种，如壮花月季，于5~6月用扦插方法进行繁殖。

（2）培养干形。扦插成活后，及时进行抹芽修枝，只保留1个直立向上、长势旺盛的枝条作主干,同时适当增施水肥,以促进主干的高和直径的生长,主干高度达到1.5m左右即可,当然如果可能的话,应尽量使主干高一些。

(3)定干。在主干距地面1.5m或更高的位置进行截干,然后在剪口附近选留3~5个发育充实,分布均匀的芽,使萌发形成侧枝,其余侧芽全部抹掉。

(4)培养冠形。侧枝形成后,可在第二年春季对其进行短截,保留长度30cm。然后在每个侧枝剪口附近选留3个芽,其余侧芽要抹掉。每个侧枝上又可留3个分枝,这样就形成了"3股9顶"的头状树形,是树状月季基本的树形骨架。在此基础上,再反复对侧枝上的分枝进行摘心和疏剪,使树冠上枝条数量不断增加,逐渐形成丰满的圆球形冠形,几年后便可培育出一株具有一定枝干高度和完整冠形的树状月季。

2. 嫁接法培育树状月季

(1)不同品种蔷薇,枝条嫁接法。等枝条长到直径0.6cm左右,高度0.6~2m时,划分不同的高度,采用盾形贴芽嫁接法嫁接。

(2)播种蔷薇种子培育法。蔷薇种子发芽后移植,等长到地茎0.5cm粗时嫁接蔷薇,蔷薇新枝长到高度0.6m~2m高时,嫁接月季品种。

采用以上两种方法的优点是:树冠形状较好,开花量多,冠幅增长快,根部吸收能力强,植株寿命长等。缺点是:树干柔软,需支撑帮助(2~5年方可独立生长)。

(3)古桩蔷薇作砧木嫁接培育法。用径粗3cm以上的野生木香蔷薇,从大山中移植到平原驯化。古桩蔷薇高度长到0.6~2m之间、茎粗3~8cm时嫁接月季品种。采用此方法嫁接的优点是:冠幅、开花量、生命力、树干粗度都能达到最佳,无须支撑。

3.5 古树名木的养护管理

古树名木是指在人类历史过程中保存下来的年代久远或具有重要科研、历史、文化价值的树木。古树指树龄在100年以上的树木;名木指在历史上或社会上有重大影响的中外历代名人、领袖人物所植或者具有极其重要的历史、文化价值、纪念意义的树木。

3.5.1 古树名木的特点

1. 多元价值性

古树名木是多种价值的复合体。古树不仅具有一般树木所具有的生态价值,而且是研究当地自然历史变迁的重要材料,有的则具有重要的旅游价值。

2. 不可再生性

古树名木具有不可再生性,一旦死亡,就无法以其他植物来替补。

3. 特定时机性

古树形成的时间较长(至少需要100年),植树者在有生之年,通常无法等到自己所种植的树变成古树,而名木的产生也有一定的机遇性,故无论是古树,还是名木,都不可能在短期内大量生产,具有特定的时机性。

4. 动态性

古树的动态性体现在，一方面，随着树龄的增加，一些古树很可能因树势衰弱、人为因素而死亡、不复存在；另一方面，一些老树随着时间的推移则会成为新的古树。

3.5.2 古树名木的日常养护

1. 支架支撑

古树由于年代久远，主干或有中空，主枝常有死亡，造成树冠失去均衡，树体容易倾斜；又因树体衰老，枝条容易下垂，因而需用他物支撑。

2. 堵树洞

古树的木质部常发生腐烂现象，造成大小不等的空洞，对树木生长影响极大，因此要及时进行修补。方法是：

① 清理树洞，扒除尘土，刮除洞内朽木。可用钢丝刷或毛刷进行清理，并用1∶30的硫酸铜水溶液，喷洒树洞内壁2次，间隔30min。若洞壁有虫孔可用稀释50倍的氧化乐果溶液注射，然后在空洞内壁涂水柏油（木焦油）防腐剂。

② 浇灌补洞填充材料。可用聚氨酯和聚硫密封剂修补树体。将聚醚和聚氨酯按1∶1.35的比例进行搅拌，从混合至溶液开始发泡后（在19℃以上的气温条件下）20s内即可发泡成型。

③ 外表修饰。为提高古树的观赏价值，按照随坡就势、因树作形的原则，可采用粘树皮或局部造型等方法，对修补完的树洞进行修饰处理，恢复原有的风貌。

3. 设避雷针

据调查，千年古银杏大部分曾遭过雷击，严重影响树势，有的在雷击后因未采取补救措施甚至很快死亡。所以，高大的古树应加避雷针。如果遭受雷击，应立即将伤口刮平，涂上保护剂，并堵好树洞。

4. 防治病虫害

古树因生长势弱，抗逆性差，易受病虫的侵袭，因此必须加强巡视。一旦发现疫情，应及早防治。对一些蛀干的小蠹蛾类或天牛类等害虫可用敌敌畏或乐果40%乳油加水稀释1000倍进行防治。

5. 灌水、松土、施肥

春季、夏季灌水防旱，秋季、冬季浇水防冻，灌水后应松土，一方面保墒，同时增加通透性。古树的施肥方法各异，可以在树冠投影部分开沟（深0.3m、宽0.7m、长2m，或者深0.7m、宽1m、长2m），沟内施腐殖土加化肥。

6. 树体喷水

由于城市空气浮尘污染，古树树体截留灰尘极多，影响观赏效果和光合作用，应用喷水方法加以清洗。此项措施费工费水，只在重点区采用。

3.5.3 古树名木的复壮

对生长衰弱、濒临死亡的树木应加强复壮工作。当树冠外围枝条衰老枯梢时，采用回缩修剪，截去枯枝进行更新。修剪后加强肥水管理，勤施淡肥，促发新枝，组成茂盛的树冠。对萌蘖能力强的树种，当树木地上部分死亡后，根颈处仍能萌发健壮的根蘖时，可对死亡或濒临死亡而无法抢救的古树干截除，由根蘖进行更新。此外，对树势衰弱的古树，还可采用桥接法使之恢复生机。即在古树周围,均匀种植 2~3 株同种幼树,幼树生长旺盛后,将幼树枝条桥接到古树上。方法是:将古树干一定高度处皮部切开,把幼树枝削成楔形插入古树皮部,对准形成层,用绳子扎紧。愈合后由于幼树根系的吸收作用强,在一定程度上改善了古树体内的水分和营养状况,对恢复古树的长势有较好的效果。古树名木的保护与研究是个新的问题,也是一个相当紧迫急待解决的问题。各地应根据当地实际情况,进行试验、研究,为保护古树、名木做出贡献。

本章小结

本章主要介绍了与花木生产技术相关的生长发育基本理论,包括花木的生长周期、年生长周期、枝条增粗增长生长、花芽分化所需条件与花木生长的整体相关性等。在此基础上,重点介绍了香樟、梅花、紫藤、紫荆等 17 种花木的生产技术要点,以及大规格花木移栽、花木越冬越夏养护管理、古树名木养护复壮等相关技术。

实训指导

实训项目十九　大树移植的调查与养护管理

一、目的与要求

掌握大树移栽后生长状况调查的内容与方法,根据大树生长状况制订并实施养护管理方案。

二、材料与用具

1. 校园内或园林绿地内移栽 3 年内的大树。
2. 观测大树生长状况所需的皮尺、比色卡等工具。
3. 实施即时养护措施所需的工具与物资。

三、内容与方法

1. 观测大树移栽后的生长量、树形变化、树冠投影与胸径比等能够反映大树恢复生长状况的指标数据。
2. 根据树种、现场测得的数据和立地条件等因素,分析制订养护管理方案。
3. 实施即时养护管理措施。

四、作业

1. 分小组完成本项目实训任务。
2. 从方案制订、项目实施等方面进行小结,并提出改进意见。

实训项目二十　花木冬季养护管理

一、目的与要求
了解花木冬季养护管理的主要内容,重点掌握树干涂白剂的配制、树干涂白等技术。

二、材料与用具
1. 需要涂白防冻的园林花木。
2. 石灰、硫黄、盐、油脂等配制涂白剂的原料。
3. 塑料桶、毛刷、手套等。

三、内容与方法
（一）配制涂白剂

1. 配方比例

石硫合剂原液 0.5kg、食盐 0.5kg、生石灰 3kg、油脂适量、水 10kg。

2. 配制方法

将生石灰加水熟化,加入油脂搅拌后加水制成石灰乳。再倒入石硫合剂原液和盐水,充分搅拌即成。

（二）涂白操作

1. 对园林花木树干需要涂白的部位进行清理,如发现树干上已有害虫蛀入,要用棉花浸药把害虫杀死后再进行涂白处理。

2. 将涂白剂搅拌均匀,用毛刷或草蘸取涂白剂,均匀涂刷于树干上。涂白部位主要为离地 1~1.5m。

四、作业与思考
1. 以小组为单位,完成园林花木的作业。
2. 从涂白剂配制、树干涂白等方面进行小结,并提出改进意见。

第 4 章　花木的整形修剪

本章导读

对花木进行适当的整形修剪,具有调节整株的长势,防止徒长,使营养集中供应给所需要的枝叶或促进开花结果的作用。

实施观赏花木修剪整形的依据是花木的形态结构和生长发育特性,以及生长环境和栽培目的。观赏花木的整形修剪包括整形和修剪两方面,整形是修剪花木的整体外表,修剪是剪去不必要的杂枝或者为了新芽的萌发而适当处理枝芽。

4.1　花木的形态结构与枝、芽特性

4.1.1　花木的树体结构

一株正常的树木,主要由根、枝干(或藤木枝蔓)、树叶组成。在一定树龄范围内,还有花果等。习惯上把树根称为地下部;枝干及其分枝形成的树冠(包括叶、花、果)称为地上部;地上部与地下部的交界处,称为根颈。图 3-4-1 所示为树体的组成。

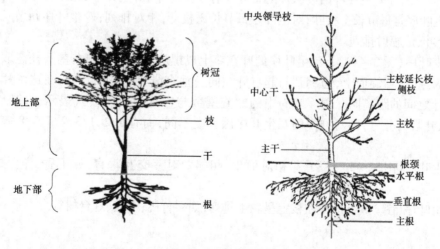

图 3-4-1　树体的组成

4.1.2 花木的枝、芽特性

1. 芽的特性

（1）芽的分类。

定芽与不定芽：定芽是在枝条上一定位置着生的芽。顶芽是枝条顶端的芽。侧芽是在叶腋内着生的芽，又称腋芽。顶芽与侧芽都属于定芽。不定芽是着生位置不定，如在茎干伤口处萌发的芽、根和叶上着生的芽。

单芽和复芽、主芽与副芽：单芽是每片叶腋间只有一个芽（图 3-4-2）。复芽是每个叶腋间有两个以上的芽（图 3-4-3）。主芽是复芽中着生于中央或基部的芽，副芽是复芽中除主芽外其余的芽。

图 3-4-2　单芽　　　　图 3-4-3　复芽

叶芽、花芽、混合芽：叶芽是萌发后只长枝叶的芽。花芽也称纯花芽，是萌发后只开花或花序的芽，如桃。混合芽是萌发后，先抽新梢，在新梢上开花的芽，如海棠、紫薇。

（2）芽的特性。

芽序：定芽在枝上按一定规律排列的顺序性。芽序与叶序相同。植物的叶在茎上的排列顺序称叶序，芽着生在叶的叶腋。通常叶序有互生叶序、对生叶序、轮生叶序三种排列方式。互生叶序是每节长 1 枚叶；对生叶序每节长 3 枚叶，相对排列；轮生叶序每节长 3 枚或 3 枚以上叶，成辐射排列。

互生叶序（图 3-4-4）：互生叶序的叶在茎上成螺旋状排列。如在茎上任意取一个节上的叶为起点，螺旋而上，追溯到与起点叶在同一垂直线上的另一片叶，在这两片起点叶与终点叶之间的距离叫叶周。叶周中的螺旋圈数与叶片数可用公式表示。即以圈数为分子，以叶数为分母，则植物中的互生叶序因种类不同，而有 1/2、1/3、2/5、3/8 等多种排列方式。

对生叶序（图 3-4-5）：每节芽相对而生，相邻两对芽交互垂直，如丁香、洋白蜡、油橄榄等。

轮生叶序（图 3-4-6）：芽在枝上呈轮生排列，如夹竹桃、雪松、灯台树等。

图 3-4-4　互生叶序　　　图 3-4-5　对生叶序　　　图 3-4-6 轮生叶序

（2）芽的异质性。

在芽形成时，其内部营养状况和外界环境条件的不同，使处在同一枝上不同部位的芽存在着大小、饱满程度等差异的现象。一般枝条基部或近基部的芽较瘦小、不健壮。主要是因为早春抽梢时，气温较低，光照较弱，植物的总叶面积小，叶绿素含量低，光合强度及效率低而造成的。而长在枝条中部以上的芽，由于形成时的气温已升高，植物的总叶面积也很快扩大，同化作用加强，体内的营养水平提高，因而会较前期形成的芽饱满。同样，秋、冬梢形成的芽一般也较为瘦小。芽的异质性导致同一年中形成的甚至同一枝条上的芽的质量各不相同。芽的质量直接影响着它的萌发和萌发后新梢生长的强弱，修剪时利用这一特性可调节枝条的生长势，平衡植物的生长和促进花芽的形成萌发。为了使骨干枝的延长枝发出强壮的枝条，常在新梢的中上部饱满芽处进行剪截。对生长过强的个别枝条，为限制其过旺盛的生长，可选择在弱芽处下剪，抽生弱枝以缓和枝条长势。为平衡植株各方向的长势，扶持弱枝常利用饱满芽当头，能抽生壮枝，使枝条由弱转强。总之，在修剪中合理利用异质性，才能提高修剪质量，达到理想的造型或调节长势的效果。

（3）萌芽力与成枝力。

萌芽力：母枝上芽的萌发能力，常用萌芽率（萌芽数占该枝芽总数的百分率）来表示。萌芽率就是枝条上萌发的芽的数量占该枝上的芽的总数的百分比。枝条的萌发率越高，则说明该枝条的芽的萌芽力越强。

成枝力：是指一年生枝上的芽萌发抽梢长成长枝的能力。一般而言，该枝上的芽抽生成长枝的数量越多，则说明该枝上的芽成枝力就越强。

（4）芽的潜伏力。

树木枝条基部芽或上部的某些副芽，在一般情况下不萌发而呈潜伏状态。当枝条受到某种刺激或冠外围枝处于衰弱时，能由潜伏芽发生新梢的能力，称为芽的潜伏力。

2. 枝的特性

（1）枝的分类。

① 按枝条在树冠上的位置，可分为：

主干：从地面到第一分枝点的部分。

中心干:主干的延伸部分,因树不同,有中心干明显的,有不明显的,或无中心干的。
主枝:着生在主干或中心干的永久性大枝。
侧枝:着生在主枝上的大枝。
枝组:从侧枝上分生的许多小枝形成的枝群。
骨干枝:组成树冠骨架的永久性枝。包括主干、中心干、主枝、侧枝。
延长枝:各级骨干枝先端的一年生枝。

② 按各枝条之间的相互关系,可分为:
重叠枝:两枝在同一垂直平面,上下重叠。
平行枝:两枝在同一水平面,互相平行伸展。
轮生枝:几个枝自同一节上或很近处同时长出向四周放射状伸展的枝。
交叉枝:两个以上互相交叉生长的枝。
骈生枝:从一个节或芽中并生两枝或多个枝。

③ 按枝条年龄和萌发时期及先后可分为:
新梢:由芽萌生后当年抽生的新枝条。
一年生枝:当年形成的新梢至第二年萌芽前。
二年生枝:一年生枝自萌芽后到第二年春为止。
多年生枝:生长二年以上的枝为多年生枝。
春梢:早春萌发的新梢。
夏梢:7~8月份抽生的枝梢。
秋梢:秋季抽生的枝梢。

④ 按枝条性质可分为:
生长枝:只长叶不开花的一年生枝。
结果枝:能开花结果的一年生枝。
徒长枝:多由潜伏芽而长成的枝条,生长旺盛,节间长,叶大而薄,芽瘦小,组织不充实。

(2) 枝的特性。

① 分枝方式。除少数树种不分枝外,有三大分枝方式:

总状分枝(单轴分枝)式:枝的顶芽具有生长优势,能形成通直的主干或主蔓,同时依次发生侧枝;侧枝又以同样方式形成次级侧枝,有明显主轴的分枝方式,如银杏、水杉、云杉、冷杉、松柏类、雪松、银桦、杨、山毛榉等,以裸子植物为最多(图3-4-7)。

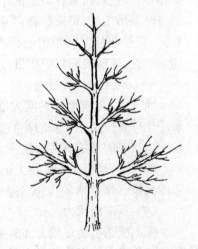

图3-4-7 总状分枝

合轴分枝式:枝的顶芽经一段时期生长以后,先端分化花芽或自枯,而由邻近的侧芽代替延长生长;以后又按上述方式分枝生长,形成曲折的主轴的分枝式,如成年的桃、杏、李、榆、柳、核桃、苹果、梨等。合轴分枝式以被子植物为最多(图3-4-8)。

假二叉分枝式:具对生芽的植物,顶芽自枯或分化为花芽,由其下对生芽同时萌枝生长所接替,形成叉状侧枝,以后如此继续(图3-4-9)。

② 顶端优势。直立枝条的顶部芽能抽生强枝,而侧芽抽生的枝,其生长势自上而下多呈递减的趋势。如果去掉顶芽或上部芽,即可促使下部腋芽和潜伏芽的萌发。一般乔木都有较强的顶端优势(图3-4-10)。

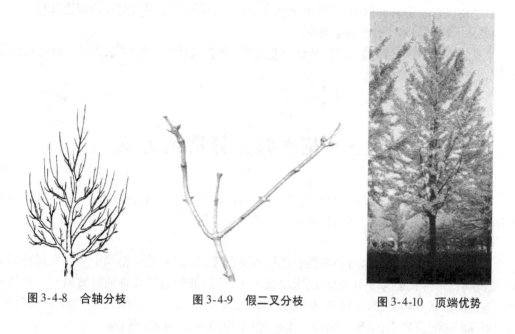

图3-4-8　合轴分枝　　　图3-4-9　假二叉分枝　　　图3-4-10　顶端优势

4.2　花木整形修剪的原则

4.2.1　维护栽培目的

栽培观赏花木因目的不同,而对树体的修剪要求也不同。例如,以观花为主要目的的花木修剪,为了增加花量,应从幼苗开始即进行整形,以创造开心形的树冠,使树冠通风、透光;对高大的风景树修剪,要使树冠体态丰满美观、高大挺拔,可用强度修剪;对以形成绿篱、树墙为目的的树木修剪时,只要保持一定高度和宽度即可。

4.2.2　遵循花木生长习性

观赏花木种类繁多,习性各异,修剪时要区别对待。大多数针叶树,中心主枝优势较强,整形修剪时要控制中心主枝上端竞争枝的发生,扶助中心主枝加速生长。阔叶树,顶端优势较弱,修剪时应当短截中心主枝顶梢,培养剪口壮芽,以此重新形成优势,代替原来的中心主枝向上生长。

4.2.3　根据树木分枝习性修剪

为了不使枝与枝之间互相重叠、纠缠,宜根据观赏花木的分枝习性进行修剪。例如,主轴分枝习性,宜短截强壮侧枝,不让它形成双叉树形;合轴分枝习性,宜短截中心枝顶端,以逐段合成主干向上生长;假二叉分枝和多歧分枝习性,宜短截中心主枝,改造成合轴分枝,使主干逐段向上生长。

4.2.4 遵循花木年龄及修剪目的修剪

不同生长年龄的观赏花木应采取不同的整形修剪措施。幼树宜轻剪各主枝,以求扩大树冠,快速成形。成年树以平衡树势为主,要掌握壮枝轻剪,缓和树势;弱枝重剪,增强树势。衰老树以复壮更新为目的,通常要重剪,以使保留芽得到更多的营养而萌发壮枝。

4.2.5 根据树木生长势强弱修剪

生长旺盛的树木,修剪量宜轻;如修剪量过重,会造成枝条旺长树冠密闭。衰老枝宜适当重剪,使其逐步恢复树势。

4.3 花木整形修剪的方式

园林绿化中,树木应用的地域和用途不同,整形修剪的形式也各有不同,但是概括地可以分为自然式整形、人工式整形、自然和人工混合式整形三类。

4.3.1 自然式

自然式整形是在树木本身特有的自然树形基础上,稍加人工调整和干预。在园林绿地中,以此类整形形式最为普遍,施行起来也最省工,而且最易获得良好的观赏效果。自然式整形常见的形状有扁圆形,如槐树、桃花;长圆形,如玉兰、海棠;圆球形,如黄刺玫、榆叶梅;卵圆形,如苹果、紫叶李;伞形,如合欢、垂枝桃;不规则形,如连翘、迎春。

自然式整形的基本方法是依据树种本身的自然生长特性,对有中央领导干的单轴分枝型树木,应注意保护顶芽,防止偏顶而破坏冠形;利用各种修剪技术,对树体的形状作辅助性的促进和调整,使之早日形成自然树形。对由于各种扰乱生长平衡、破坏树形的徒长枝、冗长枝、内膛枝、并生枝、重叠枝、交叉枝、下垂枝以及枯枝、病虫枝等,均应加以抑制或疏除,注意维护树冠的自然完整性。

自然式整形是符合树种本身的生长发育习性的,因此常有促进树木生长良好、发育健壮的效果,并能充分发挥该树种的树形特点,提高了观赏价值。

4.3.2 人工式

由于园林绿化中特殊的目的,有时需用较多的人力、物力,按照人的主观设计,将树木整剪成各种规则的几何形体或是非规则的各种形体,如鸟、兽、城堡等,这种整形方式称为人工式整形。人工式整形中又可分为以下几种整形方式:

1. 几何形体的整形

按照几何形体的构成规律,对园林树木进行修剪整形,剪整成各种规则的几何形体。如正方形树冠应先确定每边地长度;球形树冠应确定半径等。

2. 非几何形体的整形

(1)垣壁式。在庭园及建筑附近为达到垂直绿化墙壁的目的而采用的整形方式,在欧洲的古典式庭园中常可见到本形式。常见的形式有 U 字形、义形、肋骨形、扇形等。

本形式的整形方法是使主干低矮,在干上向左右两侧呈对称或放射状配列主枝,并使之保持在同一平面上。

(2) 雕塑式。根据整形者的意图匠心，创造出各种各样的形体。但应注意树木的形体应与四周园景谐调，线条不可过于繁琐，以轮廓鲜明简练为佳。整形的具体做法全视修剪者技术而定，也常借助于棕绳或铅丝，事先做成轮廓样式进行整形修剪。

人工式整形是与树种本身的生长发育特性相违背的，是不利于树木的生长发育的，而且一旦长期不剪，其形体效果就易破坏，所以在具体应用时应该全面考虑。

4.3.3 自然与人工混合式

这是由于园林绿化上观花、观果、观形、观枝等的要求，对自然树形加以或多或少的人工改造而形成的形式。常见的有以下几种：

1. 杯状形

在主干一定高度处留三主枝向四面配列，各主枝与主干的角度约45°，三主枝间的角度约为120°。在各主枝上又留两条侧枝，在各级枝上又应再保留更多级次的侧枝，依次类推，即形成似假二叉分枝的杯状树冠。这种整形方法，本是对轴性较弱的树种实施较多的人工控制的方法，也是违反大多数树木的生长习性的。在过去，杯状形多见于果园中用于桃树的整形，在街道绿化上也有用于悬铃木的。后者大都是由于当地多大风、地下水高、土层较薄以及空中缆线多等原因，不得不用抑制树冠的方法。

2. 自然开心形

这是将杯状形改良的一种形式，适用于轴性弱、枝条开展的树种。整形的方法也是不留中央领导干而留多数主枝配列四方。在主枝上每年留有主枝延长枝，并于侧方留有副主枝处于主枝间的空隙处。整个树冠呈扁圆形，可在观花小乔木及苹果、桃等喜光果树上应用。

3. 多领导干形

留2~4个中央领导干，于其上分层配列侧生主枝，形成均整的树冠。本形式适用于生长较旺盛的种类，可造成较优美的树冠，提早开花年龄，延长小枝寿命，最宜于作观花乔木、庭荫树的整形，如紫薇、蜡梅、桂花等。

4. 中央领导干形

留一强大的中央领导干，在其上配列疏散的主枝。本形式适用于轴性强的树种，能形成高大的树冠，最宜于作庭荫树、独赏树及松柏类乔木的整形，如白玉兰、青桐、银杏及松柏类乔木等，在庭荫树、景观树栽植应用中常见。

5. 丛球形

此种整形法颇类似多领导干形，只是主干较短，干上留数主枝呈丛状，此树形多用于小乔木及灌木类的整形。

6. 棚架形

这是针对藤本植物的整形。先建设各种形式的架式，如棚架、廊、亭等，种植藤本植物后，按其生长习性加以剪、整、诱引等工作，常见的有篱壁式、棚架式、廊架式等。

7. 灌丛形

适用于迎春、连翘、云南黄馨等小型灌木，每灌丛自基部留主枝10余个，每年疏除老主枝3~4个，新增主枝3~4个，促进灌丛的更新复壮。

4.4 花木整形修剪的方法

4.4.1 短截

短截又称短剪,指对一年生枝条的剪截处理。枝条短截后,养分相对集中,可刺激剪口下侧芽的萌发,增加枝条数量,促进营养生长或开花结果。短截程度对产生的修剪效果有显著影响(图3-4-11)。

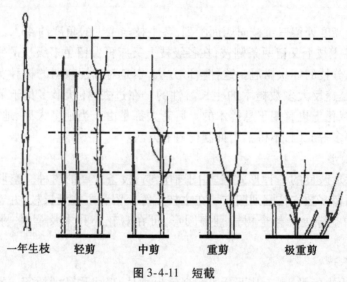

图3-4-11 短截

1. 轻剪

剪去枝条全长的1/5～1/4,主要用于观花观果类树木的强壮枝修剪。枝条经短截后,多数半饱满芽受到刺激而萌发,形成大量中短枝,易分化更多的花芽。

2. 中剪

自枝条长度1/3～1/2的饱满芽处短截,使养分较为集中,促使剪口下发生较壮的营养枝,主要用于骨干枝和延长枝的培养及某些弱枝的复壮。

3. 重剪

在枝条中下部、全长2/3～3/4处短截,刺激作用大,可逼基部隐芽萌发,适用于弱树、老树和老弱枝的复壮更新。

4. 极重剪

仅在春梢基部留2～3个芽,其余全部剪去,修剪后会萌生1～3个中、短枝,主要应用于竞争枝的处理。

4.4.2 疏剪

又称疏删,即把枝条从分枝基部剪除的修剪方法。疏剪的主要对象是弱枝、病虫害枝、枯枝及影响树木造型的交叉枝、干扰枝、萌蘖枝等各类枝条。特别是树冠内部萌生的直立性徒长枝,芽小、节间长、粗壮、含水分多、组织不充实,宜及早疏剪以免影响树形;如果有生长空间,可改造成枝组,用于树冠结构的更新、转换和老树复壮(图3-4-12)。

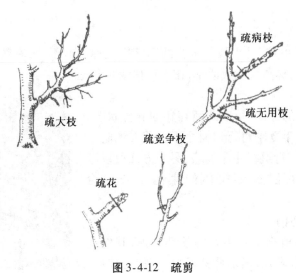

图 3-4-12 疏剪

4.4.3 回缩

又称缩剪,指对多年生枝条(枝组)进行短截的修剪方式。在树木生长势减弱、部分枝条开始下垂、树冠中下部出现光秃现象时采用此法,多用于衰老枝的复壮和结果枝的更新,促使剪口下方的枝条旺盛生长或刺激休眠芽萌发徒长枝,达到更新复壮的目的(图3-4-13)。

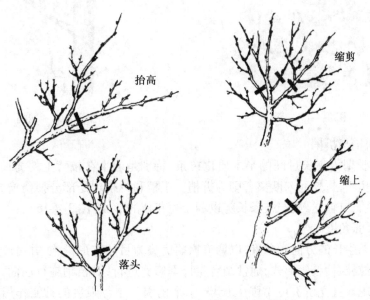

图 3-4-13 回缩

4.4.4 缓放

又称甩放。对一年生枝不做任何修剪或仅剪掉不成熟的秋梢。其作用是缓和枝势,易发中短枝,有利于成花结果。缓放的效果与枝条的生长姿势和健壮程度密切相关。一般健壮的平生枝、斜生枝、下垂枝缓放效果好,直立枝下部易光秃,应配合刻芽和开角。主要用于培养结果枝。

4.4.5 截干

对主干或粗大的主枝、骨干枝等进行的回缩措施称为截干,可有效调节树体水分吸收和蒸腾平衡间的矛盾,提高移栽成活率,在大树移栽时多见。

4.4.6 抹芽

抹除枝条上多余的芽体,可改善留存芽的养分状况,增强其生长势。如每年夏季对行道树主干上萌发的隐芽进行抹除,一方面可使行道树主干通直;另一方面可以减少不必要的营养消耗,保证树体健康的生长发育(图3-4-14)。

图3-4-14 抹芽

4.4.7 摘心和剪梢

剪梢与摘心是将植物正在生长的顶部去掉,其作用使枝条组织充实,调节生长,增加侧芽发生,增加花枝数,使株形圆满(图3-4-15)。

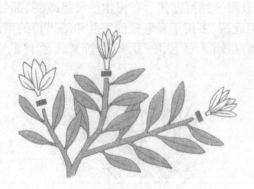

图3-4-15 摘心

图3-4-16 扭梢

4.4.8 扭梢与折梢

多用于生长期内生长过旺的半木质化枝条,特别是着生在枝背上的徒长枝,扭转弯曲而未伤折者称扭梢,折伤而未断离者则为折梢。扭梢和折梢均是部分损伤输导组织以阻碍水分、养分向生长点输送,削弱枝条长势以利于短花枝的形成(图3-4-16)。

4.4.9 开张角度

指变更枝条生长的方向和角度,以调节顶端优势为目的整形措施,并可改变树冠结构。有屈枝、弯枝、拉枝、抬枝等形式,通常结合生长季修剪进行,对枝梢施行屈曲、缚扎或扶立、支撑等技术措施。直立诱引可增强生长势;水平诱引具中等强度的抑制作用,使组织充实易形成花芽;向下屈曲诱引则有较强的抑制作用,但枝条背上部易萌发强健新梢,须及时去除,以免适得其反(图3-4-17)。

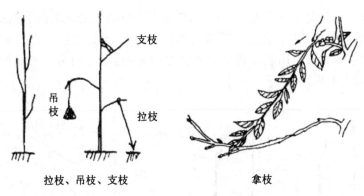

图 3-4-17 改变发枝角度的方法

4.5 花木整形修剪技术

4.5.1 剪口与剪口芽

疏截修剪造成的伤口称为剪口,距离剪口最近的芽称为剪口芽。剪口方式和剪口芽的质量对枝条的抽生能力和长势有影响。

1. 剪口

剪口的斜切面应与芽的方向相反,其上端略高于芽端上方 0.5cm,下端与芽之腰部相齐,剪口面积小而易愈合,有利于芽体的生长发育。

2. 剪口芽

剪口芽的方向、质量决定萌发新梢的生长方向和生长状况。剪口芽的选择,要考虑树冠内枝条的分布状况和对新枝长势的期望。剪口芽留在枝条外侧可向外扩张树冠,而剪口芽方向朝内则可填补内膛空位。为抑制生长过旺的枝条,应选留弱芽为剪口芽;而欲弱枝转强,剪口则需选留饱满的背上壮芽。

4.5.2 大枝锯剪

整形修剪中,在移栽大树、恢复树势、防风雪危害以及病虫枝处理时,经常需对一些大型的骨干枝进行锯截,操作时应格外注意锯口的位置以及锯截的步骤。

1. 截口位置

选择准确的锯截位置及操作方法是大枝修剪作业中最为重要的环节,因其不仅影响到剪口的大小及愈合过程,更会影响到树木修剪后的生长状况。错误的修剪技术会造成创面过大、愈合缓慢,创口长期暴露、腐烂易导致病虫害寄生,进而影响整个树木的健康。

2. 锯截步骤

为了协调大树移栽时吸收和蒸腾的关系,恢复老龄树的生长力,防治病虫害,要进行大枝剪截。

锯截直径在 10cm 以内的大枝,可离主干 10~15cm 处锯掉,再将留下的锯口由上而下稍倾斜削正。锯截直径 10cm 以上的大枝时,应先从下方离主干 10cm 处自下而上锯一浅伤口,再离此伤口5cm处自上而下锯一小切口;然后再靠近树干处从上而下锯掉残桩,这样可避免锯到半途时因树枝自身的重量而撕裂造成伤口过大,不易愈合。为了避免雨水及细菌侵入伤口而糜烂,锯后还应用利刃将锯口修剪平整光滑,涂上消毒液或油性涂料(图3-4-18,图3-4-19,图3-4-20)。

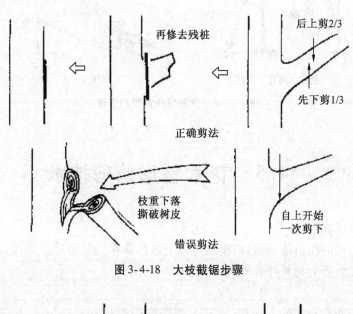

图3-4-18 大枝截锯步骤

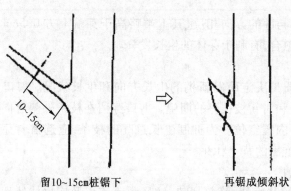

图3-4-19 直径低于10cm枝条的截锯

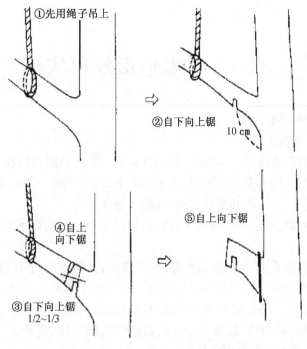

图 3-4-20　直径大于 10cm 枝条的截锯

3. 截口保护

短截与疏剪的截口面积不大时,可以任其自然愈合。若截口面积过大,易因雨淋及病菌侵入而导致剪口腐烂,需要采取保护措施。应先用锋利的刀具将创口修整平滑,然后用 2% 的硫酸铜溶液消毒,最后涂保护剂。效果较好的保护剂有:

（1）保护蜡。用松香 2500g、黄蜡 1500g、动物油 500g 配制。先把动物油放入锅中加温火熔化,再将松香粉与黄蜡放入,不断搅拌至全部熔化,熄火冷凝后即成,取出装入塑料袋密封备用。使用时只需稍微加热令其软化,即可用油灰刀蘸涂,一般适用于面积较大的创口。

（2）液体保护剂。用松香 10 份、动物油 2 份、酒精 6 份、松节油 1 份（按重量计）配制。先把松香和动物油一起放入锅内加温,待熔化后立即停火,稍冷却后再倒入酒精和松节油,搅拌均匀,然后倒入瓶内密封贮藏。使用时用毛刷涂抹即可,适用于面积较小的创口。

（3）油铜素剂。用豆油 1000g、硫酸铜 1000g 和热石灰 1000g 配制。硫酸铜、熟石灰需预先研成细粉末,先将豆油倒入锅内煮至沸热,再加入硫酸铜和熟石灰,搅拌均匀,冷却后即可使用。

4.6 花木整形修剪实例

4.6.1 行道树的整形修剪

1. 行道树修剪的要求

栽在道路两侧的行道树,主干高度一般以3~4m为好;公园内园路或林荫路上的树木主干高度以下以不影响行人漫步为原则,主干不低于2.5m。同一条道路上行道树分枝点高度应一致,使整齐划一,不可高低错落,影响美观与管理。

(1) 以自然型修剪为主,严禁对树木进行高强度修剪,抢险、树木衰老后更新修剪等特殊情况除外。

(2) 整条道路修剪手法一致,树冠圆整,树形美观,骨架均匀,通风透光。

(3) 应处理好与公共设施、周边建筑的矛盾,不影响车辆及行人通行,逐年提高枝下净空高度,使之大于3.2m。剪除可能伸进建筑内部的枝条。

(4) 保留骨架枝、外向枝、踏脚枝,及时剪除枯枝、病虫枝、重叠枝、交叉枝、徒长枝、下垂枝、结果枝及与公用设施有矛盾的枝条。

(5) 应选留培养方向剪口芽,剪口部位在剪口芽上方1~2cm。

(6) 剪口应倾斜10°~15°,平整光滑,不撕皮,不撕裂。修剪大枝须分段截下,大剪口面应涂敷防腐剂。

2. 行道树的修剪形式

(1) 自然式树形行道树修剪。在不妨碍交通和其他公用设施情况下,行道树采用自然式冠形。这种树形是在树木本身特有的自然树形基础上,稍加人工即可。目的是充分发挥树种本身的观赏特性。例如,公园内雪松为塔形,玉兰、海棠为长圆形,槐树、桃树为扁圆形。

行道树自然式树形修剪中,有中央主干的,如杨树、水杉、侧柏、金钱松、雪松等,分枝点的高度按树种特性及树木规格而定,栽培中要保护顶芽向上生长。主干顶端如受损伤,应选择一直立向上生长的枝条或在壮芽处短剪,并把其下部的侧芽抹去,抽出直立枝条代替,避免形成多头现象。修剪主要是对枯病枝、过密枝的疏剪,一般修剪量不大。无中央主干的行道树,主干性不强的树种,如旱柳、榆等,修剪主要是调节冠内枝组的空间位置,如去除交叉枝、逆行枝等,使整个树冠看起来清爽整洁,并能显现出本身的树冠。另外,进行常规性的修剪,包括去除密生枝、枯死树、病虫枝和伤残枝等。

(2) 杯状形行道树的修剪。悬铃木、火炬树、榆树、槐树、白蜡等树种无主轴或顶芽能自剪,多为杯状形修剪。杯状形修剪形成"三叉六股十二枝"的骨架。骨架构成后,树冠扩大很快,疏去密生枝、直立枝,促发侧生枝,内膛枝可适当保留,增加遮阴效果。

如果上方有架空线路时,就按规定保持一定距离,勿使枝与线路触及。靠近建筑物一侧的行道树,为防止枝条扫瓦、堵门、堵窗,影响室内采光和安全,应随时对过长枝条行短截修剪。

以二球悬铃木为例,在树干2.5~4m处截干,萌发后选3~5个方向不同、分布均匀、与主干成45°夹角的枝条作主枝,其余分期剪除。当年冬季或第二年早春修剪时,将主枝在80~100cm处短截,剪口芽留在侧面,并处于同一水平面上,使其匀称生长;第二年夏季再抹芽和疏枝。幼年时顶端优势较强,侧生或背下着生的枝条容易转成直立生长,为确保剪口芽侧向斜上生长,修剪时可暂时保留背生直立枝。第二年冬季或第三年早春,于主枝两侧发生的侧枝中选1~2个作延长枝,并在80~100cm处短截,剪口芽仍留在枝条侧面,疏除原暂时保留的直立枝。如此反复修剪,经3~5年后即可形成杯状形树冠。骨架构成后,树冠扩大很快,疏去密生枝、直立枝,促发侧生枝,增加遮阴效果。

图3-4-21　杯状形行道树

图3-4-22　伞形树冠的修剪

（3）开心形行道树的修剪。此种树形为杯状形的改良与发展。主枝2个、3个或4个均可。主枝在主干上错落着生,不像杯状形要求那么严格。为了避免枝条的相互交叉,同级留在同方向。采用此开心形树形的多为中干性弱、顶芽能自剪、枝展方向为斜上的树种。

（4）伞形树冠的修剪。第一年将顶留的枝条在弯曲最高处留上芽短截,第二年将下垂的枝条留15cm左右留外芽修剪,再下一年仍在一年生弯曲最高点处留上芽短截。如此反复修剪,即成波纹状伞面。若下垂的枝条略微留长些短截,几年后就可形成一个塔状的伞面,应用于公园、孤植或成行栽植都很美观。

（5）规则式树冠的修剪。规则式树冠的修剪,首先要剪除冠内所有的残桩、枯枝、病虫枝,并将弱枝更新。然后确定适合修剪的树形,如方形、长方形等。确定修剪的冠形后,根据树木的高度和不同滴水线形,将形状以外的枝叶全部剪除。要修剪出一个完美的规则式树冠,需要经过多次的修剪才能完成。

3. 处理剪口与清理环境卫生

修剪后,对树干上留下的较大伤口应涂一些质量较好的保护剂,防止病虫侵染,有利保护伤口。对于一些较小的剪口则通常不必使用伤口保护剂。修剪完毕之后,随时对修剪下的枝条进行清扫,防止对过路行人造成影响。

4. 常见行道树整形修剪

（1）银杏的整形修剪。银杏是银杏科、银杏属,落叶大乔木。雌雄异株。幼树树冠塔形,成年树冠卵圆形,总状(单轴)分枝类型,顶端优势强烈,干性强,寿命长,生长慢,萌蘖性强,深根性树种。银杏是著名的秋叶树种,秋季叶色金黄,十分美丽,用作行道树秋季很有特色。其色叶期的长短优劣,除了需要早停肥、少水、气温适当低以外,也需要整形修剪的配合,主要是修剪量上要控制,特别要防止隐芽、不定芽的大量萌发。行道树应选雄株。

银杏作为行道树的栽植应为全冠栽植,整形修剪主要采用中央领导干形修剪,即保持银杏的自然树形。整形修剪主要在休眠期进行。根据行道树的定干高度要求,保留定干高度。定植后,保护中央领导干主梢,保留较大主枝,进行部分疏枝及回缩,修剪量不应过大,避免削弱树势,保持各枝的均衡势力;分枝点以下所有枝条全部剪除。主枝过于强大,中央领导干顶梢顶端优势弱时,应换头,重新就近选择培养新的领导干,同时留强去弱上部主枝,回缩下部过强的主枝,控制主枝的生长,均衡树势,保证树木高生长和树形。栽植多年生长健壮的成年树,一般不行重修剪,只疏枝、轻剪,一般不短截;轮生枝可分阶段疏剪,同时将过密枝、病虫枝、伤残枝及枯死枝剪除。保持光照充分,树势均衡。如在生长期进行整形修剪,主要剪除树干萌芽枝及根茎根蘖枝。

(2) 水杉的整形修剪。水杉是杉科、水杉属落叶乔木,高达30m以上。树皮灰褐色或深灰色,裂成条片状脱落;小枝对生或近对生,下垂。叶交互对生,在侧生小枝上排成羽状二列,线形,柔软,几乎无柄。雌雄同株。树干挺直,为单轴分支形式,中干明显,树形幼时呈圆锥形,老则枝条开展,呈广椭圆形。大枝不规则轮生,小枝对生下垂,下部无芽小枝在冬季与叶同落。

水杉的干性强,其自然整枝良好,不必多修剪。整形方式只一种:中央领导干形,极易成形。整形带控制在1m以上,及时疏剪过密枝、纤弱枝及徒长枝,培养分布均衡的骨架枝。

水杉的苗期定型和养护修剪在冬季进行,养护修剪一年一次。以整理杂枝为主,修剪手法用疏剪,一般不用换头和短截,修剪量小。水杉作行道树的,宜在郊区公路边栽植,市区不太适宜。

(3) 国槐的整形修剪。国槐是豆科、槐属,落叶乔木,树冠圆形,合轴分枝类型,主轴不明显。夏季开花,一年2次发枝,有春梢和秋梢之分,发枝率低,树干中下部无侧枝。深根性,寿命长。国槐作为行道树的整形修剪主要采取杯状形修剪。定干高度一般为3~3.5m。国槐定植后,保留健壮数个枝条,翌年选留上下错落、均衡配列的3个枝条作为主枝进行培养,冬季在每个主枝中选2个侧枝短截,以形成6杈。第3年冬季再在6个杈上各选2个枝条短剪,则形成三主六杈十二枝的杯状造型。树木成型后以疏枝为主,防止枝条过密阻碍通风、透光,及时剪除枯死枝、病虫枝、下垂枝等;另因国槐不定芽较多,修剪不能过重,以免刺激诱发大量不定芽而影响树形。

(4) 悬铃木的整形修剪。悬铃木是悬铃木科、悬铃木属,大型落叶乔木。树冠主轴明显,主干遒劲,树形优美,树冠宽阔,叶大荫浓,萌芽力强,生长速度快,寿命长。悬铃木作为行道树基本为截干栽植或保留骨架栽植。目前,事实上行道树的栽植多为截干栽植。据此用于宽阔的主干道,对直径在12~15cm以下的树木,定植后应按中央领导干形培养;对直径15cm以上的树木应采用杯状形培养。有电线网等生长空间受限的行道树宜采用杯状形培养。提倡保留骨架栽植。

中央领导干形培养:保留定干高度定植后,保留1支强壮直立枝,作为中央领导干培养,并注意培养健壮的各级主、侧枝,使树冠不断扩大。剪去过密枝、病虫枝、交叉枝、重叠枝、直立枝。

杯状形培养：保留定干高度定植后，在主干上选留 4~5 个健壮、上下错落的主枝，其余全部剪除；冬季保留 3 个空间分布均衡上下尽量错落的大主枝，在距主干约 60cm 处，选健壮侧芽前短截，剪除剩余主枝；第二年将侧芽长成的侧枝在距离和水平角度上选择保留 2 个，从而在每个主枝上形成两个不对生杈枝。第三年对六杈再度短截，使每杈上再生分枝，再次选择保留 2 枝，使全树形成"三主六杈十二枝"的结构树形。

成型树修剪：主要对干枯枝、病虫枝、细弱枝、下垂枝、交叉枝等进行修剪，对于外围枝条视其生长空间采取不同措施。对于开张角度过大或偏冠的树木逐渐进行调整。

（5）白蜡的整形修剪。白蜡为木樨科、白蜡属，落叶乔木，树冠卵圆形，假二杈分枝类型，没有顶芽，干性较弱，萌芽力、成枝力均较强，耐修剪，生长较快，寿命长，可用作行道树。白蜡作为行道树一般均为截干栽植，其树形的培养主要采取多领导干形培养。根据干高，按照多领导干形的要求进行骨干枝培养。但注意白蜡为对生枝叶，因此，在培养主枝及侧枝时应培养外向及开张角度较大的枝条，疏除对生枝条，形成各主枝在主干上交错排列，避免劈裂。成年树修剪主要疏除过密枝、细弱枝、病虫枝、伤残枝及枯死枝等无用枝，保持树形，控制其生长势。对影响树形的枝干特别是形成竞争枝的主枝，应适当进行回缩和短截，但短截修剪量不宜过大。

（6）刺槐的整形修剪。刺槐为豆科，刺槐属，落叶乔木，高 10~20m，树皮灰黑褐色，纵裂；枝具托叶性针刺，小枝灰褐色，无毛或幼时具微柔毛。奇数羽状复叶，互生，具 9~19 小叶；叶柄长 1~3cm，小叶柄长约 2mm，被短柔毛，小叶片卵形或卵状长圆形，长 2.5~5cm，宽 1.5~3cm，基部广楔形或近圆形，先端圆或微凹，具小刺尖，全缘，表面绿色，被微柔毛，背面灰绿色被短毛。总状花序腋生，比叶短，花序轴黄褐色，被疏短毛；花梗长 8~13mm。刺槐花芳香、洁白，花期长，树荫浓密。刺槐是各地郊区"四旁"绿化，铁路、公路沿线绿化常用的树种。宜作庭荫树、行道树。

刺槐修剪时应首先选择健壮、直立、处于顶端的 1 年生枝作为主干的延长枝，然后剪去先端的 1/3~1/2。下部侧枝，逐个短截，长度不可超过主干，基部萌蘖枝全部剪去。夏季由于刺槐生长旺盛，剪口下往往会产生许多健壮的枝条，当枝条长度达到 20cm 以上时，可选择一个直立的枝条作为主干延长枝，其余要摘心或剪梢。如果侧枝生长势减弱不多，可于 6~7 月继续摘心、剪梢。

（7）榆树的整形修剪。榆树为榆科，榆属，落叶乔木，高达 25m，树冠圆球形，树皮灰黑色，纵裂而粗糙，小枝灰色，常排列成二列状，叶椭圆状卵形，先端尖，基部稍歪，边缘具单锯齿，花先叶于 3~4 月开花，紫褐色，簇生于一年生枝上，翅果近圆形或倒卵形，先端有缺裂，种子位于翅果中央，4~5 月果熟。喜光，耐寒，抗旱，不耐水湿，能适应干凉气候，喜肥沃、湿润而排水良好的土壤，在干旱、瘠薄和轻盐碱土也能生长。生长较快，30 年树高 17m，胸径 42cm。寿命可长达百年以上。萌芽力强，耐修剪，主根深，侧根发达，抗风、保土力强。对烟尘及氟化氢等有毒气体的抗性较强。榆树树干通直，树形高大，绿荫较浓，适应性强，生长快，是城乡绿化的重要树种，栽作行道树、庭荫树、防护林及"四旁"绿化较合适。冬、春季在发芽前短截顶梢，短截超过主干直径 1/2 的侧枝，疏除密生枝。夏季修剪时选择健壮直立枝做主干延长枝，其余枝条短截，确保主干优势。

（8）合欢的整形修剪。合欢为豆科、合欢属，落叶乔木，树冠扁圆形或伞形，合轴分枝类型,干性弱,萌芽力弱,成枝力强。

合欢由于其自身的特性,作为行道树与其他用途树修剪的方式相一致,不同处在于提高分枝点的高度和保持主枝较小的开张角度。一般行截干栽植或带骨架栽植,自然式修剪。根据园林用途选择定干高度。选留上下错落的3~5个主枝,用它来扩大树冠,其他全部疏除,冬季对保留主枝短截,剪口芽留上芽。在各主枝上培养数个侧枝,彼此互相错落分布,各占一定空间。以此类推,形成自然伞形树冠。当树冠扩展过远、主枝下部出现秃枝现象时,要及时回缩,促进其下部的健壮上芽萌发生长,逐步形成新的延长枝,并保持树冠高度,每年培养,进而形成新的自然伞形树冠。剪除枯死枝、过密枝、病虫枝、交叉枝等。

(9)元宝枫的整形修剪。元宝枫为槭树科、槭树属,落叶乔木,树冠伞形或倒广卵形。萌蘖性特强,深根性,生长速度中等。元宝枫伤流严重,因此其修剪应主要在春季生长期及秋季落叶前进行,避开伤流期,以免影响树势。元宝枫作为行道树主要为截干栽植,行杯状形或多领导干形培养。

杯状形:按定干高度定植后,保留主干近顶部的多数萌芽,及时抹除主干下部的萌芽、根蘖。冬季选留上下错落、均衡配列的3个枝条作为主枝进行培养,第二年冬季在每个主枝中选2个侧枝短截,以形成6杈。第3年冬季再在6个杈上各选2个枝条短剪,则形成"三主六杈十二枝"的杯状造型。

多领导干形:按定干高度定植后,保留主干近顶部的多数萌芽,及时抹除主干下部的萌芽、根蘖。第二年,选留3~5个均匀配列、上下错落的枝条放任生长,作为树头培养,其余剪除,逐渐形成多领导干树形。

4.6.2 庭荫树的整形修剪

庭荫树的枝下高虽无固定要求,若依人在树下活动自由为限,以2.0~3.0m以上较为适宜;若树势强旺、树冠庞大,则以3~4m为好,能更好地发挥遮阴作用。一般认为,以遮阴为目的的庭荫树,冠高比以2/3以上为宜。

整形方式多采用自然形,培养健康、挺拔的树木姿态,在条件许可的情况下,每1~2年将过密枝、伤残枝、病枯枝及扰乱树形的枝条疏除一次,并对老、弱枝进行短截。需特殊整形的庭荫树可根据配置要求或环境条件进行修剪,以显现更佳的使用效果。

4.6.3 花灌木的整形修剪

1. 花灌木整形修剪要求

(1)修剪时应注意培养丛生而均衡的大枝,使植株保持自然丰满的冠形。对灌木中央枝上的小枝可疏剪,外围的丛生枝及其小枝则应短截,促使其多发侧枝,利于形成丰满的树冠。

(2)对树龄较大的灌木定期删除老枝,以培养新枝,使其保持枝叶繁茂。

(3)经常短截突出树冠的徒长枝,以保持冠形的整齐均衡。

(4)植株上的残花烂果应及早修掉,以免损耗植物体内的养分。

(5)观花灌木的修剪时间应根据其花芽分化类型或开花类别、观赏要求进行。对在当年生枝条上夏、秋开花的植物,可于休眠期进行重剪,利于萌发壮枝,提高开花的质量。在二年生枝条上春季开花的植物,其花芽在去年夏、秋分化,可在花期过后1~2周内进行修剪。前者如紫薇、月季、木槿、玫瑰;后者如梅花、迎春、海棠等。

2. 花灌木整形修剪

(1) 新植灌木(或小乔木)的修剪。除一些带土球移植的珍贵灌木树种(如紫玉兰等)可适应轻剪外,灌木一般都裸根移植,为保证成活,一般应进行重剪。移植后的当年,开花前尽量剪除花芽以防开花过多消耗养分,影响成活和生长。

对于有主干的灌木或小乔木,如碧桃、榆叶梅等,修剪时应保留一定高度主干,选留不同方向的主枝3~5个,其余的疏除,保留的主枝短截1/2左右;较大的主枝上如有侧枝,也应疏去2/3左右的弱枝,留下的也应短截。修剪时注意树冠枝条分布均匀,以便形成圆满的冠形。

对于无主干的灌木,如连翘、玫瑰、黄刺梅、太平花、棣棠等,常自地下发出多数粗细相近的枝条。应选留4~5个分布均匀、生长正常的丛生枝。其余的全部疏去,保留的枝条一般短截1/2左右,并剪成内圆球形。

(2) 灌木的一般养护修剪。灌木的一般养护修剪,应使丛生大枝均衡生长,使植株保持内高外低、自然丰满的圆球形。对灌丛内膛小枝应适量疏剪,外边丛生枝及其小枝则应短截。下垂细弱枝及地表萌生的地蘖应彻底疏除。及时短截或疏除突出灌丛外的徒长枝,促生二次枝,使灌丛保持整齐均衡。但对如连翘等一些具拱形枝的树种所萌生的长枝则应保留。应尽量及早剪去不作留种用的残花、幼果,以免消耗养分。

成片栽植的灌木丛,修剪时应形成中间高、四周低或前面低、后面高的丛形。多品种栽植的灌木丛,修剪时应突出主栽品种,并留出适当生长空间。

定植多年的丛生老弱灌木,应以更新复壮为主,采用重短截的方法,有计划地分批疏除老枝,甚至齐地面留桩刈除,培养新枝。栽植多年的有主干的灌木,每年应采取交替回缩主枝控制树冠的剪法,防止树势上强下弱。

(3) 观花类灌木(或小乔木)修剪。幼树生长旺盛宜轻剪,以整形为主,尽量用轻短截,避免直立枝、徒长枝大量发生,造成树冠密闭,影响通风透光和花芽的形成;斜生枝的上位芽在冬剪时剥除,防止直立枝发生;一切干枯枝、病虫枝、伤残枝、徒长枝等用疏剪除去;丛生花灌木的直立枝,选择生长健壮的加以摘心,促其早开花。壮年树木的修剪以充分利用立体空间、促使花枝形成为目的。休眠期修剪,疏除部分老枝,选留部分根蘖,以保证枝条不断更新,适当短截秋梢,保持树形丰满。

具体修剪措施要根据树木生长习性和开花习性进行。

春花树种:连翘、丁香、黄刺玫、榆叶梅、麦李、珍珠绣线菊、京桃等先花后叶树种,其花芽着生在二年生枝条上,在春季花后修剪老枝并保持理想树形,将已开花枝条进行中或重短截,疏剪过密枝,以利促生健壮新枝。对毛樱桃、榆叶梅等枝条稠密的种类,可适当疏除衰老枝、病枯枝,促发更新枝。对迎春、连翘等具有拱形枝的种类,可重剪老枝,促进强枝发生以发挥其树姿特点。

夏、秋花树种:如木槿、珍珠梅、八仙花、山梅花、紫薇等,花芽在当年新梢上形成并开花,修剪应在休眠期或早春萌芽前进行重剪使新梢强健。对于一年开两次花的灌木如珍珠梅,除早春重剪老枝外,还应在花后将残花及其下方的2~3芽剪除,刺激二次枝的发生,以便再次开花。

一年多次抽梢、多次开花的树种,如月季,可于休眠期短截当年生枝条或回缩强枝,疏除病虫枝、交叉枝、弱密枝;寒冷地区重剪后应进行埋土防寒。生长季通常在花后于花梗下方第2~3芽处短截,剪口芽萌发抽梢开花,花谢后再剪,如此重复。

花芽着生在二年生和多年生枝上的树种,如连翘、贴梗海棠、牡丹等,花芽大部分着生在二年生枝和多年生的老干上。这类树种应注意培育和保护老枝,一般在早春剪除干扰树型并影响通风透光的过密枝、弱枝、枯枝或病虫枝,将枝条先端枯干部分进行轻、短截,修剪量较小;生长季节进行摘心,抑制营养生长,促进花芽分化。

花芽着生在开花短枝上的树种,如西府海棠等,早期生长势较强,每年自基部发生多数萌蘖,主枝上大量发生直立枝,进入开花龄后,多数枝条形成开花短枝,连年开花。这类灌木修剪量很小,一般在花后剪除残花。夏季修剪对生长旺枝适当摘心,抑制生长,并疏剪过多的直立枝、徒长枝。

(4) 观赏枝条及观叶的种类。以自然整形为主,一般在休眠期进行重剪,以后轻剪,促发枝叶,部分树种可结合造型需要修剪。红枫,夏季叶易枯焦,景观效果大为下降,可行集中摘叶措施,逼发新叶,使其再度红艳动人。又如红瑞木等,为延长冬季观赏期,发挥冬季观枝的效果,修剪多在早春萌芽前进行。对于嫩枝鲜艳、观赏价值高的种类,需每年重短截以促发新枝,适时疏除老干,促进树冠更新。

(5) 观果类。其修剪时间、方法与早春开花的种类基本相同,生长季中要注意疏除过密枝,以利通风透光,减少病虫害,增强果实着色力,提高观赏效果;在夏季,多采用环剥、缚缢或疏花疏果等技术措施,以增加挂果数量和单果重量。

(6) 观形类。修剪方式因树种而异。对垂枝桃、垂枝梅、龙爪槐短截时,剪口留拱枝背上芽,以诱发壮枝,使弯曲有力。而对合欢树,成形后只进行常规疏剪,通常不再进行短截修剪。

(7) 萌芽力极强的种类或冬季易干梢的种类。可在冬季将地面部分刈去,使翌春重新萌发新枝,如胡枝子、荆条及醉鱼草等均宜用此法。这种方法对绿化结合生产以枝条作编织材料的种类很有实用价值。

3. 常见花灌木的整形修剪要点

(1) 牡丹的整形修剪。牡丹为毛茛科,芍药属,落叶灌木,高达2m,枝粗壮,2回3出复叶,小叶广卵形至卵状长椭圆形,先端3~5裂,基部全缘,背面有白粉,平滑无毛。花单生枝顶,大型,径10~30cm,有单瓣和重瓣,花色丰富,有紫、深红、粉红、白、黄、豆绿等色,极为美丽。雄蕊多数,心皮5枚,有毛,其周围为花盘所包,花期4月下旬至5月。9月果熟。牡丹花大而美丽,色香俱佳,被誉为"国色天香"、"花中之王"。牡丹为中国特产名花,在中国有1500多年的栽培历史。在园林中常用作专类园,供重点美化区应用,又可植于花台、花池观赏。而自然式孤植或丛植于岩坡草地边缘或庭园等处点缀,常又获得良好的观赏效果。此外,还可盆栽作室内观赏和切花瓶插等用。

牡丹的整形修剪一年中有四次,每次的修剪量都很小。第一次修剪在花后,及时将残花剪去。第二次修剪在5~6月,剥去新梢上部的叶芽,也可用别针将上部叶芽捣毁,促使下部腋芽分化。第三次修剪是主要的一次修剪,在冬季末进行,由于其枝条的上部不易木质化,多数枝条的梢部常在秋冬季枯萎,因此这次修剪先酌量疏去老弱枝,其余壮枝在已分化的混合芽上方短截。最后一次修剪是在第二年3~4月新梢开始生长时进行,刨开根际土壤除去根蘖。牡丹的根蘖很多,呈紫红色,如此时不除去,只会白白消耗养分。届时如果花枝过密,可将低矮者疏去,避免开花时叶底藏花。

(2) 碧桃的整形修剪。碧桃为蔷薇科、桃属,落叶小乔木,树冠圆形,合轴分枝类型,其开花枝条分为长花枝、中花枝和短花枝及花束状枝。浅根性,寿命短。园林中碧桃最多的整形方式为自然开心形。

碧桃幼龄树整形修剪:树冠圆满,呈圆头形。根据需要定干高。主枝3~5个,在主干上呈放射状斜生,主枝长粗后近于轮生。主枝截留长度40~60cm,同级侧枝在同方向选留,侧枝多,背上有大枝组。疏除过密枝、徒长枝,增加分枝级次,使之在短期内形成完美的树形。夏季主要进行摘心。

碧桃壮龄树整形修剪:休眠期按树体整形方式要求,确定树体的骨干枝,明确各主枝和各级侧枝的从属关系,以短截为主,综合应用其他修剪措施,通过抑强扶弱的方法,使枝势互相平衡。长花枝轻、短截,中花枝长放或短截,短花枝或花束状枝则长放或疏剪,同时利用生长旺盛的枝条培养开花枝组,配备在树冠中下部及主枝的背侧和斜侧,防止树冠中空,开花外移。同时要疏除交叉枝、病枯枝、伤残枝、细弱枝及不必要的徒长枝。生长期修剪为了观赏的需要,花后为避免分枝过多,通风不良,须短截长花枝;摘心可以促使早萌发副梢并控制枝条的加长生长,使枝条形成较饱满的花芽。

碧桃老龄树整形修剪:休眠期修剪应该做适度的更新修剪,有计划地分年回缩骨干枝,刺激隐芽萌发,重新培养骨干枝,延长树木的观赏期。疏除病虫枝、枯死枝。生长期修剪应抹除枝干上多余的萌芽枝、萌蘖枝。

(3) 紫薇的整形修剪。紫薇为千屈菜科、紫薇属,落叶小乔木,合轴分枝类型,属当年抽枝、当年分化花芽,夏秋开花的树种,花序主要集中在当年生枝的枝端。其干性弱,萌芽及萌蘖性极强,强阳性落叶树种,耐修剪。

紫薇休眠期修剪:休眠期修剪方法以中、重度剪截为主,并应根据其不同的树形采取相应的修剪措施。主干明显的大树,先要删除主干上萌生的枝条,使主干始终保持通直圆满。主干上部沿不同方向均匀保留2~5个大枝作为主枝,留外芽进行中度短截。对主枝先端的壮侧枝保留2~3个,留外芽行中度短截,促进扩大树冠。其他影响树形的枝条及枯萎枝、病虫枝、萌蘖枝等一律从基部剪除。树木成型后,枝端保留长度为15~20cm行重度短截,培养开花枝组。树木生长健壮时,适当行中度短截。多主干形紫薇,一般保留3~5个主干,根据所栽植的环境空间的尺度或设计的要求在适当的高度将保留主干短截,干高在大型绿地中,应保留2m左右;一般庭院绿地中,干高为1.5m左右。每个主干选1~2个角度好,分枝均衡的枝条为主枝,进行中度短截。再在每个主枝的被截部位,选2~3个较大侧生枝行中、重度短截,长度在15~20cm为宜,保留外芽,促进扩大树冠。疏除枯萎枝、病虫枝、萌蘖枝等。树冠形成后每年,每枝端选留2~3小枝,留长8~10cm重度短截,其余枝条疏剪。直立形紫薇,主要用于矮紫薇或低矮的幼树,自基部保留5~7个直立主枝,行轻剪或中剪。主枝分生侧枝,逐级扩大树冠,成为自然倒卵形树冠,保证树形饱满。

紫薇生长期修剪:生长期修剪为辅助性修剪。适时实施除蘖、抹芽等修剪,保证养分的有效利用。花后及时将已开过的花枝在其下2~3芽处短截,促进二次开花,从而延长花期。

(4) 月季的整形修剪。月季为蔷薇科、蔷薇属,落叶或半常绿灌木或藤本,合轴分枝类型、一年多次抽枝、多次开花的树种,从4月底、5月初第一次开花后,每5~7周开花一次。耐修剪。月季品种繁多,习性各异,生长势不尽相同,因此,月季修剪的方法和程度有所不同。月季主要修剪时期在冬季或早春,夏秋季进行摘蕾、剪梢、切花和除去残花等辅助性修剪工作。

灌木形月季的整形修剪方式:幼苗长到4~6片叶时,及时摘心,使当年形成2~3个分枝。秋后剪去残花,注意应保留尽可能多的叶片。老树更新时,在根蘖5片复叶后摘心,长出2~4个分枝后,即可去除老枝。

树状月季的整形修剪方式:扦插苗成活后,及时抹芽修枝。只选择1个直立向上、生长旺盛的枝条做主干,促进主干直径和高度的快速增加。主干高度在1.5m以上时定干,剪口附近选留3~5个角度合适的健壮芽,其余侧芽全部抹掉。次年春天对侧枝短截,长约30cm,同时剪口附近选留3个健壮芽,其余芽抹掉。形成"3股9顶"树状月季头形树冠,以后的修剪中对侧枝不断地摘心和疏剪,可使树冠不断丰满,花量增多。对于花蕾较多的花枝,可适当地疏除掉一些花蕾。

(5) 木槿的整形修剪。木槿为锦葵科、木槿属,落叶灌木,合轴分枝类型,树冠圆形,当年分化当年夏、秋开花型花灌木。萌蘖萌芽力强,耐修剪,易整形。木槿树势旺盛,易形成自然树形。枝条过密可适当修剪,一般在冬季进行。花后将徒长枝和弱枝等从基部剪除。作绿篱列植时,注意修剪掉侧枝,培育小枝。对于10年以上树龄的老树,树冠郁闭,应逐年改造,形成三主枝的环状树冠,可使寿命大大延长,营养分配均匀,开花繁茂。

(6) 连翘的整形修剪。连翘为木樨科、连翘属,落叶丛生灌木。枝条开展,拱形下垂,早春花先叶开放,长、短枝均能形成花芽,长枝上的花芽着生在中上部,中等枝条上的芽大多为花芽,细弱枝上的花芽很少。芽的萌发力和成枝力均强,耐修剪。

连翘休眠期修剪:主要是疏去细弱枝及地表萌生的根蘖,大部分枝均采取缓放,对部分生长细长、弯曲下垂的枝条,进行适当的短截,留中间饱满芽。对生长较充实顶端稍弯的直立长花枝适当选留缓放,其余过长的花枝采取回缩或疏的方法处理。对于徒长枝,可选留合适的作更新老枝用,其余剪除。连翘的更新修剪要逐渐进行。

生长期修剪:进行适当枝条摘心,去除无用萌蘖枝、病虫枝、直立枝。

(7) 榆叶梅的整形修剪。榆叶梅为蔷薇科、桃属,落叶灌木,合轴分枝,树冠圆球形,春季先花后叶,其干性弱,萌芽、萌蘖力强,成枝力较弱。

榆叶梅的修剪应根据不同的栽植目的留取不同的树形,采取不同的修剪方式。榆叶梅主要整形方式如下:

梅桩形:休眠期内短截为主,适当进行疏剪和回缩。

有主干圆头形:首先定干,高度约1m左右,然后选留方向、角度适宜的2~5个作为主枝,短截1/3左右,促发侧枝。选留角度方向适宜的侧枝,形成圆头形树冠。

丛干扁圆形:冬季回缩疏剪为主。

(8) 紫叶李的整形修剪。紫叶李为蔷薇科、李属,落叶小乔木,合轴分枝,萌芽力、成枝力均较强,多采用自然式或自然开心形的整形方式。

每年冬季落叶后,对徒长枝、交叉重叠枝、病虫枝、干枯枝等无用枝从基部疏除,然后对主枝在壮芽处适当短截,剪口芽留外芽或侧芽,以扩大树冠。对侧枝依次短截,自上而下留枝长度逐渐减短。对膛内细弱枝可适当短截,以培养开花枝组。对外部下垂枝进行回缩或疏除,形成内高外低的多主卵圆树形,提高植株的整体观赏效果。生长期修剪主要抹芽、除蘖、适当摘心。

(9) 丁香的整形修剪。丁香为木犀科、丁香属,落叶小乔木或灌木,假二叉分枝,树冠球形,花芽为混合芽,花着生在枝条顶部,春季花叶同放,属花芽夏秋分化型,干性、层性均较强,萌蘖性强。

落叶期修剪:疏剪掉徒长枝、枯枝等不需要的枝条。根蘖枝要及早剪掉,防止削弱树势。

花后修剪:过长的枝应将残花和花轴一并剪除。

(10) 紫荆的整形修剪。紫荆为豆科、紫荆属,落叶小乔木,合轴分枝类型,花先叶开放,花芽着生在多年生枝上,主要着生在二年生枝条上。其萌蘖能力强,常为丛生灌木状。适宜修剪成直立形。

单干型整形:幼苗期选留一根粗枝,其余疏剪。定干后,选留3~5个主枝短截,选留外侧芽。

丛生形整形:幼苗期选留3~5根粗枝加以修剪,可形成干净美观的株形。

(11) 石榴的整形修剪。石榴为石榴科、石榴属,落叶小乔木或灌木,花开枝顶,属夏、秋花芽分化型,由母枝近顶部的数芽分化成混合芽。假二杈分枝类型,枝条类型多样,长枝和徒长枝先端自行干枯成针状,没有顶芽。基部簇生树叶的短枝,先端有一顶芽,营养适度,顶芽即发育成混合芽,成为结果母枝,次年抽出果枝,否则仍为短枝。干性较弱,萌芽力、萌蘖性均较强,隐芽萌发力极强。

石榴多采用自然开心形和丛生形的整形方式。定植后以休眠期修剪为主,适当进行生长期修剪。

休眠期的修剪:修剪时,应注意保留短枝(结果母枝),不能短截,除对少数发育枝和徒长枝进行少量短截外,一般只行疏剪,疏除多余萌蘖、长枝和徒长枝、过密下垂枝、横生枝、病虫枝、老弱枝和枯死枝,使树冠保持疏密有致。老枝更新,缩剪部分衰老的主、侧枝,选留2~3个生长旺盛的萌蘖枝或主干上发出的徒长枝,逐步培养为新的主、侧枝,代替衰老的枝头。

生长期的修剪:生长期也应进行适当的修剪。适时进行抹芽,及时剪除萌蘖枝和病虫枝等。花后及时疏果,集中养分,减少落果,使果实大而且着色好,增加观赏效果。

4.6.4 绿篱的整形修剪

1. 修剪方法

绿篱定植后,应按规定的高度及形状及时修剪。为促使干基枝叶的生长,萌发更多的侧枝,可将树干截去1/3以上,剪口在预定高度的5~10cm以下,同时将整条绿篱的外表面修剪平整。绿篱或其他规则树形的修剪养护多用短剪的方法,以轻短剪居多。为使修剪后的绿篱及其他规则式树形外观一致、平直,应使用大平板剪或修剪机,曲面仍用枝剪修剪。修剪方式因树种特性和绿篱功用而异,可分为自然式和整形式两种。

(1) 自然式修剪。多用于绿墙、高篱和花篱。适当控制高度,顶部修剪多放任自然,仅疏除病虫枝、干枯枝等,使其枝叶紧密相接,以提高阻隔效果。对花篱,开花后略加修剪使之持续开花。对萌发力强的树种如蔷薇等,盛花后进行重剪,使发枝粗壮,篱体高大美观。

(2) 整形式修剪。多用于中篱和矮篱。整形式有剪整成梯形、矩形、倒梯形或波浪形等几何形体的;有剪成高大的壁篱式作雕像、山石、喷泉等背景用;有将树木单植或丛植,然后剪整成鸟、兽、建筑物或具有纪念、教育意义的雕塑形式的。

绿篱定植后,应按规定高度及形状,及时修剪,以促使干基枝叶的生长。应先用线绳定型,然后以线为界进行修剪,修剪后的断面主要有半圆形、梯形和矩形等。整形时先剪其两侧,使其侧面成为一个弧面或斜面,再修剪顶部呈弧面或平面,整个断面呈半圆形或梯形。一般剪掉苗高的 $1/3 \sim 1/2$。为保证粗大的剪口不裸露,修剪高度应保持在规定高度 $5 \sim 10cm$ 以下。为使绿篱下部分枝匀称、稠密,上部枝冠密接成形,尽量降低分枝高度、多发分枝、提早郁闭,可在生长季内对新梢进行 $2 \sim 3$ 次修剪。

草地、花坛的镶边或组织人流走向的矮篱,多采用几何图案式的整形修剪。灌木造型修剪应使树型内高外低,形成自然丰满的圆头形或半圆形树型。

2. 修剪时期

北方地区,绿篱及规则式树形的修剪每年至少进行一次,阔叶树一般在春季进行,针叶树在夏秋进行。南方特别是华南地区,植物四季生长,每年一般都要修剪 $3 \sim 4$ 次甚至更多,以维持植物的合理冠形。若更新修剪(通过强度修剪来更换绿篱大部分树冠的过程),一般需要三年。

第一年,首先疏除过多的老干和老主枝,改善内部的通风透光条件。因为绿篱经过多年的生长,在内部萌生了许多主枝,加之每年短截而促生许多小枝,从而造成绿篱内部整体通风、透光不良,主枝下部的叶片枯萎脱落。然后,对保留下来的主枝逐一回缩修剪,保留高度一般为 30cm;对主枝下部所保留的侧枝,先疏除过密枝,再回缩修剪,通常每枝留 $10 \sim 15cm$ 长度即可,适当短截主侧枝上的枝条。常绿绿篱的更新修剪,以 5 月下旬至 6 月底进行为宜,落叶篱宜在休眠期进行。剪后要加强肥水管理和病虫害防治工作。

第二年,对新生枝条进行多次轻短截,促发分枝。

第三年,将顶部剪至略低于所需要的高度,以后每年进行重复修剪。

对于萌芽能力较强的种类,可采用平茬的方法进行更新,仅保留一段很矮的主枝干。平茬后的植株,因根系强大、萌枝健壮,可在 $1 \sim 2$ 年中形成绿篱的雏形,3 年左右恢复成形。

4.6.5 藤本类的整形修剪

1. 藤本类整形修剪方式

(1) 棚架式。对于卷须类及缠绕类藤本植物多用此种方式进行剪整。剪整时,应在近地面处重剪,使发生数条强壮主蔓,然后垂直诱引主蔓于棚架的顶部,并使侧蔓均匀地分布架上,则可很快地成为荫棚。在华北、东北各地,对不耐寒的种类如葡萄,需每年下架,将病弱衰老枝剪除,均匀地选留结果母枝,经盘卷扎缚后埋于土中,第二年再行出土上架。至于耐寒的种类,如山葡萄、北五味子、紫藤等则可不必进行下架埋土防寒工作,以疏为主。除隔数年将病、老或过密枝疏剪外,一般不必每年剪整。

(2) 凉廊式。常用于卷须类及缠绕类藤木,也可用吸附类藤木。因凉廊有侧方格架,所以主蔓勿过早诱引于廊顶,否则容易形成侧面空虚。

(3) 篱垣式。多用于卷须类及缠绕类植物。将侧蔓行水平诱引后,每年对侧枝施行短剪,形成整齐的篱垣形式。其中水平篱垣式适合于形成长而较低矮的篱垣,又可依其水平分段层次之多少而分为二段式、三段式等。垂直篱垣式适于形成距离短而较高的篱垣。

(4) 附壁式。本形式多以吸附类植物为材料。将藤蔓引于墙面即可自行依靠吸盘或吸附根而逐渐布满墙面,如爬墙虎、凌霄、扶芳藤、常春藤等均用此法。此外,在某些庭园中,有在壁前20～50cm处设立格架,在架前栽植植物的。例如,蔓性蔷薇等开花繁茂的种类多在建筑物的墙面前采用此形式。修剪时应注意使壁面基部全部覆盖,各蔓枝在壁面上应分布均匀,勿使互相重叠交错为宜。

在剪整中,最易发生的毛病为基部空虚,不能维持基部枝条长期茂密。对此,可配合轻、重修剪以及幼枝诱引等综合措施,并加强栽培管理工作。

(5) 直立式。对于一些茎蔓粗壮的种类,如紫藤等,可以剪整成直立灌木式。此式如用于公园道路旁或草坪上,可以收到良好的效果。

2. 常见藤木类的整形修剪要点

(1) 紫藤的整形修剪。紫藤为豆科、紫藤属,缠绕型落叶藤木,单轴分枝类型,属夏、秋花芽分化型,总状花序多在短枝上腋生,萌蘖性强,生长迅速,寿命长,适宜做棚架栽培,也可剪整成直立灌木形。

棚架形整形修剪:保留的1～3个强壮的枝条上架后,棚架以下的其他枝条全部疏除,棚架以上发出的强壮枝作为主枝进行培养,主枝上发出的侧枝,采取强枝弱剪、弱枝强剪的方法,选取留芽方向进行短截,使枝条在架面上均匀分布,尽早成型。

成型树修剪:疏去过密枝、纤弱枝、病残枝、过分相互缠绕枝等,对一年生枝用强枝轻剪、弱枝重剪的方法来平衡生长势,使枝条尽量在架面上均匀分布,并获取较多的短枝;早春还应尽早除掉骨干枝上的无用枝芽,以利于花序花壮蕾肥。

树体过大或者骨干枝衰老树修剪:此时可进行疏剪和局部回缩,并对选留的分枝进行短截,促发新枝,从而达到复壮的目的。

(2) 葡萄的整形修剪。葡萄为葡萄科、葡萄属,卷须型落叶藤木,单轴分枝类型,属夏、秋花芽分化型。树体结构由主干、主蔓、侧蔓、结果母枝、结果枝、发育枝和副梢组成。结果母枝是成熟后的一年生枝,其上的芽眼能在翌年春季抽生结果枝。结果母枝可着生在主蔓、各级侧蔓或多年生枝上。

葡萄为有伤流树种,一般发生在春季树液开始流动至萌芽展叶时间段。为防治伤流的发生,修剪应在秋末冬初进行,最好在葡萄自然落叶后2～3周进行,发芽前不能修剪。葡萄最适宜棚架形培养。

休眠期修剪:定植后至主蔓布满架面前,以整形为主。自地面发出一个、两个或多个主蔓,且一直伸延到架面顶端,不留侧蔓,至架面以后,尽量多留枝条填补较大的架面空间,主蔓上每隔20～30cm留一个固定的结果枝组,一般留4～5个。结果枝组一律采用短梢修剪,即除主蔓顶端的延长枝留长稍修剪外,疏除结果枝组上的一年生过密枝,余下的均留1～2个芽短截。整形任务基本完成,枝组培养和更新应同时并举。主蔓上每米留结果枝组的数量可减少到3～4个。把位置不当、生长衰弱或过密的枝组疏除。留下的枝组,每一母枝留2～3个芽修剪短截。主侧蔓衰退,利用隐芽来更新,培养新结果枝组。主侧蔓缩剪,逐渐收缩枝组,修剪位下移,尽量多留下位枝芽。必须在被更新的枝蔓下方,预先培养出强壮的枝蔓或从根际发出的萌枝。保留隐芽新梢,分步骤、有计划地疏除部分衰老枝组,培养新枝组。

生长期修剪：夏季修剪主要是抹芽、疏枝、摘心和副梢处理，整个生长季节都可进行。枝条过密处，在夏剪时可疏除部分细弱枝；枝条过稀处，夏剪时应早期摘心，促其分枝，培养成结果枝组。

（3）爬山虎的整形修剪。爬山虎又名地锦、爬墙虎，葡萄科地锦属攀缘性藤本植物。茎长10～30m，多分枝。叶阔卵形长10～20cm，基生叶或萌枝叶多为3深裂或全裂，蔓生叶浅3裂或不裂，叶秋季转红。花序为聚伞花序，花小，花期6～7月。浆果球形，熟时蓝黑色。枝端卷须发育成的黏性吸盘有很强的吸附、攀缘能力，可攀缘光滑的墙壁和裸露的岩石。一般年生长长度2～4m，叶面积大，具有极强的抗旱力、耐土壤瘠薄能力。爬山虎在建筑物的阳面或阴面均能旺盛生长，因而具有良好的适应性，是很好的赏叶和装饰墙壁、假山的园林植物。

爬山虎的整形修剪十分简单，只需整理杂枝即可，通常不需要大量修剪。攀爬不到位的，加以适当诱导。主要修剪时间在冬季，如生长期枝过于混乱，也需要及时整理。

本章小结

观赏花木的整形修剪包括整形和修剪两方面，整形是修剪花木的整体外表，修剪是剪去不必要的杂枝或者为了新芽的萌发而适当处理枝芽。整形修剪的原则是遵循花木形态结构、生长习性、长势强弱和栽培目的。整形修剪的程序为观察环境，明确功能，确定修剪形态，先剪大枝，后剪小枝。大多数落叶观赏花木适宜冬季修剪，但常绿阔叶树应避免冬季修剪。北方常绿针叶树为冬季整形修剪，春季开花的花木，开花后1～2周修剪。观赏花木依树体主干有无及中心干形态的不同，可分为主干形、开心形、丛状形、架形等几种类型。修剪技法主要有短截、疏剪、缩剪、摘心、除萌等。

实训项目二十一　园艺工具的维护、保养

一、目的与要求

熟悉常用园艺工具的种类与功能，掌握常用园艺工具的使用与维护保养方法。

二、材料与用具

1. 观赏植物生产中常见的园艺刀、剪、锯，以及手动喷雾器等工具。
2. 园艺工具使用与维护保养所需的磨刀石、钳、锉、扳手、螺丝刀等工具及零配件。

三、内容与方法

1. 剪类的维护保养。将花剪、枝剪拆卸开，将刃部用磨石打磨锋利并抹油防锈；紧固螺丝，在各转动部位用润滑油保养。

2. 锯类的维护保养。用三角锉打磨手锯、高枝锯的锯齿，并矫正锯齿的"开锋"，以保

证使用时不"咬锯"。使用后及时清理锯面,并涂抹防锈油。

3. 刀类的维护保养。应配齐必备的刀具并使之处于随时可用的状态。关键是要下功夫将刃部打磨锋利。打磨时应特别注意刀面与磨石的角度。

4. 喷雾器的维修保养。每次使用前(尤其是喷施毒性较大的药物)都必须先用清水检查喷雾器是否完好。每次使用后用清水冲洗干净,防止残留物腐蚀容器、喷杆、喷头等部件。

四、作业与思考

1. 每个人都要完成剪、锯、刀的打磨任务,使其处于可以使用的状态。

2. 记录整理各种工具的使用、维护与保养方法,并提出改进意见。

实训项目二十二 观赏花木的整形修剪

一、目的与要求

了解常见观赏花木的整形修剪方法,掌握短截、疏剪等修剪技术。

二、材料与用具

1. 校园内或园林绿地内常见观赏花木。

2. 剪枝剪、绿篱剪、高枝剪、手锯等园艺工具。

3. 标志绳、直尺等材料。

三、内容与方法

1. 观察观赏花木的造型类型以及以前的修剪效果,根据观赏花木的生长现状,分析制订具体修剪方案。

2. 在实训教师指导下,分小组实施修剪。

3. 小组间进行交叉检查,指导教师讲评。

4. 清理修剪现场。

四、作业与思考

1. 以小组为单位,完成本实训项目。

2. 从方案制订、项目实施和检查评价等方面进行小结,并提出改进意见。

第 5 章　观赏竹类生产

本章导读

竹类植物用于观赏目的的，可以露地栽培，也可以盆栽。观赏竹的种类不同，其习性和栽培技术也不同。

竹类植物是属于禾木科竹亚科的一个庞大类群。竹亚科世界有 70 余属 1000 余种，我国产 39 属 500 余种。竹类植物由于种类多、成长快、成材早、产量高、用途广，是我国重要的经济林木之一。在竹类植物中，还有一部分竹种，以其独有的姿态、杆色、叶色，秆形而具有很高的观赏价值，并普遍应用于园林绿化、庭院种植与盆栽，这些以观赏为目的栽培竹种类，我们常统称为观赏竹。目前应用的有 150 多种。

由于竹的形态四季青翠，秀丽挺拔，潇洒多姿、气节高尚，在我国自古就已成为传统的庭院观赏植物。古人称梅、兰、竹、菊为"四君子"。宋代诗人苏东坡更酷爱居住环境的翠竹，曾言："宁可食无肉，不可居无竹。"

观赏竹在我国园林植物配置中占有重要的地位，布景的表现手法也是多种多样。常以竹的丛植灵活的分隔与遮挡空间，以栽竹的疏密与不同竹种配植，使景色出现不同的虚实分隔。以竹与建筑长廊、透窗、山石、水体等多种元素的配合协调，使景观平添许多生机和雅致。竹的群植，营造小片竹林，体现出深邃、优美、幽静的意境。用特有竹类的高雅姿态及茎秆的奇异与色彩，做主景孤植，表现出竹的"独、秀、美"境界。山坡、林下种植矮生竹作地面覆盖，也富自然情趣。南方竹种的北移与室内种竹的装点，又促使盆栽竹的兴起。近年由于园林绿化的需求，竹在园林植配置中的应用越来越多。常用的 30 余种观赏竹，开始形成了专业化生产。

5.1　观赏竹的种类与特性

竹类植物的形态有竹秆、竹鞭（地下茎）、竹枝、叶和箨、芽和笋、根、花和果几个部分组成。竹秆是竹子的主体，是竹的地上茎，竹秆的最下部与竹鞭相连。竹鞭是竹子横生在土壤中的地下茎，具明显分节，竹鞭的节上生根，节侧有芽，芽萌发，有的成为新的地下茎分枝

（岔鞭），也有膨大成笋，笋出土成竹。竹枝是竹秆中上部节上的芽萌发的枝叶，竹枝在正秆上着生。根据竹种的不同，有每节1枝、2枝或3枝，以及在枝上再生次生枝的状况。叶着生于竹枝的节上，互生排列2行。箨是保护竹芽的不完全叶。竹类的根有两类，一类由地下茎节发生的根，称鞭根；一类由茎秆基部数节发出的根，称竹根，竹根是竹秆的支柱根。竹开花与其他木本植物不同，常是数十年开花一次，而且都是全林一致开花。开花是竹林衰败的现象。花后结实称为"竹果"。

根据竹鞭的分生特点和形态特征，可分为单轴散生型、合轴丛生型、复轴混生型等三种生长类型。了解这些不同类型的生态习性，可以对观赏竹的繁殖、栽培采用不同的技术措施（图3-5-1）。

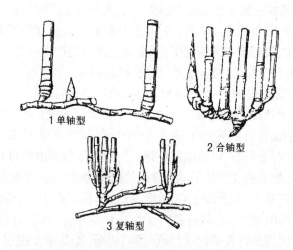

图3-5-1　竹类植物地下茎的类型

5.1.1　单轴散生型

又称散生竹。地下竹鞭细长，在土壤中水平状蔓延生长，一部分侧芽发育成笋，出土成竹。竹秆疏散状分布地面，在分株繁殖时，种株必须带有健壮的竹鞭。这类竹有毛竹、刚竹、淡竹、哺鸡竹、紫竹、方竹、罗汉竹等。

5.1.2　合轴丛生型

又称丛生竹。地下茎粗壮短缩，竹鞭节密集，不能作长距离蔓延。鞭芽抽笋，长成的新竹一般都靠近老秆，形成密集丛生的竹丛。繁殖时种株必须带有健壮的笋芽。这类竹有凤凰竹（孝顺竹）、凤尾竹、佛肚竹等。

5.1.3　复轴混生型

又称混生竹。地下茎既有长距离横向生长，有竹鞭抽生的散生竹，又有由秆基笋芽抽生的丛生竹。因此，地面分布既有散生竹，又有丛生竹。这类竹有箬竹、苦竹、鹅毛竹等。

5.2 观赏竹的繁殖

观赏竹的繁殖有无性繁殖与有性繁殖两种方法,在常规栽培中主要采用无性繁殖。根据竹种性状的不同,繁殖方法也有一定差异。常见的有母株移植法、埋鞭法、插节法与容器育苗繁殖等。

5.2.1 母株移植

母株移植是最传统的繁殖方法,适用于散生、丛生与混生多种竹种。

散生竹移植一般在10月至翌年2月,以10月移植最好。长江中下游地区也有在梅雨期移竹。在保证母竹质量,管理精心的情况下,除炎热三伏天与严寒三九天外,都可种竹。母竹要选生长旺盛、健壮、分枝节位低、枝叶茂盛、无病虫害的1～2年生新竹。种竹要带竹鞭,通常毛竹要求来鞭留20～30cm,去鞭留40～50cm。寻找竹鞭的走向,可以看竹株最下一盘枝丫生长的方向,大多数竹地下竹鞭的走向与其指向是平行的。认清竹鞭来向与去向后,然后断鞭挖竹。挖掘时要求竹鞭断面伤口平整光滑,有3～5个壮芽,母竹的鞭蔸要多带宿土保护根的完整。在挖前、挖后,切勿摇动竹秆,以防损伤竹鞭。大型散生竹挖出的母竹,可以保留4～5盘分枝,削去顶梢,以利运输及防止种植后风力导致竹株摇动,与减少竹株水分的蒸腾。

丛生竹母株要选秆基芽眼肥大充实,须根发达,干径粗度中等,生长健壮的1～2年竹株。采掘大多在竹丛外围进行,挖掘时要防止损伤秆基肥芽、保护好竹蔸须根。在靠近老竹的一侧找出母竹秆柄与老竹秆基的连接点,然后切断,连蔸带土挖起。一般孝顺竹、凤尾竹等可以每3～5株成丛挖掘,挖后对竹秆过高的种株,可保留秆高1.5～2m断梢。

混生竹选择健壮1～2年生竹株,以2～3株成丛,连鞭带蔸掘起,来鞭与去鞭各留20～25cm。

5.2.2 埋鞭繁殖

适用于散生竹与混生竹。埋鞭时期一般在气温稳定在10℃以上、出笋前一个月进行,大体在2～5月间。大型竹选2～5年生,中小型竹选2～3年生粗壮竹鞭,鞭长50cm为宜,至少具3～5个壮芽。挖掘时要防止竹鞭撕破与芽的损伤。切口要平滑,多留根,多带宿土。埋鞭时先开沟穴,底层有15～20cm厚的肥土,竹鞭排放后覆土厚10cm,要略高于地面,四周开沟,防积水烂鞭,一年后每条鞭可出苗2～3株。

5.2.3 插秆(插节)繁殖法

适用于侧枝基部具有潜伏芽的丛生竹。选择生长健壮的一年生竹秆。竹枝要粗壮,侧芽坚实,侧芽附近根盘突出,未受损伤。然后剪成小段,每段1～3节,切口要平正光滑。每节留有节部的主枝与侧枝基部,平埋或直插、斜插于繁殖床,并覆土、保温。插枝深度应保持潜伏芽离地表5～7cm。最好随采、随剪、随插。有试验显示,凤尾竹插节平均成活率52.17%,一些矮生的小型竹如无毛翠竹等也可用此法繁殖。

5.2.4 容器育苗

本方法适用小型、矮生地被竹种的快速繁殖。利用丛生竹或混生竹的竹鞭或竹秆剪段,用容器埋植或扦插,成苗后便于销售与绿地种植。有报告称,铺地竹容器埋鞭,一年生苗新鞭平均每株达到8.4条,总长度为106.4m,平均具116.7个节。菲白竹容器埋鞭平均每株有新鞭4条,总长3m,22.1个节,51.1条分枝。

5.3 常见观赏竹的生产

5.3.1 观赏竹的生产管理

1. 种植

竹的种植首先要选择土层深厚、疏松、肥沃、微酸,地下水位低的场地。一般大中型竹土层深度要求达到50cm以上,小型竹与地被竹土层也不宜浅于30cm,地下水位要求在1m以下,栽植场地在种竹前要深翻20~30cm,施足基肥。

竹的栽种距离,毛竹行株距为(5~6)m×(4~5)m,每亩20~25株。淡竹、刚竹、哺鸡竹、紫竹等行株距为(3~4)m×3m,每亩50~75株。园林绿化前期种植可以适当加密一倍,但要加强后期管理。孝顺竹每亩种植50~60丛,每丛竹枝10~20支。地被竹的种植密度为行株距20~30cm,每平方米12~20丛。

2. 肥水管理

种植后的竹林,每年要进行1~2次的土壤深翻,以提高土壤透气性,有利竹鞭的发育与延伸。结合深翻施肥,要以有机肥为主,坚持前期开沟施肥,引导竹鞭蔓延,后期全面施肥,养竹养鞭。

水分管理要根据土壤湿度进行灌溉,防止极度干旱。在雨水多的地区,主要应做好开沟排水工作,防止积水烂根。

3. 复耕与竹鞭、竹蔸处理

新竹林养护要做到:不挖鞭笋,保护春笋,及时挖除退笋。鞭笋是竹鞭的幼嫩梢头,可以食用,但在新竹林中挖鞭笋等于杀鸡取卵,会严重破坏竹子成林。退笋是在笋期因营养不足或干旱、低温等不良气候影响与病虫危害而停止生长的笋,这些笋不能成竹,任其自然,则笋体干瘪或腐烂影响竹鞭的发育。

成年竹林地下竹鞭交横,采伐后剩下老鞭、老竹蔸来不及腐烂,严重妨碍新竹鞭生长,使新竹发育不良,而且往往新生的竹鞭在老鞭的上层,长此以往,竹鞭所在土层会逐年变浅,因此必须采取更新复壮措施,保持竹林旺盛的生长能力。通常是采取复耕的方法断鞭、埋鞭进行更新复壮。断鞭适用大型散生竹,切断鞭的顶端优势,促进权鞭生长,增加鞭段数量。断鞭一般在7~9月进行。散生竹一般结合施肥进行全面垦复,耕翻深度应达到30cm,去除土壤中的残蔸、老鞭、树根、石块,保留健壮竹鞭,并开30~40cm深沟,对壮鞭进行深埋。丛生竹更新,要砍除竹丛中的残竹、老竹,疏松土壤,保留1~3年生的壮竹。

5.3.2 常见观赏竹的生产技术

1. 散生竹类生产技术

散生竹一般在3~5月竹笋出土生长,之后进入高生长期,直至抽枝展叶。待5~6月新竹抽枝展叶后竹鞭生长开始，以8~9月生长最快，当10月竹鞭进入孕笋期后，生长减慢且逐渐停止。

（1）栽培季节。根据散生竹生物学特性，其理想的栽竹季节应该是10月至翌年3月，尤以春季2~3月、秋季10月为好。

（2）整地挖穴。散生竹生长要求土层深度50cm即可，pH以4.5~7.0为宜。整地方法采用全面整地最好，即对栽植地进行全面耕翻，深度30cm。耕翻前，施好基肥，采用铺施，耕翻时将肥料翻入土壤中。整好地后，即可挖种植穴，长、宽各40cm，深30cm。

（3）母竹要求。母竹最好选择当年至2年生，老龄竹（3年以上）不宜作母竹。中径竹以胸径2~3cm为宜，小径竹以胸径1~2cm为宜。母竹要求生长健壮，分枝较低，无病虫害及无开花迹象。土球直径以30cm为宜。母竹挖起后，一般应砍去竹梢，保留4~5盘分枝即可。母竹远距离运输时，则必须将土球包扎好。装上车后，先在竹叶上喷上少量水，再用篷布将竹子全面覆盖好。

（4）母竹栽植。竹子宜浅栽不可深栽，母竹根盘表面比种植穴面低3~5cm即可。首先，将表土回填种穴内，将母竹放入穴内，使鞭根舒展，先填表土，后填心土，分层踏实，使根系与土壤紧密相接。然后浇足"定根水"，进一步使根土密接。待水全部渗入土中后再覆一层松土，在竹干基部堆成馒头形。最后可在馒头形土堆上加盖一层稻草，以防止种植穴水分蒸发。在风大处，须安支撑架。

（5）养护管理。

水分管理：竹子喜湿润，怕积水。栽植后的第1年水分管理最为重要，将直接影响母竹的成活。母竹经挖、运、栽植，根系受到损伤，吸收水分能力减弱，极易由于失水而枯死和排水不良而鞭根腐烂。因此，若久旱不雨、土壤干燥时，必须及时浇水；而当久雨不晴，林地积水时，又必须及时排水。竹子成林后，水分管理也很重要。干旱期必须及时浇水灌溉，促进生长。重点在3~5月竹笋生长期和7~9月竹鞭生长与笋芽分化期。3~5月竹笋生长需水量较大，在竹笋出土前应浇水灌溉，出土后保持土壤湿润。7~9月竹鞭生长旺盛，笋芽开始分化。如果缺水，会影响竹子行鞭及笋芽分化形成，来年新竹数量减少。

肥料管理：散生竹施肥以有机肥为主，结合速效肥。新造竹林，竹鞭伸长不远，施肥以围绕竹株开沟施入为好。随着立竹量的增加，施肥量可逐年增加，施肥方法也可改沟施为均匀撒施，结合松土，将肥料翻入土内。

2. 丛生竹类生产技术

（1）栽竹地的选择与整地方法。丛生竹要求土壤肥沃疏松、深厚湿润、地势平缓、排水良好。因此，宜选择山谷、山坡的中下部、河流两岸、水沟两旁、山塘水库周围，或在村边和房前屋后栽种。种植穴规格一般为：100cm×60cm×40cm和60cm×60cm×40cm（长×宽×深）两种。

（2）栽竹季节。丛生竹一般每年2~3月份抽枝发叶，6~9月出笋。因此，2月中旬到4月初是栽竹的最好季节，而采用移母竹造林的最好在农历的惊蛰至春分进行。一般阴雨天气，随挖随种，成活率都很高。采用竹苗造林则更好。

（3）栽植密度。以"好土稀种，差土密种；大秆竹种稀，小秆竹种密；管理水平高则稀，反之则密"为原则，一般采用3m×4m或4m×4m的株行距。

(4)种植方法。丛生竹的种植主要有母竹移栽造林、竹苗造林、插枝造林等方法。不论采用哪一种方法,都要求"深挖浅种,内紧外松"。

(5)生产管理同散生竹。

3. 混生竹生产技术

(1)栽竹时间。混生竹生长发育节律介于散生竹与丛生竹之间,5~7月发笋长竹,所以栽竹季节以秋冬季10~12月和春季2~3月为宜。

(2)整地要求、栽植密度。参考散生竹和丛生竹。

本章小结

根据竹鞭分生特点和形态特征,常见观赏竹可以分为散生竹类、丛生竹类和混生竹类。竹的开花结实是成熟衰老的象征,是正常的生理现象。

观赏竹主要采用无性繁殖。根据竹种性状的不同,繁殖方法也有一定差异。常见的有母株移植法、埋鞭法、插节法与容器育苗繁殖等。竹子盆栽与盆景制作已成为观赏竹生产的新途径。

实训指导

实训项目二十三 观赏竹类的识别与养护管理

一、目的与要求

了解观赏竹类的种类、特性以及在景观中的应用形式,掌握观赏竹类的养护管理技术。

二、材料与用具

1. 栽植观赏竹类的景点或园林绿地。
2. 常见观赏竹类的标本及图片(特别是地下部分的图片)。
3. 观测观赏竹类所需的尺、比色卡等。
4. 实施养护管理措施的工具。

三、内容与方法

1. 观测、识别观赏竹类的种类。
2. 观察、记录观赏竹类在景观与园林绿地中的应用形式。
3. 观测观赏竹类的生长状况,并讨论制订养护管理方案。
4. 实施观赏竹类即时养护管理措施。

四、作业与思考

1. 整理完成观测记录。
2. 从方案制订、项目实施等方面进行小结,并提出改进意见。

主要参考文献

[1] 中国农业百科全书总编辑委员会观赏园艺卷编辑委员会.中国农业百科全书观赏园艺卷[M].北京:中国农业出版社,1996

[2] 余树勋,吴应祥.花卉词典[M].北京:中国农业出版社,1993

[3] 中国科学院中国植物志编辑委员会.中国植物志[M].北京:科学出版社,2004

[4] 彭镇华.中国花卉发展战略研究[M].北京:中国农业出版社,2005

[5] 成海钟,周玉珍,等.观赏植物生产技术[M].苏州:苏州大学出版社,2009

[6] 唐蓉,李瑞昌,赖九江,等.园林植物栽培与养护[M].北京:科学出版社,2014

[7] 成海钟,仲子平,汪成忠,等.园林植物栽培与养护[M].北京:高等教育出版社,2013

[8] 陈有民.园林树木学[M].北京:中国林业出版社,2002

[9] 陈有民.中国园林绿化树种区域规划[M].北京:中国建筑工业出版社,2006

[10] 郭学望,包满珠.园林树木栽植养护学(第2版)[M].北京:中国农业出版社,2004

[11] 魏岩.园林植物栽培与养护[M].北京:中国科学技术出版社,2003

[12] 于东明.中国牡丹栽培与鉴赏[M].金盾出版社,2004年

[13] 蒋永明,翁智林.园林绿化树种手册[M].上海:上海科学技术出版社,2003

[14] 魏殿生.牡丹生产栽培实用技术[M].北京:中国林业出版社,2011

[15] 成海钟,蔡曾煜.切花栽培手册[M].北京:中国农业出版社,2000

[16] 王朝霞.鲜切花生产技术[M].北京:化学工业出版社,2009

[17] 郑成淑.切花生产理论与技术[M].北京:中国林业出版社,2009

[18] 吴国兴.鲜切用花保护地栽培[M].北京:金盾出版社,2002

[19] 李枝林,等.鲜切花栽培技术[M].云南:云南科技出版社,2006

[20] 胡松华.观赏凤梨[M].北京:中国林业出版社,2005

[21] 张颢,王继华,唐学开,等.鲜切花实用保鲜技术[M].北京:化学工业出版社,2009

[22] 魏岩.园林植物栽培与养护[M].北京:中国科学技术出版社,2003

[23] 祝遵凌.园林树木栽培学[M].南京:东南大学出版社,2007

[24] 葛红英,江胜德.穴盘种苗生产[M].北京:中国林业出版社,2003

[25] 谯德惠.花卉产销实现平稳增长[J].中国花卉园艺.2013,(8):20-25

[26] 戴晓勇,林则信,骆礼秀.香樟种植技术[J].林业实用技术,2007,(9):16-18

[27] 叶晓光,谢殿忠,王华光.杜鹃花栽培技术[J].现代农业科技,2009,(13):200

[28] 王岗,王党维,郭仕强.浅析大树移植技术[J].陕西林业科技,2010,(3):96-98

[29] 曹中.杜鹃常见病虫害的发生与防治[J].农家科技,2011,(3):26

[30] 周丽丽.杜鹃花植物景观调查研究[D].浙江农林大学,2013

[31] 李长松,朱德林.浅谈杜鹃花的繁殖栽培及养护[J].广东园林,2002,(S1):71-72

[32] 吴光洪,胡绍庆,宣子灿,等.桂花品种分类标准与应用[J].浙江林学院学报,2004,(3):49-52

[33] 韩丽平,罗庆熙.温室杜鹃花的栽培技术[J].农村实用工程技术(温室园艺),2005,(12):43-45

[34] 陈碧群.桂花栽培技术[J].现代农业科技,2013,(2):175

[35] 蔡芳.大香樟移植技术浅谈[J].现代园艺,2013,(2):52

[36] 李仲芳,杨霞,谢孔平,等.乐山茶花品种资源调查报告Ⅱ[J].南方农业学报,2012,(9):1357-1362

[37] 程海涛,赵瑞艳,田立娟,张海军.大亮子河国家森林公园野生观赏植物资源调查[J].中国林副特产,2012,(4):80-82

[38] 林颖.香樟大树移植技术[J].现代园艺,2012,(18):41-42

[39] 程结旺.杜鹃花的栽培管理技术[J].现代农业科技,2006,(7):27-28

[40] 朱维民,林子亮.缙云县野生木本观赏植物资源及其开发利用[J].现代农业科技,2012,(2):220

[41] 卢芳,周瑞玲.徐州市城区常绿阔叶树种及其应用调查研究[J].中国城市林业,2012,(1):44-47

[42] 许成琼.银杏良种早实苗繁殖技术[J].柑桔与亚热带果树信息,2004,(10):40-45

[43] 李德芳.银杏树的种植及管理[J].内蒙古农业科技,2007,(8):105-120

[44] 张成.乐山茶花品种资源调查报告Ⅱ[J].南方农业学报,2012,(9):57-62

[45] 胡颖,赵江雷,朱秋云.非洲菊栽培技术解析[J].湖南农机,2010,(9):87-95

[46] 关柏莉,张道旭,郭春,李娜.北方周年生产切花菊栽培技术要点[J].北方园艺,2007,(5):47-50

[47] 曹涤环,刘建武.富贵竹栽培管理技术[J].南方农业,2010,(7):85-92

[48] 何相达,宋兴荣,袁蒲英.蜡梅鲜切花规范化生产[J].中国花卉园艺,2010,(2):32-40

[49] 于磊.蜡梅栽培技术[J].中国林业特产,2011,(4):20-25

[50] 魏洪敏,王燕军,等.蜡梅栽培技术规程与切花技术标准[J].河南林业科技,2012,(3):65-70

[51] 叶增基,何生,孙自然.切花银柳商品化栽培[J].中国农业大学学报,1997,(2):50-55

[52] 李南仁,兰小春.散尾葵切叶生产技术[J].热带农业工程,2008,(4):45-47

[53] 王燕,顾振华,顾建忠.银柳高效栽培技术[J].园林绿化,2009,(1):47-56

[54] 邓运川,龚玉梅.红瑞木的栽培管理技术[J].南方农业,2009,(8):92-96

[55] 年奎.八角金盘栽培管理技术[J].青海农林科技,2010,(9):15-20

[56] 韦惠师.观赏凤梨温室栽培及催花技术[J].农业研究与应用,2011(5):77-79

[57] 上官欣,等.江南地区观赏凤梨温室标准化生产技术[J].江苏林业科技,2012(6):35-38

[58] 莫东发,张正伟,等.朱顶红盆花栽培管理[J].中国观赏植物园艺,2008(02):37-39

[59] 兑宝峰.生石花的栽培繁殖[J].中国观赏植物园艺,2006(24):14-16

[60] 汤秋雁.盆栽佛手栽培技术[J].中国果菜,2013(08):24-25

[61] 邓银霞.国兰的商品生产[J].中国观赏植物园艺,2007(16):25-27

[62] 武荣花,等.温室盆栽石斛兰繁殖栽培管理技术[J].林业实用技术,2006(12):34-36

[63] 林克兰.盆桔栽培技术[J].现代园艺,2009(7):27-28

[64] 王俊英.观果新宠乳茄盆栽技术[J].农村新技术,2009(21):27-28

[65] 大亮子河国家森林公园野生观赏植物资源调查[J].中国林副特产,2012,(4):41-50

[66] 徐州市城区常绿阔叶树种及其应用调查研究[J].中国城市林业,2012,(1):87-95

[67] 缙云县野生木本观赏植物资源及其开发利用[J].现代农业科技,2012,(2):50-56

[68] 大川清,今西英雄(日).花卉入门[M].东京:富教出版株式会社,2011